日本의 獨島論理

- 竹島의 歷史地理學的研究 -

川上健三 저
權五曄 역

백산자료원

역자서문

일본은 독도를 죽도라 칭하며 그 영유에 대한 정통성을 수립하고 유포하는 데 거침이 없다. 이 같은 일은 17세기에도 있었으나, 일본이 오류를 인정하고 조선이 수용하여 마무리 되었었다. 현재의 문제는 제국주의 일본이 1905년에 시작한 일로, 17세기의 결정에 현재의 죽도가 포함되지 않았고, 무주지인 그곳을 선점했다는 논리이다.

그것을 확인하는 것이 본서이나, 일본어나 한문의 능력만으로는 해결할 수 없는 자료의 인용이 많아 일본인도 이해하기 어려운 곳이 많다. 그것들의 본질을 알게 되면, 관념의 산물인 일본정통성의 실체가 밝혀져, 현재 무모하게 전개되는 분쟁도 소멸되게 될 것이다.

17세기 일본은 임진왜란으로 확인한 무위를 정통성으로 했던 것에 비해 현재는 제국주의로 확보한 외교와 인문학을 배경으로 한다. 침략을 반성한다는 일본이, 우리가 그 산물인 민족상잔으로 내홍을 겪는 1953년에 죽도영유권을 이야기하고 나선 것이다.

당시 본서를 저술한 가와카미씨는 외무성 참사관이었다. 京城帝国大学史学科를 졸업하고 참모본부에 근무했던 氏는 『죽도의 영유』라는 소책자를 발간하고, 제8관구 해상보안부 소속의 순시선을 타고 답사까지 마쳤으며, 협상 중에는 오야가(大谷家)의 후손이 보관한 자료를 확인하고 한국에게는 비밀에 부치는 노력도 아끼지 않았다.

그런 가와카미씨가 1966년에 『죽도의 영유』를 보정하여 본서를 출판했으므로, 우리 측도 그것을 분석하고 회담에 임했기 마련이다. 그렇다면, 일반인들도 읽고 일본의 사고를 이해할 수 있게 해주었어야 했을 것이나, 그런 노력이 없어, 현재까지 본서를 완독한 일반인은 거의 없을 것이다. 어디선가 내부 자료로 편집된 것을 본 일이 있으나, 해석과 원문이 혼합된 것으로, 기준을 알 수 없는 생략이 많아 이해하기 어려웠다.

본서는 일본의 많은 1차자료를 인용하며, 조선의 기록과 안용복을 부정하는 방법으로, 죽도가 일본령이라는 사실을 입증하는 것을 목적으로 한다. 독도에 대한 기록은 『삼국사기』를 비롯한 『삼국유사』·『고려사』·『조선실록』 등이 전하고 있음에도, 그것들에 「독도」라는 직접적인 표현이 없다는 것을 구실로 해서, 조선인의 독도인식을 부정하고, 기록간의 차이를 강조하여 내용을 신뢰하지 않는 방법을 취하고 있다. 독도를 의미하는 내용의 기록이 있으면 후세의 조작으로 치부하고 만다. 그 전개과정이 현란하여 객관적인 주장으로 여길 수 있을 정도이다. 그것의 허실을 판별하기 위해서는 인용된 자료의 이해가 선행되어야 하는데, 난해해서인지 그 과정이 생략된 데에 우리의 허점이 있다.

일본 인문학은 정도가 높다한다. 우리가 교육의 기회를 상실 당했을 때, 일본은 제국주의로 확보한 여유를 투자하여 성과를 이루자, 자국만의 정통성을 확장하려 한다. 그러나 그런 논리는 사실에 직면하면 저절로 붕괴되고 만다. 광개토왕비문의 해석이 그러했고 독도에 대한 정통성 역시 그렇다.

본서의 주장은 17세기의 주장과 맥을 같이 한다. 당시 임진왜란의 논리로 영유의 정통성을 피력했으나, 그것은 대미번의 유학자들도 「타국의 섬을 빼앗아 장군에게 바치는 것은 불의이다」라고도 「소진 장의 같은 언변으로도 일본의 땅으로 할 수 없다. 위세나 弁才로 무리하게 취하게 되면 큰 후환이 될 것이다」라고 부정하던 사실을 떠난 주장이었다.

그러나 그런 유학자들의 주장은 자국의 이익을 우선하는 세력에 묻혀버리고 말았다. 그런데 그런 주장이, 침략을 반성하고 세계평화 실현에 노력하겠다는 일본에 의해 재발되고, 가와카미씨는 그 논리를 제공했다. 그런 의미에서 씨는 17세기에 자국만의 이익만을 탐구했던 그들과 맥을 같이한다. 그의 지식과 집념을 국가공무원의 역할 수행으로 보고 인정해야 될지는 모르나 평화공존을 지향해야 하는 외교관과는 거리가 먼 사실의 왜곡이었다.

어쨌든 씨를 상대로 해서 회담하는 한국 측은 크게 당황했을 것 같다. 일방적인 통고가 아니라 씨의 논리에 대응하는 일이었다면, 비록 그것이 관념에 근거하는 주장이었다 해도, 그것이 사실을 인용하는 논리였기에 대응하기 어려웠을 것이다.

간단한 사실을 복잡하게 구성하여 도출한 결론을 부정하기 위해서는 역시 복잡한 논리를 구성하는 과정을 필요로 하기 때문이다. 사실을 인용하여 본질을 부정하는 논리에 의해 사실이 변질되는 상황이 초래되기도 했을 것이다. 그런 상황에서 그 논리의 허구를 간파하려면, 그것에 인용된 자료의 분석이 필요했으나 그런 과정이 어려웠을 것이다. 근래 그 논리의 허구가 지적되기 시작했으나 그 역할을 수행한 것은 우리가 아닌 일본학자들이었다. 자료를 객관적으로 읽으려는 몇 사람이 자의적인 논리의 허구를 적출해낸 것이다. 그러자 많은 사람들이 그들을 양심적인 학자라며 칭송한다. 객관적이려는 그들은 국적을 떠나 칭송받아 마땅하나 독자적 논리의 구축을 위한 노력이 우선되어야 했다.

연구는 특정된 사람이 아니라, 많은 사람의 참여할 때 더 좋은 결과를 기대할 수 있다. 그러기 위해서는 자료를 쉽게 접할 수 있는 기회를 제공해주어야 하고, 그런 의미에서 번역도 필요한 것이다. 그러나 그것은 수익이 걸린 출판의 과정이 있어 어려운 일이다. 본서도 작업을 끝내고도 수년간 출판의 길을 찾지 못했었다. 독도문제를 전담한다는 그 재단조차 필요성을 거부하는 상황에서 「백산자료원」이 출판을 맡아주었다. 어찌 감사의 말을 삼갈 수 있겠는가. 고마운 마음이 가득합니다. 열정에 비해 미비한 곳이 있다는 점에서 사과의 말씀도 곁들입니다.

2010년 2월 1일 于山峰 아래에서 權五曄

머리말

본서는 1953(昭和28)년 8월에 외무성조약국의 조서(조사한 내용을 쓴 문서)로 정리된 소책자 『죽도의 영유』를 골자로 하여 그 후의 새로운 자료에 의거하여 다시 순수한 역사지리학적 입장에서 고쳐 쓴 것이다.

본서의 집필과 출판에 있어서 외무성 상사를 비롯하여 각 방면에서 많은 교시와 협력을 얻었다. 특히 역사에 대해서는 조선사의 권위자인 다카와 코조(田川孝三)박사, 고지도에 대해서는 아키오카 타케지로(秋岡竹次郎)박사와 나카무라 히로시(中村弘)박사한테 돈독한 지도를 받았으며, 자료수집에는 내각문고, 우에노(上野)도서관, 시마네(島根)현립도서관, 돗토리(鳥取)현립도서관, 시마네현청을 비롯한 오키(隠岐)지부 등으로부터 다대한 편의를 받았다. 특히 시마네현청의 다무라 키요사부로(田村清三朗)씨, 오키고등학교의 다나카 토요지(田中豊治) 씨한테 힘입은 바가 크다. 또 오야가(大谷家)의 자손 오야 히로시(大谷弘)씨를 비롯해 나카이 요자부로(中井養三朗)씨의 자손 나카이 진지로(中井甚二郎)박사로부터는 많은 귀중한 자료를 제공 받았다.

지도 협력 해주신 모든 분들께 심심한 감사의 말씀을 드리고 싶다.

또한 일본해상청도 특별히 순시선 「나가라」를 파견하여 나의 현지조사에 협력해 주셨다. 그 당시의 상황에 대해 회상하자면, 제8관구(管区) 해상보안본부 소속의 순시선 「나가라」(270톤)는 사카이(境) 해상보안부의 이케다(池田) 경비구난 과장의 지휘 아래 쇼와 28(1953)년 10월 16일 오후 7시 사카이항을 출항하여 죽도로 향했다. 이 보다 먼저 이승만 라인을 시찰하고 돌아오는 도중 우연히 규슈(九州)에서, 이 죽도의 조사계획을 알게 된 쓰지 마사노부(辻政信)의원은 몰래 사카이에 와서 동순시선을 타고, 나의 도착을 기다리고 계셨다. 당일은 풍파가 거세기 때문에 미호노세키(美保関)에 피했던 「나가라」는 사카이 방파제 부근까지 이동하여, 항내정(港内艇)에서 내가 옮겨 타자마자 곧 출항했다. 출항 후 얼마 지나지 않아 쓰지 의원의 이번의 죽도시찰은 사정이 있어 중지하면 좋겠다는 본청의 지령에 의해, 동선의 지휘관, 선장 등이 이를 간청했지만, 동 의원은 듣지 않고, 일단 미호노세키로 돌아가 본청의 지시를 기다렸다. 그 결과 동 의원의 동행이 결정되어 「나가라」는 17일 오전 영시에 다시 행동을 개시했다.

17일 오전 9시 30분에 방위 330도, 거리 약 27마일에서 죽도는 시야에 들어왔다. 이 날은 날씨가 맑았으나 파도가 높아 선교(船橋)까지 파도 물보라가 튀어 올랐으나 선교에서 본 그 섬은 깎아지른 듯 하나의 암초로 보였다. 10시 30분에는 15마일, 11시에는 8마일에 근접하여 겨우 섬의 전모를 확인 할 수 있었다.

일본해 한 가운데에 평하고 분출했던 그 화산섬, 긴 세월에 걸쳐 강한 계절풍과 파도에 침식되고 깎여, 나무 한 그루 없는 바위로 드러나 있었다. 섬의 모양은 배의 이동에 따라 시시각각 달리 보인다. 가까이 다가가서 보니 사람은 물론 언제나 때지어 있다는 괭이갈매기도, 강치도 볼 수 없고, 산허리에 몇 개의 깃발 같은 것이 나부끼고 있는 뿐, 조용한 모습은 왠지 이상한 느낌이었다. 「나가라」는 해안 300m까지 접근하여 섬을 관찰했다. 쓰지 의원의 동행 조건으로, 필요 이상 죽도에 접근하지 않는다는 지령을 받은 일도 있고, 예정이 5시간이나 늦었고, 해상의 물결도 높았기 때문에, 상륙은 단념하고 섬을 일주하면서, 선상에서 될 수 있는 대로 상세히 관찰하고, 조사 종료 후 「나가라」는 오키의 사이고항(西郷港)을 향해 귀로에 올랐다.

그 후 벌써 10년 이상이 경과했다. 그 사이에 죽도 자체도 크게 변화했지만, 당시의 행동은 아직도 선명하게 떠오른다. 지금은 소식이 분명하지 않은 쓰지 의원의 건재를 기원한다.

| 차례 |

개 설

다케시마(竹島)는 시마네현(島根県) 오키노시마(隱岐島)의 서북방 약 86마일, 일본해의 거의 중앙에 해당하는 북위 37도 9분 30초, 동경 131도 55분에 위치한 작은 군도이다.[1] 동서로 대치하는 두 개의 주도와, 그 주위에 점재하는 수십 개의 암초로 구성되어, 주도 간의 사이는 폭 110~160m, 길이 330m의 좁은 수로를 이루고 있다. 총면적은 23정 3단 3무보 (畝步: 69,990坪) 이라고 기록되어 있다.[2] 히비야(日比谷)공원보다도 조금 넓다.

두 개의 주도는 해면에서 우뚝 솟아 있는 가파르고 험준한 화산섬으로, 조금 완만한 동도 정점의 일각, 원래 해군망루가 설치되었던 곳에 힘들게 올라가는 것이 가능한 것 외에 등반하는 것은 매우 곤란하다. 서도는 해발 157m 동도는 그보다도 조금 낮다. 주변은 단애절벽으로, 평지는 양도 사이의 수로 양측에 겨우 2, 3개의 좁은 자갈밭이 있지만, 풍파가 심하면 파도를 피할 수 없다. 해안에는 기이한 동굴이 많지만, 선박이 닻을 내리고 정박할 수 있는 땅이 없어, 폭풍이라도 불면 어선도 피난할 곳이 없다.

섬은 화산암으로 일본해의 해풍에 그대로 노출되어,[3] 한 그루의 나무도 없이 바위만 노출된 불모의 나암으로, 남면에 약간의 잡초가 나있는 것에 불과하다. 담수는 적수, 유수, 용수 등이 몇 곳에 있지만, 수량도 빈약한데다 수질도 나빠 음료수로써는 적합하지 않다.

이러한 자연적 조건 때문에, 섬은 사람이 살기에 적합하지 않아 전쟁 전에는 하계 수개월 간 오키 도민이 건너와 자갈밭에 임시로 움막을 짓고, 모여드는 강치를 엽획하거나, 근해의 어패류를 채취하는 것에 불과했다. 또 섬에는 새똥이 퇴적하여 생긴 인광도 있지만, 아직 개발되지 않아, 그 외에 이렇다 할 만 한 섬의 생산물은 거의 없다.

이처럼 사람이 살 수 없고 거기다 경제적인 가치도 없는 일본해 속의 작은 하나의 고도인 죽도가, 우리국민의 관심을 끌게 된 것은 1952(昭和27)년 1월 18일에, 이승만 한국 대통령이 해양주권선언을 하여, 소위 「이승만 라인」을 일방적으로 설정했을 때, 문제의 죽도를 이 라인 안에 포함시킨 것에 기인하고 있다. 일본정부는 동년 1월 28일, 한국정부에 이 해양주권선언에 대해 항의했는데, 그 중에서 죽도에 언급하여,

> 이 선언에서 한국은 죽도로 알려져 있는 일본해의 소도에 영토권을 주장하고 있는 것처럼 보이는데, 일본정부는 한국의 이 같은 참칭 또는 요구를 인정하지 않는다.

라는 뜻을 명백히 하는 곳이 있었다.

이에 대해 한국정부는 동년 2월 12일부 구상서로, 1946(昭和 21)년 1월 29일부 총사령부각서(SCAPIN 제677호)에 따라 연합국 총사령부는 죽도를 일본의 영유에서 명백하게 배제했다고 단정하고, 또 죽도가 소위 맥아더・라인 밖에 놓인 사실을 지적하며

> 이러한 사실은 죽도에 관한 한국의 요구에 동의하고, 이것을 확인하는 것으로, 어떤 논의의 여지가 없다는 것을 일본정부에 상기시키고 싶다.

라고 알려왔다.

일본 정부는 동년 4월 25일 다시 이것을 반박하여, 연합국 총사령부의 1946년 1월 29일부 각서의 조치는 일본 정부가 죽도에 대해 정치상, 행정상의 권한 행사, 또는 행사하고자 기도했던 것에 대하여 정지할 것을 명한 정도로만 그쳤기에 동도의 귀속과는 무관하다라는 것과 또 맥아더・라인도

이것과 마찬가지로 국가통치권, 국제적 경계 또는 어업권의 최종적 결정에 관한 연합국의 정책을 표명하는 것이 아니라는 것에 대한 내용의 각서를 인용해서 지적하고, 한국 측의 주장이 아무런 근거가 없다는 것을 명백히 했다.

그 후 한국 측에서는 아무런 정식적인 의지표명도 없이 경과하고 있었는데, 쇼와 28(1953)년 5월 28일에 시마네현 수산시험선인 시마네마루(島根丸)가 쓰시마 난류개발조사를 하던 도중에 죽도 및 동도의 주변 수역에서 한국 어민 약 30여명이 동력선 및 무동력선 약 10여 척을 사용하여 해조와 패류채집에 종사하고 있는 것을 발견한 것으로 문제가 다시 수면위로 떠오르게 되었다.

이보다 앞서 1952(昭和27)년 4월 25일에는 총사령부의 지령으로 맥아더·라인이 전면적으로 철폐되었고, 더욱이 그 3일 후인 4월 28일에는 대일평화조약도 효력을 발휘하게 되면서 일본은 독립국으로서의 지위를 회복하게 되었다. 이것과 더불어 죽도도 필연적으로 이전의 시마네현의 행정 관할 하로 복귀하게 된 것이었으나, 동년 7월 26일에 죽도가 일미 행정협정에 의거하는 재일미군의 해상 연습장의 하나로 지정되었기 때문에 실제적으로 이것을 사용할 수는 없었다. 그러나 다음 28(1953)년 3월 19일 일미합동위원회에서 죽도의 연습장 구역지정의 해제가 결정됨으로써 시마네현으로서는 공동어업권의 면허 및 강치엽업허가에 관하여 계속 고려해 오고 있었던 참에 「시마네마루」가 한국 어민이 죽도를 점거하고 있다는 사실을 발견하게 된 것이다.

일본 정부는 동년 6월 22일부의 구상서로, 한국 어민의 일본국 영역침범에 대하여 엄중 항의하는 것과 함께 한국 어민의 이러한 행위의 재발을 방지하기 위한 유효적절한 조치를 취하자고 한국정부에 제의한 일이 있었다.

그 후에도 일본정부는 기회가 있을 때마다 한국정부에 거듭 항의하고 또, 죽도의 일본 영토로서의 정당성을 뒷받침하는 역사상 및 국제법상의 상세한 근거도 제시했으나,[4] 한국 측도 역시 자국의 영유권을 주장하여 양보하지 않을 뿐만 아니라,[5] 쇼와 29(1954)년 경부터는 죽도에 영구적인 등대와 무전대를 건설하고 경찰을 상주시켜, 죽도에 접근하는 우리 순시선이 총격당하는 사건도 발생하기에 이르렀다.

이러한 상황에 대하여 일본정부로서는 어디까지나 평화적 수단에 따라 분쟁을 해결해야 한다고 생각하여 쇼와 29(1954)년 9월25일 한국정부에 이 분쟁사건을 국제사법재판소에 위임하여 그 해결을 도모하는 것이 가장 공정하고 타당한 방법이라는 취지를 제의했으나, 동년 10월 28일 한국 측은 이것을 거부했다. 그 후 일한회담에서도 토의되었으나 아직까지 문제는 해결되지 않은 채 현재에 이르고 있다.

이 소론에서는 이러한 죽도의 영유를 둘러싼 일한 양국문제의 분쟁에 대해, 어떤 결론을 도출하는 것을 기도하고 있는 것은 아니다. 어디까지나 순수한 역사지리학적 견지에서 그러한 분쟁의 배경을 이루고 있는 죽도의 사실관계에 대해 규명하려고 하는 것이, 그 본래의 목적이다.

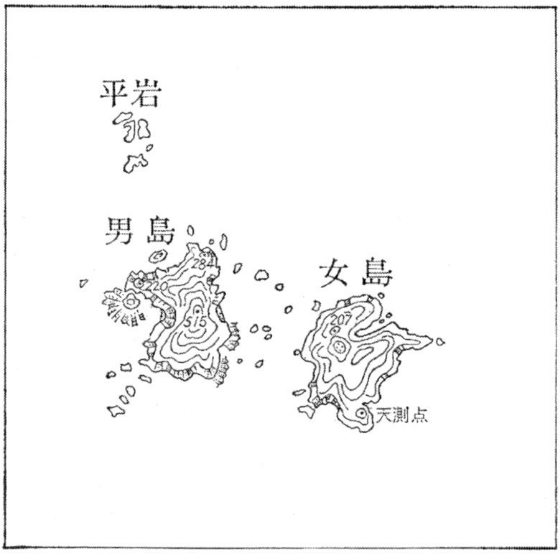

제1도 죽도실측도 1966년 8월4일-5일 수로부 실측

註)

---

1) 竹島의 위치는 明治 38년 1월 28일의 閣議決定 및 이 각의 결정을 토대로 발표된 동년 2월 22일의 島根縣告示에 실린 經緯度에 의한다.

1902년 미국함 뉴욕호의 측정에 의하면 죽도의 위치는 北緯 37도9분 30초, 東經 131도 55분으로 되어 있고, (1902년 10월, 合衆國水路部告示第43號), 전기의 閣議決定 및 島根縣告示한 죽도의 위치는, 이 미국함의 측정결과에 의한 것이라고 생각된다. 그 후, 우리나라의 수로부는 1908(明治41)년 8월 4일과 5일 이틀간에 걸쳐, 군함 마쓰에(松江)를 파견하여 죽도의 위치를 측정하였다. 그 결과에 의하면 죽도의 東島(女島)의 위치는 北緯 37도 14분 18초, 東經 131도 52분 22초라고 보고되어 있다. 군함 松江는 秒圏附八吋経緯儀를 사용하여 토루콘토법에 의해 緯度를 측정하고, 그 緯度와 鬱陵島의 위도와의 兩緯度基線法에 의해 經度를 정한 것으로, 가장 정확한 죽도의 위치를 나타내고 있다고 말할 수 있을 것이다. 또 미국 水路誌("ASIATIC PILOT" Volume Ⅱ, 1930)에는 죽도의 위치가 北緯 37도 9분, 東經 131도 56분으로 되어 있고, 1855년에 영국함대 호네트(hornet)호가 측정한 것에 의하면 北緯 37도 14분, 東經 131도 55분으로 되어 있다.

2) 섬의 총면적은 官有地台帖에 기재되어 있는 것에 의한다. 이 면적은 1905(明治38)년에 島根縣知事의 訓令에 기초하여 隱岐嶋廳에서 조사한 것으로서 당시의 기록에 다음과 같이 기재되어 있다.

甲土第四号

竹島面積之件上申書

1. 總反別 貳拾參町參反參畝步

右ハ明治三十八年五月三日地第九十号訓令ニ依リ調査候處前揭之通有之候ニ付別紙略図面相添ヘ此段及上申候也

明治三十八年五月十七日

우는 메이지 38년 5월 3일 제90호 훈령에 의거 조사한 바, 전게한 것처럼 있어, 별지약도면을 첨부하여 이를 상신합니다.

隱岐島司　東文輔

島根縣知事　松本武吉殿

또 전기 상신서에서는 총면적만으로, 그 내역은 명확히 되어 있지 않으나, 그 후 1906(明治39)년 3월에 동도를 시찰한 진자이 요시타로(神西由太郎) 島根縣第3部長을 수행한 오쿠하라 헤키운(奥原碧雲) 편저의 『竹島及鬱陵島』(明治 40년 간)에는, 죽도의 면적에 대해, 다음과 같이 기재되어 있다.

「本嶼는 岩貌險峻하여、精密한 調査를 할 수 없었으나、이번 視察員이 概則한 것에 의하면 그 面積은 아래와 같다.

東嶼　周囲10町　面積　5町 4反步

西嶼　同1 5町　同　16町 8反步

其他小嶼　面積 1町 1反 3畝步

合計　23町 3反 3畝步

3) 죽도의 지질에 대해서는 奥原碧雲의 『竹島及鬱陵島』에 다음과 같이 기록되어있다.

東嶼는 火山質의 安山岩으로 되고, 中央은 純然한 噴火口로 孔窖直下하여 海水를 담고 있다. 이것이 海中 噴火口라는 것을 알기에 충분하다. 西嶼는 전부 답사할 수 없었으나

제2도 竹島實地踏查地質圖
奧原碧雲『竹島及鬱陵島』(明治39년)

이르는 곳마다 안산암질의 응회암이 존재하는 것으로 보아 암산암질의 응회암으로 이루어진 것 같다.」

또 오사카광산국기사 나라사키 겐지(大阪鑛山局技師 楢崎硏次)의 『竹島燐鑛區調査復書』(昭和11년4월20일)에는 죽도의 鑛床에 대해 다음처럼 보고되어 있다.

본도의 地質은 花崗巖으로, 이것이 花崗巖 위에 海獸 및 괭이갈매기(海猫)가 棲息하여, 다년에 걸쳐 排泄物이 堆積蓄積된 것으로, 가장 두꺼운 곳은 2m 80Cm이고 좁은 곳이라 해도 1m 30Cm이다. 퇴적한 地表部는 草地를 이루고 있다. 퇴적된 면적은 4만평 운운」

또 다무라 히사시(田村壽)의 『日本海竹島燐鑛山槪査報告書』(昭和29년5월1일)에는 죽도의 地質鑛床에 대해 다음처럼 이야기했다.

「本島를 구성하는 지질은 安山巖凝灰巖 및 玄武巖의 발달을 볼 수 있다. 또 일부 지대에는 片狀조직을 보이는 片狀花崗巖質巖石을 볼 수 있다. 鑛床이 생긴 원인은 본도를 번식지로 해서 군서하는 해양의 새, 海猫의 排泄物, 糞尿가 千古 이래로 堆積하여 鑛床을 생성하는 구아노 燐土鑛으로, 海獸에 의해 생성된 것으로 볼 수 있는 燐鑛도 발견된다. 이것은 현재 분석 중으로 추후에 발표하기로 한다. 광물은 褐色 灰褐色 등을 띈다.」

4) 죽도영유의 근거에 관해 논한 일본정부의 견해 중, 제1회(昭和28년 7월 13일)와 제2회(昭和29년 2월 10일)분은 外務省 情報文化局이 그 전문을 발표했다. 특히 후자는 昭和29년 9월 25일의 情報文化局 발표의 「竹島 領有權問題의 國際司法裁判所에 부탁하는 것에 대해, 韓國政府에 제의한 것에 대해」에 수록되고, 또 그것이 외무성 정보문화국편 『海外調査月報』의 昭和 29년 11월호에 게재되어 있다.

5) 죽도의 영유권을 주장한 한국정부의 문서 중, 제1회(昭和28년 9월 9일)와 제2회(昭和29년 9월 25일)분은, 주일한국대표부에서 그 전문을 발표했다. 후자는 한국연감사편의 『韓國年鑑』의 1955년판에도 수록되었다.

제1장 역사적 배경

제1절 도명의 혼란

1. 시-보루토의 실수

죽도에 관해 검토함에 있어서 우선 도명에 혼란이 있었던 경위에 관해서 잘 인식해 둘 필요가 있다.

오늘날의 죽도는 우리나라에서는 메이지 시대 초기까지는 일관해서 마쓰시마(松島)라는 이름으로 불려졌고 당시 다케시마(竹島)라고 한 것은 현재의 울릉도를 말하는 것이었다. 그러나 1700년대 말엽 이후 유럽인이 이러한 섬들을 발견하고, 그것을 지도상에 기재하면서 위치 측정의 잘못과 더불어 도명 비정에 잘못을 범하여 도명의 혼란을 초래하게 된 것이다. 이 죽도의 도명이 혼란하게 된 것에 관해서는 메이지 초년 이래 우리나라의 식자에 의해 지적되고 논의도 되었지만 그 혼란이 생기게 된 이유에 대해서는 분명하지 않았다.

다보하시 키요시(田保橋潔) 씨도 이 점에 착안하여 「울릉도 그 발견과 영유」(『青丘学叢』제3호 쇼와 6년 2월) 및 그 보충으로서의 「울릉도 명칭에 대해서」(동 4호)라는 논문에서, 이 문제를 상당히 깊게 추구했지만, 아직 충분히 해명되었다고는 말 할 수 없었다.

이 문제에 결정적인 회답을 준 것은 아키오카 다케지로(秋岡武次郎) 씨로,

논문 「일본해 서남의 송도와 죽도」(『사회지리』제27호 쇼와 25년 8월)에서는, 시-보루토가 다쥬레-도(島)를 「송도」로 하고, 아루고노-토도(島)를 「죽도」로 한 것에서 도명이 혼란하게 된 것이라고 명쾌하게 설명했다.

즉 이것을 개설하면, 원래 지금의 죽도가 유럽인들에 의해 알려지게 된 것은 1849년에 프랑스의 포경선 리안쿠-르(Liancourt)호에 의해 발견된 이래의 일로, 이 발견으로 동도는 리안쿠-르도(島)로 불리게 되었다.

이에 앞서 1787년에는 프랑스의 유명한 항해가 가룹·드·라·페루우즈(Galaup de la Perouse)에 의해서, 지금의 울릉도(당시는 죽도 혹은 이소타케시마磯竹島로 불렸다)가 발견되었다. 그는 1785년 8월 1일에 부소우루(Boussole) 및 아스토로라브(Astrolabe)의 두 소형 군함을 이끌고 브레스토 군항을 출범해서 마카오 마닐라를 거쳐, 1787년 5월 26일에 쓰시마 해협을 통과했다. 그때 조선 연안 근처를 항해하고 있었으나 석양부터 기후가 격변하여 북상하기 어려웠기 때문에 27일에 진로를 동쪽으로 바꾸려 했을 때, 북북동 쪽에서 해도에 없는 소도를 발견했다. 그러나 풍향이 반대라 접근할 수 없어, 다음 28일에 풍향이 변하는 것을 기다렸다가 이 섬에 접근하여 측량하고 동시에 그 최초의 발견자 부소우루호의 특별 승조인 육군사관학교 교수 르포-토·다쥬레-(Lepaute Dagelet)의 이름을 따서 다쥬레-도(島)로 명명했다. 그것이 울릉도다.

계속해서 1789년에는 영국의 일본연안 탐험가로 알려진 제임스 콜렛토(James Colnett)도 같은 울릉도를 발견했지만, 이것을 아루고노-토(Argonaut)도(島)라고 이름지었다. 아루고노-토는 그가 탄 함선의 이름이다.[6]

그런데도 라·페루즈와 콜렛토가 측정한 같은 울릉도의 경위도가 서로 달랐기 때문에, 그 후의 유럽에서 제작한 지도 중에는 울릉도가 마치 두 개의 섬이 존재하는 것처럼 그려진 것도 나왔다.

예를 들자면 1811년에 간행된 영국의 에로우 스미스(Arrow Smith)의 일본도 등은, 일찍이 조선 쪽으로 크게 아루고노-토도를 그리고, 그 남동쪽에 다쥬레-도를 작게 그렸다. 1815년 간행의 톰슨(Thomson)의 “New General Atlas” 중의 “Corea and Japan”의 지도, 1842년 간행의 제임스 가드너 제이알(James Gardner Jr)이 발행한 “China and Japan”의 지도, 1851년 간행의 존 타리스 엔드 씨오(John Tallis & Co) 편 “Japan and Corea”의 지도 등은 모두 이것과 동일계통에 속한다. 이 시대에는 아직 오늘의 죽도는 유럽에 알려지지 않았다.

이러한 시대에, 나카사키(長崎) 데지마(出島)의 네덜란드 관사, 난관의 의사로 1823년에 온 자가 필립 푸란쓰 본・시-보루토(Philipp Franz von Siebold)였다. 그는 의사일 뿐 아니라 자연과학, 특히 지리연구에 조예가 깊었다. 7년에 걸친 일본 체재 후 네덜란드에 돌아가 『일본동물지(日本動物誌)』, 『일본식물지(日本植物誌)』, 명저 『일본(ニッポン)』 등 일본연구의 성과를 잇달아 발표했다. 그 연구의 일환으로 간행한 것이 유명한 1840년(天保11년)의 일본지도다.

일본의 제 문헌이나 지도에 오키노시마와 조선반도 사이의 일본해에 일본쪽에 송도, 조선쪽에 죽도라는 2개의 섬이 있다는 것을 안 시-보루토는,[7] 다른 유럽의 지도에는 같은 해역 일본 쪽에 다쥬레-도(島), 조선 쪽으로 아루고노-토라고 하는 2개의 섬이 그려져 있는 것에서, 다쥬레-도를 송도로, 아루고노-트섬을 죽도로 비정하고, 그것을 그의 일본지도에 기입했다.

이것이 종래 죽도(또는 磯竹島)라고 불려지던 울릉도가 송도로 불리는 착오를 범하는 단서가 된 것이다. 이에 관해 상술하자면 울릉도가 잘못되어 다쥬레-도와 아루고노-토라고 하는 마치 2개의 다른 섬인 것처럼 지도상에 기재되게 된 후, 1854년에 이르러 러시아의 군함 팔라다호(Pallada)가 울릉도의 위치를 정밀하게 측정했다. 그 결과 전에 고루렌토가 아루고노-토라고 불렀던 울릉도의 위치로 보고된 경위도가 부정확했다는 것을 알았다. 그 때문에, 그 후의 구미제지도 중에는 아루고노-토섬을 점선으로 나타내거나 「현존하지 않음(nicht vorhanden)」이라고 주기한 것 등이 나타나게 되고, 결국 아루고노-

토라는 도명은 지도상에서 그 자취를 감추게 된다.

그 사이에 금일의 죽도가, 1849년에 프랑스의 포경선 리안쿠-루호에 의해 발견되어, 리안쿠-루로 명명되게 된 것은 상술한 대로다.

이어서 1854년에는, 울릉도를 실측한 러시아함 팔라다호도 지금의 죽도의 위치를 측정하고, 그것을 메네라이(Manalai) 및 오리루쓰(Olivutsa)라고 이름을 지었으나, 그 다음해 1855년에는, 영국의 중국함대소속기주함(中国艦隊所属汽走艦) 호-넷토(Hornet)호의 함장 찰스 씨-포-사이스(Charles · C. Forsyth)도 이 섬을 측량했기 때문에, 영국의 해도에는 그 후, 그것이 호-넷토암(Hornet rocks)으로 기재되게 되었다.

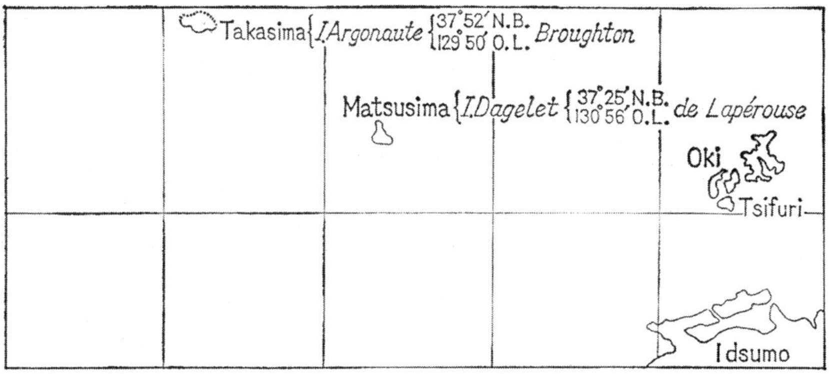

제3도 시-보루토의 일본도

이 때문에, 한 때는 아루고노-토, 다쥬레-, 리안쿠-루(또는 호-넷토)라는 3개의 섬이 기재되어 있는 구미제 지도도 출현하게 되었다. 대표적으로는 1856년 간행된 페리 제독의 「일본원정기」제1권 절입도(折込図)의 일본근해도와, 그 원정에 참가한 윌헬름 · 하이네(Wilhelm Heine)의 『중국 · 일본등원정기』에 게재되어 있는 『중국 및 일본 연안도』("Karte der Küste von China und den Japanischen Inseln nebst den Marianen und einem Teil der

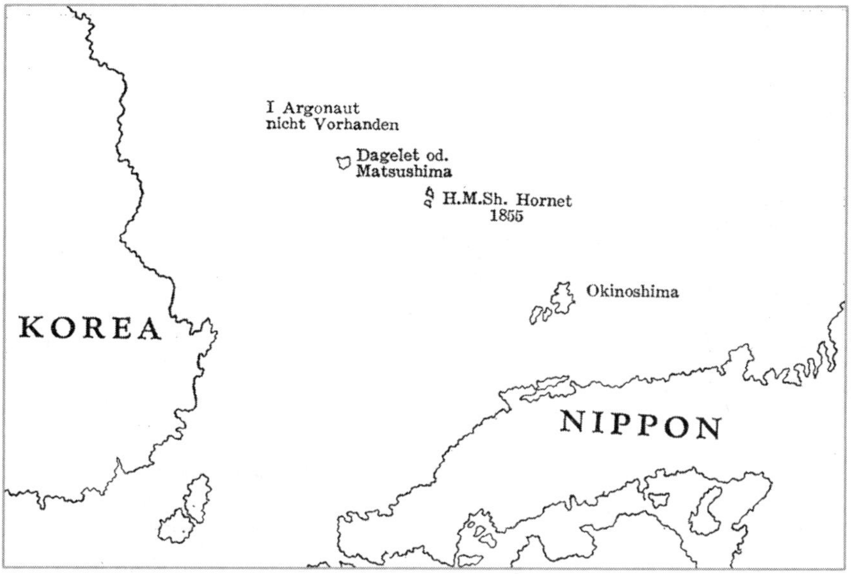

제4도 페리-제독의 「日本遠征記」 제1권 所載 「日本近域図」(1856년)

Philippinen auf Befehl des Commodore M. C. Perry U. S. N.")를 들 수 있다. 두 지도 모두 시-보루토의 일본도에 의거해서 일본 부근을 그리고, 내항시의 측량 결과나 그 밖의 최신 지식을 첨가하여 1855년에 제도한 것이다.

이런 지도에는 조선반도와 오키노시마 사이의 북서에서 남동을 향해 3개의 섬이 그려져 있고, 북서부의 제1도를 아루고노-토, 중앙의 제2도를 다쥬레- 또는 송도, 남동부의 제3도는 도명을 들지 않고, 영국군함 호-넽토, 1855라고 기재하고 있다. 또, 아루고노-토도에 대해서는 「현존하지 않음」이라고 주기하고, 섬의 형태를 그리지 않은 것이 주목된다.

1879(明治 12)년 및 1894(明治 27)년의 스탄포-도의 일본도(Stanford's Library Map of Japan, 1879, Stanford's Map of Eastern China, and Japan and Korea, the Seat of War in 1894) 등도 이와 같은 계통의 것으로, 아루고노-토, 다쥬레-, 호-넽토의 3도가 그려져 있다. 다만 1879년 지도에는 다카

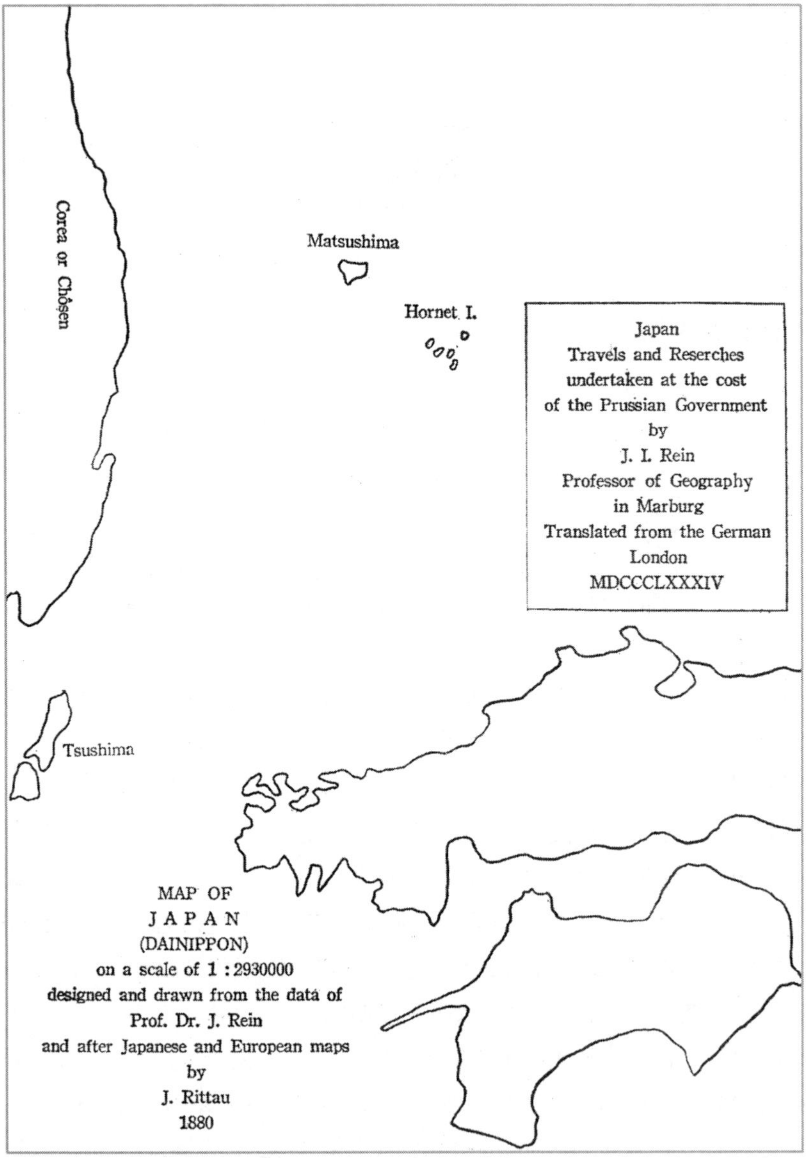

제5도 Rittuau 日本図(1880년)

시마, 마쓰시마, 리안쿠-르·락스로 되어 있고, 1894년 지도에는 아루고노-토도(다카시마), 다쥬레-도(마쓰시마), 호-넽토제도(410피트)라고 되어있다.

그러나 1872년(明治 5년)의 A. Peterman Gotha의 "China Korea and Japan"의 지도나, 또 1880(明治13)년의 J. Rittau 편찬의 "Topographische Karte von Japan" 등의 지도가 되면 이미 아루고노-토의 이름은 지도상에서 그 자취를 감추고, 다쥬레-(마쓰시마)와 리안쿠-루(호-넽토·락스) 두 섬만 남게 된다.

이렇게 해서 1900년대가 되면 구미제 지도에서는 일반적으로 다쥬레- 또는 마쓰시마, 리안쿠-르 또는 호-넽토라고 하는 2개의 섬만 기재되게 되어, 옛날 우리나라에서 죽도 또는 의죽도(礒竹島)로 알려졌던 울릉도는 다쥬레- 또는 송도라는 이름으로 바뀌게 된다.

이상의 구미제 지도에서 볼 수 있는 울릉도 및 지금의 죽도 도명의 변천을, 대표적 지도에 의해 표시하면 다음과 같다.

연표	울릉도	죽도(현재의)	근거
1787	Dagelet		La perouse 발견명명
1789	Argonaut		Colnett 발견명명
1811	Dagelet		John Cary 지도
1811	Argonaut · Dagelet		Arrow Smith 지도
1815	Argonaut · Dagelet		Thomson 지도
1840	Argonant (Takasima) Dagelet (Matsusima)		Siebold 지도
1842	Argonant Dagelet		James Gardner 지도
1849		Liancourt	Liancourt호 발견명명
1851	Argonaut · Dagelet		John Tallis, & Co 지도
1854			Pallada호 Argonaut의 위치측정의 잘못을 인식
1855		Hornet	Hornet호 발견명명
1856 1858	Argonaut (nicht vorhanden) Dagelet (Matsusima)	Hornet	perry. Heine 원정기

1859	Argonaut Dagelet (Matsusima)	Hornet	James Wylde지도
1868	Argonaut Dagelet (Matsusima)		Keith Johnson지도
1872	Mashusima (Dagelet)	Liancourt or Hornet	Peterman지도 Gotha : Justus Perthes
1879	Taka Shima, Matsu Shima	Liancourt Rks	Stanford지도
1880	Matsu Shima	Hornet Is	Rittau지도
1881	Argonaut Dagelet (Matsusima)	Hornet	James Wylde지도
1894	Argonaut (Taka Shima) Dagelet (Matsu Shima)	Hornet Is (410 Feet)	Stanford지도
1896	Matsusima (Dagelet I)	Liancourt (Hornet)	Nikitina 지도帳
1929	Matsusima (Dagelet I)	Liancourt Rks	Phiip's지도帳
1950	Mashu Shima (Dagelet)	Liancourt Rock (Hornet Is)	Bartholomew 지도帳

2. 우리나라의 도명 혼란

(1) 지도 · 문헌에 보이는 도명의 혼란

우리나라에서는 메이지(明治)시대 초까지 일관하여 오늘의 죽도를 「송도」, 또 울릉도를 「죽도」(혹은 「磯竹島」) 라고 부르고 있었다는 것은, 앞에서 지적한 대로다. 그러나 라 · 페루즈 이래의 구미인에 의한 이 두 섬의 발견과 그 지리적 지견의 변천, 특히 다쥬레-도를 송도로 비정한 시-보루토 이래의 잘못된 지식이, 충분히 검토 정리되는 일 없이 우리나라에 전해지자 그때까지 아무런 오해나 혼란도 없었던 울릉도, 송도, 죽도 삼자의 관계가 명확성을 결여되게 된 것이다.

원래 이런 시기에도, 한편에서는 상당한 시간이 흘렀음에도, 여전히 옛날부터 전해오는 우리나라의 송도, 죽도에 관한 지식을 그대로 계승하고 있는 지도나 문헌이 있었다. 예를 들면 1811(文化8)년에 간행한 아사노 미베에(浅野彌兵衛)의 「일본국도」, 1864(文久4)년의 에비스야 쇼시치(恵比寿屋庄七)가 재(梓)한 「대일본해륙전도」, 메이지 시대가 된 후에는 동 2(1869)년에 간한 리치소우 사다마사(葎窗貞雅) 보정 「대일본해륙전도」, 1872(明治5)년에 간한 나카지마 아키라(中島彭)의 「일본여지전도」, 1882(明治15)년에 간한 기무라 분소(木村文造)의 「동판조선국전도」 등은 오키 측에 「송도」, 조선 측에 「죽도」를 그리고 있으나 그 형태나 배치로 볼 때 명백히 에도 시대 중기 이후의 일본도 계통을 답습한 것이다. 특히, 리치소우 사다마사의 지도는 죽도 옆에 「고려는 운슈에서 오키를 보는 것 같다. 혹은 이소타케시마라 한다(高麗其余雲州隠州ヲ望見ル或磯竹島)」라고 주기하고, 또 나카지마 아키라의 지도는 「고려를 보는 것은 운슈에서 인슈를 보는 것과 같다. 혹은 이소타케시마라 한다(見高麗猶雲州望隠州 一ニ磯竹島)」라고 주기한 것으로 보아, 그것들이 1775(安永4)년의 나가쿠보 세키수이(長久保赤水)의 「일본여지로정전도」에 의거했다는 것을 나타내고 있다.

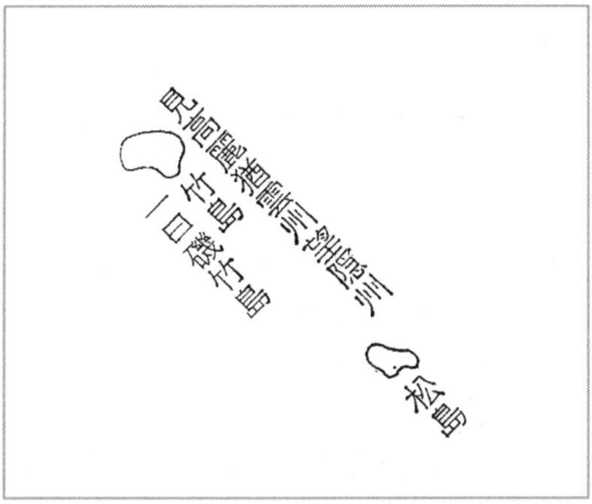

제7도 長久保赤水 日本輿地路程全圖 1775(安永4)년

이 계통에 속하는 지도는 구미의 지리적 지견이 개입된 후에도 후세의 상당기간에도 발견되어, 새로운 것으로는, 1894(明治27)년 소 타케히로(宗孟寛)의 「일청한삼국여지전도」나, 1900(明治33)년에 아오키 쓰네사부로(青木恒三郎)가 편한 「일청한삼국대지도」 등을 들 수 있다.

이것을 문헌에 의거해서 보면 예를 들어, 1878(明治11)년 1월에 간행한 쓰카모토 아키요시(塚本明毅)의 『일본지지제요(提要)』 중의 오키부에는 다음과 같이 기재되어 있어, 「송도」, 「죽도」의 전통적 지식이 그대로 계승되어 있다.

『日本地誌提要』巻之五十

隠岐

島嶼

又西北ニ方リテ松島竹島ノ二島アリ。土俗相云テ云フ。穏地郡福浦港ヨリ松島ニ至ル。海路凡六拾九里三拾五町。竹島ニ至ル。海路凡百里四町余。朝鮮ニ至ル。海路凡百三拾六里三拾町。

『일본지지제요』권지오십

오키

도서

또 서북 방향에 송도 죽도 2도가 있다. 토속이 전하여 말한다. 오치군 후쿠우라항에서 송도에 이르는 해로는 약 69리 35정. 죽도에 이르는 해로는 약 100리 4정 남짓. 조선에 이르는 해로는 약 136리 30정이다.

또 1894(明治27)년 1월 14일에 발행한 『산음신문』에, 어선 가이료마루(改良丸)의 울릉도 도항 기사가 있는데, 그 가운데,

작년에 오키노쿠니 치부리군 우가무라(知夫郡宇賀村) 신노 테쓰타로(真野哲太郎)씨는 그 배를 빌려, 시험 삼아 조선국 울릉도(혹은 죽도라고도 한다)로 도해하려고 운운

이라고 있고, 또 동년 2월 18일 발행된 동지의 마쓰에(松江)의 사토 교수이(佐藤狂水)가 투고한 「조선죽도탐험」이라는 기사에도 다음과 같이 기술되어 있다.

(전략) 죽도는 오키에서 북서 80여 리의 바다 가운데 고립하여, 배를 달려 50여리를 가면 하나의 고도가 있다, 세속은 이를 리란코도(リランコ島)라 한다. (중략) 여기서 30여 리 떨어져서 죽도가 있다. 해류에 대해 말하자면 리란코도는 한난 해류의 경계선을 이룬다. (중략) 본도는 팔도 중 하나인 강원도에 속하는 도서로서, 본명을 울릉도라 한다. 본방인은 죽도라 칭한다(하략).

즉, 이에 따르면 메이지 27년경에도 이 섬들과 관계가 많은 산인지방 사람들은, 일반적으로 울릉도를 여전히 죽도라고 부르고 있었다는 것을 알 수 있다. 원래 오늘의 죽도에 대해서는 송도라 하지 않고 구미인이 명명한 리안쿠르를 방언으로 「리란코도」라고 속칭하고 있었던 것 같으나, 오히려 「리얀코도」 또는 「란코도」로 칭하는 것이 보통이었던 것 같다. 후술하는 나카이 요사부로(中井養三郎)의 동도 영토편입 및 대하원(明治 37년 9월 29일 제출)에도

조선 울릉도의 동남 55 해리의 절해에 속에서 랸코도라 칭하는 무인도가 있습니다.

라고 기술하고 있다. 하지만, 구래의 호칭 「송도」가 완전히 잊혀진 것은 아니다. 1903(明治36)년에 간행된 고이즈미 노리사다(小泉憲貞)저 『오키지 후편』 제49철에 다음과 같은 기록이 있다.

竹島へ渡海ノ発点地ハ隠岐国穏地郡北方村福浦港ニテ既ニ寛永年中竹島渡海業者が寄進シタル彼ノ地ヨリ持帰リシ良材ヲ以テ福浦湾中ノ一小島ニ建立シタリ今ニ祠存ス(中略)竹島ハ朝鮮国江原道ニ属スルノ一小島ニシテ松島ノ西ニ峙テリ周囲十里許リ朝鮮本土ヲ距ルコト約四十里我隠岐国ヲ距ルコト一百里余ノ間ニ立テリ而シテ松島ニ至ルノ距離モ亦四十里許リト称セラル竹島ハ全然朝鮮領ニシテ我レヨリハ遼遠ノ地ニ属セルナリ

죽도로 도해하는 출발지는 오키노쿠니 오치군의 북방촌 후쿠우라항으로, 이미 간에이 연중에 죽도도해업자가 바친, 그곳에서 가지고 돌아온

양재로 후쿠우라만 안의 한 소도에 신사를 건립했다. 지금도 그 사당이 존재한다. (중략) 죽도는 조선국 강원도에 속하는 한 소도로, 송도 서쪽에 솟아있다. 주위 10리 정도로 조선 본토에서 떨어지길 약 40리, 우리 오키노쿠니에서 떨어져 백리 남짓한 사이에 서있다. 그리고 송도에 이르는 거리도 다시 40리 정도라 한다. 죽도는 그야말로 조선국 영토로, 우리한테는 요원한 땅에 속한다.

이러한 우리나라의 전통적인 「죽도」, 「송도」에 대한 지견에 대해, 한편에서는 최신 구미의 지리적 지식을 도입하여, 그것을 도시한 일본제 지도도 나타나게 되었다.

이 계통의 지도로 오래된 것을 예를 들면 1861(文久원)년에, 사토 마사히로(佐藤政養)가 네덜란드의 지도를 기초해서 작성한 메루카토-루 도식에 의한 「신간여지전도」(書肆, 江戸竪川三の橋, 万屋為四郎)를 들 수 있다. 군함조련소의 난서 번역관이었던 사토 마사히로는 1857(安政 4)년에 네덜란드의 출판사, 세·후·스테무레루(S. F stemmler)에서 출판된 루판(鏤板)의 지도를 번역하여 이 지도를 작성했으나, 그 안에 라·페루즈의 세계탐험의 항로를 점선으로 기입하는 것과 더불어, 분명히 다쥬레-도(울릉도)에 해당하는 일본해의 섬에 대해 「다케시마(タケ島)」라는 명칭을 부여하고 있다. 1840년에 시-보루토가 그 지도의 다쥬레-도를 송도로 본 이래, 이미 유럽의 제 지도에는 다쥬레-도를 송도로 한 것도 있었으나, 그는 독자적인 견해에 따라, 이것을 우리 고래의 호칭인 죽도로 하고 있는 것은, 참 신기한 일이라 할 것이다.

흥미로운 것은, 1867(慶応3)년에 간행한 가쓰 카이슈(勝海舟)가 식한 「대일본국연해약도」이다. 이 지도는 「관영국소각동양측량도(観英国所刻東洋測量図)」라고 주기되어 있듯이 당시의 새로운 유럽의 지리적 지식을 수용하고 있다. 「죽도」, 「송도」에 관해서는 1856년 페리-제독의 『일본원정기』의 절입도(折込図)와 1859년 및 1868년의 제-임스·와일도-의 지도 등과 동일계통의 것으로 아르고노-토, 다쥬레-, 리안쿠-루(혹은 호-넫토)에 해당하는 3개의 섬을 싣고 있다.

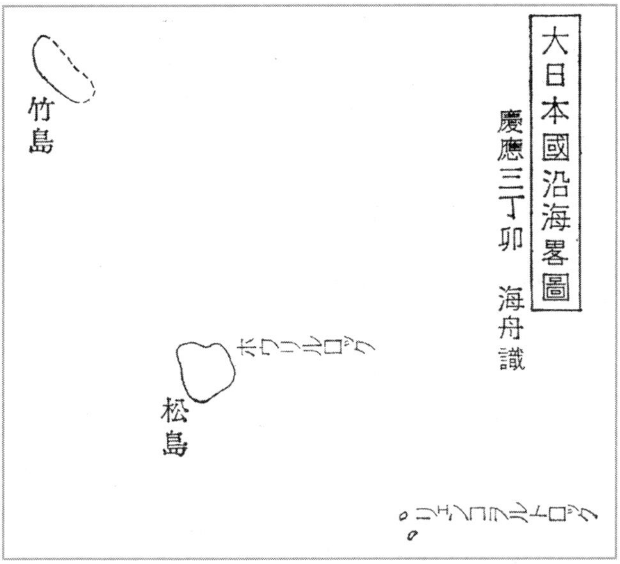

제8도 勝海舟 大日本國沿海略圖 慶應3년 1867年

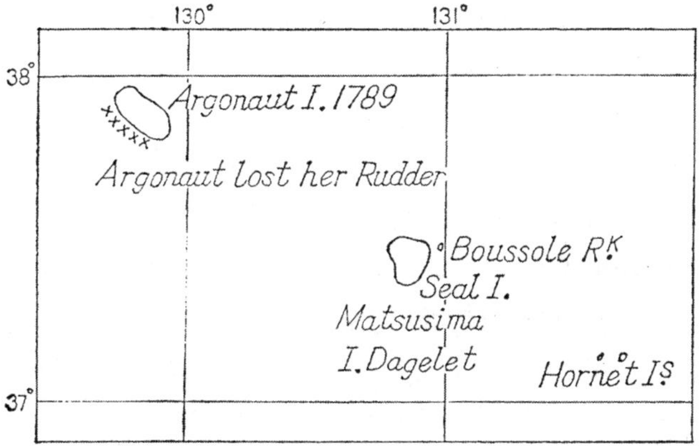

제9도 James Wyld의 圖 1868年

도명으로는 오키에 가장 가까운 것이 「리엔코오루토록쿠(リエンコヲルトロック)」, 다음이 「송도」, 그 다음이 「죽도」로 되어 있어 일본 측에 송도, 조선 측에 죽도가 그려져 있기 때문에, 일견 앞에서 예시한 에도시대 중기 이후의 일본도 계통을 답습하고 있는 것으로 여겨지나, 섬의 형태와 배치로 보아, 그 죽도라는 것은 후에 구미제 지도에서 자취를 감추게 되는 아르고노-토島이고, 또 그 송도는 다쥬레-도, 즉 울릉도에 해당한다는 것이 명백하여, 시-보루토가 범한 잘못이 그대로 여기에 계승되어 있는 것이다.

작은 두 개의 섬으로 그려져 있는 「리엔코오루토록쿠」는, "Liancourt rocks", 즉, 오늘의 죽도에 해당하는 것은 말할 필요도 없다.

또 송도에는 「호우리루록쿠(ホウリルロック)」라는 지명도 실려있다. 그것이 그 위치로 보아 울릉도의 동북단에 있는 죽서(竹嶼)를 가리키는 것으로 하면, 부소우루・록쿠(Boussole rocks)를 말하는 것이다. 부소우루는 다쥬레-(울릉도)를 발견한 라・페루우즈가 탄 배의 이름이다. 그러나 만일 호-넬토・록쿠(Hornet rocks)를 달리 발음한 것으로 한다면, 오늘의 죽도에 해당하므로 「리엔코오루토록쿠」의 곳에 병기해야 하는 것을 잘못하여 송도(울릉도)의 곳에 기재했다는 것이 될 것이다.

이 카이슈의 「대일본연해약도」의 계통을 잇는 서구의 번역도로는 1870(明治3)년 간의 하시모토 교쿠란(橋本玉蘭)의 「대일본사신전도」가 있다. 이 지도에도 다케시마(竹シマ), 마쓰시마(松シマ), 리엔코오루토록쿠의 3도가 그려져 있으나, 그 외에 조선 연안 가까이 「시릉도(蒔陵島)」라는 섬이 실려 있는 것이 주목된다. 이 섬은 1779년 간의 단뷔루 (d'Anville)의 『중국지도장』("Nouvel Atlas de la Chine") 속의 「조선도」 (Royaume de Core'e)에 실려있는 Fan-ling-tao(혹은 Pan-lin-tao)와 Tchian-chan-tao(혹은 Tchian-shan-tao)라는 두 개의 섬과 관계가 있다. 이 단뷔루도는, 후세 유럽제 지도에 지대한 영향을 미치고 있으나, 앞에 든 1856년의 페리-제독의 『일본원정기』 속의 절입도에도 「아르고노-트」, 「다쥬레-」, 「호-넬트」의 3도 외에, 단뷔루도에 따라

조선연안 가까이 Panlingtao 및 Tchian shantao 두 섬이 실려 있다.

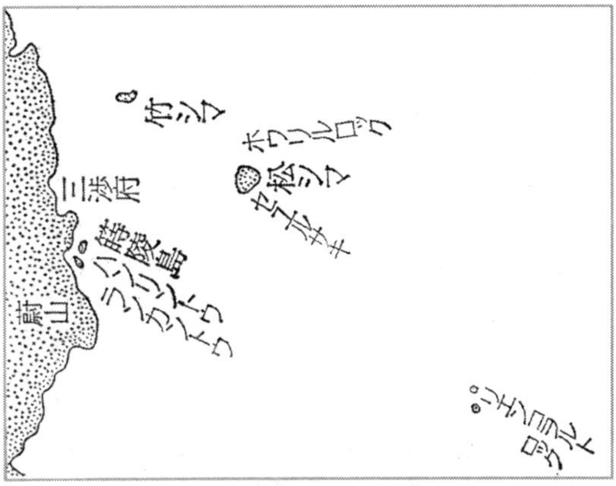

제10도 橋本玉蘭 大日本四神全圖 明治3年 1870年

이 중 Fan-ling-tao(혹은 Pan-lin-tao)는 울릉도를 중국음으로 나타낸 것이라는 것이 분명하다. 또 Tchian-chan-tao(혹은 Tchian-shan-tao)는 「천산도(千山島)」의 중국음으로 판단되나, 「천산도」는 「우산도(于山島)」를 잘못 표기한 것으로, 이에 대해서는 우리나라의 지도에도 그 예가 적지 않다(예를 들어 天明5년 간 하야시 시헤이(林子平)의 「조선팔도지도」).

즉 단뷔루도의 두 섬은 한국 고문헌에 있는 우산, 울릉 2도설을 임의로 지도상에 표현한 것에 지나지 않아, 본래 울릉도 그것이라는 것은 다른 곳에서 고증하는 그대로이다.

교쿠란도의 「시릉도」가 이 단뷔루도에서 유래하여, 울릉도를 의미하고 있는 것은, 조선 연안 가까이 두 소도를 그리고, 그 곁에 「시릉도」와 더불어 「한친토우(ハンチントウ)」, 「란칸토우(ランカントウ)」라고도 기술하고 있는 것으로도 추정하기 어렵지 않다.

이 카이슈도, 교쿠란도의 계통을 이은 것에, 1886(明治19)년의 가시와라 요시나가(樫原義長)의 「대일본지도」나 1893(明治26)년의 마에카와 젠베에(前川善兵衛)의 「상밀일본신지도」등이 있다. 하지만 이들 지도에는 이미 아르고노-토도에 해당하는 「죽도」는 지도상에서 그 자취를 감추고 송도와 리엔코-루토록쿠만 실려 있다. 이것을 구미제 지도에서는, 1894년 스탄훠-도의 지도

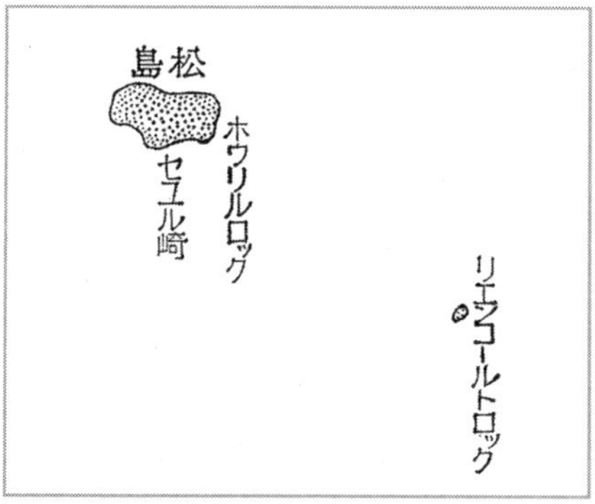

제11도 가시와라요시나가(樫原義長)
大日本地圖 1886(明治16)年

("Stanford's Map of Eastern China, Japan, Korea" The Seat of war in 1894) 등에 역시 아르고노-토, 다쥬레-, 리안쿠-루의 3도가 실려 있는 것과 비교하면 아주 흥미롭다. 또 1906(明治39)년 간의 가가와 치요시(加川千義)가 편찬한 메이지 37, 8년 전역기념지도도 이 계통에 속하는 것이나, 이 지도가 간행된 당시에는, 오늘의 죽도는 이미 시네마현에 편입되어 죽도라는 이름을 명명하고 있었기 때문에, 송도에는 「울릉도」, 리엔코-루토록쿠에는 「죽도」의 이름이 각각 병기되어 있는 것이 주목된다.

제12도
오고히데카쓰(大後秀勝)
大日本海路全圖 1876年

이상과는 또 다른 계통의 구미제 지도를 따르는 것으로는 1876(明治9)년 3월 간, 오고 히데카쓰(大後秀勝)의 「대일본해로전도」가 있다. 이 지도에서는 아르고노-토도에 해당하는 섬은 없고, 울릉도와 오늘날의 죽도에 해당하는 두 섬만이 그려져 있다. 단 울릉도에 해당하는 섬은 송도, 오늘날의 죽도에 해당하는 섬은 리안쿠-루라고 칭하지 않고, 「메네라이세(メネライ瀬)」 및 「오리우쓰세(ヲリウツ瀬)」로 하고 있다. 이것은 1854년에 동도를 측정했던 푸-챠친 휘하의 군함 팔라다호에 의해 명명된 Manalai and Olivutsa rocks라는 명칭을 취한 것이다. 이 오고도의 계통을 이은 지도는 상당한 시대가 흐른 후에도 존재하는데, 1897(明治30)년에 농상무성

지질조사소에서 간행한 「대일본제국전도」 등이 그 일례이다.

그 외에 1875(明治8)년 11월 발행의 육군참모국의 「조선전도」, 1877(明治10)년 9월에 발행된 문부성의 「일본전도」(宮本三平製図) 등도 앞에서 든 우리나라 고래의 송도, 죽도 계통의 지도와 마찬가지로 오키 측에 「송도」, 조선 측에 「죽도」 라는 두 섬을 싣고 있다. 하지만 섬의 형상이나 그 배치, 특히 죽도를 점선으로 나타내고 있는 것 등으로 보아, 그것이 전통적인 송도, 죽도가 아니라 1840년의 시-보루토 계통을 잇고 있다는 것이 명백하다. 즉 이들 지도가 말하는 「죽도」는, 울릉도가 아닌 가이슈도의 죽도 등과 마찬가지로 후년에 지도에서 자취를 감추게 되는 아루고노-토도를 가리키고 있어, 그 「송도」가 다쥬레-, 즉 울릉도이다.

한편 가이슈도나 교큐란도를 답습한 지도에서는, 앞에서 지적한 대로 비교적 일찍부터 「죽도」는 그 자취를 감추고 있으나, 다른 한편에서는 이 「죽도」(아르고노-토도)를 싣고 있는 전기 계통에 속하는 것은, 의외로 후년까지 존재하여 1894(明治27)년 간의 시미즈 죠타로(清水常太郎)편 「조선여지도」등은 명백히 이 계통에 속한다.

이상은 주로 민간에 유포되어 있던 지도류에 대한 고찰이었으나 정부 간행물로 가장 권위 있는 해군수로국(부) 해도의 경우는 1880(明治13)년 9월에 군함 「아마키(天城)」에 의해, 당시 「송도」로 불리던 것이 고래의 울릉도였다는 것이 확인되어(그 경위는 후술), 그 후 간행되는 해도에서는, 일관되게 울릉도에 해당하는 섬을 「송도」, 오늘날의 죽도에 해당하 는 섬을 「리안코-루토암(石)」으로 칭하고 있다.

1882(明治15)년의 발행으로 추정되는 해군수로국의 「일지한항로리정일람약도(日支韓航路里程一覧略図)」나 1887(明治20)년 간의 수로부의 「세계전도」 등은 울릉도에 해당하는 섬을 단지 「송도」 로만 기술하고 있으나 1886(明治19)년 9월 30일 수로부발행의 『환영수로지(寰瀛水路誌)』제2권 제2판에서는 「울릉도일명송도(欝陵島一名松島)、양명 다게렌토(ダゲレット)운운」으로 하고 있고,

또 1891(明治24)년에 발행한 「일본총도」, 1896(明治29)년에 발행한 「조선」 등 수로부의 지도는 모두 울릉도와 송도를 병기하고 있다. 아르고노-토도에 해당하는 섬의 기재가 없는 것은 말할 것도 없다.

또 일본인의 울릉도 벌목사건(후술)에 관련하여, 1883(明治16)년 3월에 지방장관 명으로 보낸 통달에는

> 日本称松島〈一名竹島〉 朝鮮称 蔚陵島 云云
> 일본칭송도(일명 죽도) 조선칭울릉도운운

이라고, 전통적 지명과 구미의 지식에 기반하는 지명 모두를 들고 있는 것이 주목된다.

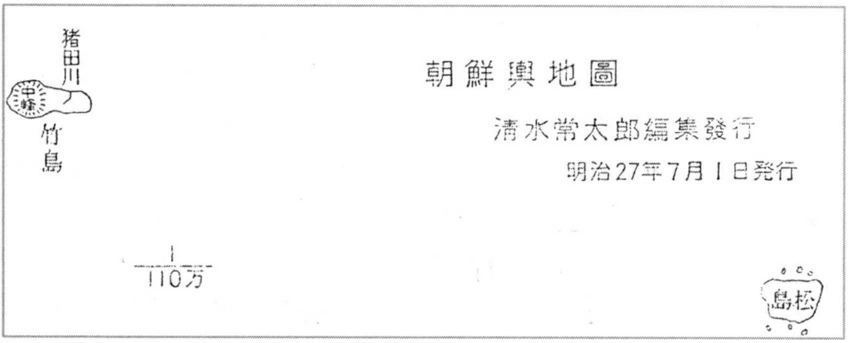

제13도 清水常太郎 朝鮮輿地圖 1894(明治27)년

이처럼, 우리나라 고래의 송도 죽도에 관한 지식과 그 후 구미에서 전해진 여러 계통의 지리적 지식이 명확히 정리되지 않은 채 상당히 후년에 이르기까지 혼재하게 되었으나, 이것들을 통람하여 여기서 확실히 말할 수 있는 것은 오늘의 죽도는 옛날에는 「송도」, 구미의 지식이 들어온 뒤로는 「리엔코오루토롴쿠」 혹은 「메네라이세 및 오리우쓰세」 등으로 불리고 있었으나, 아직

껏 「죽도」로 불린 적은 없었다는 것이다. 그것을 「죽도」로 부르게 된 것은 동도를 시네마현의 소관으로 편입한 후의 일이다. 앞에서 든 1906(明治39)년의 가가와도와 같은 것이 그 하나의 예이다.

이상 이야기한 죽도 송도의 지리적 지식의 변천에 대해 연대순으로 분류 표시하면 다음과 같다.

송도 · 죽도의 지리적 지식의 변천

(주) ※울릉도에 해당
△아루고노-토도에 해당
○오늘의 죽도에 해당

연도	傳統的松島(今日の竹島) 竹島(鬱陵島)의 계통	歐美制 지도 계통	
		지도명	호칭
文化8(1811)	淺野弥兵衛「日本國図」		
文久원(1861)		佐藤政養　「新刊輿地全圖」	※タケ島
동4(1864)	恵比壽屋「大日本海陸全 圖」		
慶應3 (1867)		勝海舟「大日本國沿海略圖」	△竹島※松島 ○리엔코오루토록
明治2(1869)	葎窗貞雅「大日本海陸全 圖」		
동3(1870)		橋本玉蘭「大日本四神全圖」	△竹島※松島 ○리안코오루토록
동5(1872)	中島彭「日本輿地全圖」		
동7(1874)		沖冠嶺「大日本及支那朝鮮圖」	△竹島※松島
동8(1875)	中島彭「日本輿地全圖」		
동		陸軍參謀局「朝鮮全圖」	△竹島※松島
동9(1876)		大後秀勝「大日本海路全圖」	※松島○메네라이瀨 오리우쓰瀨
동10(1877)		文部省「日本全圖」	△竹島※松島
동11(1878)	(塚本明毅「日本地誌提要」)		
동12(1879)		柳田赴「大日本全圖」	※松島
동15(1882)	木村文造「銅版朝鮮國全圖」		
동	鈴木敬作「朝鮮國全圖」		
동		內務省地理局「朝鮮全圖」	※松島

동		海軍水路局 「日支韓航路里程一覽略圖	※松島○리안코-루토石
동19(1886)		水路部「寰瀛水路誌」	松島(鬱陵嶋) 리안코-루토列岩
동		樫原義長「大日本地圖」	※松島○리엔코-루토록
동	森琴石「大日本海陸全圖」		
동20(1887)		水路部「世界全圖」	※松島○랸코-루도岩
동24(1891)		水路部「日本總圖」	鬱陵嶋(松島), 리안코-루토岩
동27(1894)	(山陰新聞의 기사)		
동	宗孟寬「日淸韓三國輿地全圖」		
동		地學協會「朝鮮全圖」	鬱陵嶋(松島)
동		淸水常太郞「日淸韓三國輿地圖」	△竹島※松島
동28(1895)		水谷延次「大日本全圖」	※松島
동29(1896)		水路部「朝鮮」	鬱陵嶋(松島) 리안코-루토岩
동30(1897)		地質調査所 「大日本帝國全圖」	※松島 ○메네라이瀨 오리우쓰瀨
동33(1900)	靑木恒三郞「日淸韓三國大地圖」		
동39(1906)		加川千義「明治三十七八年戰役紀念地圖」	鬱陵嶋(松島), 竹島 (리안코루토)

(2) 송도·죽도 논쟁

이와 같이 우리나라에서는 막부 말기부터 메이지 초년에 걸쳐, 전통적인 송도·죽도에 관한 지식과 구미의 여러 계통의 신지식이 충분히 검토 정리되는 일 없이 병존하게 되었기 때문에 한때는 울릉도, 송도, 죽도의 삼자 관계가 아주 혼란하게 된 것이다.

이 지명의 혼란이 조야의 문제로서 크게 취급되게 되는 직접적인 동기가 된 것은 1876(明治9)년에 외무성에 제출된 무토 헤이가쿠(武藤平学)의 「송도 개척지의」라는 건의였다. 그 사람은 무쓰노쿠니(陸奥国) 출신으로, 메이지

6, 7년경에 용무로 나가사키와 블라디보스토쿠 사이를 수차에 걸쳐 왕복하며, 그 도중에 「송도」라는 섬을 망견하고 도내에 주민이 없고 천연자원이 풍부하다는 것을 듣고, 재블라디보스토쿠 세와키(瀬脇) 무역사무관을 통해 동도의 개척을 원한 자였다. 그 건의 전문은 다음과 같다.

> 松島開拓之議
> 謹而上言す。迂生不才鄙賎之身を以て方今国事之緩急施政之前後等素より察知すべきに非すして只不明之事を建白候は戦慄恐懼に堪す 幾回か閣筆候得共国家強盛之一助と存込候を黙止候ては是又本懐に無之止事を得す誠衷を表し候は即ち我か西北之方なる松島と伝ふ一嶋之事なり 鄙生両三年前より露領「ウラジワ(ママ)ストック」へ三四度往返いたし候に付其毎度遠見せしに一塊の小島なれとも向来 皇国之稗益に成へき島嶼にして却て南方なる小笠原島よりも一層専務之地と乍卒忽被存候 然るに一宇之住民なく一箇の耕地なし 自然外人之洪益と成行可申哉も難計遺憾不尠既に外人自在に伐木致し船舶にて持去候事も屡有之由承り候間左に其大要を掲け建白いたし候也
> 　我か隠州の北に在る松島は南北凡そ五六里東西二三里の一孤島にして海上より一見するに一宇の人家なし 此松嶋と竹嶋は共に日本と朝鮮との間に在れとも竹島は朝鮮に近く松島者日本に近し 松嶋の西北之海岸は岩石壁立して断岸数百丈飛鳥に非さるよりは近つくへからす 又其南の海浜は山勢海面に向って漸次に平坦に属し山頂より三四分の所に其幅数百間なる瀑水あれは平地の所に田畑を設け耕作するに便なるへし 又海辺諸所に小湾あれは船舶を繋くへし 加之本島は松樹欝々として常に深緑を呈し鉱山も有と云へり 既に「ウラジヲストツク」に在留する米人「コーペル」の説には日本の属島に松島と称する一島あり 未た日本にて着手させると聞けり日本の所轄たる嶋を他国の所有となさは其国の宝を他国に授与するなり抑本島には鉱山あり巨木あり且漁の益樵の益等も亦少からす　予に此島を貸し給はらは毎年大利を得んと云へり 迂生又熟考するに樵漁の益にても多分なるへけれとも只樵漁の益のみに非さるべし 如何となれは此「コーペル」は今現に「ウラジヲストツク」に在り 其家屋広大にして彼に勝る商人は僅に両三人なる程の有名なる商人なれ共商業を専らとせす常に鉱山のみに心を用ひ多くの満洲人を雇ひ鉱山を専らとして居ものなるに松島に金属あると唱ふれはなり 迂生両三年前より此海上を三四回往返して船中より

松島を目撃せしに鉱山あるや否は明白ならされとも一見する所にては鉱山も有へし 且満島巨松森々として繁茂し又禿山の所もあれは鉱山家の見る処にては必す鉱山ならんと見るへし

然れとも迂生ハ其鑑定を知されハ鉱山を以て論せす 只希望する所ハ彼嶋の大木を伐り其良材を今盛大に開港する「ウラジヲストツク」に輸出し或は下の関へ送りて売却し其利益を得ん 又果たして鉱山ある時は鉱山をも開き漁農を植へ開拓して往々 皇国の所有となさは莫大の利益とならん 既に朝鮮国と条約を結たる上は咸鏡道辺にも開港ありて互に往復あるへければ必す松嶋は其道路にして要島なり 加之彼我の船舶航海中難風に逢ひ日数を経て薪水に乏しき時は此島にて碇泊すれは甚便利なり 且又「ウラジヲストツク」港追日益隆盛に至るへけれは各国より諸品輸出入の航海家も難風に逢ひ或は薪水に乏しき時は本島に入港すへけれは一港を開き灯台を設くへし 左すれは独り本朝のみに非す各国航海家の安堵に帰し 皇国の仁意を仰き 皇国の仁政を感佩すへし 是れ所謂一挙にして両全を得る者にして外に仁を施し内に利益を得るなり 且又日朝両国の人民毎年漂流する者頗る多し 此人民を助くるは日朝両国の仁愛加之各国の人民も余愛を得て皇国を尊敬し益交際の厚きに至るへし 仰き願ふ所は此島を開き農民漁夫を植へ物産に精力を尽さしむるに在り 迂生両三年来此海上を航海する事既に三四度に及ひしに一見する毎に本嶋の開港を思はさるはなし 殊に昨明治八年十一月「ウラジヲストツク」に渡海せし時ハ彼島の以南より難風に逢ひ夜に入り松島に触ん事を恐れ船中の衆人千辛万苦すれとも暗夜にして且大風雨或は大雪となり更に此島を見事能はす 如何あらんと船中の衆人只大息を発し黙するのみの事もありつれは先つ急に此島に灯台を設立あらん事 を請ふ

明治 九年 七月　　　　武藤平学[8)]

삼가 올립니다. 소생은 비재 비천한 몸으로, 현재 국사의 완급, 시정의 전후 등을 잘 알지 못하고, 그저 불명한 것을 건의하여 아뢰며 전율 공송을 참을 수 없습니다. 몇 번이나 각필하려 했으나 국가 강성에 일조한다고 생각하는 것을 그만두는 것은, 이것 역시 본의가 아니라 금할 수 없어, 성충을 표하는 것은, 즉 우리 서북방에 있는 송도라는 한 섬의 일입니다. 소생은 2, 3년 전부터 러시아령 「블라디보스토크」에 3, 4회 왕복했는데, 매번 멀리 보이는 한 덩어리의 소도라 해도, 장래 황국의 패익이 되는 섬으로, 오히려 남방의 오가사와라시마보다도 일층 전념할 땅이라고, 부족하나마 생각합니다. 그런데도 한 가구의 주민도 없고 일개의 경작지도 없습니다. 자연히 외인의 횡포가 심해지는 것도 어쩔 수 없어, 유감스럽기 그지없습니다. 이미 외인이 멋대로 벌목하여 선박으로 실어가는 일도 많다는 것을 들었기에, 좌에 그 대요를 들어 아뢥니다.

우리 인슈의 북에 있는 송도는 남북 대개 5, 6리, 동서 2, 3리의 한 고도로, 해상에서 일견하기에 한 채의 인가도 없습니다. 이 송도와 죽도는 모두 일본과 조선의 사이에 있는데, 죽도는 조선에 가깝고 송도는 일본에 가깝습니다. 송도의 서북 해안은 암석이 벽립하여 단애가 수백 장입니다. 나는 새가 아니면 접근할 수 없습니다. 뿐만 아니라 그 남쪽 해변은 산세가 해면을 향해 점차 평탄해져 산정에서 3, 4부의 곳에, 그 폭이 수백 간의 폭포수가 있어, 평지에 논밭을 만들어 경작하기 좋을 것 같습니다. 또 해변 여러 곳에 작은 만이 있어 선박을 댈 수 있습니다. 또 이 섬은 소나무가 울창하여 항상 심록을 이루고, 광산도 있다합니다. 이미 「블라디보스톡」에 재류하는 미국인 「코-페루」의 말로는 일본의 속도에 송도라고 칭하는 하나의 섬이 있다. 아직 일본이 손대고 있지 않다고 들었다. 일본 소관의 섬을 타국의 소유로 한다면, 그 나라의 보물을 타국에 수여하는 것이다. 원래 이 섬에는 광산이 있고 거목이 있고, 또한 어업의 이익, 벌목의 이익 등도 또한 적지 않다. 저에게 이 섬을 빌려 주면, 매년 큰 이익을 얻을 것이라 합니다. 소생도 숙고해 보니 벌목과 어업의 이익도 많겠지만, 단지 임업과 어업의 이익만이 아닐 것입니다. 왜냐하면, 이 「코-페루」는 지금 「블라디보스토크」에 있습니다. 그 가옥은 광대하여 그보다 나은 상인은 불과 2, 3인 있을 정도로 유명한 상인입니다만, 상업에만 전념하지 않고, 항상 광산에만 마음을 쓰며, 많은 만주인을 고용하여 광산에 전념하고 있는데, 송도에 금속이 있다고 주장합니다. 우생은 2, 3년 전부터 이 해상을 3, 4회 왕복하여, 선중에서 송도를 목격했는데 광산이 있는지 없는지는 명백하지 않으나, 일견하기에는 광산도 있을 것 같습니다. 또한 섬에 가득 찬 거송은 삼림을 이루어 번무하고 또 민둥산도 있어 전문가가 보기에는 분명히 광산으로 볼 것입니다.

그렇지만 소생은 그 감정을 알지 못하므로 광산은 논하지 않겠습니다. 단지 희망하는 것은, 그 섬의 거목을 베어, 그 양재를 지금 성대하게 개항하는 「블라디보스토크」에 수출하고, 혹은 시모노세키에 보내어 매각하여 그 이익을 얻는 일입니다. 또 만일 광산이 있을 때는 광산도 열고 어민과 농민을 이주시켜 개척하여 후에라도 황국의 소유로 한다면 막대한 이익이 될 것입니다. 이미 조선과 조약을 맺은 이상은 함경도 부근에도 개항하여 서로 왕복하게 되면 반드시 송도는 그 도로로서 요도입니다. 뿐만 아니라 양국의 선박이 항해 중에 폭풍을 만나, 날수가 지나 땔감과 물이 부족할 때는 이 섬에 정박하면 매우 편리할 것입니다. 그리고 또 「블라디보스토크」항이 후일 더욱 융성하게 되면 각국에서 여러 물건을 수출입하는 항해가도 폭풍을 만나거나 혹 땔감과 물이 부족할 때는 이 섬에 입항하게 될 것이므로, 항을 열고 등대를 설치해야 합니다. 그러면 단지 본국만이 아니라 각국의 항해가도 안도하게 되어 황국의 인의를 우러러보고, 황국의 인정을 깊이 느낄 것입니다. 이것은 소위 일거양득의 일로 밖에 인을 베풀고 안에서 이익을 얻는 일입니다. 그리고 또 일조 양국의 인민은 매년 표류하는 자가 아주 많습니다. 이 인민을 돕는 것은 일조 양국의 인애를 뛰어넘어 각국의 인민도 남은 사랑을 받아, 황국을 존경하여 이로운 교제도 두터워질 것입니다. 우러러 원하는 것은 이 섬을 열어 농민 어부를 이주시켜 물산에 정력을 다하게 하는 것에 있습니다. 소생은 2, 3년 전부터 이 해상을 항해하길 이미 3, 4회에 이르러 일견할 때마다 본도의 개항을 생각하지 않은 일이 없었습니다. 특히 지난 메이지 8년 11월, 「블라디보스토크」에 도해했을 때는 그 섬의 이남에서 폭풍을 만나 밤이 되어 송도에 부딪치는 것을 두려워하여 선중의 중인이 천신만고 했지만 어두운 밤이고 게다가 폭풍우 혹은 폭설이었는데 더욱이 섬을 볼 수 없어 어떻게 될 것인가 선중의 많은 사람들은 한숨을 쉬며 조용히 있을 수밖에 없었던 일이 있었으므로 우선 서둘러 이 섬에 등대를 설립할 것을 청원합니다.

메이지 9년 7월 무토 헤이가쿠

이 건의를 일독하면 그가 개척하려고 하는 「송도」라는 것이 울릉도를 가리키고 있다는 것은 명료하다. 벌거벗은 한 암도에 지나지 않는 현재의 죽도에는 벌목사업이나 광산개발 등은 기대 할 수도 없기 때문이다. 「서북 해안은 암석이 벽립하여 단애가 수백 장으로 나는 새가 아니면 접근할 수 없다」라고 형용하고 있는 것은 아마 울릉도 서북단의 대풍감(待風坎) 부근의 일이고 또, 남쪽의 경작 가능한 비교적 평탄한 곳이라는 것은 이 섬의 주읍 도동에서 저포에 이르는 일대의 지역을 가리키는 것이라고 생각된다.

여기서 주목해야 할 것은 그가 「송도」라는 도명을 안 것은 우라지오스토쿠(ウラジオストック) 재주의 미국인 코-페루한테 얻은 지식이었다는 사실이다. 당시의 구미제 지도에는 시-보루토 이후 다쥬레-도(울릉도)를 송도로 부르고 있었으므로, 코-페루가 말하는 「송도」도 당연히 다쥬레-도 즉 울릉도를 가리키고 있는 셈이다.

원래 무토로서는 그 건의 중에서 「이 송도와 죽도는 모두 일본과 조선과의 사이에 있지만 죽도는 조선에 가깝고 송도는 일본에 가깝다」라고 쓰고 있어, 어쩌면 그는 우리나라 고래의 송도, 죽도에 관한 지식도 가지고 있었던 것처럼 생각된다. 그러나 이 「죽도」에 대해서는 그 이상 아무런 설명도 없이 오로지 울릉도로서의 송도에 대해 서술하고 있는 것으로 보아, 이 「죽도」도 역시 구미지도에 있던 아르고노-토도를 가리키고 있는 것으로도 이해된다.

무토의 전기 건의에 이어서 동년 7월 13일에는 아마도 그의 공동 계획자라고 생각되는 고타마 사다야스(児玉貞易)라는 자도 건의하여 무토 계획은 시의를 얻은 것으로, 재빨리 송도 개척의 실현을 요망함과 동시에, 그 개척의 순서로, 개척인 마을을 경영하여 벌목을 행하고 개항장을 확정할 것 등 10개조를 열거하였다.[9]

또 동년 12월 19일에는, 시모사노쿠니(下総国) 인바군 사쿠라타쵸(印旛郡佐倉田町)의 사이토 시치로베에(斎藤七郎兵衛)도 부라디보스토쿠 체재 중 세와키 무역사무관에 송도개척을 출원했기 때문에, 동 사무관은 다음해 1877(明治10)년 4월 25일부 히라노부 다이이치(平信第一)에게 이들 원서를 정리해서 「바라건대 신속히 허가해줄 것을 원합니다」라는 의견을 붙여 외무경 데라시마 무네노리(寺嶋宗則) 및 외무대보 사메지마 나오노부(鮫島尚信)에게 올렸다.[10]

이상은 모두 「송도」라는 명칭으로 울릉도의 개척원서를 낸 것이지만, 이것들과는 또 별도로 메이지 10년(1877년) 1월에는, 시마네현 도다 타카요시(戸田敬義)라는 자가 도쿄부 지사에게 「죽도도해지원」을 제출했다. 앞의 무토의 건의와 대조하기 위해, 이것도 다음에 그 전문을 인용한다.

竹島渡海之願

島根県士族
戸　田　敬　義
東京第四大区第二小区水道橋内三崎町二丁目壱番地
華族裏松良光邸内全戸寄留

不省敬義児タリシ時嘗テ聞ク隠岐ヲ距ル殆ト七十里程之乾ニ当リ洋中荒蕪不毛之一孤島アリ之ヲ竹島ト称スト敬義稍々人トナリ賎家ニ昔在ヨリ貯フ処之一小冊其ノ題表竹島渡海記ト号スル者ヲ見タリキ　然レ共其ノ時ニ於テ未タ何ノ思慮スル所ナキカ故ニ之レヲ殆ト不用品ニ属シ筐中之紙塵ニ過ス　維新以来北海之開拓諸々荒蕪之地ヲシテ続々其宜シキヲ得ルヨリ少シク思念スルニ彼之竹島ナルモ我国之属嶼タルヲ考ヒ深ク杞愛スル有ルヲ似テ三四歳以還頗ル意ヲ加ヒ種々探偵シ該島ニ関スル之書冊或ハ伝言ヲ求ムルモ故ト徳川氏執権之時ハ殊ニ厳禁之海路タルカ故ニ其ノ書冊ヲ蔵スル者曾テナシ　又嚮キニ敬義東京ヘ全戸移転之際不計モ彼之渡海記ナル者ヲ失シ尚其ノ踪跡ヲ尋ネ且ツ他ニ該書ヲ周旋スルモ敢テ得ル能ハス　至今切歯臍ヲ噛ムモ及フナク実ニ長嘆ニ堪エス　依之親友一二ト計リ頃日二葉之画図ヲ落手シ又隠岐古老ノ伝言ヲ探聞セリ　石見国浜田ノ人八右衛門ナル者私擅ニ渡海シ大ニ自己之利ヲ営ミ窃カニ之ヲ開拓センヲ謀ルモ企テ敗レ幕府之譴責ヲ蒙リ厳刑ニ処セラレシト　伯州米子ノ人村川某ナル者独リ意ヲ決シ大ニ自銭ヲ費シ而シテ隠岐国福浦港ヨリ艤シ彼之地ニ到リ滞在久シウシテ帰リ積ムニ良材及ヒ夥多之魚島（ママ）ヲ以テセリト　帰船モ亦針路ヲ前之福浦港ニ取テ相達シ其ノ恙ナキヲ祝シテ此ノ所ニ該島ノ良材ヲ以テ一小祠ヲ設立ス　称シテ福浦弁財天ト言フ　数十年之久シキヲ経歴スルモ今猶青苔ト共ニ巍然トシテ存在シ恰モ新築ニ下ラスト　然則良材名木之有ル必ス期ス可ヲ信ス　且ツ同氏ハ乾鰒ヲ幕府ニ上進スルノミナラス同物ニ於テ多ク之利金ヲ得タリト　天保度位ニ当テ徳川氏其ノ目附役ヲシテ渡海ヲ命シ巡島ヲ為シメタル事アリト　彼之渡海記ハ不疑シテ幕吏随行者之編作ナラン　且ツ図面ハ一昨年伯耆之一漁師之家ニ求ムル也　是レ恐クハ同時ニ出ル者乎　其ノ他物産之良品奇物等喋々浴海之土人相称フ　元ヨリ一々信スル能ハスト雖モ大概探求スル処欺ノ如シ　実ニ確然トシテ聞見セサルカ故謬リ伝齟齬舛之ナキモ計リ難ク実際ニ附テ事ヲ行ハス纔カニ伝言之信偽ヲ談スルヨリ寧ロ実地ヲ検スルニ如カズト　又一歩ヲ退テ思考スルニ世態之開進ニ遇ヒ各自相競ヒ人々相軋シテ其ノ業ヲ勤メ稼穡ヲ励ミ功業愈々盛ナラシメスンハ人民之義務不立之恐レ有リ　故ニ敬義竹島之事ニ意念ヲ倚セ一度事ヲ

挙テ着手セント欲スルモ未タ宜決ヲ取ラス　久シク胸中ニ畳折シテ敢テ発セサリシニ客歳鎮事官ヲ小笠原島ニ派遣セラルヽヲ聞キ大跳相賀シ政府之開懇ニ厚ク注意之有ルヲ嘉ビ此ニ於テ事少ナリト雖モ国家之利潤綏ニ為ス可カラサルヲ覚リ一層志操ヲ勉メ心意ハ仮令ヒ絶海不毛之小島ニ至リ身ヲ砕クモ功之成ル有ラハ亦可ソ厭フ処ニ非サルカ故今般該島ニ渡リ実地ヲ研究シ然ル後大ニ其ノ功績ヲ顕シ往々国易之一端ニ備ヘン事ヲ希望ス　希クハ渡海免許之儀御許可被下度此段伏而奉願候 恐惶々々頓首再拝

但シ該島渡海之気候タルヤ仲春ヲ好気トナス　故ニ隠岐国ニ渡ル之始メ伯州米子同州境港等ニテ調度之日数ヲ費シ又渡海之期有ルカ故早々御指揮之程奉願候也

右

明治十年一月二十七日　戸田敬義[11]

東京府知事　楠本正隆 殿

죽도 도해원

시마네켄 사족

도다다카요시

도쿄 제4대구 제2소구 스이도바시 우치미사키초 2초메 1번지 화족 우라마쓰 료코 저택 내 전가 기류.

불초 다케요시가 어렸을 때 듣기를 오키에서 서북쪽으로 약 70리 정도 떨어진 바다 가운데에 황무불모의 한 고도가 있는데 이를 죽도라 칭한다 한다. 다카요시가 좀 자랐을 때 천가에 옛날부터 모아둔 한 소책, 그 표제를 「죽도도해기」라고 부르는 것을 보았다. 그렇지만 그 때는 아직 아무런 생각이 없었기 때문에, 그것은 거의 불용품에 속하는 바구니 속의 종이뭉치에 지나지 않았다. 유신 이래 북해도를 개척하는 등 여러 황무지를 속속 개발하여 좋은 것을 얻는 것을 보고 생각해보니, 그 죽도도 아국의 속도라는 것을 생각하고 깊이 기우하는 일이 있어, 3, 4년 전부터 많은 생각을 하고, 여러 가지로 조사하여, 그 섬에 관한 서책 혹은 전언을 찾아보았더니, 도쿠가와씨 집권 당시에는 특별히 엄금하는 해로였기에, 그 서책을 보관하는 자 많지 않았다. 또 앞서 다케요시가 동경으로 전호가 전이할 때 헤아리지 못하고, 그 도해기라는 것을 잃어버려, 그 종적을 찾고, 또 따로 그 책을 구했으나 결국 구하지 못했다. 지금 절치부심해도 어찌할 수 없어 장탄을 금할 수 없다. 그래서 친구 한 둘에 부탁하여 근일에 두 개의 화첩을 입수하고 또 오키 노인의 전언을 탐문했다.

이와미노쿠니 하마다 사람 하치에몬이라는 자가 멋대로 도해하여 크게 자기의 이익을 꾀해 몰래 이것을 개척할 것을 계획하다 발각되어, 막부의 견책을 받고 엄벌을 받았다 한다. 하쿠슈 요나고 사람 무라카와 아무개라는 자는 혼자서 뜻을 정하고, 자기의 많은 돈을 사용하여 오키노쿠니 후쿠우라 항에서 배를 내어 그곳에 도착하여 오래 동안 체재하고 돌아와, 엄청난 양재 및 魚島(鳥)를 얻었다 한다. 帰船도 역시 항로를 앞의 후쿠우라로 해서 무사히 도착하여 축하하여, 이곳에 그 섬의 양재로 하나의 작은 사당을 설립했다. 이름하여 후쿠우라 벤사이텐이라 한다. 십 수년의 오랜 시간이 지났음에도 지금도 파란 이끼와 더불어 외연히 존재하여 신축물에 뒤지지 않는다 한다. 그래서 양재 명목이 있다는 것을 기대할 수 있다고 믿는다. 또 동씨는 말린 전복을 막부에 헌상할 뿐만 아니라 그것으로 많은 이익을 얻었다 한다. 덴포 연도에 이르러 도쿠가와씨가 감찰관에게 도해하여 순찰하게 한 일이 있다한다. 그 도해기는 틀림없이 수행한 막부관리가 편작한 것일 것이다. 또 도면은 재작년에 호키의 한 어부의 집에서 구했다. 이것은 아마도 같은 때에 제출한 것일 것이다. 기타 산물 중에 良品 奇物 등을 말하는 바닷가 사람들이 많다. 원래 모든 것을 믿을 수는 없다고 해도 대개 조사한 것은 이와 같다. 그야말로 확연히 견문할 수 없어, 잘못 전달된 내용이 없다고 기대하기는 어려워, 실제로는 행하지 않고 은밀히 전하는 이야기의 진위를 말하기 보다는 오히려 실제로 조사하는 것이 좋다고 생각한다.

또 한 발 물러나 생각하건데 세태의 개진을 만나 각자가 서로 경쟁하고 사람들이 서로 다투어, 그 일에 종사하고 산업을 장려하여 공적을 높이 쌓게 하지 않으면 인민의 의무를 다하지 않는 것이 된다. 때문에 다카요시는 죽도에 뜻을 두고 한 번 일을 일으켜 착수하려고 생각했으나 아직 의결을 얻지 못했다. 오랫동안 가슴 속에 접어두고 일부러 말하지 않았는데, 작년에 진사관을 오가사하라시마에 파견한다는 것을 듣고 크게 축하하고 정부의 개간의 의지가 깊다는 것을 기뻐하며, 여기서 작은 일이라 해도 국가의 이윤에 나태해서는 안 된다는 것을 깨닫고, 한층 뜻을 굳혀, 마음은 가령 절해불모의 소도에 가서 몸이 부서져도 공을 이루는 일이 있다면 어찌 꺼리겠는가. 따라서 이번에 그 섬에 건너가서 실지를 연구하고 그 후에 크게 그 공적을 나타내어, 왕왕 국익의 일단에 대비할 것을 희망합니다. 원하건데 도해면허의 건을 허가하여 주실 것을 엎드려 부탁드립니다. 삼가 부탁드립니다.

다만 그 섬을 도해하는 계절은 봄이 좋다 합니다. 때문에 오키노쿠니에 건너가기 전에 하쿠슈 요나고, 동주의 사카이미나토 등에서 준비하는 기간이 필요하고 또 도해의 시기가 있기 때문에 조속히 지시해 주실 것을 봉원 합니다.

우

메이지 10년 1월 27일 도다 타카요시

도쿄부지사 구스모토 마사타카 토노

이 도다의 건의가 말하는 「죽도」도 역시 울릉도를 가리키고 있다는 것은 의심할 여지가 없다. 단 무토 등의 경우는 구미의 지리적 지식에 근거하여 이것을 「송도」라고 부르고 있는 것에 비해, 그는 일본 고래의 지식에 의해 이것을 「죽도」라고 칭하고 있는 것이다. 그러나 죽도에 대해서는 후술하듯이 겐로쿠 연간에 도해금지조치가 취해지고 그 후 덴포 8년(1837년)에는 동도의 밀무역 사건이 발각되어, 주모자, 이와미노쿠니 하마다번(石見国浜田藩)의 회선도매상 아이즈야(会津屋)의 하치에몬(八右衛門)이 책형을 받고, 한의 가로 등 연루자 수 십 명은 할복하여 막부에 사죄하는 대사건이었다. 따라서 죽도(울릉도) 도해금지라는 것은 상당히 후대에 이를 때까지 일반 민중 사이에서도 비교적 강하게 인식하고 있었기 때문에 도쿄부지사도 이 도다의 죽도도해원에 대해서는, 특별히 중앙정부에 조회하지도 않고, 동년 6월 8일부로 「서면 죽도도항지원의 건, 들어주기가 힘든 일이다」라고 통지한 바 있었다.[12]

한편 외무성에 전달된 무토 등의 건의에 있는, 천연자원이 풍부하고 미개척의 「송도」 라는 것에 관심을 보여, 당국으로서도 그 「송도」와 고래의 죽도가 동일의 섬인가 아닌가를 명확히 할 필요를 느끼게 되었다.

이때 당시의 외무성 기록국장 와타나베 히로모토(渡邊洪基)는 고금동서의 기록 지리서 기타 자료에 기초하여 고증하고 송도 죽도에 대해 다음의 의견서를 제출했다.

松 島 之 議

昔者竹島ノ記事略説多クシテ松島ノ事説論スル者ナシ　而テ今者人松嶋ニ喋々ス　然リ而テ此二嶋或ハ一島両名或ハ二嶋也ト諸説紛々朝野其是非ヲ決スル者ヲ聞カス　彼竹島ナル者ハ朝鮮ノ蔚陵島トシ幕府偸安ノ議遂ニ彼ニ委ス　故ニ此所謂松嶋ナル者竹嶋ナルハ彼ニ属シ若竹島以外ニ在ル松島ナレハ我ニ属セサルヲ得サルモ之ヲ決論スル者無シ　然ルニ松嶋ナル者我国ト朝鮮トノ間ニ位シ長崎ヨリ浦潮港ニ至リ馬関其他石州因州伯州隠岐ヨリ彼要地タル「ラサレフ」港ヘノ道ニ当ルヲ以テ頗ル要地ト為シ連綿此近傍ニ英魯其船艦ヲ出没ス　若シ夫我国ノ部分ナランニハ之ニ多少ノ注意無ル可ラス　彼国ナラン歟又保護ヲ加ヘサル可ラス　況ンヤ他国我ニ糺ス　之ニ答フルニ決辞ナキヲ如何セン　然ラハ則無主ノ一島ノミ　諸書ニ就テ案スルニ竹嶋洋名アルゴナウト嶋ナル者ハ全ク烏有ノ者ニシテ其松島デラセ嶋ナル者ハ本来ノ竹嶋即チ蔚陵島ニシテ我松嶋ナル者ハ洋名ホルネットロックスナルカ如シ　然ルヲ洋客竹嶋ヲ認テ松嶋ト為シ更ニ竹嶋ナル者ヲ想起セシ者ノ如シ而テ此ホルネットロックスノ我国ニ属スルハ各国ノ地図皆然リ他ノ二嶋ニ至リテハ各国其認ムル所ヲ同フセス　我国論又確拠無シ　是実ニ其地ノ形勢ヲ察シ其所属ノ地ヲ定メ而テ其責ニ任スル所ヲ両国間ニ定メサル可ラサル者タリ　因テ先ツ嶋根県ニ照会シ其従来ノ習例ヲ糺シ併セテ船艦ヲ派シテ其地勢ヲ見若シ彼既ニ著手セハ其宰政ノ模様ヲ実査シ然ル後ニ其方略ヲ定メントト要ス　請フ速ニ採リテ議スル者アラン事ヲ伏望ス

渡辺洪基 立案（印）[13]

옛날 죽도의 기사는 약설이 많고, 송도의 일을 이야기하는 자가 없었다. 그런데 지금은 사람 들이 송도에 대해 말을 한다. 그래서 이 두 섬 혹은 일도 양명, 혹은 두 섬이라고 제설이 분분하여 조야가 그 시비를 가렸다는 말을 듣지 못했다. 그 죽도라는 것은 조선의 울릉도로 막부가 임시방편의 의론 끝에 그들에게 맡겼다. 따라서 이 소위 송도라는 것은 죽도이기에 그들에게 속한다. 만일 죽도 이외에 있는 송도라면 우리에게 속하지 않는 것도 아니지만, 이것을 결론지은 일은 없다. 그런데 송도라는 것은 아국과 조선 사이에 위치하여, 나가사키에서 블라디보스토쿠항에 이르러, 쓰시마 시모노세키 기타 세키슈, 인슈, 하쿠슈, 오키에서 그 요지인 「라사레후」항으로 가는 길이기 때문에, 상당한 요지로 끊임없이 이 근방에 영국과 러시아의 선함이 출몰한다. 만일 아국의 부분이라면 이것에 다소 주의해야 할 것이다. 그 나라의 것이라 해도 역시 보호하지 않으면 안 된다. 하물며 타국이 우리에게 물으면, 이에 답하는데 결정된 말이 없는 것을 어찌할 것인가. 그렇다면 무주의 일도일 뿐이다. 제서에 의거하여 생각하건데 죽도의 서양명 아루고노토라는 것은 그야말로 존재하지 않는 것으로 하고, 그 송도 데라세도라는 것은 본래의 죽도 즉 울릉도로, 우리 송도라는 것은 서양명 호루넷토록쿠라는 것과 같다. 그러한 것을 서양인이 죽도를 보고 송도로 하고, 또 죽도라는 섬을 상기한 것 같다. 이 호루넷토록쿠가 아국에 속하는 것은 각국의 지도 모두가 그렇다. 다른 2도에 이르러서는 각국의 판단이 같지 않다. 각국의 논 역시 확증이 없다. 이것은 실제로 그 땅의 형세를 조사하고, 그 소속을 정하고, 그 책임 소재를 양국 간에 정하지 않으면 안 되는 일이다. 따라서 우선 시마네현에 조회하여 그 종래의 관례를 묻고, 아울러 선함을 보내어 그 지세를 보고, 혹시 그들이 이미 착수했다면, 그 재정의 상황을 실사하고, 그러한 후에 그 대처방안을 강구할 필요가 있다. 원하건데 신속히 취하여 논의하는 일이 있을 것을 복망한다.

와타나베 히로모토 입안 (인)

역시 당시의 박학으로 자타가 모두 인정하는 와타나베 국장인 만큼, 그 의견은 투철·명석하여, 그야말로 정곡을 찌르고 있다. 국장은 시-보루토가 고래 죽도로 불리던 울릉도를 송도로 비정한 경위는 명확하지 않았으나,

(1) 古来わが国で、「竹島」と称したのは、朝鮮の欝陵島のことである。
(2) デラセ島(ダジュレー島)を松島としているが、それは本来の竹島であり、欝陵島である。
(3) わが国で古来松島と称しているのは、ホルネットロックス(ホーネット・ロックス)のことである。
(4) ヨーロッパ人は、古来の竹島を松島となし、さらに鳥有の島（アルゴナウと島）に対し竹島を想起したもののごとくである。
(5) ホルネットロックス(古来の松島)がわが国に属していることは、各国のいずれの地図も一致している。

(1) 고래 우리나라에서 「죽도」라고 칭한 것은 조선의 울릉도다.
(2) 데라세도(다쥬레島)를 송도로 하고 있지만, 그것은 본래 죽도이며

울릉도다.

(3) 우리나라에서 고래 송도라 칭하고 있는 것은 호루넬토록쿠스(호-넬토-록쿠스)다.

(4) 유럽인은 고래의 죽도를 송도로 보고, 또 가공(烏有)의 섬(아루고나우토도)를 죽도로 상기한 것 같다.

(5) 호루넬토록쿠스(고래의 송도)가 우리나라의 속하고 있는 것은, 각국의 어떤 지도에도 일치하고 있다.

라고 단정하고 있다. 그러나 와타나베 국장으로서는 문제의 송도, 죽도라고 칭하는 두 섬의 소속에 대해서는 명확하지 않기 때문에, 우선 시마네현에 조회하는 것과 함께 함선을 현지에 파견하여 조사해야 한다고 상신했다.

이 같은 와타나베 국장의 탁견도 당시 충분히 살펴보지 않고 계속 갑론을박하여 쉽게 결정하지 않았다. 특히 송도를 울릉도의 별명이라고 하는 구미의 지견을 근거로 하는 자는, 군함을 파견해서 조선 측의 의심을 초래할 것을 걱정하여 이를 반대하는 자도 있었기 때문에 현지 순시도 일시적인 문제에 머물렀다.[14)]

그러나 참의 겸 외무경 데라시마 무네노리(寺島宗則)의 결단으로 1880(明治13)년 9월에 군함 아마키(天城)가 조선으로 회항하는 도중에 송도에 들러 실지조사를 행하게 되었다.

이보다 앞서 1876(明治9)년 2월 26일에 「일조수호조규」가 조인되어 그 제7관에,

> 조선국의 연해 島嶼暗礁를 종전에 심사를 하지 않아 아주 위험하기 때문에 일본국의 항해자는 자유로이 해안을 측량한다는 것에 준하여, 그 위치 浅深을 자세히 조사하여 図誌를 편제하여 양국 선객이 위험을 피해 안전하게 항해하게 해야 할 것이다.

라고 규정되어 있기 때문에 송도(울릉도)가 조선 영토라 하더라도 일본선박

은 그 해안을 자유롭게 측량할 수 있게 되었다. 이 결정에 의거하여 군함 「아마키」는 1878(明治11)년 6월에도 송도(울릉도)에 들렸으나, 그 때에는 문제의 송도·죽도를 실지로 확인하는 것이 목적이 아니었기 때문에 동도를 정확하게 측량하는 일은 하지 않았다.

송도·죽도 논쟁에 종지부를 찍을 목적으로 군함 「아마키」가 송도에 파견된 것은 메이지 13(1880)년의 두 번째 순견시의 일로, 이 조사에는 해군 소위 미우라 시게사토(三浦重郷) 등이 직접 실지를 측량한 결과 송도는 울릉도와 동일의 섬이라는 것이 확인되고, 그때 별도로 다케시마(竹嶼)로 칭하는 작은 섬이 있다는 것도 발견했다. 단 이 소도는 죽서(Boussole rocks)라고 불리는 울릉도 동안의 부속 암도로, 오늘날의 다케시마(Liancourt rocks or Hornet Islands)는 아니다. 이것에 대한 당시 수로국장의 보고는 다음과 같다.

水路報告第三十三号

此記事ハ現下天城艦乗員海軍少尉三浦重郷ノ略画報道スル所ニ係ル

日本海

松島〈韓人之ヲ欝陵島ト称ス〉錨地ノ発見

松島ハ我隠岐国ヲ距ル北西四分三約一百四十里ノ処ニアリ 該島従来海客ノ精検ヲ経ザルヲ以テ其仮泊地ノ有無等ヲ知ルモノナシ 然ルニ今般我天城艦朝鮮ヘ廻航ノ際此地ニ寄港シテ該島東岸ニ仮泊ノ地ヲ発見シタリ 即左ノ図面ノ如シ

右報告候也

明治十三年九月十三日

水 路 局 長

海軍少尉 柳 猶悦[15]

수로보고 제33호

이 기사는 현하 아마키함의 승무원 해군소위 미우라 시게사토의 약화 보도하는 것에 관계된다.

일본해

송도〈한인은 이를 울릉도라 칭한다〉 닻을 내릴 곳의 발견

송도는 우리 오키노쿠니와 떨어져 서북 4분의 3, 약 140리의 곳에 있다. 그 섬은 종래 해객의 정밀검사를 거치지 않아, 그 가박지의 유무 등을 아는 자가 없다. 그런데 금번 우리 아마키함이 조선에 회항할 때 이 땅에 기항하여 그 섬의 동안에서 가박의 땅을 발견했다. 즉 좌의 도면과 같다.

우 보고 합니다

메이지 13년 9월 13일

수 로 국 장

해군소위 야나기 유에쓰

이상의 경위에 대해서 기타자와 마사노부(北沢正誠)는 그의 『죽도고증』에서 다음과 같이 말하고 있다.

元録十二年竹島ノ地朝鮮ノ者ト極リシ後ハ我人民又此島ヲ覬覦スル者ナカリシニ百余年ノ後石州浜田ノ民八右衛門ナル者アリ　江戸在邸ノ吏ニ説テ其黙許ヲ受ケ竹嶋ニ漁業ヲ名トシ陰ニ皇国産ノ諸品ヲ積去テ外国ニ貿易セルヲ以テ忽チ法憲ニ触レ厳刑ニ処ラル　此ヨリ後又此島ノ事ヲ説ク者ナシ皇政維新ノ後明治十年ノ一月ニ及ヒ島根県士族戸田敬義竹島渡海ノ願書ヲ東京府ニ呈ス　六月ニ及ヒ難聞届旨指令アリ　此ヨリ後復タ竹島ノコトヲ言フ者ナシ　其後奥州ノ人武藤一学下総ノ人斎藤七郎兵衛等浦塩斯徳ニ往来シ竹島ノ外別ニ松島ナル者アリト唱ヒ瀬脇寿人ニヨリテ渡海ノ事ヲ請フ於是竹島松島一島両名或ハ別ニ二島アルノ説紛紛決セス　遂ニ松島巡島ノ議起ル　甲乙丙丁ノ説ノ如シ　雖然其事中止セリ　明治十三年天城艦ノ松島ニ廻航スルニ及ヒ　其地ニ至リ測量シ始テ松島ハ欝陵島ニシテ其地竹島ナル者ハ一個ノ岩石タルニ過キサルヲ知リ事始テ了然タリ　然ルトキハ今日ノ松島ハ即チ元録十二年称スル所ノ竹島ニシテ古来我版図外ノ地タルヤ知ルヘシ

겐로쿠 12년 죽도를 조선의 것으로 정한 후는 우리 인민이 다시 이 섬을 넘보는 자가 없었는데 100여 년 후에 세키슈의 하마다 사람 하치에몬이라는 자가 있었다. 에도의 저택에 있는 관리에게 이야기하여 그 묵허를 받아 죽서의 어업을 핑계로 뒤로는 황국산 제품을 싣고 가서 무역하는 것으로, 법을 어겨 엄벌에 처해졌다. 이 후로 다시 이 섬의 일을 이야기하는 자가 없다. 황정 유신 후 메이지 10년의 1월에 이르러 시마네현의 사족 도다 타카요시가 죽도 도해원을 도쿄후에 내어, 6월에 받아들이기 어려운 내용이라는 지령이 있었다. 이후로는 죽도의 일을 말하는 자가 없다. 그 후에 오슈의 사람 무토 이치가쿠 시모사 사람 사이토 시치로베에 등 블라디보스토크에 왕래하여, 죽도 외에 따로 송도라는 것이 있다고 주장하며, 세와키 히사토를 통해 도해의 건을 청했다. 여기서 죽도·송도가 1도 양명, 혹은 따로 2도가 있다는 설이 분분하여 결정하지 못했다. 결국 송도를 순도하자는 의견이 나왔다. 갑을병정의 이야기를 추가한다. 그렇지만 그 일을 중지했다. 메이지 13년 아마키함이 송도에 회항하여 그 땅에서 측량하여 처음으로 송도가 울릉도이고, 기타 죽도라는 것은 하나의 암석에 지나지 않는다는 것을 알아, 처음으로 분명해졌다. 그러할 경우 오늘의 송도는 즉 겐로쿠 12년에 칭하는 죽도로, 옛날부터 우리판도 외의 땅이라는 것을 알아야 한다.

3. 죽도의 명명

1880(明治13)년에 군함 「아마키」의 조사에 의해 송도·죽도 논쟁은 종지부가 찍혀 문제의 송도는 울릉도를 가리키는 것이 분명해졌기 때문에 1882(明治15)년 8월 26일 내무성 지리국 간행의 「조선전도」나 동년 발행으로 추정되는 해군수로국 간행의 「일지한항로리정일람약도(日支韓航路里程一覧略図)」등 정부 발행의 지도에서는 빠르게도 울릉도에 해당하는 섬을 「송도」로 기록하고, 또 1886(明治19)년 9월 30일 수로부 간행의 『환영수로지』제2권, 제2판도 울릉도 일명 송도 「영명 다게렛토」라고 기록되어 있는 것은 앞에서 지적한 대로이다.

마침 이 때부터 울릉도에서의 일본인의 벌목이 일조 양국 정부의 사이에서 문제가 되어 그 결과 1883(明治16)년 3월에 일본 정부는 지방장관을 통해 널리 국민에게 울릉도의 도항금지를 통달했지만 그 통달문에서 「일본칭 마쓰시마〈일명 다케시마〉 조선칭 울릉도」라는 표현을 사용하고 있어, 당시 문제가 되었던 「송도」도 고래 「죽도」로 불리고 있었던 섬도 모두 울릉도를 가리키고 있다는 것을 분명히 했다.

内　　達　　案

北緯三十七度三十分東経百三十度四十九分ニ位スル日本称松島〈一名竹島〉朝鮮称蔚陵島ノ儀ハ従前彼我政府議定ノ儀モ有之日本人民妄リニ渡航上陸不相成候条心得違ノ者無様各地方長官ニ於テ論達可致旨其省ヨリ可相達此旨及内達候也

明治十六年「三月一日」

太政大臣16)

内務卿　山田顕義 殿

북위 37도 30분 동경130도 49분에 위치하는 일본칭 마쓰시마(일명 다케시마) 조선칭 울릉도의 건은 종전에 피아 정부가 의정한 일도 있으니 일본인민은 함부로 도항 상륙 해서는 안 된다는 것을 알고, 어기는 자가 없도록 각 지방장관에게 유달해야 한다는 뜻을, 그 성에서 통지해왔기에 내달합니다.

메이지 16년「3월 1일」

다이죠다이진

내무경 야마다 아키요시 도노

이렇게 해서 울릉도가「송도」라는 것이 되었기 때문에, 고래「송도」라고 불리고 있던 오키에 가까운 소도의 명칭이 필연적으로 문제가 되었지만, 이 시기의 해도나 수로지 등의 정부 간행물에서는 단순히「랸코-루토암」「메네라이세(瀨)・오리우쓰세」「호-넷트열암」 등으로, 외국어의 도명을 그대로 싣고 일본명은 붙이지 않았다. 또 당시의 오키의 어민 등은 리안코-루트를 방언으로「랑코도」,「랸코도」,「리란코도」 등으로 속칭하고 있었던 것은 상술한 대로이다.

그러나, 이 소도를 오키도사의 소관으로 정식으로 편입하는 것에 임해 그 도명을 명확히 할 필요가 생겨 시마네현 내무부장은 오키도사에 대해 다음과 같이 그 견해를 구하는 일이 있었다.

庶第1073号

周吉郡西郷町中井養三郎ヨリ領土編入並ニ貸下ノ件別紙之通出願ニ付目下調査中之趣ニ候処弥々所属ヲ定メラルル場合ニ於テハ隠岐島庁ノ所管トセラルルモ差支ナキ御見込ニ候ヤ又島嶼ノ命名ニ付併セテ御意見承知致度此段及照会候也

明治三十七年十一月十五日

島根県内務部長

書記官　堀　信　次[17]

隠岐島司 東文輔殿

서제 1073호

스키군 사이고초 나카이 요자부로가 영토 편입 및 대하의 건을 별지와 같이 출원한 것에 대해 목하 조사하는 중에 결국 소속을 정할 경우에는 오키도청의 소관으로 해도 지장이 없다고 생각합니까, 또 도서의 명명에 대해서도 의견을 듣고 싶어 이것을 조회합니다.

메이지37년 11월 15일

시마네현 내무부장

서기관 호리 신지

오키도사 아즈마 후미스케 도노

이것에 대해서 아즈마 오키도사는 울릉도가 송도라고 결정된 이상 고래의 죽도에 해당될 만한 것은 이 새로운 섬에 대해 달리 구할 것이 없어 이것을 죽도로 명명하는 것이 적당할 것이라고 답신했다.

乙庶第152号

本月十五日庶第一〇七三号ヲ以テ島嶼所属等ノ義ニ付御照会之趣了承右ハ我領土ニ編入ノ上隠岐島ノ所管ニ属セラルルモ何等差支無之其名称ハ竹島ヲ適当ト存候

元来朝鮮ノ東方海上ニ松竹両島ノ存在スルハ一般口碑ノ伝フル所而シテ従来当地方ヨリ樵耕業者ノ往来スル欝陵島ヲ竹島ト通称スルモ其実ハ松島ニシテ海図ニ依ルモ瞭然タル次第ニ有之候　左スレハ此新島ヲ措テ他ニ竹島ニ該当スヘキモノ無之依テ従来誤称シタル名称ヲ転用シ竹島ノ通称ヲ新島ニ冠セシメ候方可然ト存候 此段及回答候也

明治三十七年十一月三十日

隠岐島司　東文輔[18]

島根県内務部長

書記官　堀信次殿

을서제152호

본월 15일 서제1073호로 도서 소속 등의 건에 대해 조회하신 뜻을 알고 우는 우리 영토로 편입한 이상 오키시마의 소관에 속하게 하는 것도 하등의 지장이 없고 그 명칭은 죽도가 적당하다고 생각합니다.

원래 조선의 동방 해상에 송죽 양도가 존재하는 것은 일반의 구비가 전하는 것으로서 종래 이 지방에서 초경 업자가 왕래하는 울릉도를 죽도로 통칭하는 것도 실은 송도로, 해도에 의해도 분명한 일입니다. 그러하기 때문에 이 신도를 두고 달리 죽도에 해당할 만한 것이 없어, 종래 잘못 부른 명칭을 전용하여 죽도의 통칭을 신도에 붙여야 한다고 생각합니다. 이것으로 회답합니다.

메이지37년 11월 30일

오키도사 아즈마 후미스케

시마네현 내무부장

서기관 호리 신지 도노

이 오키도사의 답신에서 종래 울릉도를 죽도라고 칭한 것은 오칭이라고 하는 것은 상술한 도명의 역사적 경위를 충분히 이해하지 못한 것에 의한 것이지만, 그것은 어쨌든 이 답신이 기초가 되어 1905(明治38)년에 동도를 시마네현 오키도사의 소관으로 편입하는 것에 맞추어 정식으로 이것을 「죽도」라고 명명하고, 여기서 고래의 송도·죽도의 도명이 완전히 전도되는 결과가 된 것이다.

이것을 요약하면 옛날 우리나라에서 죽도라고 말하고 있었던 것은 울릉도였고, 또한 송도라고 칭하고 있었던 것은 지금의 죽도로, 이 양자의 관계는 긴 기간 판연한 것으로 아무런 의심도 없었다.

그런데 시-보루토가 잘못하여 송도를 울릉도로 또 죽도를 존재하지 않는 섬이라는 의미의 「아르고노-토(烏有の島)」로 비정한 이래, 그 잘못된 지리적 지식이 우리나라에도 전달되어 죽도 송도의 관계에 혼란이 생긴 것이었다.

1880(明治13)년에 군함 「아마키」를 현지 파견하는 것으로 당시 송도라고 불리고 있었던 것이 울릉도와 동일의 섬이라는 것이 판명되었다. 그러나 지난 날 송도로 알려져 있던 오늘날의 죽도에 대해서는 아직 죽도의 명칭이 주어져 있었던 것은 아니었다. 그것을 죽도라고 부르게 된 것은 1905(明治38)년에 동도가 오키도사 소관으로 편입된 이래의 일이었다.

따라서 1905년 이전의 우리나라의 지도나 문헌에 나오는 죽도라는 것은 모두 울릉도거나 고루넬토가 울릉도의 위치를 잘못 측정하여, 후에 지도상에서 그 모습을 감추게 된 아루고노-토도를 가리키거나 또는 울릉도의 속도인 동도 동안의 죽서(Boussole rocks)를 의미하여, 지금의 죽도는 오키도사의 소관으로 편입되기까지는 죽도로 불렸던 일은 없었다.

제2절 죽도에 관한 지견과 그 경영

1. 일본인의 죽도 인식

(1) 문헌에 나타난 송도 · 죽도

우리나라에서 옛날 「죽도」 또는 「의죽도」라고 칭하고 있었던 것은 울릉도를 말하는 것으로, 오늘의 죽도는 그 당시 「송도」라는 이름으로 알려져 있었다는 것은 전절에서 지적한 대로다.

이 「송도」의 이름이 죽도(울릉도)와 함께 문헌에 나타나게 된 것은 이즈모한시(出雲藩士) 사이토 호센(斎藤豊仙)이 1667(寛文7)년에 편찬한 『인슈시초고키(隠州視聴合記)』권1 고쿠다이키(国代記)의 부분에 다음과 같이 기록되어 있는 것이 그 효시라 한다.

> 隠州在北海中 故云隠岐島……戌亥間 行二日一夜有松島 又一日程有竹島〈俗言磯竹島多竹魚海鹿按神書所謂五十猛歟〉 此ニ島無人之地 見高麗 如自雲州望隠州 然則日本之乾地 以此州為限矣[19]
>
> 인슈는 북해 가운데 있다. 그러므로 오키도라고 한다. …서북방으로 2일 1야를 가면 마쓰시마가 있다. 또 1일 정도 거리에 다케시마〈속언으로는 이소타케시마라고 말하는데 대나무와 물고기와 물개가 많다. 신서에서 말하는 이소타케루인가〉가 있다. 이 두 섬은 무인도인데, 고려를 보는 것이 마치 운슈에서 인슈를 보는 것과 같다. 즉 일본의 서북은 이 주를 한계로 삼는다.

이 기록은 그 서문에

> 於其暇日聞世老晨遺叟之所伝筆水邨山郭霊社古寺之所在矣乃積到若干巻号曰隠州視聴合記
> 그 사이의 여가를 이용하여, 세속의 노인이나 농부들에게 전해오는 이야기를 들었다. 그리고 수변 마을의 상태 산간 마을의 상태, 영사나 고찰이 있는 곳을 찾아가, 그것들을 차례로 기록했다. 그렇게 써댄 글이 쌓이고 쌓여 여러 권에 이르렀다. 이것을 인슈시초고키로 부르기로 했다.

라고 기록되어 있듯이 간분 7년 가을 8월에 명을 받아 오키도를 순견했을 때, 저자 스스로 본 것 또는 들은 것을 채록한 것이지만, 그것이 후술하는 것처럼 죽도(울릉도) 도해의 최성기에 이루어진 저작이었다는 것은, 특히 주목할 가치가 있다. 이 기술 중에 있는 오키에 가까운 「송도」라고 하는 것이, 오늘의 죽도이고, 또 그것보다 하루 정도의 행정에 있는 「죽도」라는 것이 울릉도다.

이것은 송도·죽도의 위치적 관계에서 판단되는 것만이 아니고 1823(文政6)년에 오니시 노리야스(大西教保)가 『隠州視庁合紀』를 저본으로 해서, 다시 오키 어부 등의 실견담 등에 의해, 이것을 증보 수정한 『오키코키슈(隠岐古記集)』에, 「송도」는 작은 나무하나도 없는 암도. 「죽도」는 대나무가 번성한 바위섬으로, 지금은 조선인이 왕래하고 있다는 기록을 보아도 명백하다.

> 島の総廻り十六里(注、島後を指す)……亥ノ方西十余里にして松島あり 周り凡壱里程にして生木なき岩嶋という 又西ノ方七十里余に竹嶋といひ伝ふ竹木繁茂して大島の由、是より朝鮮を望めば隠州より雲州を見るより尚近しと云 今は朝鮮人来住すと云と 愚諸国の船人に問尋するに方角誠に然り 秋晴天北風の日に大満寺山の頂上より望み見は松島は遥に見へんという 竹島は朝鮮の池山に懐かれ遠く望めは朝鮮地と見ゆる由 愚按当国にて古より磯竹と云伝へあり〈視聴合記に見へたり〉[20]
> 섬의 총 둘레 16리(주, 도고를 가리킨다)……북북서의 방향 10리에 송

도가 있다. 둘레가 대개 1리 정도로 생목이 없는 암서라 한다. 또 서쪽 방향 70여리에 죽도라고 전하는, 대나무가 우거진 큰 섬이다. 여기서 조선을 보면 인슈에서 운슈를 보는 것보다 더 가깝다 한다. 지금은 조선인이 와서 산다 한다. 내가 제국의 뱃사람에게 물어보니 방향이 그러했다. 가을의 맑고 북풍이 부는 날에 오만지산의 꼭대기에서 바라보면 송도가 멀리 보인다 한다. 죽도는 조선의 강산에 안겨 멀리 바라보면 조선땅으로 보인다 한다. 내가 생각하건데 우리나라에서 옛날부터 이소타케로 전해지고 있었다〈시초고키에 보인다〉.

이에 앞서 1618(元和4)년에 죽도(울릉도) 도해를 면허받은 오야 진키치(大谷甚吉)의 3대 자손 큐에몬카쓰노부(九右衛門勝信)가 1681(延宝9=天和元)년에 막부 순찰사에게 제출한 청원서에도, 다음과 같이 기록되어 있다.

延宝九年酉ノ歳ニ御順見様御宿申上候覚
竹島之様子御尋被成候ニ附此一通書申候

一、大猷院様御代五十年以前阿部四郎五郎様御取持を以竹嶋拝領仕其上親共より御目見江迄被為　仰付難有奉存候御事
一、彼嶋江年々船渡海みち之魚之油并串鮑之所務仕申候御事
一、竹嶋江隠岐国嶋後福浦より海路百里余も可有御座由海上之儀ニ御座候へは慥ニハ知レ不申御事
一、竹嶋之廻り拾里余御座候御事
一、厳有院様御代竹嶋之道筋ニ弐十町斗廻り申小嶋御座候　草木茂無御座岩嶌に而御座候廿十四五年以前阿部四郎五郎様御取持を似拝領船渡海仕候　此小嶋ニ而茂みち之魚之油小宛所務仕候　右之小嶋江隠岐国嶋後福浦より海上六十里余茂御座候事

五月十三日[21]

엔호 9년 유년에 순견의 숙소에 올린 각서
죽도의 상황에 대한 질문에 대한 보고서

一、도쿠가와 이에미쓰(徳川家光)의 어대, 50년 이전에 아베시로고로(阿部四郎五郎)님의 주선으로 죽도를 배령하고, 그 위에 선조들이 장군의 알현까지 하게 된 것을 감사하게 생각합니다.

一、그 섬에 매년 배로 도해하여 강치의 기름 및 꼬치전복을 잡는 일에 종사했습니다.
一、죽도는 오키노쿠니의 후쿠우라에서 해로로 백여리나 되기 때문에 해상에서의 일은 확실히 알지 못합니다.
一、죽도의 둘레는 십여리입니다.
一、도쿠가와 이에쓰나(德川家綱)의 어대에 죽도로 가는 길에, 둘레가 20정 정도 되는 소도가 있습니다. 초목이 전혀 없는 암초입니다. 24, 5년 이전에 아베 시로고로님의 주선으로 배령하고 배가 도해합니다. 이 소도에서도 강치의 어유를 조금씩 취합니다. 우의 소도는 오키노쿠니 도고 후쿠우라에서 해상 60여리나 됩니다.

5월 13일

이 청원서에는 「소도」만 있고 송도라는 명칭은 사용되고 있지는 않지만, 그 섬이 죽도로 가는 뱃길의 중간에 있으며, 초목이 없는 암도라고 적혀져 있는 것을 보아, 그것이 송도(현재의 죽도)를 가리키고 있다는 것은 명백하다.

그 후 1740(元文5)년 4월에, 4대 큐에몬 가쓰후사(九右衛門勝房)가 사사봉행에 제출한 청원서 「御公儀江御訴訟之御請」에는,

一、竹嶋江渡海仕候道法之内隠岐国嶋後福浦より七八十里程渡り候而松島と申小嶋御座候ニ付此嶋江茂渡海仕度旨
台徳院様御代御願申上候処願之通被為 仰附竹嶋同事ニ年々渡海仕候尤再度奉差上候竹嶋渡海之絵図ニ書顕候御事[22]

一、죽도로 도해하는 도중에 오키노쿠니 도고의 후쿠우라에서 7, 80리 정도 건너가면 송도라는 소도가 있어, 이 섬에도 건너가고 싶다는 뜻을 다이토쿠인의 어대에 소원을 아뢰었더니 원한대로 되어 명을 받아 죽도와 마찬가지로 매년 도해합니다. 다시 올리는 죽도 도해의 지도에 기록하였습니다.

라고 있고, 또 다음해 1741(寛保원년)년 6월 10일부로 동인이 나가사키 봉행소에 제출한 구상서에도.

大猷院様御代竹島之海道ニ而又松島と申嶋を見出し御注進奉申上候得共竹島之通支配御預ケ被為遊右両島へ渡海仕来重々難有仕合奉存候[23]

도쿠가와 이에미쓰의 어대에 죽도로 가는 해도에서 또 송도라는 섬을 발견하고 주진 드렸는데, 죽도처럼 그 지배를 맡겨주셔서, 우 양도에 도해하게 된 것을 거듭 감사드립니다.

라고 있어, 전기의 「소도」가 당시 송도로 알려진 섬이라는 것을 확실히 하고 있다.

1696(겐로쿠9)년 1월 28일에, 막부는 죽도(울릉도)의 도항금지 조치를 결정하지만, 이 조치와 관련해서, 당시 돗토리 성주로서 이나바와 호키 2주를 영지로 하고 있는 마쓰타이라 호키노카미쓰나키요(松平伯耆守綱)에게 사전에 죽도의 소속, 출어 상황 등을 조회하는 일이 있었다. 이에 대해 마쓰타이라 호키노카미는 동년 1월 23일부로 막부에 회답하였으나, 그 각서는 다음과 같이 서술하여, 당시의 위정자들도 송도・죽도의 위치와 그 사정을 바로 인식하고 있었다는 것을 알 수 있다.

一、松島江猟ニ参候儀竹嶋へ渡海之節通筋にて御座候故立寄猟仕候。他領より猟ニ参候儀は不承候。尤出雲国岐国之者ハ米子之者共と同船にて参候。
一、福浦より松嶋まで八拾里程
一、松嶋より竹嶋へ四拾里程[24]

一、송도에 어렵하러 가는 것은, 죽도로 도해하는 길목이기 때문에, 들려 어렵을 합니다. 다른 영지에 어렵하러 간다는 말은 듣지 못했습니다. 원래 이즈모노쿠니 오키노쿠니 사람은 요나고 사람들과 같은 배를 타고 갑니다.
一、후쿠우라에서 송도까지 80리 정도입니다.
一、송도에서 죽도까지 40리 정도입니다.

이외에, 1751~63(宝暦년간)년에 기타조노 쓰안(北園通葊)이 이나바의 어떤 사람에게 전하는 기록을 근거로 편집했다는 『죽도도설(図説)』에도, 다음과 같은 송도・죽도에 관한 기록이 실려 있다.

「隠岐国松島ノ西島ヨリ海上道規(ミチノリ)凡四十里許リ北方ニ一島アリ名テ竹島ト曰フ 此ノ島日本ニ接シ朝鮮ニ隣シ地形三角ニシテ周囲凡ソ十五里許リ(中略) 伯州米子ヨリ竹島マテ海上道規百六十里許アリ 米子ヨリ出雲ヘ出隠岐ノ松島ヲ歴テ竹島ニ至ルナリ 但隠岐ノ福島(ママ)ヨリ松島マテ海上道規六十里許 松島ヨリ竹島マテ四十里許ト云也

以上ノ諸説ハ享保九年〈甲辰〉官府〈江府〉ノ叩問ニ依テ米子ノ市人(ツヤウニン)大谷九右衛門村川市兵衛カ貴答ノ上書ニ原ケリ[25]

오키노쿠니 송도의 서도에서 해상의 길 약 40리 정도의 북방에 1도가 있는데 이름하여 죽도라 한다. 이 섬은 일본에 접하고 조선에 인접하는 땅으로, 삼각형으로 주위가 약 15리 정도 (중략) 하쿠슈 요나고에서 죽도까지 해상의 거리 160리 정도다. 요나고에서 이즈모로 나가, 오키의 송도를 거쳐 죽도에 이른다. 단, 오키의 후쿠우라에서 송도까지 해상의 거리 60리 정도, 송도에서 죽도까지 40리 정도라 한다. 이상의 제설은 교호 9년〈갑진〉에 관부〈에도막부〉의 질문에 의해 요나고 상인 오야 큐에몬·무라카와 이치베에가 답하여 올린 상신서에 근원한다.

이 기록에서도, 오키에 가까운 섬을 송도, 먼 섬을 죽도라고 하고 있는 것 외에, 죽도가 동서 양도로 되어있는 것도 명백히 하고 있다. 더 주목되는 것은, 이 기록이 막부에 의해서 죽도 도항이 금지된 후의 편저임에도 불구하고, 송도를 「오키노쿠니의 송도」라던가 「오키의 송도」라고 부르고 있는 점이다.

또한, 1801(교호 원년)년의 다이샤(大社)의 야다 타카마사(矢田高当)가 쓴 『초세이타케시마키(長生竹島記)』에도, 다음과 같은 일절이 있다. 이 기록은 겐로쿠 연간에 인슈에서 죽도(울릉도)로 도해한 다케시마마루(竹島丸)의 선원한테 들은 다이샤카리미야(大社仮宮)의 어부 쓰바키 기사에몬(椿儀左衛門)의 이야기를 정리한 것으로, 당시 다케시마마루가 울릉도에 도항할 때는, 송도(오늘의 죽도)를 도중 기항지로 항상 이용하고 있었다는 것을 알 수 있다. 여기서도 송도를 「본조 서해의 끝이다(本朝西海のはて也)」로 하고 있다.

さらは隠岐島後より松島は方角申酉の沖に当る卯方より吹出す風二日二夜颿り 道法三十六丁一里として海上行程百七十里程の考なり 山なり 嶮岨形りと云 土地の里数五里三里にあらんと云ふ 古語のことく十八公の粧ひ万里に影を移し風景他に何らす 乍去如何なる故歟炎天の刻用水不自由なるとかや 竹島渡海之砌竹島丸往き通ひにはかならす此島江津掛りをなしたると云 当時も千石余の廻船夷そ松前行に不量大風に被吹出し時はこれそ聞伝ふ松島哉と遠見す 本朝西海のはて也[26]

그러니까 오키의 도고에서 송도는 방각 서남의 먼바다에 해당된다. 동방에서 부는 바람에 2일 2야 달려, 도법 36정 1리로, 해상 행정 170리 정도라고 생각한다. 산세는 험준하다한다. 토지의 리수는 5리 3리 있을 것이라 한다. 예로부터 말하고 있듯이 소나무의 아름다움이 만리에 그림자를 드리우는 것처럼 그 풍경은 다른 것에 비할 수 없다. 그러나 어찌 된 것인지 한 여름 더위 때에는 용수가 부족하다 한다. 죽도로 도해하는 다케시마마루가 왕래할 때는 반드시 이 섬에 들렀다 한다. 당시도 천석 이상의 회선이 홋카이도의 에조마쓰마에 가다 뜻밖에 강풍을 만나 표류될 때 이것이 소문으로 들었던 송도인가라며 멀리 바라본다. 본조 서해의 끝이다.

또 1828(文政11)년의 자서가 있는 인푸(因府)의 에세키료(江石梁)가 편술한 『죽도고』에는,

松島ハ隠岐国ト竹島トノ間ニ有小嶼ナリ 其島一条ノ海水ヲ隔テゝ二ツ連レリ 此瀬戸ノ長サ弐町幅五拾間程アリト云 此島ノ広サ竪八拾間横弐拾間余アリト或図ニ見エタリ 両島ノ大サハ均シキニヤ 未ソノ精証ヲ得ス[27]

송도는 오키노쿠니와 죽도의 사이에 있는 소도다. 그 섬은 한줄기 해수를 사이로 2개가 늘어서 있다. 이 해협의 길이는 2정, 폭은 50간 정도 있다 한다. 이 섬의 넓이는 세로 80간 가로 20간 정도라고 어떤 지도에는 보인다. 두 섬의 크기는 비슷한 것 같다. 아직 그 정확한 것을 모른다.

라고 있어, 섬의 묘사는 한층 상세하다. 송도의 두 섬 간의 협소한 수로를, 길이 2정, 폭 50간으로 하고 있는 것도 실제에 가깝다. 또 1876(天保7)년의

죽도 밀무역 사건의 주모자인 세키슈(石州)의 하치에몬(八右衛門)의 청취서에도, 다음과 같이 서술되어 있다. 송도로 향하는데, 오키에서 북을 향해 항해를 한 것처럼 말하고 있는 것은, 약간의 생각의 잘못일 수 있다 하더라도, 송도 부근에서 서쪽으로 항로를 바꾸어 죽도에 이르렀다는 것이나, 멀리 본 섬 모습의 묘사 등으로 보아, 이것은 확실히 실제로 이 부근을 항해했던 자의 진술이다.

> 元来右嶋(注、竹島を指す)石見国海岸より亥子方に当海上百里余も相隔一名欝陵島とも相唱候空嶋に而草木致繁茂地先には鮑其外魚類夥敷寄集居候様子に見請候(中略)
> 竹嶋の外に松嶋と唱石見国海岸より七八拾里斗相隔候小嶋有之右松竹両嶋とも全空嶋と相見え候(中略)
> 隠岐国福浦より順風に随子方へ沖走いたし松島地先を罷通候節船中より見請候処果而小嶋にて樹木等も無数更に見込無之場所に付態々不致上陸其侭乾の方へ乗廻竹嶋へ着船仕候[28]
>
> 원래 우도(주, 죽도를 가리킴)는 이와미노쿠니 해안에서 북서방향으로 해상 100여리나 떨어진 일명 울릉도라고도 부르는 공도로, 초목이 번성하고 해변에는 전복과 그 외의 어류가 엄청나게 모여드는 것으로 보였습니다(중략)
> 죽도 외에 송도라고 부르는 이와미노쿠니 해안에서 7, 80리 정도 떨어져 소도가 있습니다. 우의 송·죽 양도 모두가 공도로 보입니다(중략).
> 오키노쿠니 후쿠우라에서 순풍에 따라 북방으로 바다를 달려 송도 땅 앞을 지날 때 배안에서 바라보면 역시 소도에, 수목 등도 없고, 또 볼 것이 없는 장소라, 일부러 상륙하지 않은 채, 서북의 방향으로 타고 가면 죽도에 착선합니다.

이처럼 여러 문헌으로 보아 우리나라에서는 1696(겐로쿠9)년의 죽도도항금지 이전은 물론, 그 이후에도, 송도·죽도의 명칭뿐만 아니라 양도에 관한 올바른 지리적 지식도 상당히 후년에 이르도록 계승되고 있었다는 것을 알 수 있다.

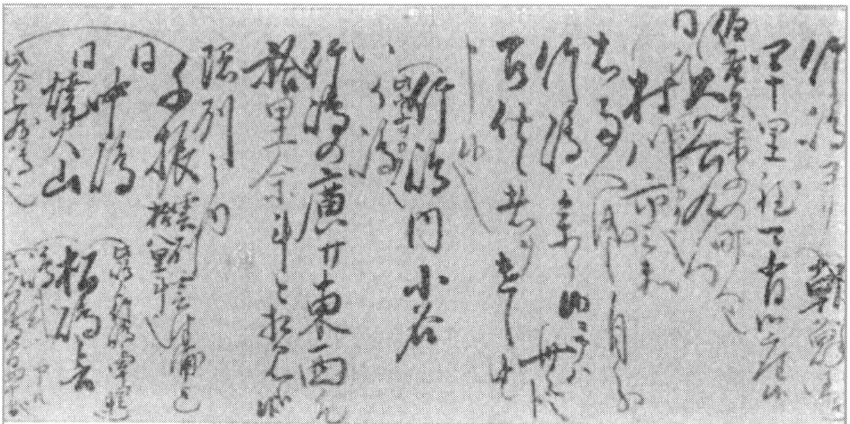

竹嶋ヨリ朝鮮国迄
四十里程可有御座候
伯耆国米子の町人也
大谷九ヱ門 此字ヲカク也
同断
村川市兵衛
右両人儀も自分ニ
竹嶋ニ参リ候ニテハ 無之候
召仕候者ヲ遣候由
申候也
（竹嶋内小谷
此字ヲカク也）
いか嶋
竹嶋の広サ東西凡
拾里余斗と相見江候
隠州之内
千振 雲州雲津浦迄 拾八里斗也
同 中嶋（此嶋より竹嶋迄四十里斗）
松嶋と云
同 焼火山 嶋弐ツアル也
此二ツの嶋間四十間斗也

도 14. 池田家文書의 일부　　鳥取縣立圖書館藏

이것은 鳥取県立 도서관소장의 죽도 · 송도에 관한 鳥取潘의 문서(池田家文書)의 일부이다. 연대는 분명하지 않으나, 이것과 일련된 문서 중에는 亨保9년(1724)에 번에서 막부에 제출한 것이 많기 때문에, 아마 이문서도 이것과 관계있는 것으로 생각한다. 이 문서에서 주목되는 것은 松島를 「隱州의 內」로 해서 千振,中島, 燒火山 등과 함께 싣고, 竹島와 구별하고 있는 점, 또 「松島라고 하는 섬이 둘 있다. 이 두개의 섬 사이가 40간 정도 된다」라고 기록하여, 동도가 두 개의 섬으로 이루어져 있다는 것을 분명히 하고 있는 점이다.

(2) 지도에 나타난 송도 · 죽도

구미에서 제작된 지도의 영향을 받은 이후의 송도 · 죽도의 도명 혼란에 대해서는, 이미 설명한 대로이나, 그 영향을 받기 이전의 일본 고지도에 나타난 송도 · 죽도를 보면, 예를 들어 경위선을 투영하여 간행한 가장 대표적인 일본지도로는 나가쿠보 세키스이(長久保赤水)의 1779(安永8)년, 1791(寛政3)년, 1811(文化8)년 판의 「개정일본여지노정전도」 등에는, 오키에 가깝게 송도, 조선에 가깝게 죽도를 그리고, 그 죽도 곁에,

> 竹島、一曰磯竹島、見高麗猶雲州望隠州
> 죽도 혹은 이소타케시마라한다. 고려를 보는 것이 마치 운슈에서 인슈를 보는 것 같다.

라고 주기되어 있다.

그 외에, 1783(天明3)년에 간한 시바노 쿠니히코(柴野邦彦)의 서문이 있는 「일본여지전도」, 1804(文化원)년의 곤도 모리시게(近藤守重)의 『헨요분카이즈코(辺要分界図考)』 중의 「콘쇼코테이분카이노즈(今所考定分界之図)」, 1808(文化5)년에 나니와(浪華)의 후지야(藤屋)와 기치몬지야(吉文字屋)에서 발행한 「다이닛폰사이켄시쇼젠즈(大日本細見指掌全図)」, 1811(文化8)년 간의 아사노 쇼베에(浅野祢兵衛)의 「개정일본도」, 1831(덴포2)년 간의 야스다 라이슈(安田雷州)의 「증보일본여지전도」등, 모든 것이 세키스이도와 마찬가지로 송도 · 죽도를 오키와 조선의 사이에 놓고 있는데, 이러한 표현은 에도시대 중기 이후의 일본지도의 보편적인 일이었다.

이러한 지도들 중에서, 당시의 송도 · 죽도에 관한 일본인의 지견을 가장 단적으로 또 정확히 표현하고 있는 것이, 1724(교호9)년에 막부의 명으로 돗토리번이 오야 · 무라카와 양가 및 양도에서 어렵에 종사한 어부 등을 조사하여 만든 「竹島松島之図」이다. 이 지도를 조진함에 있어, 오야 · 무라카와 양

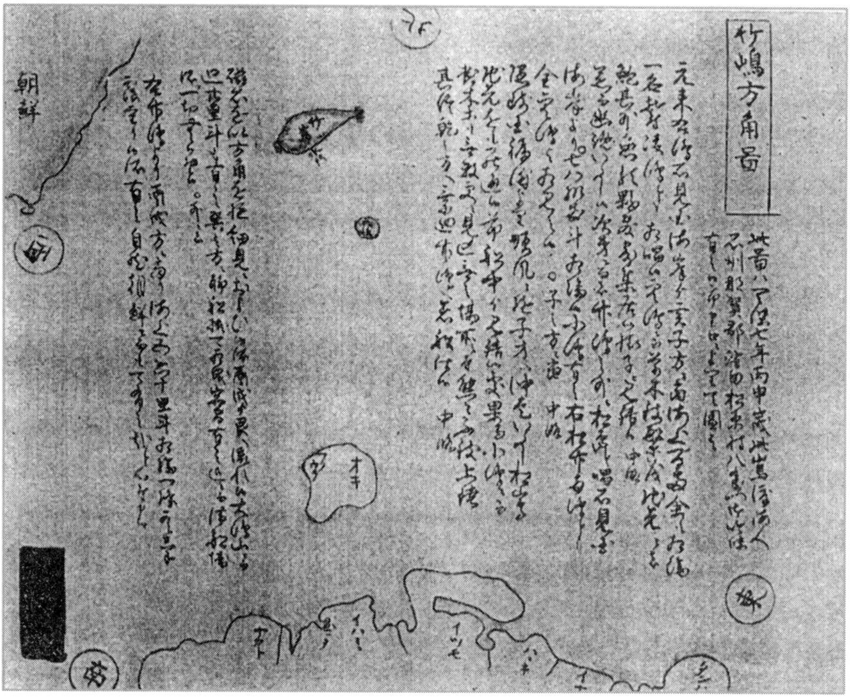

제15도 齋藤直成씨장 竹島方角圖

가는 지난날에 죽도에 도해한 경험이 있는 고노에게도 물어 정확을 기한 것으로, 그 상황에 대해서는 『인푸넨표(因府年表)』의 교호 9년 갑진 4월 3일조에,

> 先ニ従 幕府米子へ居住セル大谷九右衛門村川市兵衛へ往年竹島へ渡海セシ事蹟精密ニ御尋有之今日右ノ御答申上候粗如左(中略)
> 此度ノ御答ハ往歳竹島へ渡海セル船人ノ内未四五人モ存在セル者アリテ此老輩トモヲ研窮メ書上候由
>
> 전부터, 막부가 요나고에 거주하는 오야 큐에몬·무라카와 이치베에게 지난날에 죽도에 도해한 일을 자세히 물으셨다. 오늘 우의 질문의 답은

좌와 같다. (중략) 이번의 답은 지난날에 죽도에 도해한 선원 중에 아직도 4, 5인이나 존재하는 자가 있어, 이 노인들에게 물어서 올리는 것입니다.

라고 적혀있고, 또 전게한 『죽도고』는, 그 사이의 사정을 한층 더 상세히 다음과 같이 서술하고 있다.

○幕府精鑿竹島之地理来歴

享保九年四月中ノコトナリケルガ政府太守家へ仰テ大谷村川ガ往歳通船セシ竹島へ朝鮮人渡来シテ所務ヲ妨ゲ其後渡海停止ニ相成候始末並彼島ノ地理物産等備ニ可及言上ノ旨命令アリシカバ大谷村川ハソノ旨畏リ奉リ往年竹島へ渡海セル船人共ヲ探索スルニ僅ニ三拾年ヲ隔テヌレドモハヤ伯耆一州ノ内ニ唯七人ナラデハ存在セズ其内モ大方ハ衰老ニ及ンデ言語胡乱ナルコトノミ多シ其甚シキ者ニ至テハ近隣ノ歩行ダニ難叶者アリ中ニ米子ノ灘町ニテ弥三兵衛ト云者当辰ノ七拾二歳ニテ四拾年以前一度渡海セル者ナレバ漸々彼一人ヲ伴ヒ本府ニ赴キ今度従政府御穿鑿ノ条件ソレソレ遂言上サセル其ヨリ後モ御尋再三ニ及ビケルガ式町ニ居ケル長右衛門ト申者ニハ他所出シテ居合セ不申候得共此ノ程帰来猶コレニ質ニ長右衛門弱年ノ比初テ竹島へ渡海セルハ元禄五年ニテ即朝鮮人ノ最初彼島ニ渡来セシ年ナリ其ヨリ三年往返セル者ニテ当年五拾二歳ニ相成ケルヨリヨリ渠ヲ詳糺シテ其由上達ニ及タリシト也.

막부가 자세히 조사하는 죽도의 지리 내력

교호 9년 4월 중의 일이지만 정부가 태수가에 명하여 오야·무라카와가 지난날에 통선한 죽도에 조선인이 도래하여 소무를 방해하고, 그 후에 도해가 정지되게 된 시말 및 그 섬의 지리 물산 등을 자세히 보고하라는 내용의 명령이 있었기에, 오야·무라카와는 그 뜻을 받들어 왕년에 죽도에 도해한 선인들을 탐색했더니, 불과 30년을 지나지 않았는데도, 이미 호키 1주 안에 겨우 7인밖에 존재하지 않고, 그 중에도 대부분은 노쇠하여 언어가 정확하지 않은 자가 많았다. 그것이 심한 자로 말하자면 인근의 보행조차 어려운 자도 있다. 그 중에 요나고 나다초에 야산베에라는 자가 금년 진에 72세로 40년 이전에 한 번 도해한 자라, 어렵게 그 한 사람과 같이 본부에 가서, 이번에 정부가 천착하는 조항에 따라 말씀 올렸다. 그 후에도 재삼 찾아가 물었으나, 시키초에 있는 초에몬이라는 자는, 다른 곳에 가서 만나지 못했었는데, 이번에 돌아왔기에, 다시 그에게 질문했더니, 초에몬이 젊었을 때, 처음으로 죽도에 도해한 것은 겐로쿠 5년, 즉 조선인이 최초로 그 섬에 도래한 해였다. 그 때부터 3년간 왕복한 자로 당년 52세였다. 여러 번 수로에 대해 자세히 물어서 그 내용을 아뢰게 되었다.

이 『죽도고』에 실려있는 지도는, 그 때에 조제된 「竹島松島之図」를 축도한 것으로, 이것에 대해서 동서의 저자는 다음과 같이 주기했다.

右ニ挙ル図ハ享保中従幕府竹島ノ地理物産並往年彼地ヲ朝鮮ヘ奪掠セシ始末御穿鑿ノ有ケルトキ大谷村川ガ両家ヨリ差上ル処ノ図ヲ斯ニ縮図セルモノ也。又別ニ渠ガ家ニ持伝フル大図アリ。此余御精鑿アランニ於テハ是ヲ携ヘ出府致シ明細ニ可遂言上ノ由ニテ家ニ残セシト也。

오른쪽에 든 지도는 교호 중에, 막부의 뜻에 따라 죽도의 지리 물산 및 왕년에 그 땅을 조선에 약탈당한 시말을 천착하는 일이 있을 때, 오야·무라카와 양가가 올린 지도를 여기에 축도한 것이다. 또 별도로 그의 집에 전하는 큰 지도가 있다. 더 이상 정밀히 조사하게 되면, 이것을 가지고 출부하여, 자세히 말씀드리기 위해 집에 남겨두었다.

이 축도의 원도로 생각되는 지도 여러 장이, 현재 돗토리현립도서관소장의 이케다가(池田家)문서에 있다. 이러한 지도들의 기재 내용에는 각각 약간의 차이가 있으나, 대별하면 2종류다. 「교호 9년 갑진 윤4월 에도에 써 올린 사본」이라고 명기되어 있는 것과, 연호의 기재가 없는 것으로, 전자는 비교적 간략하고 평면적이나, 후자 중에는 지형을 한층 입체적으로 표현하고, 지명이나 주거, 전복이나 강치의 어장 등을 상세히 써 넣은 것도있다. 이 후자의 지도는 『죽도고』의 주기에 있는 「또 별도로 그 집에 전하는 큰 지도」라고 말하는 것에 해당하지 않을까라고 생각되지만, 이것과 동계의 상세한 지도를, 요나고시에 사는 사사키 켄(佐々木謙)씨가 소장한 것을 보면 「고타니 이베에(小谷伊兵衛)가 바치는 絵図」라는 주기가 있다. 이 고타니 이베에는, 오야가

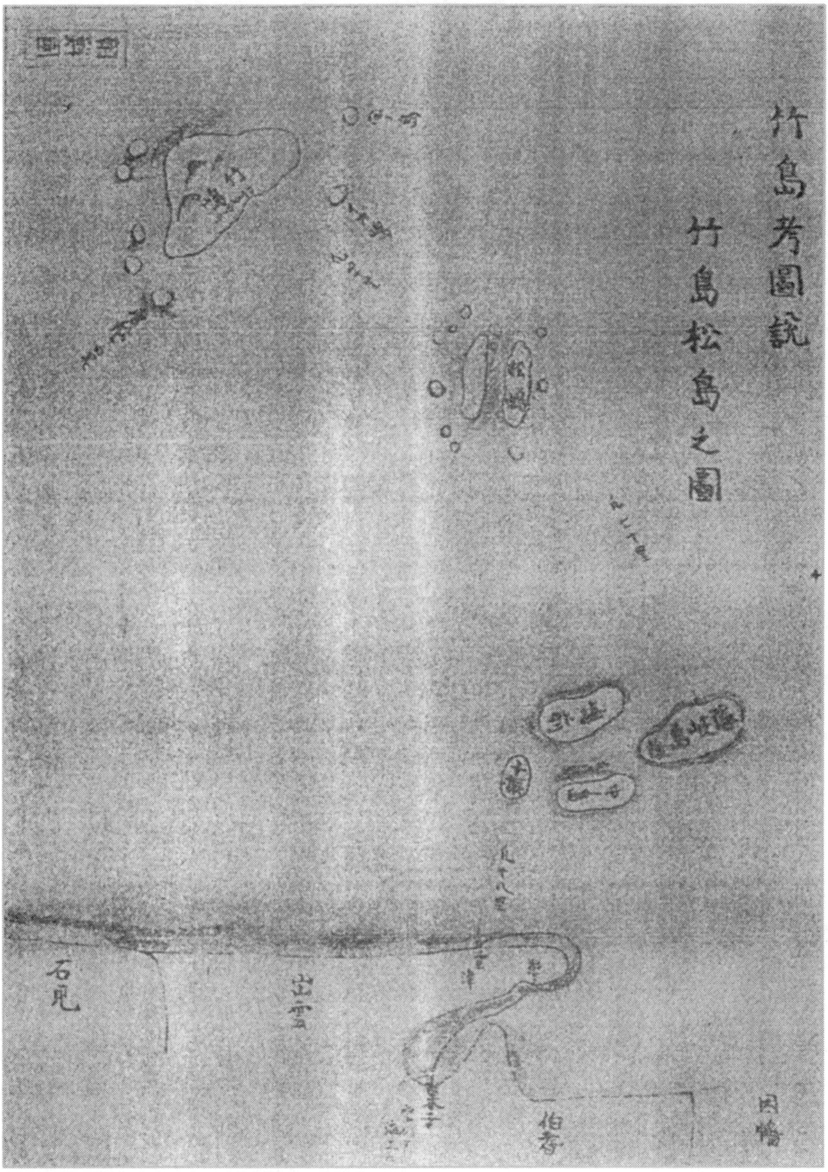

제16도 『竹島孝』所収「竹島松島之図」　　　　島根県図書館蔵

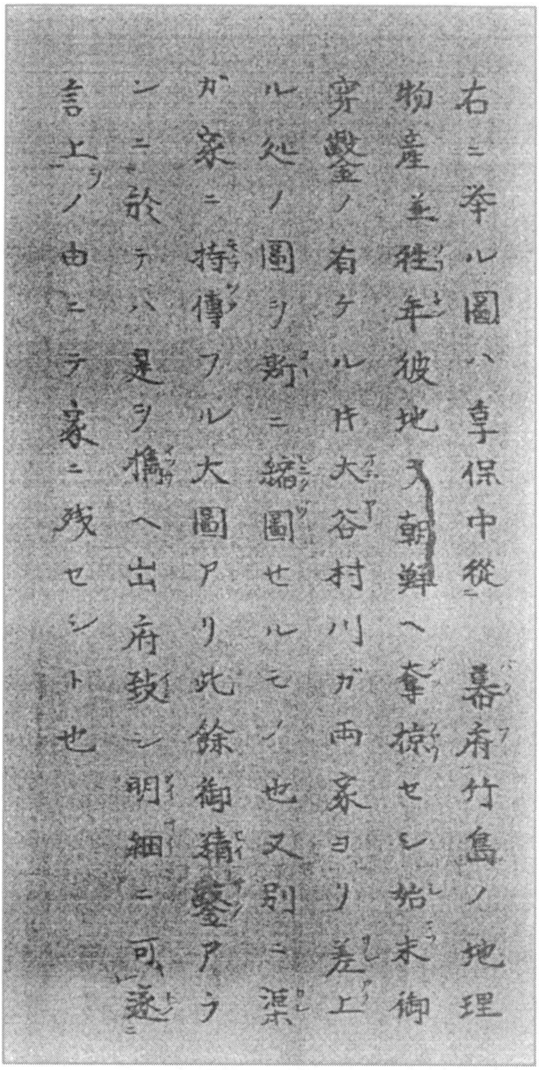

右ニ挙ル圖ハ享保中従幕府竹島ノ地理
物産並往年彼地ヨリ朝鮮ヘ奪掠セシ始末御
穿鑿ノ有ケル時大谷村川ガ両家ヨリ差上
ル処ノ圖ヲ斯ニ縮圖セルモノ也又別ニ渠
ガ家ニ持傳フル大圖アリ此餘御精鑿アラ
ンニ於テハ是ヲ携ヘ出府致シ明細ニ可遂
言上ノ由ニテ家ニ残セシト也

第17도 『竹島孝』所収「竹島松島之図」島根縣図書館蔵

문서 중에 있는 겐로쿠 7년 『에도쇼지히카에(江戸諸事控)』의 갑술 2월의 「신모노노오보에, 도노사마오야시키분(信物之覚、殿様御屋舗分)」이라는 부분에 그 이름을 언급하고 「오키키야쿠닌(御聞役人)」이라는 직명을 기록했다. 즉, 그는 돗토리번의 에도연락소에 근무하는 접대 관리였다. 그에 대해서는 또 돗토리 현립 도서관의 이케다가문서 중에 「오타니 이베에가 제출한 죽도의 서류(小谷伊兵衛差出候竹島之書付)」로 해서, 요나고에서 송도·죽도에 이르는 도정을 적은 것도 남아 있다. 그곳에는 「병자년 정월 25일(子正月廿五日)」이라는 일부가 있다. 겐로쿠 7년에 가까운 자년(子年)이라면 1696년(元

禄9)년에 해당하는데, 그 해의 정월에는, 막부의 명으로 돗토리한은 죽도에 관련된 각종 자료를 제출하고 있기 때문에, 아마도 전기한 죽도도정표는 그 때 오타니를 통해서 막부에 제출된 것으로, 전기한 사사키도도 역시 그때의 사본으로 생각된다.

과연 그렇다면, 사사키도 및 이것과 동계통의 상세한 죽도·송도 지도는 교호도 보다 28년 전인 겐로쿠 9년의 것으로, 교호도는 이 겐로쿠도를 기반으로 해서, 그것을 약간 간략화한 것일 것이다. 이것은 『죽도고』의 주에 「더 이상 정밀히 조사할 것이 있으면, 이것을 가지고 출부하여 자세히 말씀드리기 위해 운운」이라고 기록하고 있는 것과 잘 부합하고 있다.

이들 겐로쿠도나 교호도에 기재되어 있는 송도·죽도의 도형이나 그 배치는 대동소이 하나, 기재의 내용에는 정조(精粗)의 차가 있다. 상세한 것은, 죽도(울릉도)에 대해서는 하마다우라(浜田浦), 후루오사카우라(古大坂浦), 오사카우라(大坂浦), 기타우라(北浦), 야나기우라(柳浦), 기타쿠니우라(北国浦), 다케우라(竹浦) 등의 지명을 붙이고, 하마다우라(浜田浦)에 대해서는 「이곳에 들어간다(入浦). 단 남풍에는 배를 대기 어려워 배를 메어 둔다」 등을 주기한 것도 있다. 또, 운슈의 구모쓰에서 오키, 송도를 거쳐서 하마다우라에 이르는 항로, 항정을 그리고, 거기다, 전복이나 강치의 어렵장을 기입하여, 섬의 각지에 소옥을 그려놓은 것도 있다.

송도(현재의 죽도)에는 이러한 지명을 기록하지 않았으나, 좁은 수로를 사이로 동서로 대치하는 두 개의 험한 암도와 그것을 둘러싼 여러 개의 암초(平瀬)로 이루어져, 상세한 것은, 동도의 수로에 접한 해안에 소옥을 그리고 「배를 메는 곳(船すへ場)」이라고 기록하고 있다. 이 장소는 현재에도 협소한 자갈의 급경사의 해안을 이루고 있는 유일한 선착장이다, 전전(1945년 이전)에는 오키 어민이 여기에 가건물을 설치하고 하계어렵에 종사하고 있었던 곳이다. 정말로 당시로서는 놀라울 정도의 정확도로 이 섬을 그린 것이다.

이러한 지도는 당시의 일본인이 죽도·송도를 자세히 숙지하고 있었으며,

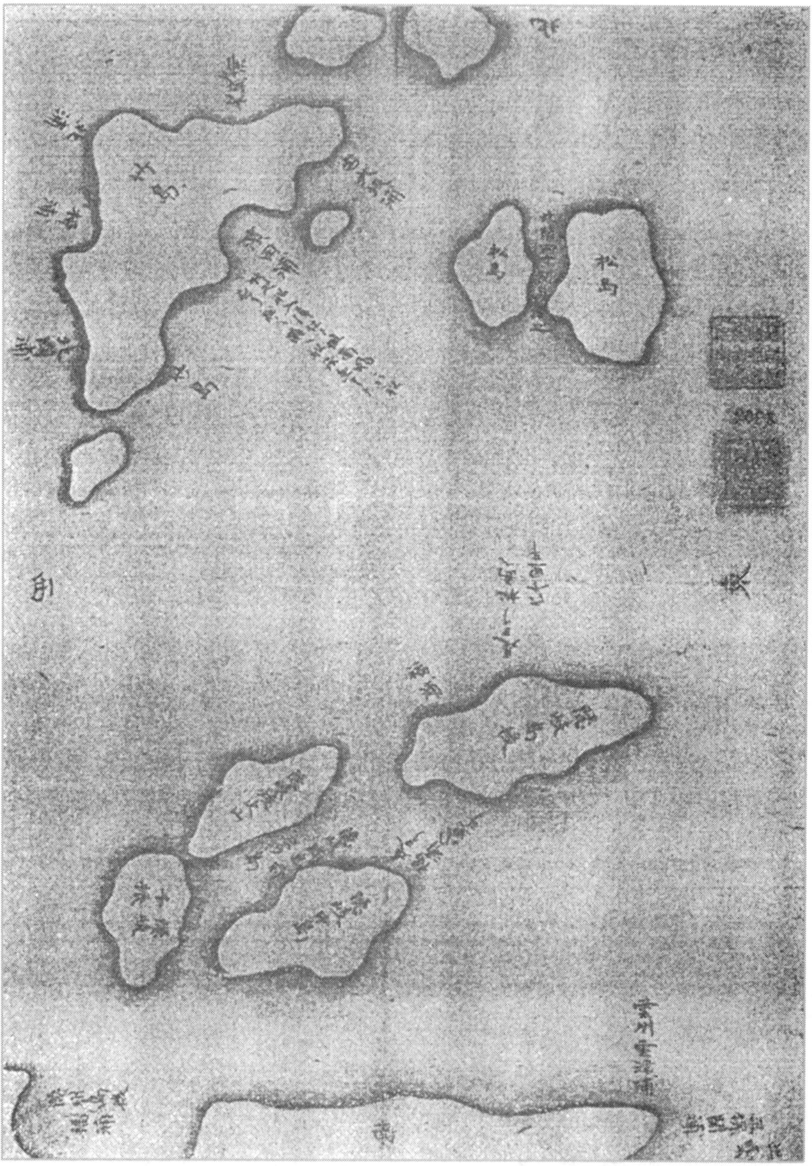

제18도「竹島松島之図」　　　　島根縣図書館蔵

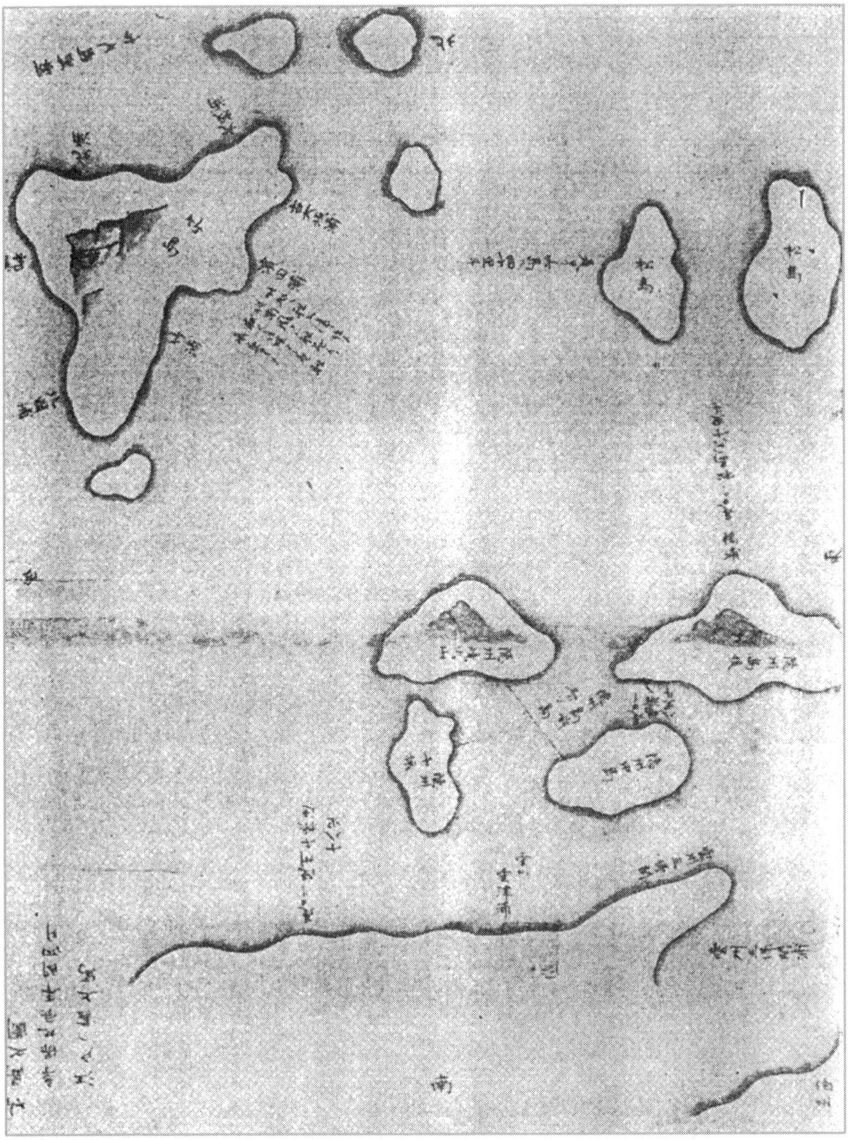

第19도 「竹島松島之図」(亨保圖) 島根縣図書館蔵

또 이것을 경영하고 있었다는 것을 보여주는 결정적인 증거다.

(3) 송도 · 죽도의 경영

〔가〕 일본인의 울릉도 개발 연혁

일본인이 지금의 죽도(당시의 송도)에 대해서, 상당히 오래된 시대부터 정확한 지리적 지견(知見)을 가지고 있었던 것은 전술한 대로이나, 이러한 동도에 대한 지견은, 일본인에 의한 울릉도(옛날의 죽도 또는 의죽도) 개발의 역사와 불가분의 관계에 있다.

원래 울릉도에는 옛날의 우산국이 있었다. 그러나 신라시대 도민들은 지형의 험함을 믿고 복속하지 않았으므로, 511(지증왕 12)년에 신라는 이것을 쳐서 복속 시켰다.[29] 후에 동국은 고려에 부용국으로서 조공을 계속했으나, 현종 초년(제11세기 초두)에 이르러, 동북 여진 해적의 침구를 받아, 마침내 멸망하게 된 것이다.

그 후 고려는 1157(毅宗11)년에 울릉도의 개발을 계획하여, 명주도감 김유립을 보내어 울릉도를 답사하게 하고,[30] 후에 다시 최충헌의 헌의로 재조사한 결과, 동군의 백성을 이주시켜 개발하게 했다. 그러나 항로가 험난하고, 자주 배가 침몰하는 재난으로, 결국은 그 거주민을 섬에서 철퇴시키지 않으면 안 되게 되었다.

조선시대에 들어 고려말의 유민 다수가 울릉도에 잠입했기 때문에 1416(太宗16)년에는 김인우를 안무사로 삼아 동도로 파견하여, 도민들의 본토 귀환을 명했고, 후에 다시 1438(世宗20)년)에도 전호군 남회, 전부사직 조민에게 동도로 도망가 숨은 인구를 수색하게 한 결과, 남녀 66명을 붙잡아 돌아왔다. 그 이래로 약450년에 걸쳐서, 울릉도에 대해서는 공도정책을 취하게 되었다.[31]

한편 우리나라에서는, 이미 1004(寛弘元, 고려 穆宗7)년의 시기부터, 울릉도는 「우루마노시마」로 알려져 있었으나,[32] 『고려사』 권134 열전47, 신우

5년(1397년) 7월조에는 「왜, 무릉도에 들어와 보름 정도 머물다 돌아가다」라고 있고, 또 이조에 들어와서는 『태종실록』 권34, 17년(1417년) 8월 기축 8월 6일조에 「왜, 우산 무릉에 침입하다」라고 있어 오래된 시대부터 일본인으로 울릉도에 가는 자가 있었다는 것을 엿볼 수 있다.

이것을 고지도에 연관해서 보면 모모야마(桃山) 시대(제16세기 말)에 제작한 것으로 전해지는 후쿠이조토쿠지(福井浄得寺)의 「일본도병풍」, 그리고 이것과 동계통의 남만병풍 고바야시 야타루(小林中)씨 및 가와무라 헤에몬(河村平右衛門)씨 소장의 일본도에는 오키와 고려의 사이에 「이소타케(磯竹)」라는 명칭으로 울릉도가 그려져 있다. 이것은 우리나라에 현존하는 지도에 죽도(울릉도)가 기재된 최고의 것이다.[33] 이 지도는 마치 히데요시(秀吉)가 정한의 역(임진왜란)을 기도하고 있던 시대 전후에 만들어진 것으로, 히데요시가 만일의 경우에 병참기지로 할 것을 고려했다고 말하는 에조(蝦夷)의 남부가 지도에 표시되어 있는 것 이외에, 다른 주요 도시가 생략되어 있음에도 불구하고, 히젠메에쓰(肥前名越) 나고야(名護屋)를 백색으로 칠하여 특별히 눈에 띄게 하고, 거기서부터 적선으로 이키(壱岐), 쓰시마를 거쳐 조선의 낙동강으로 연결되어 있다. 나카무라 히로시(中村拓) 박사는, 이 지도의 이와 같은 표현은 모두 정한의 역을 위한 전략도적인 성격을 반영하고 있는 것으로 단정하고 동시에, 죽도가 특별히 이 지도에 기재되어 있는 의미에 대해, 다음과 같이 논하고 있다.

> 하나의 소도서 「이소타케」가 전략상 중요했다는 군사적 사정과 관련하여, 이 소도가 처음으로 당당히 地図面上에 취급되게 되었다는 것은, 조금도 의심할 것이 없다. 이러한 군사적 의도를 제외하고는, 一小島嶼가, 다른 경제적, 산업적, 행정적으로 특별한 의미를 가지는 島嶼들을 생략하면서까지, 도면상에 그려낼 이유는 조금도 없다. 이 지도적 표현에서 보아도 「이소타케(磯竹)」를 일본의 영토 혹은 세력 범위로 생각했었다는 것을 알 수 있다.[34]

한편 이보다 약 30년전, 중국의 정약증(鄭若曾)의 『일본도찬(日本図纂)』(嘉靖 40, 1561년, 重刊 1624년) 및 이것을 답습한 호종헌(胡宗憲)의 『주해도편(籌海図編)』(嘉靖 41년=1562년, 중간 1691년) 등 일련의 명 말의 일본도에 이미 「다케시마(他計什麻)」의 이름이 보이고 있다. 이 지도들은 당시의 왜구 대책의 자료라는 목적을 가지는 것이나 정약증은 『일본도찬』을 편찬할 때에는 마에토 셋슌(前人薛俊)의 『일본교략(日本巧略)』을 비탕으로 하고, 거기에 새로 입수한 일본제 지도나 일본인한테 청취한 지견을 참조했다. 그 지도 중에 있는 「죽도」도 그 지견에 근거하는 것으로 그 섬이 지금의 울릉도에 해당한다는 것은 나카무라 히로시 박사가 상세히 고증하고 있다.[35]

이처럼 앞의 남만병풍일본도와 함께, 명대의 일본도에 죽도가 실려 있다는 것은, 당시의 일본인의 동도(울릉도)에 관한 지견을 말해주는 것으로 주목되는 것이다.

이렇게 우리나라에서는 지금의 죽도(당시의 송도)에 관한 지견에 앞서, 울릉도에 관해서는 옛날부터 알고 있었고, 또 실제로 그 섬에 갔던 자도 있었으나, 이조 초기 이래, 동도가 완전히 공도로 변해, 조선 정부가 사실상 방기하게 되자 동도에 왕래하는 일본인은 점점 수를 더해 분로쿠노에키(文禄役) 이후 약 100년에 걸쳐서 완전히 일본인의 어채지로 변하게 되는 것이다.

〔나〕 죽도도해면허

이와 같은 일본인의 울릉도 개발에 한 획을 긋게 되는 것이 1618(元和4)년의 죽도도해면허다. 그해 호키노쿠니 요나고(伯耆国米子) 상인 오야 진키치(大谷甚吉), 무라카와 이치베에(村川市兵衛)는 번주 마쓰타이라 신타로(松平新太郎)를 통해서 막부에서 죽도(울릉도) 도해면허를 받아, 이후 연년 섬에 도해하여, 전복채취, 강치수렵, 단목이나 대나무의 벌채 등에 종사하여, 잡은 전복을 꼬치전복으로 해서 장군가 및 막부 관료들에게 헌상하게 되었다.

오야 큐에몬(大谷九右衛門)의 『죽도도해유래기발서공』, 『오야가유서실기

(大谷家由緒実記)』이외의 오야가문서에 의하면 요나고에서 회선업을 경영하고 있던 오야 진키치는 1617(元和3)년에 에치고(越後)에서 귀항하던 도중 난풍을 만나 죽도(울릉도)에 표착하자, 동도를 답사하여 무인의 고도로 천혜의 보고라는 사실을 판명했다.[36]

때마침 그 해 7월에 그때까지 요나고의 성주였던 가토 사콘타유사다야스(加藤左近大夫貞泰)는 이요노쿠니(伊予国) 오스(大洲)로 전봉이 되어 마쓰타이라 신타로미쓰마사(松平新太郎光政)가 새로이 이나바(因幡)와 호키(伯耆) 양국을 합하여 32만석을 하사 받은, 영지의 교체시기였기 때문에, 아베 시로고로마사유키(阿部四郎五郎正之)가 막부의 감사로 요나고성에 와 있었다.[37] 이 때문에 진키치는 아베 시로고로마사유키에게, 그와 절친했던 무라카와 이치베에와 함께 죽도의 상황을 이야기하는 것과 더불어 동도의 도해면허를 받을 수 있도록 알선해줄 것을 의뢰했고, 그의 진력으로, 새로 영주가 된 이케다 신타로 미쓰마사를 통해 오야, 무라카와 둘에게 막부의 죽도도해면허의 봉서가 내렸다.

従伯耆国米子竹島江先年船相渡之由に候 然者如其今度致渡海度之段米子町人村上市兵衛大屋甚吉申上付而達上聞候之処不可有異儀之旨被仰出候間被得其意渡海之儀可被仰付候 恐々謹言

五月十六日

永井信濃守
井上主計守
土井大炊頭
酒井雅楽頭[38]

松平新太郎殿

호키노쿠니 요나고에서 죽도로, 선년에 배로 건넜다 한다. 그러하므로 이번에도 그처럼 도해하고 싶다는 것을 요나고의 주민 무라카와 이치베에와 오야 진키치가 신청한 것에 대해, 장군에게 말씀드렸더니, 이의가 없다는 말씀을 하셨으므로, 그 뜻을 아시고 도해를 명하여 주십시오. 삼가 아룁니다.

5월 16일

나가이시나노노카미
이노우에카즈에노카미
토이오이노카미
사카이우타노카미

마쓰타이라 신타로토노

이렇게 일본인에 의한 죽도(울릉도)의 개발은, 막부의 공인 하에 본격화되게 되는데, 이 죽도로 도항하는 도중에 있었던 것이, 당시 송도라는 이름으로 부르고 있었던 지금의 죽도로, 동도가 죽도를 왕복하는 도중의 정박지로 해서, 또 강치나 전복의 어채지로서 이용되게 되었던 것은 당연한 일이었다.

〔다〕 송도도해면허

이 송도에 대해서도 죽도의 경우와 마찬가지로 오야·무라카와 양가가 막부에서 도해면허를 받았다는 것은, 앞에서 든 엔포(延宝) 9년의 오야 큐에몬 가쓰노부의 청서, 겐분(元文) 5년 및 간호(寛保) 원년의 오야 큐에몬카쓰후사(大谷九右衛門勝房)의 문서 등에 의해도 분명하다. 다만 그 도해면허를 받은 시기에 대해서는 가쓰노부는 겐유인 이에쓰나(厳有院家綱), 가쓰후사는 겐분 5년의 문서에서는 다이토쿠인 히데타다(台徳院秀忠), 간호 원년의 문서에서는 다이유인 이에미쓰(大猷院家光)시대로 하여 제 각각이다.

이에 대해서는, 아베 곤하치로마사시게(阿倍権八郎政重) 및 가메야마 쇼자에몬(亀山庄左衛門)이 오야 큐에몬에게 보낸 다음의 서간으로 보아, 3대 가쓰노부의 요청서가 있었던 겐유인(家綱)의 시대로 보는 것이 타당할 것이다.

過八日之御飛札到来殊下緒壱具贈給過分之至候。其元相替儀無之無事之旨令祝着候。亡父四郎五郎方へ預御音札令承知候。去三月相果我等共々悲歎候事ニ候。来年御手前舟竹嶋へ渡海松嶋へも初而舟可被指越之旨村川市兵衛と被致相談尤ニ候。委細者家来亀山庄左衛門方より可申達候間不能詳候。恐惶謹言。

阿倍権八郎
政　重　(花押)

九月四日
大屋九右衛門様

지난 8일의 비찰이 도래하여, 특히 칼집의 끈 한 벌을 보내주신 것은 과분한 일입니다. 그쪽도 별일 없이 무사하다는 것 축하드립니다. 망부 시로고로에게 부탁하신 내용 알고 있습니다. 지난 3월에 돌아가시어 저희들 모두가 비탄에 젖어 있습니다. 내년 그쪽의 배가 죽도에 도해하고 송도에도 처음으로 배가 가는 것은, 무라카와 이치베에와 상의하는 것이 당연합니다. 자세한 것은 가신 가메야마 쇼자에몬이 말씀드릴 것입니다. 상세한 것은 생략합니다. 삼가 아룁니다
아베 곤하치로
마사시게　(花押)

9월 4일
오야 큐에몬사마

御返事
八月八日之御飛札拝見先以貴様御無事之由目出珍重ニ存候 然者四郎五郎儀去三月上旬より煩出し同月十六日ニ相果被申候 各々様久々之御知人ニ候間可有御口悲と察入候 跡職之儀ハ存生之内末之弟権八郎致養子公儀相済候間可安御心候 病中にも御老中様各御見廻被成色々御懇被遊被下実難有四郎五郎被存候権八郎儀今以四郎五郎同前ニ御老中様御懇御座候間可安御心候 御用之儀も御座候ハ々四郎五郎同前ニ可被仰越候 少も如在申間敷候 将又来年より竹嶋之内松嶋へ貴様舟御渡之筈ニ御座候 旨先年四郎五郎御老中様へ得御内意申候 渡海之番年相定市兵衛殿貴様へ証文相渡し置候間村川殿と御相談候而其証文次第ニ可被成候 市兵衛殿も貴様も其証文之通少しも御違背者有之間敷儀と存候猶期後音之時候　恐惶謹言
亀山庄左衛門　(花押)

九月五日
大屋九右衛門様
御限　(大谷家文書)

8월 8일의 비찰을 보고 귀하가 무사하다는 것을 알고 축하 드립니다. 그런데 시로고로는, 지난 3월 상순부터 아프기 시작하여, 동월 16일에 돌아가셨습니다. 여러 분들이 오랫동안 알고 계셨기 때문에 슬퍼하고 계실 것으로 생각됩니다. 후계의 건은, 생존해 계실 때, 막내아우 곤하치로를 양자로 할 것을, 막부가 인정하였으니 안심하셔도 됩니다. 병중

에도 노중들께서 문병하시고 여러 가지로 친절하게 해주신 것, 참으로 고맙게 시로고로가 생각했습니다. 곤하치로도 지금부터 시로고로와 마찬가지로, 노중님들과 절친하니 안심 하십시요. 용무의 건도 있으니, 시로고로와 마찬가지로, 말씀하여 주십시오. 조금도 꺼리지 마시길 바랍니다. 그리고 또 내년부터 죽도 안의 송도에 귀하의 배가 건너가야 한다는 취지는 선년에 시로고로가 노중님한테 내의를 받았습니다. 도해의 번년을 정하여 이치베에님이 귀하에게 증문을 건네주었기 때문에, 무라카와님과 상담하여, 그 증문대로 해야 합니다. 이치베에님도 그 증문대로 조금도 위배함이 없을 것으로 알겠습니다. 또 다음 연락을 기합니다. 삼가 아룁니다.

가메야마쇼자에몬 (花押)

9월 5일
오야큐에몬 사마
어한

(오야케문서)

즉, 이 두 서간에 의하면 그 해 3월 16일에는 아베 시로고로가 죽었다. 이것에 해당하는 자는 1660(万治3)년 3월 16일에 죽은 아베 시로고로 마사쓰구(正継)이다. 이 마사쓰구는 오야·무라카와 양가의 죽도도해면허를 알선한 시로코로마사유키의 장남으로, 마사유키의 뒤를 이은 2대의 시로고로이다. 이 일은 전기의 가메야마의 서간에, 죽은 시로고로가 막내 아우 곤하치로를 양자로 한 뜻을 기록하고 있는 것에도 분명하고, 또 그처럼 보는 것으로, 전기한 곤하치로의 서간도 용이하게 이해할 수 있다.

阿倍四郎五郎 가계도

正之
- 正継 (左衛門次郎 / 四郎五郎 / 万治三年三月十六日没) — 正重 (権八郎 / 四郎五郎 / 元禄十年閏二月三日没) — 政恒 (初政信 / 権八郎 / 四郎五郎 / 享保十六年七月十日没)
- 正朝 (大久保和泉守)
- 正義 (五郎三郎 / 忠右衛門)
- 忠隆
- 正重 (権八郎, 政継의 양자가 된다)

(『寛政重修諸家譜』)

이상의 점에서, 전기의 아베, 가메야마의 두 서간은 만지 1660(万治3)년의 것으로, 수신인은 2대의 오야 큐에몬가쓰자네라는 것을 알 수 있다. 따라서 아베의 서간에,

> 来年御手前舟竹嶋へ渡海松嶋へも初而舟可被指越之旨云々
> 내년에 귀하의 배가 죽도에 도해하고 송도에도 처음으로 배가 간다는 취지 운운

이라고 기술되고, 또 가메야마의 서간에

> 来年より竹嶋之内松島へ貴様舟御渡之筈ニ御座候旨先年四郎五郎御老中様へ得御内意申候
> 내년부터 죽도 내의 송도에 귀하의 배가 도해해야 한다는 내용, 선년 시로고로가 노중님한테 내의를 받았습니다.

라고 있는 「내년」이라는 것은 1661(寛文원)년을 가리키고 있는 것이 된다. 이것은 또, 11월 16일부의 가메야마 쇼자에몬이 오야 큐에몬에게 보낸 다음의 서간에, 내년이 축년에 해당한다는 내용을 이야기하고 있는 것으로도 확인된다.

> 村川市兵衛殿昨十五日首尾能 御目見へ相調被罷帰候付一筆令啓候 此表別条無之権八郎堅固被罷在候我等儀も無恙罷過候間可安御心候 先以先日之御飛脚海陸無事着申し候哉無心元存候然者来丑ノ年竹嶋松嶋へ弥貴様御舟御渡被成候筈市兵方と今度申談候左様ニ御意得年内より御支度可被成候御仕合能帰朝之時分可預御左右候
> 将々竹嶋より桐之木御取寄大坂迄御 届可被下候 大坂ニテ相良壱岐守殿蔵屋舗迄御届可被成候 彼御留守居衆深水仁兵衛殿川原又兵衛殿と申仁両人御座候 彼御方へ内々申遣置御断候ハヽ無相違請 取可被申遣存候 権八方へ二本程我等も一本可申受候 遠路乍御六借資(憑)入候 此方ニ而珍敷木ニテ御座候 間御無心申入候 壱岐守殿御屋舗者今度村川市兵衛御存知ニて

御座候 尚御参府之時分可得御意候 恐惶謹言

亀山庄左衛門
(花押)

十一月十六日

大屋九右衛門様

猶々今度も村川と弥其段申談候 明丑ノ年ハ貴様両嶋へ舟御渡候筈仕候兼而より申渡候通少も相違無之候間左様ニ御心得可被成候 以上

(大谷家文書)

무라카와 이치베에님이 지난 15일에 차질 없이 장군을 알현하여 조정하고 돌아가시는 길에 일필하여 말씀드립니다. 이곳은 별고 없이 곤하치로도 잘 지내고 있습니다. 우리들도 별일 없이 지내고 있으니 안심하십시오. 먼저 지난번의 파발이 무사히 도착했는지 궁금합니다. 그런데 오는 축년에 죽도 송도에 드디어 귀하의 배가 건너가야 한다는 것을 이치베에 측과 이번에 상의했습니다. 그렇게 생각하시고 연내부터 준비하십시오. 다 마치고 돌아올 때는 조심하십시오.

그리고 죽도에서 오동나무를 가져다 오사카까지 가져다 주세요. 오사카 사가라 이키노카미님의 창고까지 보내 주십시오. 그곳의 당번들 후카미즈 닌베에토노 가와하라 마타베에토노라는 두 사람이 있습니다. 그분들에게 은밀히 연락하여 미리 말해두었으니 틀림없이 받아 줄 것입니다. 곤하치에게 2본 정도 나도 1본 부탁합니다. 원로에 어렵겠지만 보내주십시오. 이쪽에서 진귀한 나무라 무심코 부탁하는 것입니다. 이키노카미님 저택은 이번의 무라카와 이치베에가 알고 계십니다. 또 참부하실 때 뵙겠습니다. 삼가 아룁니다.

가메야마쇼자에몬
(화압)

11월 16일

오야큐에몬 사마

또 이번에도 무라카와와 이미 그것을 상담하였습니다. 다음 축년은 귀하가 두 섬에 배를 보내야 한다는 것을 전부터 말한 것과 조금도 차이가 없으니, 그렇게 아시기 바랍니다. 이상

(오야케 문서)

요컨데, 이런 일련의 서간은 1659(万治2)년에, 당시 아직 살아 있던 아베 시로고로 마사쓰구가, 송도도해에 대해 막부의 내의를 얻어, 마사쓰구가 사망한 다음해에 해당하는 1661(寛文원)년부터 동도에 도해가 시작했다는 것을 나타내고 있다. 이 경우, 이 제일회의 간분 원년의 송도도해는, 오야 큐에몬에게 보낸 서간으로 「귀하의 배(貴様舟)」라든지 「귀공의 배(御手前舟)」라고 진술하고 있는 것을 보아, 이것이 오야가의 순번에 해당된다는 것을 알 수 있다. 오야와 함께 막부로부터 죽도도해의 면허를 받은 무라카와가는 적어도 이보다 3년 전인 1658(万治원)년에 이미 송도도해를 기도하여, 그 때는 목적을 달성하지 못했기 때문에, 다시 그 다음 해인 1660(万治3)년에 동도로 가고 있었다는 것을, 다음의 가메야마 쇼자에몬이 오야 도기에게 보낸 서간 및 「무라카와 이치베에에게 보내는 서장의 사본」으로 알 수 있다.

七月十五日村川市兵方御越候御状拝見殊更畦踏皮三足贈給忝候 先以道喜老初各御無事之由目出珍重存候 此表無相替儀四郎五郎無為拙者体と無異儀罷在候可御心安候 如承意春中ハ久々御在江戸候へ其為差御馳走も不仕今更御残多候 将又竹嶋渡海筋松嶋へ之小舟之儀被仰越候今度市兵衛方ニ様子具承候 去年市兵衛舟出候着舟不申大分之損仕由御然ハ先市兵衛舟遣候 貴様ハ重而之番より渡海可然候 其節御越候ハヽ御直委可承候 当年御当地永々御入候へ共何之沙汰も不被仰聞候て筆談ニてハ委細承知も不罷成候 其上市兵被申分とハ貴様書面少相違成儀も御座候 市兵方口上ニて有物語候 猶面談可得御意候 恐惶謹言

九月七日

亀山庄左衛門
(花押)

大屋九右衛門様

御限

猶々去年市兵過分之損仕由候。先村川舟渡海貴様ハ重而之番より遣し可然候 其内貴様御越候ハヽ御直委可承候 已上

7월 15일에 무라카와 이치베에님이 보낸 서장을 보았습니다. 특히 가죽버선 3족을 받아 감사합니다. 우선 도기 어른을 비롯하여 모두가 무사한 것 축하드립니다. 이곳도 아무런 일 없습니다. 시로고로도 무사하시고 졸자도 이상 없으니 안심하십시오. 아시다시피 봄에는 오랫동안 에도에 계셨는데 식사대접도 못하여 지금도 서운하게 생각합니다. 그리고 또 죽도로 도해하는 길목에 있는 송도에 가는 배에 대한 말씀이 있었습니다. 이번에 이치베에님한테 상황을 자세히 들었습니다. 거년에 이치베에가 배를 냈으나 배를 대지 못하여 크게 손해를 보았기에, 먼저 이치베에의 배를 보내고, 귀하는 다음 번부터 도해해야 합니다. 그때 오시면 자세히 아실 것입니다. 올해는 이곳에 오래 계셨는데 아무런 연락도 받지 못하여, 서면으로는 자세한 것을 알 수 없습니다. 그 위에 에치베에가 말하는 것과는, 귀하의 서면에는 약간 차이가 나는 것도 있습니다. 이치베에 쪽이 이야기한 것이 있습니다. 다시 면담해야 한다고 생각합니다. 삼가 아룁니다.

7월 7일

카메야마 쇼자에몬
(화압)

오야 큐에몬 사마
어한

또 거년에 이치베에가 과분한 손해를 보았다 합니다. 먼저 무라카와선이 도해하고 귀하는 다음번부터 보내야 합니다. 그 안에 귀하가 오면 직접 자세히 듣겠습니다. 이상.

村川市兵衛方へ遣す書状之写

大屋九右方被罷越候間一筆令啓上候　夏中御越候へ共何之御馳走も不申今更御残多存候 道中無異儀御越弥御在宅候哉無心元候 此表別条無之且那一統無事拙者体も無恙候間可安御心候然者竹嶋近所之小嶋へ小船渡海之儀去年貴様被仰候ハ大屋九右衛門方ハ同心無之候間貴様斗にて可遣哉と被申候間其節我等申候ハ当分同心無之候ても定而所務も有之候大屋も渡度と被申にて可有之候口上にてハ無同心と申分ハ実儀共不被存候。其内ハ貴様斗御渡し可被成哉と申置候　今度九右衛門殿被参被申候ハ市兵衛同意ニ小船渡海仕度旨候拙者挨拶仕候ハ尤左様可有之と存候然共去々年村川大分之損仕候由因茲先来年も村川船遣候　大屋渡番来ル丑寅両年より九右方渡し夫より如例両人にて順々に御渡し可然候　彼嶋草木も無御座候之所別之所務無之みち油取申候一種之由候 於然者互事六ケ敷無之様御談合可被成候 恐惶謹言

右之通村川市兵衛方へ申遣候為念案書懸御目候 以上

亀山庄左衛門
(花押)

九月八日
大屋道喜 様

(大谷家文書)

무라카와 이치베에쪽에 보낸 서장의 사본

오야 큐쪽에서 오셨기에 일필하여 알려드립니다. 여름에 오셨는데도 아무런 대접도 하지 못하여 지금도 유감스럽게 생각합니다. 도중에 별 일 없이 무사히 집에 도착하셨는지 궁금합니다. 이곳도 별 일 없고 또 주인 일족 모두 무사하시고 졸자도 별 일이 없으니 안심하십시오. 그런데, 죽도 근처의 소도에 소선이 도해한다는 뜻을 지난해에 귀하가 말씀하시길, 오야 큐에몬 측은 동심이 아니라, 귀하만 보내겠다고 말씀하셨기에, 그 때 우리들이 말하길, 당분간은 동심이 없다 해도, 틀림없이 어떤 일이 있을 것입니다. 오야도 건너가고 싶다고 말하고 있으니, 동심이 아니라는 것은 사실이 아니라고 생각합니다. 그 전에는 귀하만 건너가도 된다고 말해두었습니다. 이번에 큐에몬이 도노를 뵙고 말하길, 이치베에와 마찬가지로 소선을 보내고싶다 합니다. 졸자가 말한다면, 당연히 그렇다고 생각합니다. 그렇지만 재작년에 무라카와가 상당히 손해를 보았기에, 이에 내년에도 우선 무라카와의 배를 보내야 합니다. 오야 순번은 오는 축, 인 두 해부터 오야 측이 건너고, 그 때부터 그전처럼 두 사람이 순번으로 건너기로 합니다. 그 섬은 초목도 없는 곳으로 별볼 일 없고 강치의 기름을 취하는 것 하나입니다. 그러하니 서로 어려운 일 없도록 담합해야 합니다. 삼가 아룁니다.

우처럼 무라카와이치베에 쪽에 보내려고 생각하고 작성한 서장으로 보여드립니다. 이상

가메야마 쇼자에몬
(화압)

9월 8일
오야도기 사마

(오야가 문서)

이 두 서간에 나오는 오야 도기란, 초대 큐에몬 가쓰무네가 만년에 출가한 후의 칭호이다.[39] 도기는 1662(寛文2)년 12월 21일에 97세로 죽었기 때문에, 이들의 서간은 모두 간분 2년 이전의 것이라는 것이 분명하다. 더욱이 도기에게 보낸 서간에는

> 来年も村川船遣候 大屋渡番来ル丑寅両年より九右方渡し
> 내년도 무라카와의 배를 보낸다. 오야의 도번은 오는 축·인 양년부터 큐에몬이 건넌다.

라고 있어, 그 축년이 1661(寛文원)년에 해당한다면, 그 「내년」이라는 것은 1660(万治3) 년이 되어, 이 서간은 1659(万治2)년의 것으로 추정할 수 있다. 더구나 그 전년에 무라카와(이치베에마사키요)는 송도에 도해하여 「과분한 손해를 보았다」라고 있기 때문에, 이미 무라카와는 1658(万治원년)에 송도 도해를 꾀한 것이 된다.

이와 같이 송도(오늘의 죽도)의 도해는 오야가는 1661(寛文원년)부터, 또 무라카와가는 그보다 훨씬 수 년 전부터 시작한 것이, 이런 서간들로 이해할 수 있지만, 어찌되었건, 그 송도도해가 1618(元和4)년의 죽도(울릉도) 도해면허를 받고 40년 이상이나 경과한 후였다는 것은 참으로 납득하기 어려운 일이다.

원래 송도는 오키에서 죽도로 향하는 길목에 해당하여, 항행하는 경우의 목표로 하고, 또 도중의 정박지로서 적당한 위치에 있는데다, 강치나 전복의 어채지로서도 주목할 만한 곳이었다.

그러한 송도가 죽도도해면를 받고 40년 이상이나 이용되지 않은 채로 방치되고 있었을 리 없어, 아마도 죽도도해 개시 후 그다지 멀지않은 시기에 송도도 발견되어, 역시 그 개발도 이루어져 온 것이라고 생각된다. 이것에 대해, 앞에서 든 겐로쿠 9년 정월 23일에 마쓰타이라 호키노카미의 각서에도 다음과 같이 기록하고 있다.

松嶋へ猟に参候儀竹嶋へ渡海の節通筋にて御座候故立寄猟仕候
송도에 어렵하러 가는 것은 죽도에 도해할 때 지나는 길이라 들려서 어렵을 합니다.

따라서, 만지 3년 또는 간분 원년의 송도도해라는 것은 오야・무라카와 양가가 막부의 정식 승인하에 동도에 향하게 된 해를 의미하고 있는 것처럼 생각된다.

이 사이의 사정에 대해 전게한 서간을 다시 잘 검토하면, 다음 사실을 판명할 수 있을 것이다. 즉 「무라카와 이치베에 측에 보내는 서장의 사본」에

竹島近所之小嶋へ小船渡海之儀去年貴様被仰候ハ大屋九右衛門方ハ同心無之候間貴様斗にて可遣哉と被申候
죽도 근처의 소도에 소선이 도해하는 것을 거년에 귀하가 말씀하시길, 오야 큐에몬 측은 동심이 없다하기 때문에, 귀하만 보내라고 말씀하셨습니다.

라고 있는 것처럼 1658(万治원)년에 이르러 무라카와 이치베에(2대 政清)는 죽도의 공동 경영자인 오야 큐에몬(2대 勝実)이 송도의 경영에는 관심이 없다는 것을 이유로, 동도의 도해면허를 자신에게 주도록 가메야마 쇼자에몬(또는 阿部四郎五郎政継)에게 요청했다. 이에 대해 가메야마(또는 阿部)는 「당분간 동심이 없다해도 분명히 사정이 있을 것입니다. 오야도 건너겠다고 말하고 있습니다」라고 말하고, 오야가 송도도해의 희망을 표명하기까지는, 무라카와만이 동도에 도해해도 지장이 없다는 뜻을 회답하여, 그 양해하에 무라카와는 만지 원년에 송도에 갔으나 목적을 달성하지 못하고 막대한 손해를 입은 것이었다.

마침 이 무렵 오야의 송도도해허가의 신청이 있었으나, 아베 시로고로로서는 전번의 송도도해에서 무라카와가 막대한 손해를 입은 것을 고려하여 「내년(万治3)도 무라카와선을 보」내는 것으로 하고 그 대신 오야에 대해서는

「오는 축·인 두 해 (寛文원년 및 2년)부터 큐에몬 측이 건너가는」 것으로 했다. 또 그 이후는 종래의 죽도의 예에 따라 「두 사람이 순번대로 건널 것」으로 결정을 내린 셈이다.

그러나 이 같은 결정을 내리는 것에 임하여 마사쓰구는 오야 큐에몬에게 보낸 1659(万治2)년 6월 21일부로 추정되는 서간에서,

> 然者竹嶋近辺松嶋江渡海之儀被申越令得其意候。村川市兵衛方相談被仕如類年渡海可然と存候
> 그래서 죽도 근변의 송도에 도해한다는 뜻을 이야기하여 허가를 받았습니다. 무라카와 이치베에 측과 상담하여 예년과 같이 도해해야 한다고 생각합니다.

라고 말하고 또, 가메야마 쇼에몬도 동인에게 보낸 6월 22일부의 서간에,

> 然者竹嶋近所松嶋渡舟之儀被仰越候 四郎五郎申聞候 村川市兵衛方と相談類年仕来候様被成可然旨候
> 그래서 죽도 근처 송도로 배가 건너가는 것을 말씀하셨습니다. 시로고로가 들으시고, 무라카와 이치베에 측과 상담하여 예년에 해온 것처럼 해야 한다는 뜻이었습니다.

라고 마사쓰구의 의향을 되풀이 해서 전하고 있는 것이다.[40] 이리하여 아마이 지시에 의해 양가 간에 상의한 결과 죽도와 마찬가지로 송도도 양가가 격년으로 도해하는 양해가 이루어 졌으나, 마사쓰구로서는 무라카와의 사정도 고려하여, 가메야마 쇼자에몬의 (만지 2년) 9월 7일부 오야 큐에몬 앞의 서간 및 9월 8일부 오야 도기에 보낸 서간이 된 것이라고 생각된다. (만지 3년) 9월 5일자의 가메야마의 서간에는,

> 来年より竹嶋之内松嶋へ貴様舟御渡之筈ニ御座候旨先年四郎五郎御老中様へ得御内意申候

내년부터 죽도 내의 송도에 귀하의 배가 건너가야 한다는 내용은 선년에 시로고로가 노중님한테 내의를 받았다 합니다.

라고 있지만 아마도 아베 시로고로마사쓰구는 단지 오야가의 송도도해에 대한 막부의 내의를 얻은 것만이 아니라 전기의 오야·무라카와 양가의 송도도해에 대한 재정(裁定)에 관해서도 노중의 양해를 얻어낸 것으로 생각된다.

이 해석이 옳다면 무라카와의 만지 원년의 송도도해는 물론 만지 3년의 동도의 도해도 마사쓰구의 독자적 재량으로 이것을 인정하고, 노중의 동의를 묻는 것까지는 하지 않았을 가능성도 있다. 그것은 어찌되었든 간에 무라카와로서는 어째서 죽도도해면허를 받고 나서 40년이나 지난 1658(万治원)년에 이르러 송도의 도해를 가메야마(또는 阿部)에 요청한 것일까. 아마도 실제로는 그때까지도 죽도도해의 도중에 오야·무라카와 양가 모두 재량껏 송도에 들려 이것을 이용하고 있었으나 상술한 경위를 살펴보면, 무라카와로서는 송도의 독점적 경영을 기도하여 오야가가 동도에 관심의 없는 것을 이유로 해서, 이것에 대한 보증을 얻어내려고 한 것은 아닐까.

이 때문에 송도 도해의 문제가 공식적으로 취급되게 되고, 그 결과는 무라카와의 기도에 반해 독점적 경영은 인정되지 않았으며, 죽도와 마찬가지로 오야·무라카와 양가가 번갈아 이것을 이용한다는 것으로 결정을 보게 된 것일 것이다.

이를 요약하면 오야·무라카와 양가가 막부의 정식 승인하에 송도에 도해하게 된 것을, 1660(万治3)년 또는 1661(寛文원)년으로 하면, 3대 오야 큐에몬 가쓰노부의 1681(延宝) 년의 요청서에,

> 厳有院様(家綱)御代竹島之道筋廿町斗廻申候小島御座候(中略)廿五年以前阿部四郎五郎様御取持を以拝領云々
> 겐유인님(이에쓰나) 어대에 죽도의 길목을 20정 정도 가면 소도가 있습니다 (중략) 25년 이전에 아베 시로고로님의 주선으로 배령 운운.

이라고 있는 것이 바른 것이 된다. 이것에 대해 『호키시쇼(伯耆志抄)』 아이미군(会見郡) 요나고(米子) 하권에도 다음과 같이 실려 있다.

> 磯竹は竹島なり　三代九右衛門勝信と云ふ　竹島の東に周囲二十丁許の島あり松島と呼べり　隠岐より六十里余なるべし　厳有公の時彼の安倍氏の紹介にて此島を賜ふ竹島と同しく海鹿魚油を取れり　(島根県蔵本)
> 이소타케는 죽도다. 3대 큐에몬 가쓰노부라 한다. 죽도의 동에 주위 20정 정도의 섬이 있다. 송도라 부른다. 오키에서 60리 정도 될 것이다. 겐유공의 시대에 아베씨의 소개로 이 섬을 하사 받았다. 죽도와 마찬가지로 강치의 기름을 취한다. (시마네현장본)

그러나 실제로는 죽도도해로부터 그리 멀지 않은 시기부터 송도의 개발도 행해지게 되었다고 하면, 죽도도해면허 이래 80년이나 지나서, 4대 큐에몬 가쓰후사가 그 시기를 다이토쿠인(秀忠) 또는 다이유인(家光) 시대로 하고 있는 것도 모두 잘못이라고 단정할 수는 없을 것이다.

〔라〕 송도·죽도의 경영

도해면허 후의 송도·죽도의 경영에 대해서는 오야 큐에몬의 『죽도도해유래기발서공』과 『대곡가유서실기(大谷家由緒実記)』, 오야가 자손의 오야 히로시(大谷弘)씨 소장의 오야가(大谷家)문서, 돗토리 번주 이케다가(池田家)문서 등에 상세하지만, 오야·무라카와 양가는, 그 독점적 사업으로 해서, 배에 해바라기(葵) 무늬의 깃발을 달고, 매년 교대로 죽도(울릉도)에 도항하여 전복의 채취, 강치의 포획, 박달나무와 대나무의 벌채 등에 종사하고, 또 그 도항하는 도중에 송도(지금의 죽도)에도 들려 어렵에 종사했다. 특히 운조(運上)라는 세금은 정해져 있지 않았지만, 도해할 때마다 보고하며, 어획한 전복은 꼬지전복으로 해서 장군가 및 막각에 헌상하고, 또 양가가 교대로 참부하여 알현하는 것이 관례로 이루어졌다.

이것에 관해 『竹島渡海由来記抜書控』은 다음과 같이 기록하고 있다.

> 天和四年竹島渡海御免之。御奉書頂戴同年ヨリ竹島渡海相始メ凡七拾八年之間無怠慢毎年渡海仕候。御公儀貢物上納ハ雖不仕ト誠ニ空居之嶋甚吉見顕日本之土地広メ御式帳載之段抜群之働ト御称美〈因茲二三年振又ハ八九年目毎ニ参勤〉公方様江独礼御目見被為仰付其上御紋御時服御尉斗目拝領竹島渡海之船江モ御紋船印等拝領被為仰付冥加之至 伝々
>
> (大谷家文書)
>
> 덴나 4년 죽도도해면허의 봉서를 받았다. 봉서를 받은 동년부터 죽도도해를 시작하여 이미 78년 간 태만하지 않고 매년 도해했다. 장군에게 공물을 상납하지 않았는데도 그야말로 공도를 진키치가 발견하여 일본의 토지를 넓혀 장부에 올린 것은 발군의 공이라고 칭찬하여〈이것으로 인해 2, 3년 만에, 혹은 8, 9년 마다 참근한다〉 장군을 독례로 알현하라는 명을 받고, 그 위에 문양이 든 옷, 통소매옷을 배령하고 죽도로 도해하는 배에 거는 문양의 깃발 등을 배령한 것은 신불의 덕택이다 운운.
>
> (오야가 문서)

이처럼 오야·무라카와 양가는 돗토리번의 영내에 거주하고 있었지만 죽도도해면허에 대해서는 장군의 뜻을 받들어 노중이 연서하고 화압을 찍어서 내린 극히 중요한 봉서의 양식을 취하고 있어, 막부한테 관허를 받았다기보다는 오히려 공무로서 명을 받았다고 해야 하는 일이었다. 돗토리번은 그 경영에 직접 관계하지 않았다. 따라서 양인의 참부 배알의 건도 번을 경유하지 않고 사사봉행의 방법으로 이루어지고 있었다. 이것에 관해 1693(元禄6)년 6월 27일에 번에서 오간조노카미(御勘定頭) 마쓰타이라 미노노카미(松平美濃守)에 차출한 문서에는 다음과 같이 기술되어 있다.

> 覚
>
> 伯耆国米子町人村川市兵エ大屋九右エ門竹島江渡海始候儀元和四年阿部四郎五郎殿御取持を以渡海被遊御免其節より右弐人御目見被仰付候事
>
> 一、右島江渡海付御朱印は無御座候。松平新太郎伯耆国領知之節渡海之儀

付被成御奉書候。則写懸御目候

一、右島江渡海船ニ御紋之舟印御免被遊相立候儀不分明候得共右弐人先祖より至今相立申候。先年竹島江渡海之船朝鮮国江流着候節御紋之舟印立候付日本舟と見知申対馬国江送越米子江罷帰候由御座候。

一、右町人御当地江罷下候儀四五年壱度宛壱人替々罷越候。其節は寺社御奉行衆江御案内申御目見之儀奉願御目見被仰付候節時服拝領仕由

(池田家文書)

호키노쿠니 요나고의 정인 무라카와 이치베에와 오야 큐에몬이 죽도에 도해하기 시작한 것은 겐나 4년에 아베 시로고로사마의 알선으로 도해하는 면허를 주었다. 그 때부터 우의 두 사람은 알현을 명받았다.

一、우 도에 도해하는데 있어 주인은 없습니다. 마쓰타이라 신타로가 호키노쿠니를 통치할 때 도해에 대한 봉서를 주셨습니다. 곧 복사하여 보입니다.

一、우 도에 도해하는 배에 어문의 주인을 허가 받아 세우는지 불분명하나, 우 2인의 선조부터 지금까지 세우고 있습니다. 선년에 죽도에 도해한 배가 조선국에 표착했을 때 어문의 주인을 세워, 일본배라는 것을 알고 쓰시마노쿠니에 보내어 요나고로 돌아온 일이 있습니다.

一、우 정인이 당지에 오는 것은 4, 5년에 1회 1인이 번갈아 갑니다. 그때는 사사봉행하는 자들에게 안내를 부탁하여 알현의 뜻을 올려 알현할 때 시복을 배령 했습니다.

(이케다케문서)

이런 연유로 돗토리번은 죽도에 대해서는 다음과 같이 진술하여, 그것이 동번의 소속이 아니라고 하는 것도, 역시 당연했다.

竹島ははなれ島に而人住居者不仕候。尤伯耆守支配所ニ而茂無之候[41]
竹嶋は因幡伯耆附属にては無御座候。伯耆国米子町人大屋九右衛門村川市兵衛と申者渡海漁仕候儀松平新太郎領国の節以、御奉書被仰出候旨承候[42]
죽도는 떨어진 섬으로 사람이 거주하지 않습니다. 원래 호키노카미가 지배하는 곳도 아닙니다.
죽도는 이나바 호키의 부속이 아닙니다. 호키노쿠니 요나고 정인 오야 큐우에몬 무라 카와 이치베에라는 자가 도해하여 어렵을 하는 것은, 마쓰다이라 신타로의 영국이었을 때에 봉서로 명하셨다 합니다.

또 송도에 대해서도,

右松島両国へ附属に而は無御座候。竹嶋より渡海之筋に在之嶋にて御座候[43]
松島ハ何れの国へ付候嶋にても無御座由承候(주 24참조)
우 송도는 양국에 부속한 것이 아닙니다. 죽도에서 도해하는 길목에 있는 섬입니다.
송도는 어느 나라에도 부속하는 섬도 아닙니다.

라고 말하고 있다. 이것들이 말하는 「양국」이라든지, 「어느 나라」라고 말하는 것도, 돗토리번의 소령인 이나바・호키의 어느 나라에도라는 의미는, 그 답장이, 「죽도 이외 송도라는 섬, 이나바노쿠니 호키노쿠니에 부속한 섬인가(竹嶋之外松嶋と申嶋因幡国伯耆国へ附属之嶋に候哉)」라는 물음에 대한 것이었다는 것으로 보아도 명백하다.

그런데 죽도도해의 도정은 통상 호키노쿠니 요나고를 2, 3월 경에 출발하여 먼저 운슈 (雲州)의 구모쓰로 향하고, 이어서 오키의 도젠을 경유하여 도고의 후쿠우라에 이르렀다. 그곳 에서 잠시 체재하여 만반의 준비를 갖춘 후, 4월 상순에 순풍을 기다려 송도로 향하고, 거기서 어렵을 한 후 죽도에 건너가, 7. 8월 경에 귀국하는 것을 관례로 하고 있다. 이것에 관해 『이나바야사(因藩野史)』 간에(寛永) 15년 12월 28일조에는, 다음과 같이 기록되어 있다.

其ノ水路大概自出雲雲津之地至隠岐嶋前海上十八里自嶋前至嶋後福浦水行不過十里此所在雲州侯之官庁自福浦北ノ方歴七十里ノ海路而到于松嶋自此乾ノ方水行四十里着岸于竹嶋之内浜田浦近于朝鮮国纔隔四十里計之海水遇晴天恒望彼地 (中略) 毎歳三四月之際渡海而営漁猟至ニ七八月帰船。

(鳥取県立図書館蔵本)

그 수로는 대개 이즈모노 구모쓰 땅에서 오키의 도젠에 이르러, 오키의 도젠에서 해상으로 18리를 가면 도고의 후쿠우라에 이른다. 수로를 가기 10리를 지나지 않은 이곳에 운슈부의 관청이 있다. 후쿠우라에서 북방으로 70리의 해로를 지나 송도에 이르러, 이곳에서 서북 방향으로 수로 40리를 가면 죽도 안의 하마다포에 착안한다. 조선국에 가까워 겨우 40리 정도의 해수를 사이에 두고 있어, 맑은 날에는 항상 그곳이 보인다. (중략) 매년 3, 4월에 도해하여 어렵을 하고 7, 8월에 귀박한다.

(돗토리현립도서관장본)

또 『죽도고』에도 다음과 같이 이야기되어 있다.

每年渡海スルニハ先ヅ二三月ノ比船ヲ粧ヒ米子表ヲ発船シ暫ク隠岐国ニ船ヲ繋留四月上旬ノ比順風ヲ侯テ帆ヲ開キ先松嶋ニ渡リテ漁業ヲ始ム。其ヨリ竹島ヘ渡海シ夏ノ間所務ヲ成シサテ秋ニ逾テ皈帆セル也。又彼島ニテ専トスル産物ハ鰒海鹿ノ両種ナリ (注二七参照)

매년 도해하는 데는 우선 2, 3월경에 배를 정비하여 요나고를 발선하여, 잠시 오키노쿠니에 배를 계류하여, 4월 상순경의 순풍을 기다려 돛을 올리고 먼저 송도로 건너가 어렵을 시작한다. 그곳에서 죽도로 도해하여 여름 동안 일을 보고, 그리고 가을이 지나서 귀범한다. 또 이 섬의 주된 산물은 전복과 강치 두 종류다.

또 요나고에서 죽도로 직행하는 일은 없었지만, 이에 대해서는 겐로쿠 6년 5월 22일 오칸조노카미 마쓰타이라 미노노카미(御勘定頭松平美濃守)에 제출한 문서에 다음과 같이 이야기되어 있다.

伯耆国米子より竹島江海上凡百六十里程有之由候。例年米子出船出雲江参隠岐国江致渡海候而竹島江渡申候米子より直竹島江渡候儀成不申候

(池田家文書)

호키노쿠니 요나고에서 죽도는 해상으로 대개 160리 정도라 합니다. 예년 요나고를 출선하여 이즈모로 가서 오키노쿠니로 도해하여 죽도로 건너갑니다. 요나고에서 직접 죽도로 건너는 일은 할 수 없습니다.

(이케다가문서)

요나고에서 죽도까지의 거리에 대해서는, 문헌에 따라 약간 차이가 있지만, 겐로구 9년 정월 25일에 에도의 오키키야쿠(御聞役) 오타니이베에(小谷伊兵衛)가 막부에 제출한 자료에 의하면 총거리는 160리, 그 내역은 다음과 같다.

覚
一、伯耆国米子より出雲国雲津江道法拾里程
一、出雲国雲津より隠岐国焼火山迄道法弐拾三十里程
一、隠岐国焼火山より同国福浦江七里程
一、福浦より松島江八十里程
一、松島より竹島江四十里程[44]

오보에
一、호키노쿠니 요나고에서 이즈모노쿠니 구모쓰까지 거리 10리 정도.
一、이즈모노쿠니 구모쓰에서 오키노쿠니 다쿠히산까지 거리 23리 정도
一、오키노쿠니 다쿠히산에서 동국 후쿠우라까지 7리 정도
一、후쿠우라에서 마쓰시마까지 80리 정도
一、마쓰시마에서 다케시마까지 40리 정도

죽도로 도해하는 초기에는 200석 정도를 실는 배 2척에 합계 약 50명이 승선하여 동도로 향했지만, 후에는 1척이 감선되어, 사공 뱃사람 수도 21명 정도였다. 이에 대해서는, 교호(享保)9년 갑진년 5월에 돗토리번이 막부에 낸 답서에 다음과 같이 기술되어 있다.

一、元禄壬申年米子商人村川市兵衛大屋九右衛門竹島へ渡海之節船頭水主弐拾壱人鉄砲五挺弐百石斗積之船壱艘遣し申候
一、同六癸酉年船渡し候節船数船頭水主人数右同断
一、同七申戌年同八乙亥年右両年渡海之節茂船数船頭水主人数同断
一、竹島渡海前々者船弐艘遣し申候其節者鉄砲八九挺遣し申候 竹島へ鉄砲遣し候儀はみちを取申儀鉄砲にて打候ニ付遣し申候

(池田家文書)

一、겐로쿠 임신년 요나고 상인 무라카와 이치베에 오야 큐에몬이 죽도에 도해할 때 사공 뱃사람 21인 철포 5정 200석 정도를 싣는 배 1척을 보냅니다.
一、동 6 계유년 배가 건널 때 사공 뱃사공의 수는 위와 같다.
一、동 7 신술년 동 8 을해년 위 양년의 도해의 때에도 선수 선두 사공의 인수가 같다.
一、죽도도해에 예전에는 배 2척을 보냈습니다. 그 때는 철포 8, 9정을 보냈습니다. 죽도에 철포를 보내는 것은 강치를 잡을 때 철포를 쏘기 위해 보냅니다.

(이케다가 문서)

또 『죽도고』에도 다음의 기사가 있다.

往昔伯耆国ヨリ竹島へ渡海セシハ米子ノ船主大谷九右衛門村川市兵衛ガ両家ヨリ連年隔番ニ弐百石積余ノ船弐艘ニ人数五拾人バカリヲ遣セシ様ニ見エタリ
지난 옛날에 호키노쿠니에서 죽도로 도해한 것은 요나고의 선주 오야 큐우에몬 무라카와 이치베에 양가가 연년 격번으로 200석 이상을 싣는 배 2척에 인수 50인 정도를 보낸 것으로 보인다.

이것을 1666(寛文6)년의 도해의 실제와 비교해 보면, 동년은 오야가의 순번이었지만, 13반돛(反帆)의 배 2척에 50명이 승선해서 2월 3일에 요나고를 출항하여, 먼저 운슈의 구모쓰에 이르러, 동 13일에는 오키에 도착했다. 거기서 잠깐 체재한 후, 4월 6일에 순풍을 기다렸다 그곳을 출항하여, 동 8일에는 무사히 죽도에 착선했다. 그곳에 체재하는 사이에 나무를 베고, 또 15반돛의 배 1척을 만들어, 7월 3일에는 총수 3척에 분승하여, 귀로에 올랐으나, 도중에 폭풍을 만나 조난당해서, 새로 건조한 15반돛(反帆)의 배만이 조선에 표착해서 승무원 21명이 구조되었다. 이 21명의 구성을 보면 우와노리(上乘:총지휘) 1, 센토(船頭) 1, 철포(강치사냥꾼) 2, 전복 채취꾼 3, 대장장이·배목수·통목수(기름통 등의 제조)·조타수 1, 뱃사람 10으로 되어 있다. 그 출신은 전복 채취꾼이 오키 출신으로, 나머지 간부 기술자는 모두 호키노쿠니 출신, 또 뱃사공은 호키 4, 오키 6이라는 비율로, 결국 전체적으로 호우노쿠니 12, 오키노쿠니 9의 내역 이었다.[45]

이 같은 출신지별 구성은 다른 죽도 도해의 경우도 대체로 같았으나, 때로는 이즈모노쿠니 출신자도 동반했던 것 같다. 이에 관해 겐로쿠 9년 정월 25일 돗토리번이 막부에 제출한 문서 중에 다음과 같은 기술이 있다.

> (前略) 右之船子とも竹島江猟ニ罷越候節出雲国隠岐国之猟師共雇候而米子之船子同船ニ而罷越候　人数は年々相違御座候　出雲国よりは不参候儀茂御座候　大かたは出雲国より二三人隠岐国より八九人程茂雇候而罷越由御座候　以上
>
> 正月廿五日 (池田家文書)
>
> (전략) 우의 사공들이 죽도에 어렵하러 갈 때, 이즈모노쿠니 오키의 어부들을 고용하여 요나고의 사공과 같은 배로 갑니다. 인수는 해마다 차이가 있습니다. 이즈모노쿠니에서는 불참하는 일도 있습니다. 대개는 이즈모노쿠니에서 2, 3인, 오키노쿠니에서는 8, 9인 정도를 고용하여 건너간다고 합니다. 이상.
>
> 정월 25일 (이케다케 문서)

죽도 및 송도에서는 전복을 따고 강치를 잡은 것은 자주 이야기한 대로지만, 그 전복은 건조해서 꼬치전복으로 하고, 강치는 가죽을 벗기고, 기름을 채취했다. 이 꼬치전복은 『죽도도해유래기발서공』등 오야·무라카와 양가의 기록에 의하면, 참부 알현할 때 장군가 및 막부의 노중에게는 각각 500패(貝) 들이 한 상자(一折), 와카토시요리(若年寄)에게는 300패 들이 한 상자를 헌상하는 것이 관례로 되어 있었다.

또 죽도는 양재를 생산하는 곳이기 때문에 1638(寛永15)년에는 막부로부터 니시마루(西丸) 서원의 마루판 및 책장 판자의 수급을 명받아 오야·무라카와 양인은 죽도의 향나무와 박달나무의 헌상을 위해 같이 에도에 올라가, 장군 이에미쓰를 배알할 것을 명받았다. 계속해서 1645(正保2)년에 무라카와와 이치베에마사스미(正純)가 막부를 배알했을 때도 다듬은 전단 2매(길이 1장 4척 4촌, 폭 2척 1촌, 두께는 2촌 1분), 오동나무 2그루(길이 6척 1촌, 그 중 1그루는 5척 5촌 둘레, 1그루는 5척 3촌 둘레)를 헌상했다. 이 죽도의 재료에 대해서는, 앞에서 말한 1660(万治3)년 11월 16일부의 가메야마 쇼자에몬이 오야 큐에몬에게 보낸 서간에도,

> 竹島より桐之木御取寄大阪迄御届可被下候。
> 죽도에서 오동나무를 가져다 오사카까지 보내 주십시오.

라든가,

> 權八方へ二本程我等も一本可申受候。
> 곤하치님에게 2그루 정도, 우리도 1 그루 받고 싶습니다.

등이 있고, 또 11월 22일부(연호 불상)의 가메야마 쇼자에몬이 오야 큐에몬에게 보낸 서간에도,

> 此方より望之注文之內栴檀板壹枚乘物之棒拙者誂之桐木船中ニ而捨り申由殘念之御事候
>
> (大谷家文書)
>
> 이쪽에서 원하는 주문 중의 향나무 판자 1매, 탈 것의 봉, 졸자가 주문한 오동나무를 선중에서 버렸다는 것은 유감스러운 일입니다.
>
> (오야케 문서)

등이 있어, 막부의 요인도 여러 가지를 주문했던 것 같다. 그 외에 7월 30일부(연호 미상)의 오쿠보 이즈미노카미(大久保和泉守)가 오야 큐에몬에게 보낸 서간에는,

內々申達候百合草海鹿之胆參着候者可給候　　（『竹島渡海由來記拔書控』）
내밀히 이야기한 백합초, 강치의 쓸개 3착을 받았으면 합니다.
（『죽도도해유래기발서공』）

라고 있고, 또 6월 2일자(년호 미상)의 가메야마 쇼자에몬이 무라카와 이치베에에게 보낸 서간에는 죽도산물로 필요한 용품의 목록(竹島御用物之覚)으로 해서,

一、百合草 三四拾粒程
一、にんにく　少し
一、大竹五本　長さ三尺程花いけに成候樣成ル
一、大桐貳本
一、桐之木 乘物棒長サ三間程若有之者御廻
一、せんたんの板三枚 長サ一間
一、にんちん草 有之者 一本二而茂
（『米子村川大谷兩家竹嶋渡海書上寫』）

一、백합 3, 40 뿌리 정도.
一、마늘 약간
一、큰 대 5그루, 길이 3척 정도, 꽃병으로 할 수 있는 것.
一、큰 오동 2그루
一、오동나무, 탈 것의 봉 길이 3간 정도. 만일 이것이 있으면 주세요
一、향나무 판자 3매, 길이 1간
一、인삼초 있으면 1그루라도
（『요나고 무라카와 오야 양가 죽도도해서상사』）

라고 있어, 전복, 강치, 목재 이외에도 죽도의 진귀한 산물이 주문에 응하여 때때로 들어온 것으로 생각된다. 이들 중에, 죽도 백합과 오동이란, 울릉도를 그 원산지로 한다.46)

또 오야・무라카와 양가가 장군을 알현한 횟수는 겐로쿠 6년 마쓰다이라미노노카미에게 제출한 문서에는 「4, 5년마다 한 사람씩 교대로(四五年度宛壱

人替々)」라고 있는데, 「교호 3년 술(戌) 12월 27일 밤 창고에서 불이 나 배령한 물건 그 외에 대대로 에도에 참부한 기록 등이 애석하게 많이 소실되었다(亨保三戌十二月廿七日夜土蔵出火ニ而拝領之品其外代々江戸参府記録等惜哉多分焼失)」(『죽도도해유래기발서공』)라고 있는 것처럼, 기록이 소실되어 그 전모는 분명하지 않다. 현존의 각종 기록을 보면 다음과 같아, 그 배알의 시기는 반드시 일정했던 것은 아니었다.

겐나(元和)	四年(一六一八)	竹島渡海免許
간에(寛永)	三年(一六二六)	村川市兵衛正純
同	十五年(一六三八)	村川市兵衛正純　大谷九右衛門勝宗
쇼호(正保)	二年(一六四五)	村川市兵衛正純
메레키(明歷)	三年(一六五七)	村川市兵衛正清
만지(万治)	二年(一六五九)	大谷九右衛門勝實
간분(寛文)	五年(一六六五)	村川市兵衛正清
同	十一年(一六七一)	大谷九右衛門勝實
엔포(延宝)	七年(一六七九)	大谷九右衛門勝信
同	九年(一六八一)	村川市兵衛正勝
죠쿄(貞享)	二年(一六八五)	大谷九右衛門勝信
겐로쿠(元祿)	二年(一六八九)	村川市兵衛正勝
同	七年(一六九四)	大谷九右衛門勝房
同	九年(一六九六)	竹島渡海禁止

(주) 이상의 외에, 간에 3년과 15년의 사이 및 쇼호 2년과 메레키 3년의 사이에는 오야가가, 또 간분 11년과 엔포 7년 사이에는 무라카와가가 참부 알현했을 가능성이 있지만 기록은 보이지 않는다.

그런데 오야· 무라카와 양가의 죽도·송도의 경영은 윤번으로 격년 도해하여, 그 수확은 각각 자가의 소득으로 하고 있었지만 해에 따라 풍흉이 있고 또 때로는 난선 등의 손해도 있어 수입이 같지 않았기 때문에, 양가가 상담하여 1681(天和元)년 이후에는 수지손익을 같이 계산하는 것으로 해서 다음과 같은 협약을 맺었다.

取替し申一札之事

一、当暮より竹嶋松嶋自今以後寄合之所務に仕候。然上ハ此儀ニ付仮令損亡在之候而も利分在之候而も兩人割符仕右之算用少茂無相違可致事。

一、兩嶋歸帆砌所務之品々少ニても無僞明白ニ可申相事。

一、兩嶋仕出之算用是又互ニ少ニても隱僞申間敷事。

右如一札之子共之代ニ至迄兩嶋寄合ニ仕候上ハ互無遠慮致相談嶋仕出し入目互疑無之様ニ可仕候。尤損亡又ハ利分在之候節ハ猶以兩人割符無相違様ニ堅算用可申事。依て爲後之年之一札如件

村川市兵衛

天和元年

酉ノ十二月廿三日

大谷九右衛門殿　　　　　　　　　(大谷家文書)

一、금년 말부터 죽도 송도는 지금 이후로 협의하여 작업을 하기로 한다. 그러한 이상은 이 일에 있어 가령 손망이 있다 해도 이익이 있다 해도 두 사람이 나누어 우의 계산은 조금도 틀림없게 해야한다.

一、양도에서 귀범해서는 수확을 조금도 거짓없이 명백히 말해야 한다.

一、양도에서 얻은 수익 이것도 서로 조금도 감추거나 거짓말을 하면 안 된다.

우의 1찰은 자식대에 이를 때까지 양도의 건을 상의하는 이상은 서로 스스럼 없이 상담하여 섬에 드는 경비는 서로 의심이 없도록 한다. 특히 손망 또는 이익이 있을 때는 더욱이 양인이 분배의 잘못이 없도록 정확히 계산하여 말한다. 따라서 후년을 위해 이처럼 일찰한다.

무라카와이치베

텐나 원년

유 12월 23일

오야큐에몬 토노　　　　　　　　　(오야가문서)

이렇게 1618(元和4)년 이래 70여년 동안 오야·무라카와 양가의 죽도(울릉도) 도해는 독점적 사업으로 남한테 아무런 방해 없이, 평온 속에서 계속되고, 또 그 도해의 길목 송도에서도 어렵이 이루어져 왔다. 그런데 1692(元禄5)년에 이르러, 처음으로 다수의 조선인이 울릉도에서 어채하고 있는 것을 조우하고, 이것이 계기가 되어 소 쓰시마노카미(宗対馬守)와 조선국 정부 사이에 죽도(울릉도)의 귀속을 둘러싼 외교교섭이 이루어지게 되고 1696(元禄9)년에 막부는 죽도의 도해금지를 결정한 것이다.

2. 조선측 고문헌에 보이는 오늘의 죽도

1618(元和4)년의 죽도(울릉도) 도해면허 이후 송도(오늘의 죽도)도 또한 오야·무라카와 양가에 의해 죽도를 오가는 도중에 개발하여 이용하게 되었다는 것은 상술한 대로이나, 입장을 바꾸어 송도와 조선과의 관계를 보면 이조 초기 이래 울릉도를 공도로 했기 때문에 이 시기의 울릉도보다 50마일 가까이 먼 바다에 있고 그것도 사람의 상주에 적합하지도 않을 것 같은 일본해의 고도 「송도」(오늘의 죽도)까지 조선 본토에서 그 개발을 위해서 일부러 갔다고는 생각할 수 없다. 일본인이 송도를 개발하여 이용하게 된 것은 마침 동도가 우리나라에서 울릉도로 가는 길목에 있어 중간의 목표 및 기항지로 절호의 지리적 위치에 있을 뿐 아니라 울릉도와 마찬가지로 전복과 강치를 산출하고 있는 것에 의한 일이다.

조선 측의 고문헌도 그 간의 사정을 입증하고 있어, 일본인이 「송도」를 인지하여, 이용하고 개발하게 되기 이전부터 또는 그 후에도, 조선인들이 이 섬을 인지하고 또 이것을 이용하고 개발했다는 것을 입증할 수 있는 문헌이나 지도를 찾을 수 없다.

원래 한국 측은 조선의 고문헌에 나오는 「우산도」나 「삼봉도」가 오늘의 죽도라고 주장하고 있지만[47] 이하에서 검토하듯이 이런 섬들이 지금의 죽도에 해당한다는 것을 적극적으로 입증하는 것은 무엇 하나 찾아낼 수 없다.

(1) 우산도

한국 측은 조선 초기의 관찬기록인 『세종실록』(端宗2, 1454년편)과 『신증동국여지승람』(中宗26, 1531년 증보)에 수록되어 있는 다음 기사를 들어, 이조 초기 이래 울릉도와 우산도는 다른 두 개의 섬으로 인정되어 있었고, 그 우산도란 지금의 「독도」(일본이 말 하는 죽도)라는 것은 의문의 여지가 없다고 말하고 있다.

世宗實錄地理志 江原道 蔚珍縣
于山・武陵二島, 在縣正東海中
二島相去不遠, 風日淸明, 則可望見, 新羅時称于山國, 一云鬱陵島, 地方百里, 恃險不服, 智証十二年, 異斯夫爲何瑟羅州軍主, 謂于山人愚悍, 難以威來, 可以計服, 乃多以木造猛獸, 分載戰船, 抵其國, 誑之曰, 汝若不服, 則卽放此獸, 國人懼來降, 高麗太祖十三年, 其島人使白吉土豆, 獻方物, 毅宗十三年, 審察使金柔立等, 回來告, 島中有泰山, 從山頂向, 東行至海, 一万余步, 向西行, 一万三千余步, 向南行, 一万五千余步, 向北行, 八千余步, 有村落基址七所, 或有石仏像・鐵鐘・石塔・多生紫胡・蒿本・石南草, 我太祖時, 聞流民逃入, 其島者甚多, 再命三陟人金麟雨, 爲安撫使, 刷出空其地, 麟雨言, 土地沃饒, 竹大如柱, 鼠大如猫, 桃核大於升, 凡物称是

세종실록지리지 강원도 울진현
우산과 무릉 두 섬이 현의 정동 해중에 있다.
두 섬이 서로 떨어짐이 멀지 않아, 바람이 부는 맑은 날에는 바라볼 수 있다. 신라 때에 우산국, 또는 울릉도라 했다. 지방이 백리이다. 사람들이 지세가 험함을 믿고 복종 하지 아니하므로, 지증왕 12년에 이사부가 하슬라주 군주가 되어 이르기를 「우산국 사람들은 어리석고 사나워서 위엄으로는 복종시키기는 어려우나, 계교를 써서 항복 받을 수 있다」하고 나무로 사나운 짐승을 많이 만들어서 전선에 나누어 싣고 그 나라에 다다라서 속여 말하기를 「너희들이 만일 항복하지 않으면 이 짐승을 놓으리라」하니, 그 나라 사람들이 두려워하며 와서 항복했다. 고려 태조 13년에 그 섬의 사람들이 백길 토두를 시켜 방물을 바쳤다. 의종 13년에 심찰사 김유립 등이 돌아와서 고하기를 「섬 가운데 태산이 있는데 산꼭대기에서 동으로 향해 가면 바다까지 1만여 발이 되고, 서로 향해 가면 1만 3천여 발이 되고, 남으로 향해 가면 1만 5천여 발이 되고, 북으로 향해 가면 8천여 발이 된다. 촌락의 기지 7곳이 있고 간혹 석불・철종・석탑이 있으며 시호・호본・석남초 등이 많이 난다」 했다. 우리

태종 때, 유민들이 그 섬으로 도망하여 들어가는 자가 심히 많다함을 듣고, 다시 삼척사람 김인우에게 명하여 안무사로 삼아서 사람들을 쇄출하여 그 땅을 비우게 했는데, 인우가 말하기를 「토지가 비옥하고 대나무는 크기가 기둥만 하고, 쥐는 크기가 고양이만 하며, 복숭아씨가 되처럼 큰데, 모두 물건이 이에 걸맞다」 했다.

新增東國與地勝覽 卷之四十五

于山島 鬱陵島

一云武陵, 一云羽陵, 二島在縣正東海中, 三峯岌業, 撑空, 南峯稍卑, 風日淸明, 則峯頭樹木及山根沙渚, 歷歷可見, 風便則二日可到, 一說于山・鬱陵本一島, 地方百里, 新羅時恃險不服, 智証王十二年, 異斯夫爲何瑟羅州軍主, 謂于山國人, 愚悍, 難以威服, 可以計服, 乃多以木造獅子, 分載戰艦, 抵其國, 誑之曰, 汝若不服, 則卽放此獸, 踏殺之, 國人恐懼來降, 高麗太祖十三年, 其島人使白吉土豆, 獻方物, 毅宗十三年, 王聞鬱陵地廣土肥, 可以居民, 遣溟州道監倉金柔立往視, 柔立回奏云, 島中有火山, 從山頂向東行, 至海, 一万余步, 向西行, 一 万三千余步, 向南行, 一万五千余步, 向北行, 八千余步, 有村落基址七所, 或有石仏・鐵鐘・石塔・多生紫胡・蒿本・石南草・後崔忠獻獻議, 以武陵土壤膏沃, 多珍木海錯, 遣使往觀之, 有屋基破礎宛然, 不知何代人居也, 於是移東郡民以實之, 及使還, 多以珍木海錯, 進之, 後屢爲風濤, 所蕩覆, 舟人多物故, 因還其居民, 本朝太宗時, 聞流民逃其島者甚多, 再命三陟人金麟雨, 爲按撫使, 刷出空其地, 麟雨言, 土地沃饒, 竹大如杠, 鼠大如猫, 桃核大於升, 凡物称是, 世宗二十年, 遣縣人万戸南顥, 率數百人, 往搜逋民, 儘俘金丸等七十余人, 而還, 其地遂空, 成宗二年有告別有三峯島者, 乃遣朴宗元, 往覓之, 因風濤不得泊而還, 同行一船, 泊鬱陵島, 只取大竹, 大鰒魚, 回啓云, 島中無居民矣

신증동국여지승람 권 45

우산도 울릉도.

무릉이라고도 하고 우릉이라고도 한다. 두 섬이 고을 바로 동쪽 바다 가운데 있다. 세봉우리가 곧게 솟아 하늘에 닿았는데 남쪽 봉우리가 약간 낮다. 바람이 부는 청명한 날에는 봉우리 꼭대기의 수목과 산 밑의 모래톱을 역력히 볼 수 있으며 순풍이면 이틀에 갈 수 있다. 일설에는 우산 울릉이 원래 한 섬으로 지방이 백리라 한다. 신라 때에 험함을 믿고 항복하지 않았는데 지증왕12(512)년에 이사부가 하슬라주 군주가 되어 이르기를 「우산국 사람들은 어리석고 사나워서 위엄으로 항복시키기는 어려우나 계교를 써서 복종시킬 수는 있다」하고, 이에 나무로 사자를 많이 만들어 전함에 나누어 싣고, 그 나라에 가서 속여 말하기를 「너희들이 항복하지 않으면 이 맹수들을 놓아서 밟아 죽이리라」 하니 나라 사람들이 두려워하여 와서 항복했다.

고려 태조 13년에 그 섬의 사람들이 백길·토두를 시켜 방물을 바쳤다. 의종 13(1157)년에 왕이 울릉도가 땅이 넓고 토지가 비옥하여 백성이 살 만하다는 말을 듣고 명주도 감창사 김유립을 시켜 가서 보게 하였는데, 유립이 돌아와서 아뢰기를 「섬중에 큰 산이 있는데 산정에서 동으로 향해 가면 바다까지 1만여 보가 되고, 서로 향해 가면 1만 3천여 보가 되고, 남으로 향해 가면 1만 5천여 보가 되고, 북으로 향해 가면 8천여 보가 된다. 촌락의 기지 7곳이 있고, 간혹 석불·철종·석탑이 있으며, 시호·고본·석남초가 많이 난다」고 했다. 후에 최충헌이 헌의하여 무릉도의 토지가 비옥하고, 진기한 나무 해산물이 많이 난다고 하여, 사신을 시켜 가서 보게 했는데, 집터, 깨어진 주춧돌이 완연하나 어느 시대에 살던 것인지 알지 못한다. 이에 동쪽 고을 백성들을 옮겨다 살게 했다. 사신이 돌아오면서 진기한 나무와 해산물을 많이 가져다 헌납하였다. 그 후 자주 풍파로 인하여 배가 엎어지고, 사람이 많이 죽으니 그만 거기서 살던 백성들을 돌아오게 하였다.

본조 태종 때에 유리하는 백성이 그 섬으로 도망하는 자가 매우 많다는 말을 듣고, 다시 삼척 사람 김인우를 명하여 안무사로 삼아서 찾아오게 하고 그 땅을 비워두었다. 인우의 말이 「토지가 비옥하고 대나무는 아가위나무만 하고, 쥐는 고양이만 하며, 복숭아는 되처럼 큰데, 모든 물건이 이에 걸맞다」하였다. 세종 20(1438)년에 울진현 사람 만호를 보내어 수백 사람을 데리고 가서 도망가 있는 백성들을 수색하여 김환 등 70여 명을 잡아가지고 돌아오니 그곳 땅이 그만 텅 비었다. 성종 2(1472)년에, 따로 삼봉도가 있다고 알리는 자가 있어 박종원을 보내어 찾아보게 하였는데, 풍랑으로 인하여 배를 대지 못하고 돌아왔다. 같이 갔던 배 한 척이 울릉도에 정박했다가, 큰 대나무와 큰 전복을 가지고 돌아와서 아뢰길 「섬 중에는 사람이 없습니다」하였다.

이 양서의 기사를 검토하는데는 우산·무릉 2도설을 언급한 『고려사』 지리지에 실려 있는 다음의 기사도 같이 비교 대조하며 검토할 필요가 있다.

高麗史　地理志　卷五十八　蔚珍縣

鬱陵島

在縣正東海中，新羅時称于山國，一云武陵，一云羽陵，地方百里，智証王十二年來降，太祖十三年，其島人使白吉土豆獻方物，毅宗十一年，王聞鬱陵，地廣土肥，旧有州縣，可以居民，遣溟州道監倉金柔立，往視，柔立回奏云，島中有大山，從山頂向東行，至海，一万余步，向西行，一万三千余步，向南行，一万五千余步，向北行，八千余步，有村落基址七所，有石仏·鐵鐘·石塔·多生紫胡·藁本·石南草,然多岩石，民不可居，遂寢其議，一云于山·武陵本二島，相距不遠，風日淸明，則可望見

고려사 지리지 권58 울진현

울릉도

현의 정동 해중에 있다. 신라 때는 우산국이라 칭했다. 혹은 무릉 혹은 우릉이라 했다. 지방의 백리다. 지증왕 12년에 내항했다. 태조 13년에 그 섬사람들이 백길·토두를 시켜 방물을 헌상했다. 의종 11년에 왕이 울릉은 땅이 넓고 토지가 비옥하여 옛적에 주현을 두었으며 사람이 살 수 있다는 말을 듣고 명주도 감창 김유립을 시켜 가서 보게 했다. 유립이 돌아와 아뢰기를 섬 가운 데 큰 산이 있는데 산정에서 동쪽으로 향해 가면, 바다까지 1만여 보가 되고, 서쪽으로 향해 가면 1만 3천여 보가 되고, 남쪽으로 향해 가면 1만 5천여 보가 되고, 북쪽으로 향해 가면 8천여 보가 된다. 촌락의 기지 7곳이 있고, 석불·철종·석탑이 있으며 시호·호본·석남초 등이 많이 있으나 암석이 많아 사람이 살 수 없다고 하매, 드디어 그 의논은 중지되었다. 혹은 말하기를 우산 무릉은 본래 두 섬으로 서로의 거리가 멀지 않아서, 바람 부는 맑은 날에는 바라볼 수 있다 한다.

이상 세 문헌 중에서 『세종실록지리지』는 이씨조선 제4대 세종왕의 실록의 말미에 부재된 팔도지리지로 1432(世宗王)년에 윤준(尹准)·신장(申檣) 등이 편찬한 『신찬팔도지리지』에 약간의 증보를 가해서 1454(端宗2)년에 편찬한 것이다.

다음에 『고려사지리지』는 세종을 이은 문종 원(1451)년에 찬진한 『고려사』의 지리지로 당시 지리학에 조예가 깊다고 하는 양성지(梁誠之)가 만든 것이다. 따라서 『신찬팔도지리지』가 완성된 시대부터 열거하면 『세종실록지리지』의 쪽이 『고려사지리지』보다 오래 된 것이 된다. 하지만 울릉도에 관한 전계 기사를 비교하면 『고려사지리지』의 쪽은 511(智証王12)년, 930(高麗太祖13)년 및 1157(毅宗11)년의 것뿐이나 『실록지리지』는 『고려사지리지』의 전기 기사 외에 이조의 태조(태종의 잘못, 후술) 시대에 김인우가 울릉도에 가고, 그 결과 동도에 대해서 공도정책이 취해지게 될 때까지의 경위가 추록되어 있기 때문에, 적어도 이 울릉도에 관한 기사에 대해서는 『실록지리지』쪽이 새롭다.

또 『신증동국여지승람』은 처음 1481(成宗12)년에 『동국여지승람』으로 편집되었지만, 후에 2회의 개정을 거쳐 1531(中宗26)년에 「신증」의 이름을 더하여 찬진된 것이다. 따라서 이들 3서 중에서는 『여지승람』이 가장 새로워 『실록지리지』의 기사에 1438(世宗20)년과 1471(成宗2)년에 관한 것이 다시 추록되어 있다.

그런데 우선 가장 최고라고 생각되는 『고려사지리지』를 보면 「울릉도」라는 항에서, 동도가 신라 때 우산국이라고 칭한 일과 무릉이라고도 우릉이라고도 칭했던 일, 지증왕 12년에 내항했다는 일, 고려의 태조 13년에는 도인이 방물을 바친 일, 의종 11년에 김유립이 울릉도에 향했던 일 등에 대해서 기록하고 있다.

이 우산국의 항복에 대해서는 1145(高麗仁宗)년에 찬진된 조선 최고의 사서로 알려진 『삼국사기』에 다음과 같이 이야기되어 있다.

三國史記 卷4
新羅本紀 智證麻立干
十三年夏六月，于山國歸服，歲以土宜爲貢，于山國，在溟州正東海島，或名鬱陵島，地方一百里，恃嶮不服，伊湌異斯夫，爲何瑟羅主軍主，謂于山人愚悍，難以威來，可以計服，乃多造木偶師子，分載戰船，抵其國海岸，誑告曰，汝若不服，則放此猛獸，踏殺之，國人恐懼則降.

13년 여름 6월에 우산국이 귀복했다. 해마다 토의를 조공했다. 우산국은 명주의 정동해도에 있다. 혹은 울릉도라고도 한다. 지방 100리로, 높고 험함을 믿고 귀복하지 않았다. 이찬 이사부가 하슬라주 군주가 되어 이르기를 「우산국인은 어리석고 사나워서 위엄으로 내복시키기는 어려우나, 계교를 써서 복속시킬 수는 있다」하고, 이에 나무로 사자를 많이 만들어 전선에 나누어 싣고, 그 나라 해안에 다다르자 거짓으로 말하기를 「너희들이 만일 항복하지 않으면 이 맹수를 놓아 밟아 죽이겠다」고 하니 그 나라 사람들이 두려워하여 곧 항복했다.

즉 이 기사에서 우산국의 귀복을 지증왕 13년이라고 하고 있는 것은 『고려사지리지』와 다르지만 신라시대에 우산국이 명주의 정동 해도에 있고, 울릉도라고 이름 붙여져 있었다고 이야기하여, 울릉도에 있었던 나라의 명칭이 「우산」이다라고 하고 있는 것은 전기 『지리지』와 같다.

이 이찬 이사부의 울릉도 정벌에 관해서는 『삼국사기』의 권44, 열전4 이사부의 항에도 자세한 기사가 있지만, 여기서는 울릉의 이름은 예를 들지 않고 오로지 우산국으로 부르고 있다. 또 『삼국사기』보다 약 150년 후에 된 『삼국유사』에도 이사부의 정벌에 관한 기사가 있지만(단지 여기서는 이찬 박이종으로 되어 있다. 이 경우에는 우산국의 이름은 나오지 않고 우릉(亐陵:羽陵島)라는 이름으로 부르고 있다.[48]

이상의 외에 『고려사지리지』의 930(太祖13)년의 「그 도인이 백길・토두에게 방물을 헌상하게 했다(其島人使白吉土豆献方物)」라고 기록된 기사에 대해서는 『고려사』의 태조13년 8월 병오조(권1)에는 「우릉도사 백길・토두」라고 있어 『지리지』의 「그 도인」이란 「우릉도인」이라는 것을 가리키고 있다. 또 1157(毅宗11)년의 김유립의 울릉도 탐사에 관해서는 『지리지』에는 「왕이 울릉도 땅이 넓고 비옥하다는 것을 들으시고(王聞欝陵地広土肥)」라고 있는 것을 『고려사』의 의종 11년 5월조(권18)에는 「왕이 동해중에 있는 우릉도가 땅이 넓고 기름지고, 옛날에 주현을 두었다. 운운(王聞東海中有羽陵島, 地広土肥, 旧有州県云云」이라고 기록하여 울릉도(欝陵島)라고 말해야 할 곳을 「우릉도(羽陵島)」라고 부르고 있다.

이처럼 『고려사지리지』및 이것을 입증하는 『삼국사기』, 『삼국유사』, 『고려사』등의 기사를 전부 살펴보면 국명으로서는 우산(于山), 도명으로서는 울릉(欝陵 · 于陵 · 羽陵 · 芋陵)으로 되어있어, 우산국과 울릉도가 동일지라는 것은 명백한 것일 것이다. 게다가 『고려사지리지』의 「울릉도」의 항에서 설명하고 있는 것은, 모두 울릉도 1도에 관한 것으로, 단지 그 주기의 마지막에 「혹 말하기를 우산(于山) · 무릉(武陵) 2도라 한다」라는 일절을 삽입하여 우산 · 무릉 2도설이 있는 것을 덧붙여 기술하고 있는 것에 지나지 않는다.

이것에 대해서, 그 후의 『세종실록지리지』나 『신증동국여지승람』이 되면 그 모두부터 우산 · 무릉(欝陵)을 2도로 해서 취급하고 있다. 단 『세종실록지리지』의 경우는 그 주기의 내용은 지증왕 12년에 관한 기사를 좀 상세히 기술하고 있는 것과 이조 태종대의 김인우의 울릉도 순검에 대한 기사를 추록하고 있는 것 이외는 『고려사지리지』의 울릉도에 관한 주기를 약간 수정한 것일 뿐 거의 그대로 답습하고 있다.

이 『실록지리지』에 있는 김인우의 울릉도순검에 관해서는 『태종실록』의 1416(太宗16)년 9월 경인조에는 일찍이 강원도 관찰사였던 호조참판 박습이 무릉도를 잘 안다고 말한 삼척인 전 만호 김인우 및 이만(李万) 양인을 불러 물어보았더니, 동도에는 군역을 피해서 도망쳐 들어간 자가 있고, 또 동도를 근거로 왜구의 우려도 있다고 말하므로, 김인우를 무릉등처안무사(武陵等処按撫使)로 임명하고 병선을 무릉도에 파견하여 도망해 들어간 사람을 쇄출시키기로 했다라고 있다.[49)]

또 이 기사를 받아 동실록의 1417(太宗17)년 2월 임술조(권33)에는 다음과 같이 이야기하고 있다.

按撫使金麟雨，還自于山島，獻土產大竹・水牛皮・生苧・綿子・檢樸木等物，且率居人三名，以來，其島戶凡十五口男女幷八十六，麟雨之往還也，再逢颶風，僅得其生
안무사 김인우가 우산도에서 돌아와 토산물 대죽・강치가죽・생저・면자・검박목 등을 바쳤다. 또 그곳의 거주민 3명을 거느리고 왔는데, 그 섬의 호수는 15구로, 남여를 합치면 86명이었다. 김인우가 갔다가 돌아올 때, 두 번이나 태풍을 만나서 겨우 살아날 수 있었다 했다.

즉 이 기사로는 김인우가 향했던 섬이 「우산도」라는 것을 알 수 있다. 이것이 「우산도」 라는 명칭이 사서에 나타난 최초이지만 『태종실록』의 전기 두 기사를 대조하면 그곳에서 말하는 「우산도」가 「무릉도」(울릉도)와 동일의 섬을 가리키고 있다는 것을 알 수 있다. 게다가 김인우의 보고에 의하면 그 「우산도」에서는 대죽・수우피(아마도 강치 가죽)・생모 시・목화(솜) 등을 산출하고 그곳에는 15호 86명이 거주하고 있었기 때문에 어떠한 의미에서나 그것이 오늘날의 죽도에 해당하지 않는다는 것은 명백하다.

다음에 『신증동국여지승람』의 주기도 전체적으로는 『세종실록지리지』의 기사를 계승하고 다만 1438(世宗20)년과 1471(成宗2)년의 울릉도 답사에 관한 보고를 추록하고 있다.

세종 20년의 일에 관해서 『여지승람』에서는 현인 만호 남호(南顥)가 동도에 가서 김환(金丸) 등 70여 명을 모두 잡아 돌아와 그 땅이 비게 되었다라고 있다. 한편 『세종실록』 20년 4월 및 7월조에 의하면 강원도 해변인 전 호군 남회(南薈)와 전 부사직 조민(曹敏)을 무릉도순심경차관(武陵島巡審敬差官)으로 요수(遙授)하여 그 섬에 도망쳐 숨어있는 인구를 수색시킨 결과, 7월에는 남회와 조민 등이 무릉도에서 돌아와 잡은 남녀 66인 및 섬의 산물 사철・석종유・생전복・대죽 등을 진상했다고 기록되어 있다.

世宗實錄 卷八一

二十年四月甲戌 ○以前護軍南薈，前副司直曹敏爲茂陵島巡審敬差官，二人居江原道海辺者，時國家聞茂陵島在海中，多產異物，土沃可居，欲遣人尋

訪，而難其人，乃募於海辺，此二人応募，故遙授敬差官之命，以遣 仍使搜檢逃匿人口
二十年七月戊戌 ○護軍南薈，司直曹敏，回自茂陵島復命，進所捕男婦共六十六，及產出沙鐵・石鐘乳・生鮑・大竹等物，仍啓曰，發船一日一夜乃至，日未明，掩襲人家，無有拒者，皆本國人也，自言，聞此地沃饒，年前春潛逃而來，其島四面皆石，雜木与竹成林，西面一處可泊舟楫，東西一日程，南北一日半程

세종실록 권81
20년 4월 갑술. 전 호군 남회와 전 부사직 조민을 무릉도 순심경차관으로 삼았다. 두 사람은 강원도 해변에 거주하는 자이다. 이때 국가에서는 무릉도가 해중에 있는데, 이상한 물건이 많이 나고 토지도 비옥하여 살기에 좋다고 하므로, 사람을 보내 찾아보려 해도 사람을 얻기가 어려웠던 것이다. 이에 해변에서 이를 모집하니 이 두 사람이 응모하므로 멀리서 경차관으로 임명하여 보내어 도망해 숨은 인구를 탐문하여 조사하도록 했다.
20년 7월 무술. 호군 남회와 사직 조민이 무릉도에서 돌아와 복명하고, 포획한 남녀 모두 66명과 거기서 산출되는 사철・석종유・생포・대죽 등의 산물을 바치며 아뢰기를, 발선한지 하루 낮과 하루 밤 만에 비로소 도착하여 날이 밝기 전에 인가를 엄습하자 항거하는 자가 없었고, 모두가 본군 사람이었으며, 스스로 말하기를, 이곳 토지가 비옥 풍요하다는 말을 듣고 몇 년 전 봄에 몰래 도망해 왔다고 합니다. 그리고 그 섬은 사면이 모두 돌로 되어 있고, 잡목과 대나무가 숲을 이루고 있었으며, 서쪽 한 곳에 선박이 정박할 만했고, 동서는 하루의 노정이고 남북은 하루 반의 노정이었습니다라고 했다.

이 두 문헌의 기사는 인명 그 외에 상위는 있지만 모두 1438(世宗20)년에 이르러서 울릉도가 완전한 공도화된 경위에 대해서 기술하고 있는 것이다. 이 경우 그 섬이 오늘날의 죽도가 아닌 것은 앞의 김인우가 간 「우산도」의 경우와 마찬가지로 다수의 사람이 거주하고 대죽 등의 생산이 있다는 것으로 보아 명백한 일이다.

또 『여지승람』의 1471(成宗2)년의 기사에는 따로 삼봉도라는 것이 있다고 고한 자가 있었기 때문에 박종원을 파견해서 이것을 찾게 했지만 풍랑에 의해 정박이 불가능하여 돌아오고, 동행한 1척이 울릉도에 머물다 대죽·전복을 잡아 돌아왔다고 있다. 『성종실록』의 기록에도 대체로 이것과 유사하지만, 박종원이 파견된 시기는 1472(成宗3)년으로, 울릉도에 이른 것은 박종원이 승선하지 않은 이외의 3선이라고 되어있다.[50]

이 삼봉도의 문제에 대해서는 또 별항에서 자세히 검토하지만 어쨌든 박종원 일행은, 이때는 삼봉도를 발견할 수 없었기 때문에 이 이상 이 문제를 추구할 필요는 없을 것이다.

이처럼 울릉도를 1도로 취급하고 있는 『고려사지리지』는 물론, 우산과 무릉(울릉)을 2도로 하는 『세종실록지』나 『신증동국여지승람』의 경우에도 그 주기의 내용은 한 결 같이 울릉도 1도에 관한 것뿐으로 「우산도」에 관해서는 하등의 구체적인 기술이 없다.

그것도 이 3서를 다시 비교 대조해 보면 『실록지리지』와 『여지승람』의 기사는 다음과 같이 『고려사지리지』의 (1)에서 (7)까지를 분해해서 그 순서를 바꾸고 그것에 따라 약간의 수정을 가한 것에 지나지 않는다는 것이 이해된다.

(고려사지리지)	(실록지리지)	(여지승람)
鬱陵島	于山・武陵二島	于山島 鬱陵島
(1) 在縣正東海中	(1) 在縣正東海中	(3) 一云武陵一云羽陵
(2) 新羅時称于山國	二島(6)相去不遠	二島(1)在縣正東海中
(3) 一云武陵 一云羽陵	(7) 風日淸明則可望見	三峯岌業撐空
(4) 地方百里	(2) 新羅時称于山國	南峯稍卑
	(3) 一云鬱陵島	(7) 風日淸明則峯頭樹木
	(4) 地方百里	及山根沙渚歷歷可見
(5) 一云于山武陵本二島		風便則二日可到
(6) 相居不遠		(5) 一說于山鬱陵本一島
(7) 風日淸明則可望見		(4) 地方百里

한국정부는 『실록지리지』에 「우산·무릉 2도는 현의 정동 해중에 있다. 서로 떨어진 것이 멀지 않아 바람이 부는 맑은 날에는 곧 바라볼 수 있다(在県正東海中二島相去不遠風日清明則可望見(于山·武陵二島在県正東海中二島相去不遠風日清明則可望見)」라고 기록되어 있는 점 및 『여지승람』에 「2도가 현의 정동 해중에 있다(二島在県正東海中)」라고 써있는 것을 예로 들어 이조 초기 이후 울릉도와 우산도는 다른 두 개의 섬으로서 인정하고 있었다고 주장하고 있지만, 전기에 기술된 비교 대조표를 보아도 명백하듯이 원래 『고려사지리지』에 울릉도에 관한 주기로 「재현정동해중」이라고 있는 것을 『실록지리지』에서는 이것을 「우산·무릉이도재현정동해중」으로 하고 『여지승람』에서는 이것을 「이도재현정동해중」으로 고친 것이다. 만약 울릉도 외에 「우산도」의 존재가 확인된 결과로 해서 『고려사지리지』 보다도 뒤에 편찬된 이 양서가 이도설을 채택한다고 한다면 그 주기에서 우산도에 대해서도 무엇인가의 설명이 있어야 마땅한 것이지만 양서 모두 이것에 대해서 아무런 기술도 없다는 것은 앞에서 지적한 대로이다. 이것으로 보아도, 이 양서의 전기의 수정은 이도설을 모두에 내세운 것에 따른 필연의 결과로 결코 충분한 근거가 있는 것으로는 생각되지 않는다.

이에 관련하여, 한국 정부가 지적하고 있는 『실록지리지』의 「이도상거불원운운」이라 는 기사로 말하면, 이 기사도 역시 『고려사지리지』의,

> 鬱陵島…一云于山武陵本二島　相距不遠　風日清明　則可望見
> 울릉도…혹은 말하기를 우산 무릉은 본래 이도라 한다. 서로의 거리가 멀지 않아 바람이 부는 맑은 날에는 볼 수 있다.

라는 주기에 근거하여 이것을 뒤바꾸고 또 약간 수정한 것에 지나지 않는다는 것은, 전기의 비교 대조표로도 명확하다. 그러나 『고려사지리지』 안에 있는 「혹은 말하기를 우산 무릉은 본래 이도라 한다」라는 일절은 전체

의 문맥에서 보아, 일설로 해서 이도설이 있다는 것을 삽입한 것이어서 「서로 멀지 않다」 이하의 문장은 울릉도를 받고 있어, 울릉도가 본토와의 거리가 멀지 않고 바람이 부는 좋은 날에는 망견할 수 있다는 의미로 해석되는 것이다.

그런데도 『실록지리지』에서는 전기한대로 이것을 「이도상거불원」이라는 것으로 고쳤기 때문에 그 본래의 의미 외에 우산・무릉 이도가 서로 멀리 망견하게 된다라는 해석도 나오게 되었다. 한국 정부는 이 후자의 해석에 따라 울릉・우산 양도가 일찍부터 한인에게 알려져 있었다는 증거라고 주장하고 있지만 상술의 경위로 근거가 있다고는 말할 수 없다.

이것을 더욱 뒷받침하는 것이 『여지승람』의 기사다. 동서에서는 『실록지리지』의 「이도상거부원」이라는 1절 대신에 이것에 해당하는 곳을

> 三峯岌業撑空　南峯稍卑　風日淸明則峯頭樹木及山根沙渚歷歷可見　風便則二日可到
>
> 삼봉이 곧게 솟아 하늘에 닿았는데, 남쪽 봉우리가 약간 낮다. 바람이 부는 청명한 날에는 봉우리 꼭대기의 수목과 산 밑의 모래톱을 역력히 볼 수 있으며 순풍이면 이틀에 갈 수 있다.

라는 표현으로 고쳐져 있다. 이것은 명백히 본토에서 날씨 좋은 날에 울릉도를 망견한 상황에 대해 묘사한 것으로 우산・울릉 2도 간에 관한 기사가 아니다. 그것은 이 주기의 마지막에 「순풍이면 이틀에 갈 수 있다」라는 표현에서 더욱 명확해진다. 왜냐하면 그 「2일」에서 이르는 거리라는 것은 앞에서 인용한 『삼국유사』에,

> 阿瑟羅州今溟州東海中 便風二日程 有亐陵島
>
> 하슬라주〈지금의 명주〉는 동쪽 바다에 순풍으로 이틀 걸리는 곳에 울릉도가 있다.

라고 있어 그것이 본토에서 울릉도에 이르는 거리로 알려져 있어 『여지승람』은 이를 토대로 기록된 것이라 생각되기 때문이다. 즉 『여지승람』에서는 『실록지리지』의 애매한 표현을, 다시 『고려사지리지』 본래의 의미로 고친 것 뿐만 아니라, 그 후의 지리적 지식에 근거하여 이를 한층 더 구체적으로 또 자세히 묘사하고 있는 것이다. 따라서 이러한 『실록지리지』의 한 구절만을 인용하여 울릉도 우산도 이도설을 증명하려고 하는 것은 바람직한 견해가 아니다.

게다가 한국 측에서는 언급하고 있지 않지만 『여지승람』에는 전기 주기의 바로 뒤에 「일설에는 우산 울릉을 원래 일도로(一說于山欝陵本一島)」라는 한 구절이 있다. 본서 편찬 당시까지 이미 수회에 걸쳐서 울릉도에 사신을 파견했기 때문에, 만일 우산도가 울릉도 가까이 실재하고 있었다면 당시로서는 『고려사지리지』나 『실록지리지』보다도 이에 관하여 한층 더 확실한 지식과 견문을 얻었기 마련이다. 그럼에도 불구하고 『여지승람』에서 새삼스럽게 일도설의 존재에 대해서 의문을 나타내고 있다는 것은, 그것 자체가 이미 2도설의 불확실성을 이야기하고 있다고 말할 수 있을 것이다.

원래 『여지승람』에 수록된 「팔도총도」와 「강원도부분도」를 보면 우산·무릉을 이도로 해서 그리고 있다. 이 경우 그 우산도의 위치는 울릉도의 서측 즉, 조선 본토와 울릉도의 중간에 있고, 게다가 두 섬 모두 거의 같은 크기의 타원형의 섬으로 나타내고 있지만, 조선 본토와 울릉도와의 사이에는 이 우산도로 비정할 수 있는 섬은 실존하지 않는다. 이것은 단순히 지도를 그리는 기술의 오류라는 것이 아니라, 이도설 그것이 그야말로 관념적인 것으로 실재의 지리적인 지견에 의한 것이 아니라는 것을 나타낸다고 말할 수 있을 것이다.

요컨대 연혁적으로 보면 『세종실록지리지』나 『신증동국여지승람』의 기사는 기본적으로는 울릉도 일도에 관한 『고려사지리지』의 주기의 표현을 답습한 것에 지나지 않고, 그것도 우산·무릉 이도설을 입증하는 구체적 사실에 대한 설명이 부가되어 있는 것도 아니기 때문에, 한국정부가 주장하듯이 이들 양서의 일부분만을 인용하여 이조 초기부터 우산·울릉 양도의 존재가 명확히 인식되고 있었다고 단정하는 것은 불가능하다.

게다가 여기서 주목해야 하는 것은 『고려사지리지』 이전의 모든 문헌에는 우산·울릉 이도설이 보이지 않는다는 사실이다. 앞에서도 지적한 대로, 조선 최고의 역사서로 알려진 『삼국사기』와 『삼국유사』의 기사에 의하면 원래 울릉도(鬱陵島, 亐陵島)에 있던 나라 이름이 于山으로, 우산국과 울릉도는 동일지로 되어 있다.

제11세기 초두, 여진해적의 침구로 상대부터 특수한 역사를 가지고 있던 우산국이 망하고 그 후에는 약 100년에 걸쳐서 우산국·울릉도는 역사서 상에서 그 자취가 감추게 되고 그것이 1141(仁宗19)년에 이르러 다시 역사상에 나타나게 된다. 『고려사』의 동년 가을 7월 기해조(권17)에 명주도 감창사 이양실(李陽実)이 사람을 울릉도에 보내 과핵(菓核)과 이상한 모양의 목엽을 채취하여 헌상했다고 씌여있는 것이 그것이다. 이때가 되면 이미 우산국이라는 문자는 전혀 보이지 않고 그 도명인 欝陵島 羽陵島 蔚陵島 芋陵島 武陵島 등으로 표현되고 있다. 하지만 울릉도 이외에 다른 섬이 있었다고 볼만한 기사는 보이지 않는다.

이조가 되어서도 전조에 이어서 무릉도(武陵島) 또는 무릉도(茂陵島) 등으로 불리고 있었으나, 1417(太宗17)년에 이르러 「우산도」라는 명칭이 처음으로 사서에 나타나게 된다. 그것이 상술한 『태종실록』권33의 동년 2월 임술조에 있는 김인우에 관한 기사이다. 이 「우산도」가 무릉도(울릉도)와 동일의 섬이라는 것은 앞에서 지적한 대로다.

계속해서 태종 17년 2월 을축년에는, 김인우가 귀국보고를 한 결과로, 투입한 인물의 쇄출에 대한 정부의 방침이 협의되었는데, 그 상황을 『태종실록』은 다음과 같이 기술하고 있다.

命右議政韓尚敬・六曹台諫, 議刷出于山・武陵居人便否, 僉曰, 武陵居人, 勿令刷出, 給五穀, 与農器, 以安其業, 仍遣主師撫之, 且定土貢可也, 工曹判書黃喜, 獨不可曰, 勿令安置, 依速刷出, 上曰刷出之計是矣, 彼人等曾避役安居, 若定土貢, 有主師, 則彼必惡之, 不可使之久留也, 宜以金麟雨, 仍爲安撫使, 還入于山・武陵等處, 率其居人出陸, 仍賜衣笠及靴, 且賜于山人三名各衣一襲, 命江原道都觀察使, 給兵船二隻, 選棟道內水軍万戶千戶中, 有能者, 与麟雨同往.

우의정 한상경이 육조 대간에 명하여, 우산・무릉도의 주민을 쇄출하는 것의 편의 여부를 의논케 하니 모두가 말하기를 「무릉의 주민은 쇄출하지 말고 오곡과 농기를 주어 그 생업을 안정케 하소서. 인하여 주수를 보내어 그들을 위무하고 또 토공을 정함이 좋을 것입니다」 하였으나 공조 판서 황희만이 유독 불가하다며 「안치시키지 말고 빨리 쇄출하게 하소서」 하니 임금이 「쇄출하는 계책이 옳다. 저 사람들은 일찍이 요역을 피하여 편안히 살아왔다. 만약 토공을 정하고 주수를 둔다면 저들은 반드시 싫어할 것이니 그들을 오래 머물러 있게 할 수 없다. 김인우를 그대로 안무사로 삼아 도로 우산・무릉 등지에 들어가 그곳 주민을 거느리고 육지로 나오게 함이 마땅하다」하고, 인하여 옷・갓과 신을 내려 주고, 또 우산 사람 3명에게도 각기 옷 한벌씩 내려주었다. 강원도 도관찰사에게 명하여 병선 2척을 주게 하고, 도내의 수군 만호와 천호 중 유능한 자를 선발하여 김인우와 같이 가도록 하였다.

즉, 묘의의 대세는 무릉의 거주인을 쇄출할 것이 아니라 오곡과 농기구를 주어 그 일에 종사시키고 공물을 바치게 해야 한다는 의견이었지만 한 사람 공조판서 황희는 정착시키지 말고 조속히 쇄출해야 한다고 주장했고 왕도 이 의견을 지지하여 김인우를 다시 안무사로 명하여 거주인을 쇄출시킬 것을 결정한 것이다. 여기서는 「于山・武陵居人」, 「武陵居人)」, 「于山人」, 「于山・武陵等処)」등으로 칭하고 있지만, 이 기사의 내용에서 보면, 그것들은 모두 앞에 김인우가 간 무릉(울릉)도의 거주민을 가리키고 있는 것이 명백하다.

「우산・무릉」이라는 표현은 여기서 처음으로 사용되었지만, 그것은 이 섬에 일찍이 우산국이 있었다는 점에서 단순히 우산・무릉이라고 겹쳐서 호칭한 것일 뿐으로 이것을 두 개의 섬으로서 인식하고 있었다는 것이 아니라는 것은 「우산・무릉거인」을 받아서 「무릉거민」 이라든가 「우산인」 등으로 말하고 있는 것으로도 알 수 있을 것이다.

이 「우산・무릉」이라는 호칭의 용례는 태종 다음의 세종조에도 볼 수 있다. 『세종실록』의 1425(世宗7)년 8월 갑술조에는 김인우가 다시 「于山武陵等処安撫使」가 되어 「무릉도」에 파견된 경위를 기술하고 있다.[51] 다만 동7년 10월 을유조에는 김인우가 맡은 것은 「우산무릉등처안무사」, 부임지는 「무릉도」라는 것으로 되어 있다.[52]

이 세종 7년 이후는 「우산・무릉(武陵)」또는 「우산・무릉(茂陵)」이라는 호칭은 이조실록에는 눈에 띄지 않고 오로지 「武陵島」 또는 「茂陵島」라고만 기록되어 있고 우산도 또는 그 외의 섬에 대한 기재도 없다.

단지 여기서 주목할 것은 『세종실록』18년(1436년) 윤6월 갑신조(권73)에 있는 다음의 기사이다.

> 江原監司柳季聞啓, 武陵島牛山, 土沃多産 東西南北各五十余里 沿海四面石壁周回又有可泊船隻之處 云々
>
> 강원도 감사 유계문이 아뢰기를 「무릉도의 우산은 토지가 비옥하고 산물도 많으며 동서남북으로 각각 50여 리로 연해의 사면에 석벽이 둘러 있고 또 배가 정박할 만한 곳도 있으니, 운운.

이 牛山은 한자음으로 명확히 于山이며, 무릉도 중의 한 지명으로 볼 수 없는 것도 아니지만 동서남북 운운 이하의 설명으로 보면 우산・무릉과 마찬가지로 그저 겹쳐서 호칭한 것에 지나지 않는다고 생각된다.

이상에서 통람해 온 것처럼 울릉도는 이태조의 시대까지는 芋陵, 羽陵, 蔚陵, 武陵 등 여러 가지 호칭으로 불리우고 있었지만, 그 사용한 문자의 여하에 상관없이 모조리 일도명으로 전해지고, 그 국명은 「우산」으로 알려져 있었다. 하지만 태조 시대에 그것이 도명으로 전용되어서 우산도라는 호칭이 사용되게 되는 것과 함께 于山·茂陵으로 중첩해서 부르게도 되었다. 이 경우 우산의 한자음이 武陵·茂陵·薵陵 등의 그것과 다른 점에서 그것이 지리적 지식의 결핍과 더불어 결국 『세종실록지리지』에 있는 것처럼 이도설을 생기게 한 것이라고 생각된다.

또 이것과 관련하여 문제인 것이 『태종실록』 12년(1412년) 4월 기사조(권23)에 있는 다음의 기사이다.

> 命議政府, 議處流山國島人, 江原道觀察使報云, 流山國島人白加勿等十二名, 來泊高城於羅津, 言曰予等生長武陵, 其島內人戶十一, 男女共六十余, 今移居本島, 是島自東至西, 自南至北, 皆二息, 周回八息, 無牛馬水田, 唯種豆一斗, 出二十石或三十石麥一石出五十余石, 竹如大椽, 海錯果木, 皆在焉, 竊慮此人等逃還, 姑分置于通州, 高城, 杆城
>
> 의정부에 명하여 유산국 도인을 처리하는 방법을 의논하였다. 강원도 관찰사가 보고하였다. 「유산국도인 백가물 등 12명이 고성 어라진에 와서 정박하여 말하기를, 우리들은 무릉도에서 생장했는데, 그 섬 안의 인호가 11호이고, 남녀가 모두 60여 명인데, 지금은 본도로 옮겨 와 살고 있습니다. 이 섬이 동에서 서까지 남에서 북까지가 모두 2식 거리이고, 둘레가 8식 거리입니다. 우마와 논이 없으나, 오직 콩 한 말만 심으면 20석 혹은 30석이 나고, 보리 1석을 심으면 50여 석이 납니다. 대나무가 큰 서까래 같고 해착과 과목이 모두 있다고 하였습니다. 이 사람들이 도망해 갈까 염려 하여 아직 통주·고성·간성에 나누어 두었습니다.」

이에 의하면 유산국 도인(島人) 백가물 등 12명이 고성의 어라진에 내박하여 자신들은 무릉에서 생장했는데, 그 섬의 인구는 11호 60여명이다. 지금 본도에 이주했지만 이 섬은 동서남북 각 2식(약12km), 주위 8식으로 우마와 수전(水田)은 없으며, 단지 콩과 보리가 나고, 또 대죽, 과목, 해산물이 있다고 말했다 한다.

그 「본도」란 물론 유산국도를 가리키고 있다. 따라서 그 문면으로 보면 그들은 「무릉도」에서 「유산국도」로 이주한 것이 된다. 이 경우 양도 모두에 사람이 거주하고 있기 때문에 어느 것도 오늘의 죽도에 해당하지 않는 것은 명백하나 더욱이 그 유산국의 「유산」은 「우산」의 전화로 생각되기 때문에,[53) 유산국도는 우산국도, 즉 울릉도라는 것이 된다. 이것은 유산국도의 크기(1식은 일본의 리 단위로 약 3리)나 그 산물 특히 대죽이 난다는 것으로도 입증된다. 한편 「무릉도」는 실록의 기사로 보면 울릉도를 지적하고 있기 때문에 茂陵·流山은 함께 울릉도를 의미하고 있다고 말할 수 있을 것이다. 그럼에도 불구하고 백가물 등은 마치 양자를 별도의 섬인 것처럼 진술하고 있지만 이 것에 대해 최근 한국에서 가장 저명한 역사가로서 알려진 최남선씨는 다음과 같이 이야기하여 청취의 실수이거나 허위의 진술 그 어느 것일 것으로 단정하고 있다.

> 流山國というのは，多分古來伝えられてきた于山の訛かも知れないが，鬱陵島の近海にはこのように大きな別島はなく，又その所言が鬱陵島の景況と一致していることをみると，多分聽取と記述やなにかに錯誤があるのでなければ，陳述に虛僞があるのではないかと考えられる．
>
> 유산국이라는 것은 아마도 고래로 전해온 우산의 방언일지도 모르지만 울릉도의 근해에는 이렇게 큰 별도는 없고 또 그 이야기하는 것이 울릉도의 경황과 일치하고 있는 것을 보면 아마 청취나 진술 그 어느 것에 착오가 있는 것이 아니라면 진술에 허위가 있는 것은 아닐까라고 생각된다. (『울릉도와 독도』번역문)

그것은 어쨌든 이러한 기사가 앞에서 지적한 「우산무릉」이라는 호칭과 함께 후년에 이도설을 낳는 요인이 된 것은 의심할 여지없다.

이상의 논지를 한층 명확히 하기 위해, 울릉도의 호칭의 변천을 나타내면, 다음과 같다.

연도	호칭	근 거
512년	于山國 鬱陵島	智證王 13년 여름 6월『삼국사기』
930년	芋陵島	太祖13년 8월 丙午『고려사』권1
1018년	于山國	顯宗 9년 11월 丙寅 『고려사』권4
1022년	于山國	현종 13년 7월 丙子『고려사』권4
1032년	羽陵城	德宗원년 11월 丙子『고려사』권5
1141년	鬱陵島	仁宗 19년 가을 7월 己亥『고려사』권17
1157년	羽陵島	毅宗 11년 5월『고려사』권18
1259년	蔚陵島	元宗 원년 가을 7월『고려사』권24
1273년	蔚陵島	원종 14년 2월 癸丑『고려사』권27
1346년	芋陵島	忠穆王 2년 3월 戊申『고려사』권37
1379년	武陵島	辛禑 5년 7월『고려사』열전 134
1403년	武陵島	태종3년 8월 丙辰『태종실록』권8
1407년	茂陵島	태종 7년 3월 庚午『태종실록』권13
1412년	流山國島 武陵	태종12년 4월 己巳『태종실록』권23
1416년	武陵等處	태종 16년 9월 庚寅『태종실록』권32
1417년	于山島	태종 17년 2월 壬戌『태종실록』권33
1417년	于山 武陵武陵居人, 于山人	태종 17년 2월 乙丑『태종실록』권33
1417년	于山武陵	태종 17년 8월 己丑『태종실록』권34
1419년	武陵島	세종 원년 3월 庚酉 夏4월『세종실록』권21
1425년	于山武陵等處	세종 7년 8월 甲戌 同 권29
1425년	于山武陵等處 茂陵島	세종 7년 10월 乙酉 辛卯 同 권29
1425년	茂陵島	세종7년 11월 乙卯12월 癸巳 同 권30
1436년	武陵島牛山	세종 18년 閏 6월 甲申 同 권73
1437년	茂陵島	세종 19년 2월 戊辰 同 권75
1438년	茂陵島	세종 20년 4월 甲戌 7월 戊戌 同 권81

1452년	(『高麗史地理志』鬱陵島 一說于山武陵二島)	
1454년	(『世宗實錄地理志』于山・武陵二島)	
1471년	茂陵島	성종2년 8월 丁巳『성종실록』권11
1472년	武陵島	성종 3년 6월 丁丑 同 권19
1511년	武陵島	중종 6년 5월 庚午『중종실록』권13
1531년	(『新增東國輿地勝覽』于山島・鬱陵島 일설 于山鬱陵本一島)	
1614년	鬱陵島	광해군 6년 甲寅『광해군일기』권82

이것은 요컨대 전게 최남선씨의 논문에도 있는 대로 울릉도에 대해서는

> 最初は國名として于山、島名としての鬱陵が三國史記』に載錄積されただけであったところが, 降って高麗時代に至り, 同一の原語に對する異形の對字と雅称とが種々に使用され, 武陵・羽陵・芋陵・蔚陵等の別名があるようになった.
>
> 최초는 국명으로서 우산, 도명으로서의 울릉이 『삼국사기』에 실렸던 것 뿐이었으나, 후의 고려시대에 이르러 동일의 원어에 대한 이형의 對字와 雅稱 등이 여러 가지로 사용되어 武陵・羽陵・芋陵・蔚陵 등의 별명이 생기게 되었다.

라는 것이다. 한편 국명으로서 불리우고 있던 于山도 이조 태종시대에 이르러 도명으로 전환되게 되어, 여기서 이도설이 생기게 되는 소지를 만들게 된 것이다.

최남선씨는 전언에 이어서,

> 鬱陵本島及び若干の屬嶼に對する實際的知識の發達とともに上出した諸名を本島, 屬嶼の間に分用もし, 又分用したものを轉換使用もして, その名称の內容が時と人によって幾多くの混錯を惹起した.
>
> 울릉 본도 및 약간의 속도에 대한 실제적 지식의 발달과 더불어 상출한

제명을 본도, 속도의 사이에 分用하기도 하고, 또 분용한 것을 전환 사용도 하여, 그 명칭의 내용이 시간과 사람에 따라 여러 혼착을 야기했다.

라며 다시 『고려사지리지』의 「一云于山武陵本二島云云」의 기사를 인용하여,

> 本來鬱陵島の本名だった于山が, ここでは本島以外たる一屬嶼の名として利用されており, 于山というのは多分本島東北海上の近頃のいわゆる竹島というのを指しているかのようにみられるようになった.
>
> 본래 울릉도의 본명이었던 우산이, 여기서는 본도 이외의 한 속도의 이름으로 이용되고 있어 우산이라는 것은 아마도 본도 동북 해상의 근경, 소위 죽도라는 것을 가리키고 있는 것으로 생각하게 되었다.

라고 진술하고 있다.

2도설이 확실한 지리적 지견에 근거한 것이 아니라는 것은 상술한 대로이지만, 가령 최남선씨가 말하듯이, 후세에 이르러 본도와 속도 사이에 이러한 도명이 분용되게 되었다고 하더라도, 그것이 울릉도 이외의 어느 섬에 비정되었는가는 명확하지 않다.

최남선씨 자신도

> 于山と鬱凌とを二つとみる場合、于山をどの屬嶼に入れるかということは、本來一つの無稽な仮想から出たものだけに、必ずしもどちらとも一定するわけにはいかない。
>
> 우산과 울릉을 두 개로 보는 경우, 우산을 어느 도서에 포함시킬 것인가 하는 것은, 본래 하나의 무계(無稽)한 가상에서 나온 만큼, 반드시 어느 쪽이라고 일정(一定)할 수는 없다.

라고 진술하고 있는 것이다. 단지 확실히 말할 수 있는 것은 상게의 『태종실록』 권33에도 있듯이, 그 「우산도」에는 많은 주민이 있고, 또 대죽·물소가

제20도 『新增東國輿地勝覽』江原道之圖

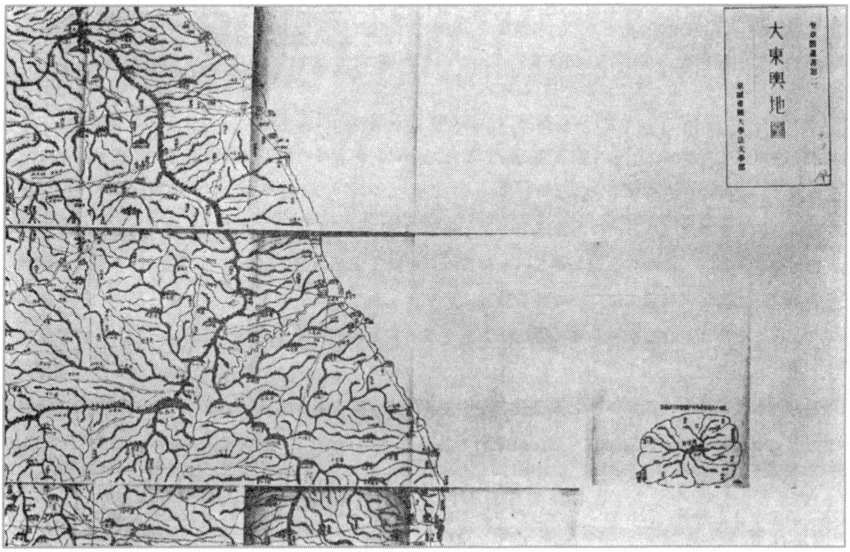

第21도 金正浩「大東輿地圖」(部分圖)哲宗12(1861)年 圖右에「鬱陵島, 東西六十余里南北四十余里周二百余里」라는 文字가 있다.

죽・생모시・면 그 외의 산물이 있다고 보고되어 있기 때문에, 그것이 오늘날의 죽도에 해당하지 않는다는 것이다.

또 최후로 『신증동국여지승람』중에 실려 있는 「팔도총도」와 「강원도지도」에 대해서 한마디 하면, 이들의 지도에는 우산・울릉 두 섬이 그려져 있다. 하지만 양도의 크기는 거의 같고, 그것도 우산도가 울릉도보다도 조선반도 측에 가까이 위치하고 있어, 실제의 관계위치와는 거꾸로 되어있다. 이것은 지리적 지식을 가장 구체적으로 표현하고 있는 지도로 보아서도, 당시의 우산・무릉 이도설이 그야말로 관념적인 것으로, 어떤 실제의 지식에 근거한 것이 아니라는 것을 단적으로 나타내는 것이라고 말할 수 있을 것이다. 더욱 이보다 시대가 내려간 1861(철종12)년에는 조선인이 자신의 손으로 만든 대표적인 지도로 알려진 김정호의 「대동여지도」가 간행되었지만, 이 가장 권위 있는 조선지도 등에는 울릉도만 그려져 있고 죽도에 해당하는 도명의 기재는 없다.

(2) 삼봉도

다음으로, 한국 측은 이조 초기부터 삼봉도라 불리고 있던 것이 지금의 죽도라고 보고, 다음과 같이 논하고 있다.

> 「독도는 이조의 초기부터 삼봉도」라고도 불리고 있었다.

이조의 가장 유명한 문헌 중 하나인 동국여지승람에 의하면 서력 1476년에 김자주를 장으로 하는 현재의 독도의 조선조사단이 삼봉도에 도항하여 당시의 조선 정부에 대해, 「우리가 정박한 섬에서 7리나 8리가 되는 거리에(조선의 10리는 일본의 1리와 같고 또한 그것은 4킬로와 같다) 동방을 보면 세 개의 암봉을 발견할 수 있었다. ……우리는 이 섬의 도면을 그려서 귀환했다」라는 취지를 보고했다. 이 사실은 조선인이 삼봉도(현재의 독도)에 동도 조사를 목적으로 간 적이 있다는 것을 분명히 나타내는 것이다」(1953년 9월 9일부 대한민국 주일대표부 구상서) 그러나 이 『동국여지승람』이라는 것은 잘못된 것으로 『성종실록』권72, 7년 10월 정유조에 기재되어 있는 기사다.

> 兵曹啓, 永興人金自周供云, 本道觀察使以三峯島尋覓事, 遣自周及宋永老与前日往還金興金漢京李吾乙亡等十二人, 給麻尙船五隻入送, 去九月十六日, 於鏡城地瓮仇未發船, 向島, 同日到宿富寧地靑巖, 十七日到宿會寧地加隣串, 十八日到宿慶源地末応大, 二十五日西距島七八里許到泊, 望見則於島北有三石列立, 次小島, 次巖石列立, 次中島, 中島之西又有小島, 皆海水通流, 亦於海島之間, 有加人形別立者三十, 因疑惧不得直到, 畵島形而來
>
> 병조에서 아뢰기를 「영흥 사람 김자주가 말하길, 본도 관찰사가 삼봉도를 조사한 일로, 김자주와 송영로, 그리고 전일에 다녀온 김흥, 김한경, 이오을망 등 12인에게 마상선 5척을 주어 들여보냈는데, 지난 9월 16일에 경성 땅 옹구미에서 배를 출발하여 섬으로 향해 같은 날 부령의 청암에 도착하여 자고, 17일에 회령의 가린곶에 도착하여 잤으며, 18일에는 경원 땅 말응대에 도착하여 잤고, 25일에 섬 서쪽 7, 8리 남짓한

> 거리에 정박하고 바라보니 섬의 북쪽에 바위 셋이 늘어 섰고, 다음에 작은 섬, 다음에 암석이 늘어 섰으며, 다음에 중도, 중도의 서쪽에 소도가 있다. 모두 해수가 통류하고, 또 해도 사이에 인형 같이 서 있는 것이 30개나 되었으므로 두려운 마음이 생겨 바로 섬에 대지 못하였다. 섬 모양을 그려 왔습니다.

한국 정부의 삼봉도에 관한 공식 견해로서는 이상과 같지만 고려대학교 신석호 교수는 그 논문 「독도의 내력」(申奭鎬『思想界』1960년 8월호 게재)에서 이것을 한층 부연하여 다음과 같이 설명하고 있다.

> 朝鮮初期에 于山島를 獨島라하였을 뿐만 아니라 三峯島라 한 일도 있었다. 成宗實錄에 의하면 成宗2年부터 12年까지의(1471~1481) 사이에 三峯島에 關한 기사가 많이 보인다. 三峯島는 東海에 가운데 있는 섬으로 처음에는 누구든지 한번도 가보지 못한 수수께끼와 같은 섬이었다. 그러나 軍役을 도피하고 稅金을 포탈한 江原道 永安道(咸鏡道)의 流民이 이 섬에 들어가 산다는 말이 있으므로 國家에서는 이 섬에 사람이 들어가는 것을 엄금하고 여러번 搜討軍을 조직하여 이 섬을 수색했다. 그러나 搜討軍은 한번도 이 섬을 발견하지 못하고 다만 成宗七年 十月丁酉 (二十七日) 조에 실려있는 金自周의 말에 의하면(이하 전게의 『성종실록』의 기사 중 「去九月十六日……畵島形而來」를 인용)이라고 있어, 이 기록에 의하면 金自周 등은 三峯島에 上陸하지 못하고, 三峯島 東쪽 七八浬 海上에서 西쪽을 向하여 三峯島를 바라보고 온 것인데 그가 말한 三峯島의 貌形은 지금의 獨島와 조금도 다름이 없는 것이다. 즉 金自周가 말한 섬 北쪽에 三石에 열립하였다 하는 것은 西島 北方에 높이 솟은 세 바위섬을 말한 것이요 다음의 小島와 巖石는 東島와 西島의 사이에 無數히 散在한 바위를 말한 것이요 中島는 西島를 가리킨 것이요 中島 西쪽의 小島는 東島 東南方에 높이 솟아있는 바위섬을 말한 것으로 대개 지금 독도를 그대로 그린 것이요 섬 사이에 海水가 流通한다는 것도 독도의 條件에 부합하는 것이다. 그리고 섬 사이에 보이는 人形과 같은 것은 아마 가제(海驢)를 人形으로 오인한 것일 것이다.

그런데 이 문제를 규명하기 위해서는 사서에 나타난 삼봉도에 관한 기사를 연혁적으로 검토할 필요가 있다.

「삼봉도」라는 이름이 사서에 처음 보이는 것은『성종실록』권15, 3년 2월 경오조에 있는 다음 기사이다.

> 兵曹啓, 頃承, 伝教, 江原道海中有三峯島來壬辰年春, 当遣人求之, 其節目商議以啓今將合行事件, 條錄以聞(中略)
> 一、待風和, 四月晦時發船, 一, 富寧人金漢京知三峯島所在, 幷令入送, 從之
>
> 병조에서 말하기를 「전에 전교를 받으니, 강원도의 해중에 삼봉도가 있는데, 오는 임진년 봄에 사람을 보내어 찾을 것이니 그 조목을 상의하여 아뢰라 하였으므로, 이제 행해야 할 사건을 조목으로 기록하여 아룁니다. (중략)
> 一、바람 이 잔잔한 4월 그믐 때를 기다려서 출발해야 한다. 一、부령인 김한경이 삼봉도의 소재를 알고 있으니 함께 들여보내야 합니다. 그에 따랐다.

즉 이에 의하면, 함경도 부령의 김한경이라는 사람이 삼봉도의 소재를 알고 있다는 것이다. 이 김한경에 관해서는 성종실록 권110, 10년 윤10월 무인조에도 다음과 같은 기사가 있고, 그것에서도 삼봉도의 이름은 김한경에 의해 이야기되기 시작한 것으로 되어 있다. 단 그를 취조한 영안도(함경도) 관찰사 이극돈은 그 말을 믿지 않았다고 기록되어 있다.

> 克墩啓日, 臣爲江原道監司, 有金漢京者, 始發此言, 臣疑之, 反覆詰問, 其言多変詐臣不信聽
>
> 이극돈이 아뢰기를 「신이 강원도 감사였을 때 김한경이란 자가 처음으로 이 말을 했으나, 신이 이를 의심하여 반복해서 힐문했으나, 그 말에 거짓이 많기 때문에 신은 믿지 않고 듣지 않았습니다.

그러나 그 섬의 존재 및 인민이 부세를 피해 숨는다는 이야기는 정부가 문제시하게 되었다. 특히 성종은 이것을 중시한 장본인으로 본도 탐색 및 인민 쇄환을 결정했다. 그 첫 번째 수사를 맡은 것이 박종원이었다.

이 박종원의 삼봉도 수색에 대해 『신증동국여지승람』은 1471(成宗2)년으로 하고 있으나 『성종실록』에는 1472(成宗3)년 3월에 박종원이 삼봉도 경차관에 임명되어 도성 및 강원도의 군사를 통솔하여, 4척에 분승하고 5월 28일에 울진포를 출발한 것으로 되어 있다. 당시의 상황이 성종실록 권19, 3년 6월 정축조에 다음과 같이 기재되어 있다.

> 江原道觀察使李克墩馳啓曰, 三峯島敬差官朴宗元, 与所領軍士, 分乘四船, 去五月二十八日, 自蔚珍浦發去, 卽遇大風四散, 朴宗元之船東北去, 二十九日平明, 向東南望見武陵島, 可十五里, 復遇大風, 船纜絶, 漂流大洋中, 不知東西者七晝夜, 本月初六日午時, 到杆城都淸簡津, 司直郭永江等三船, 去二十九日, 到武陵島, 留三日, 搜索島中, 不見居人, 只有旧家址, 而巳, 島中有竹, 其大異常, 永江等取數竿載船發回, 本月初六日, 至江陵羽溪縣梧耳津, 今風氣漸高, 海波險惡, 更遣爲難, 放遣本道軍士, 京軍士, 分運上送, 何如
>
> 강원도 관찰사 이극돈이 치계하기를 「삼봉도 경차관 박종원이 거느린 군사와 더불어 4척의 배에 나누어 타고, 지난 5월 28일에 울진포를 출발하여 가다가 대풍을 만나 사방으로 흩어졌습니다. 박종원의 배는 동북쪽으로 가서 29일 새벽에 동남쪽을 향하여 무릉도를 바라보니 15리쯤 되었는데 다시 대풍을 만나 닻줄이 끊어져 대양으로 표류하여 동서를 알지 못한지 7주야였다. 그러다 이달 초6일 오시에 간성군의 청간진에 이르렀습니다. 사직 곽영강 등의 세 척은 지난 5월 29일에 무릉도에 이르러 3일을 머물렀는데, 섬을 수색하여 보니 주민은 보이지 않고 다만 옛 집터만 있을 따름이었습니다. 섬에 대나무가 있는데, 이상하게 컸으므로 곽영강 등이 몇 개를 베어 배에 싣고 돌아와 이달 초6일에 강릉 우계현 오이진에 이르렀습니다. 이제 풍세가 점차 높아지고 파도가 험악하여 다시 파견하기는 어려우니 본도 군사는 풀어 보내고 서울군사는 나누어 올려 보내는 것이 어떻겠습니까.」

즉 박종원 일행은 5월 28일에 울진포를 출발했지만 도중에 대풍을 만나 배들은 흩어지고 말았다. 그 중 박종원이 탄 배는 동북을 향하여 29일 해가

뜰 무렵에 울릉도를 동남쪽 15리 정도 떨어져 멀리 망견할 수 있는 지점에 도착했지만 또 대풍을 만나 7주야를 표류하다가 6월 6일에 강원도 평성군 청간진에 표착했다.

한편, 사직 곽영강 등이 탄 3척은 5월 29일에 울릉도에 도착하여 3일을 묵으며 도내를 수색했지만 단지 집터를 발견했을 뿐 주민은 없었다. 도내의 대죽 몇 그루를 채취하여 6월 6일에 강릉 우계에 귀착했다는 것이다.

이렇게 박종원은 삼봉도를 찾아 울릉도에 도착했고 삼봉도 수색의 목적은 달성하지 못했지만 정부는 즉시 그 재거사를 계획하여 전회에 준하여 김한경을 안내자로 해서 길성 이북의 여러 읍에서 선발한 군사 160명을 4척의 배에 배치하여 이듬해 4년 봄에 이를 결행할 것을 결정했다.[54] 그러나 이것은 실행에 옮기지 못한 듯, 실록에는 그 후 기사를 찾을 수 없다. 게다가 성종 4년, 5년, 6년의 실록에 삼봉도에 관해 기재가 없다가 1476(成宗7)년에 이르러 다시 나타난다. 이에 관한 것이 『성종실록』 권64, 7년 2월 임오조에 다음과 같이 기재되어 있다.

> 七年二月壬午, 下書永安島觀察使李克均曰, 今鐘城居親軍衛盧義順上言云, 前年五月, 与鏡城人金漢京, 會寧人林都致, 慶源人任有才金玉山李吾乙亡金德生, 就慶源地面末応大津, 發船行三日, 得見三蓬島, 遙望, 島中有七八人, 然吾輩單弱, 不得下陸而還卿其詳問順義等各人, 以啓
>
> 7년 2월 임오, 왕이 영안도 관찰사 이극균에게 하서하여 가로되 「지금 종성에 거주하는 친군위 노의순이 아뢴 말에 의하면, 지난해 5월에 경성 사람 김한경과 회령 사람 임도치와 경원 사람 임유재 김옥산 이오을망 김덕생 등과 함께 경원 지방 말응대진에 가서 배를 타고 3일 만에 삼봉도를 볼 수 있었는데, 멀리 바라보니, 섬에 7, 8명의 사람들이 있었으나 우리들은 단약하여 하륙하지 못하고 돌아왔다고 했다. 卿은 순의 등 각인에게 상세히 물어서 보고하라」고 했다.

즉 성종 7년 2월에 종성에 있는 친군위 노의순이라는 자가 상언하기를 전년 5월 경성인 김한경, 회령인 임도치, 경원인 임유재 등 6명과 함께 경원의 말응대진을 출발하여 3일만에 삼봉도를 보았지만 멀리서 보니 섬 안에 7, 8명이 있었고, 자신들의 세가 약했기 때문에 상륙하지 않고 돌아왔다는 것이다. 여기서 김한경은 경성인으로 되어 있다. 그러나 앞에 삼봉도의 발견자로 실록(권15, 성종 3년 2월 경오조)에 실려 있던 부령인 김한경과는 아마 동일인이라고 생각된다. 경성과 부령(富寧)은 서로 인접한 현이기 때문에 이러한 상위가 생겼다고 생각하지만, 경성은 개인을 말하는 것이고, 부령은 관에서 취조한 결과이기 때문에, 어쩌면 부령인으로 하는 것이 좋을 것이다.

그런데 관찰사 이극균이 여러 사람에게 상문한 결과 영흥인 김자주 및 송영노(宋永老)에게 명하여, 김한경 등 12명과 함께 배 5척에 분승하여 삼봉도 수색을 위해 성종 7년 9월 16일에 경성의 옹구말을 출발했다. 그 상세한 것이 이 항의 모두에 든 『성종실록』 권72, 7년 10월 정유의 기사다.

즉 이것에 의하면 김자주 일행은 9월 16일에 옹구미(瓮仇未)를 출발한 후 해변을 따라 북상하여 다음 날인 17일에는 회령의 가린관(加隣串), 18일에는 경원의 말응대에 도착하여 묵었다. 이곳은 전년 5월에 김한경 등이 출발한 곳이다. 계속해서 25일에는 삼봉도의 서쪽 7, 8해리 해상에 도착했다. 실록의 전기 기사에서는 말응대를 출발한 날이 분명하지 않지만 성종실록 권72, 7년 10월 임진조에는 다음과 같이 기재되어 3박 4일 걸린 것으로 되어 있다. 이것으로 헤아려 보면 말응대에서의 출발은 9월 22일이 된다.

> 永安道觀察使李克均馳啓, 永興人金自周言往見三峯島, 且図其形送自周以進, 命問之自周對曰, 於鏡城海浜, 乘舟行四晝三夜, 見島屹然而有人三十余列立, 島口有烟氣, 其人衣白形貌遠不能詳, 然其大槩乃朝鮮人也, 惧見執不能進也, 賜襦衣二領
>
> 영안도 관찰사 이극균이 치계하였는데, 영흥사람 김자주가 말하기를 삼봉도를 가보고 또 그 모양을 그려 왔다고 하므로 김자주를 올려 보냅니다. 자주에게 명하여 물어 보니 김자주가 아뢰기를 「경성 바닷가에서 배를 타고 4주 3야를 가니, 섬이 우뚝하게 보이고 사람 30여 명이 섬 입구에 늘어 서있고 연기가 났습니다. 그 사람들은 흰 옷을 입었는데 얼굴

은 멀리서 보았기 때문에 자세히 알 수 없었으나 대개는 조선 사람이었는데 붙잡힐까 두려워 나아갈 수가 없었습니다.」하니 유의 두 벌을 하사했다.

그런데 김자주 일행은 삼봉도의 서쪽 7, 8리에 도착하여, 삼봉도를 멀리 바라보니, 섬 북쪽에 바위 셋이 열립해 있고, 다음에 소도, 다음에 암석이 열립해 있고, 또 그 다음에 중도, 중도 서쪽에 또 소도가 있었지만, 그러한 섬 사이에는 해수가 유통하고 있었다. 섬 사이에서 사람의 모습을 30 정도 보았으나 상륙하지 않고 섬의 모양을 그려서 돌아왔다는 것이다.

정부에서는 일단 이 섬이 인정되고 그곳에는 주민이 있다는 보고였기에, 그 쇄환에 대해 다시 문제 삼고 이듬해 4월에 바람이 잔잔한 때를 골라 문무재가 있는 자를 보낸다는 방침이 정해졌지만 이것 역시 실행에 이르지 못했다.[55]

그 후 1479(成宗10)년 5월에 이르러 영안도(함경도) 관찰사가 삼봉도에 들어간 인물의 쇄환에 대해 정부에 요청하는 일이 있었기 때문에,[56] 동년 8월 계축에 왕은 증경정승(曾経政承) 및 부원군 등 정부의 원로를 소집하여 협의했다. 이 협의의 상황에 대해서는 『성종실록』 권107, 10년 8월 계축조에 상세히 나와 있지만,[57] 삼봉도에 들어간 인민에 대해서는 상당히 상세한 정보를 가지고 있어, 도망쳐 들어간 자 중에는 전군자(全君子), 어명산(魚命山) 등 그 이름이 알려진 자도 있었다는 것, 거리는 약 2일 정도의 행정이라는 것, 배를 댈 곳도 적지 않다는 것, 상당수의 투입자가 있다는 것 등이 알려져 있었다.

그 협의 결과 영안도 관찰사 이덕량(李德良), 남도 절도사 이흠석(李欽石), 북도 절도사 신주(辛鋳)에게, 삼봉도에 들어간 무려 천여 명의 인민을 대병으로 토벌하기 위해 초마선 오십 척을 준비할 것, 만약 잘못을 뉘우치고 귀래하는 자가 있으면 죄를 용서하고 상을 내릴 뜻을 선명하여 도망친 백성을 초유할 것을 명했다.[58]

이어서 동 10년 9월에는 당시 수재라는 자부심이 높았던 조위를 특별히 발탁하여 영안도 경차관에 임명하고 조선 및 도망간 백성의 초무에 대해 감사, 절도사와 의논하여 선처하기로 했지만 윤 10월 27일에 이르러 김자주를 수령으로 하는 일행 32명이 3척의 배에 분승하고 부령 남면 청암리 해변에서 출발했다. 그 일행에는 삼봉도 전설의 인물 김한경 외에 삼봉도에 도망친 자의 친족 이인석(李仁石), 김장명(金長命), 이중선(李仲善) 등도 참가했다.[59] 그러나 그 결과에 대해서는 명확한 기재가 없고 『성종실록』 권110, 10년 윤 10월 무인조에는

> 左承旨李瓊仝啓曰, 前月二十八日曹偉合結麻尙船入送, 風逆還來, 三十日更送, 今幾一月而不還, 不知其故
>
> 좌승지 이경령이 아뢰기를 「지난달 28일에 조위가 마상선을 모아서 들여보냈으나 바람이 순조롭지 못하여 돌아왔습니다. 30일에 다시 보냈는데 지금 거의 1개월이 되었는데도 돌아오지 않으니, 그 이유를 알지 못하겠습니다.」

라고 있고, 이어서 동 실록 권112, 10년 12월 경오조에

> 上曰, 三峯島逃竄之人不可置之也, 必須搜捕, 若有橫逆, 遣師入攻可也, 漢京等, 前則來歸, 而及今官使之時, 則托以風逆, 甚不可令兵曹鞫之
>
> 왕이 말하기를 「삼봉도에 도망해 숨은 사람을 그대로 내버려둘 수 없으니 반드시 찾아서 잡아야 할 것이다. 만약 부당하게 거역하는 자가 있으면 군사를 보내어 공격하게 하는 것이 좋겠다. 김한경 등이 전일에 돌아왔는데, 지금까지 관청에서 보내려고 할 때 마다 바람이 거슬러 분다는 핑계를 대고 있으니 아주 좋지 못한 일이다. 병조로 하여금 이를 국문하도록 하라.」고 말씀하셨다.

라고 있는 것을 보면 결국 목적을 달성하지 못하고 돌아온 것 같다.

1480(成宗11)년 봄이 되어, 또 다시 삼봉도 초무가 계획되었고, 이번에는

군병을 곧장 입도시키는 것으로 하여 당초에는 상호군 정석희를 초무사로, 처음에 파견된 박종원을 부사로 임명했으나 둘 다 이것을 사양했기 때문에 다시 심안인을 초무사로 성건(成健)을 부사로 임명하고 총 200여 명, 배 9척을 파견하려고 주도한 준비를 진행시켰으나 5월 말이 되어도 4월 이후의 장마(霪雨)가 그치지 않아 실시하지 못하고 중지되고 말았다.60)

그러나 성종은 여전히 그 뜻을 버리지 않고, 이듬해 1481(成宗12)년 정월에는 영안도 관찰사 이극돈의 건책에 의해 이전의 조위 때의 예에 따라 먼저 30여 명을 보내어 삼봉도의 소재를 확인함과 동시에 만일 삼봉도에 도망친 백성이 있을 경우에는 도망친 백성을 우선 초무하고 대적할 수 없을 때 대군을 보내 토벌한다는 방침을 정했으나 그 후의 경과에 대한 기술은 없다.61)

이상 개관한 대로 김한경의 보고가 동기가 되어 수차례나 삼봉도를 찾는 일(搜覓)을 행했으나, 더러는 풍랑에 막혀, 더러는 근접하고서도 상륙하지 못하고 끝났다. 게다가, 삼봉도를 멀리서 보았다는 것도, 고작 김한경과 김한경이 동행한 김자주 일행뿐으로, 그 외의 경우에는 섬의 소재조차 명확히 하지 못했다.

이러하자, 정부의 요로자 중에도 삼봉도의 존재에 의혹을 품는 자가 있었다. 김한경한테 삼봉도의 보고를 받았을 때, 그 취조를 맡은 이극돈이 우선 의혹을 품었다는 것은 앞에 지적한 대로이나 1480(成宗11)년에 심안인(沈安仁)을 초무사로서 삼봉도에 파견할 방침이 정해졌을 때도, 시독관(侍讀官) 김소(金訴), 지평(持平) 복승정(卜承貞) 등은 삼봉도의 소재가 묘연하여 알지 못하면서 김한경의 말을 믿고 200여 명의 병사를 파견하는 것의 위험을 말하고 먼저 수로에 익숙한 자 2, 3명을 보내어 탐지한 후에 행해야 한다며 다음과 같이 주장했다.

成宗實錄 卷115

十一年三月辛卯 ○御経筵，講訖，侍讀官金訴啓曰，(中略) 三峯島有無，渺不可知，而信一金漢京之言，以二百余人，犯風濤不測之險，臣甚危之，請先遣慣水路者二三人的知後，可遣招撫使

11년 3월 신묘. 경연에 나갔다. 강의를 마치자 시독관 김소가 말하기를, (중략) 삼봉도의 유무도 애매하여 정확히 알 수 없는데, 순전히 김한경의 말만 믿고 2백여명이나 되는 사람으로 하여금 풍파를 예측할 수 없는 험한 지경을 범하게 하는 것은 신으로서는 매우 위험하다고 생각하고 있습니다. 청컨대 먼저 해로에 익숙한 자 2, 3 인을 보내어 잘 안 후에 초무사를 보내는 것이 좋을 것입니다.

十一年三月乙未 ○御経筵，講訖，持平卜承貞啓曰，三峯島有無，不可的知，若實有居人，則必相往來，通有無，以資生業，何無一人見所謂三峯居人耶，請先遣一二人探知後，遣招撫使

11년 3월 을미. 경연에 나갔다. 강의를 마치자 지평 복승정이 말하기를, 「삼봉도의 유무는 잘 알 수 없습니다. 만약 실제로 거주민이 있다면 반드시 서로 왕래하며 없는 것을 무역하여 생업의 자료를 구할 것인데, 어찌 이른바 삼봉의 주민을 보았다는 사람이 하나도 없겠습니까. 청컨대 먼저 한 두 사람을 보내 탐지해 본 후에 초무사를 보내야 합니다.

또 심안인의 행차가 중지된 후 영안도 관찰사 이극돈은 몇 개의 선후책을 마련했는데 그 중의 하나가, 상부를 속인 김한경을 극형에 처하고 삼봉도가 존재하지 않는 것을 일반에게 주지시켜야 한다는 극론까지 말하고 있었다.

成宗實錄 卷一二五

十二年正月甲申，永安道觀察使李克墩上三峯島搜得之策，(中略)

一，前者往來者，或云遙見，或云不得見，莫辨眞僞，今也遣人搜覓，如終無此島，則將初發言金漢京輩，明其誑語惑衆之罪，置之極刑，伝屍一道，以示衆目，則愚民亦知三峯島之必無，而其胥動之惑自解

성종실록 권125

12년 정월 갑신. 영안도 관찰사 이극돈이 삼봉도를 찾는 계책을 올려 (중략)

一, 지난번에 왕래한 자들 가운데 어떤 이는, 멀리서 보았다하고, 어떤 이는 보지 못했다하니 진부를 분간할 수가 없습니다. 지금 사람을 보내어 찾아보고, 만일 끝내 이 섬이 없으면 처음으로 이 말을 한 김한경의 무리들이 말로 속이고 대중을 미혹하게 한 죄가 분명하니 극형에 처하여 그 시체를 전도에 돌려 여러 사람에게 보인다면, 우매한 백성들도 삼봉도가 없다는 것을 알고 서로 선동하여 미혹 당하는 일이 저절로 해결될 것입니다.

그러나 정부로서는 이미 수차례에 걸쳐 삼봉도를 찾기 위한 대대적인 행동을 취하고 있었기 때문에 이제 와서 한 개인의 말에 흔들렸다고는 말할 수 없어, 결국 우선 30여명을 보내어 삼봉도의 소재를 확인한다는 가장 온건하고 착실한 방책을 취하게 된 것은 앞에서 말한 대로다.

그것도 이 계획도 결국 실시되지 않았던 것 같으며, 또 그 이전에도 실행에 옮기지 못했던 몇 개의 계획이 있었다는 것은 신중파의 설득이 주효했다고도 볼 수 있는 일이다.

여기서 특히 주의할 것은 「삼봉도의 존재가 아주 멀어 그 유무를 알지 못한다」라는 정부 요로자의 발언이 김자주가 삼봉도의 지도를 그려서 귀국했다는 1476(成宗7)년 보다 4년 후인 1480(成宗11)년의 일이었다는 사실이다. 한국측에서는 성종 7년의 기사만을 근거로 조사의 목적을 가지고 오늘의 죽도에 조선인이 간 증거라고 주장하고 있으나, 전술한 사실은 당시에 이미 이 김자주의 삼봉도 탐사를 반드시 신용하고 있었다는 것이 아니었다는 것을 이야기하고 있다고 말할 수 있을 것이다.

그렇다면 삼봉도는 과연 실재하는 섬일까. 만약 정부 요로자 중에는 김한경의 언동에 대해 의혹을 품는 자가 있었다 해도, 두세 번에 걸쳐 대대적인 탐색이 실시되었다는 것은 분명 당시의 조세를 피해 본토 밖의 섬으로 잠적하는 자가 있었고, 그것이 김한경의 삼봉도에 관한 정보와 얽혀서, 도망친 백성의 쇄환이 진지하게 고려된 것으로, 단순하게 개인에게 정부가 놀아났다고 말할 수는 없을 일이다.

만일 삼봉도가 실재하는 섬이라면 이것과 비정할 수 있는 가장 유력한 섬은 울릉도다. 그 이유 중 첫 번째는 1472(成宗3)년 박종원의 삼봉도 탐색이다. 박종원 일행은 4척의 배에 분승하고 삼봉도를 찾아 강원도 울진포를 출발 그 중 3척은 울릉도에 도달했고, 또 박종원 자신이 탄 배도 같은 섬에서 15리 정도 떨어진 지점까지 도달했지만, 결국 삼봉도를 발견하지 못하고 돌아왔다는 사실이다. 두 번째로 박종원의 탐색은 삼봉도의 인민쇄환을 목적으로 하는 것이었으나 동해안에서 많은 사람이 들어가 거주할 수 있는 섬으로는 울릉도 이외에는 존재하지 않는다는 것이다. 더욱이 세 번째로 김한경을 비롯하여 삼봉도를 알고 있다고 말하는 사람은 모두 조선 동해안의 최북부, 함경도 북부의 사람이었다는 것이다. 울릉도는 그 지리적 위치 관계에서 강원도와의 관계가 예부터 지금까지 가장 밀접하고, 울릉도는 강원도 울진현에 소속되었으며, 또 공도정책을 취한 시대에 울릉도를 순검한 것도 강원도 각지의 관리였다. 그런데도 삼봉도에 대한 정보를 가져온 것은 거리적으로 멀리 떨어진 조선 최북부의 거주자였다. 이 때문에 그들은 그 발견한 섬이 이미 울릉도라 불리고 있었던 것을 알지 못하고 멀리서 본섬의 형태에서 이것을 삼봉도라고 이름을 붙였다고도 생각할 수 있을 것이다.

『신증동국여지승람』에서는 울릉도를 형용하여 「세 봉우리가 곧게 솟아 하늘에 닿았는데 남쪽 봉우리가 약간 낮다」라고 기술하고 있는 것은 우산도항에서 이미 지적한 대로다. 『숙종실록』 권25, 19년(1693년) 11월 정사조에도

> 盖蔚山漁人, 自海邊漂至鬱陵島, 島上三峯, 接天中, 有數十戶人家遺址
>
> 대체로 울산의 어부가 해변에서 표류하여 울릉도에 이르렀는데, 섬 위의 세 봉우리가 하늘에 닿아 있고, 섬에는 수십호의 인가 흔적이 있다.

라고 있어, 울릉도를 해상에서 보면 삼봉이 하늘에 닿아있다고 형용하고 있어, 이것을 보아도 울릉도를 삼봉도라고 이름하는 것은 결코 부자연스럽지 않다.

고려대학교 신교수는 상술한 것처럼 「김자주가 말한 삼봉도의 형상은 지금의 독도와 조금도 다름이 없는 것이다」고 보고, 또 「김자주가 이야기한 섬 북쪽에 3석이 열립하여 있다는 것은, 서도 북방에 높이 솟은 세 개의 암도를 말한 것이다」라고 말했으며, 또 중도는 서도를 말하는 것이고, 소도와 암석이란 동도와 서도의 사이에 산재하고 있는 무수한 바위를 가리키고 있다라고 말했으나, 그 형상은 오히려 울릉도에 비정하는 것이 더 자연스럽다. 즉 신교수는 김자주가 말하는 「중도」를 지금의 죽도의 서도에 비정하고 있지만 서도는 죽도 중 최대의 섬이어서 이것을 「중도」로 하는 것은 맞지 않는다. 지금의 죽도는 이 서도와 그 다음의 동도가 주도를 구성하고 이것을 둘러싸는 다른 암초는 그 크기에서 이 양도와는 격단의 차이가 있다. 김자주가 말하는 것은 하나의 주도를 둘러싸고 중도·소도·암석 등의 부속 도서가 있다는 것으로 받아들일 수 있기 때문에 이 점에서도 이것을 오늘의 죽도에 비정하는 것은 적당하지 않다.

더 흥미로운 것은 김자주의 보고에 있는 섬의 북에 있는 삼석이 열립하고 있다는 광경이다. 이것은 울릉도 동북단 가까이 있는 삼본립의 기승(奇勝)을 가리키고 있다고 보는 것이 더 적절하다. 삼본립은 해안 절벽 가까이 높이 5, 60미터의 큰 암주가 마치 칼을 세워 놓은 듯이 해면에 솟아 있어, 바다에서 현저한 목표가 되고 있기 때문이다. 그리고 그 부근에는 김자주가 말하는 소도·암석에 해당하는 관음기(観音崎), 일본입도(一本立島), 공암(孔岩) 등 일련의 암초가 산재하고 있다.

또 신교수는 김자주가 본 「사람 모습과 같이 따로 서있는 30」이라는 것은, 아마 강치를 오인한 것일 것이다라고 기술하고 있으나 『성종실록』 권72, 7년 10월 임진조에는

> 有人三十余列立, 島口有烟氣, 其人衣白形貌遠不能詳, 然其大槩乃朝鮮人也
>
> 사람 30여 명이 섬 입구에 늘어서 있고 연기가 났습니다. 그 사람들은 백의를 입었는데, 얼굴은 멀리서 보았기 때문에 자세히 알 수 없으나 대

개는 조선 사람이었다.

라고 있어, 백의를 두르고 있었기 때문에 이를 강치로 오인하는 일은 있을 수 없다. 김자주 자신이 이것을 조선인일 것이라고 보고하고 있는 것이다.

어찌 되었든 만일 김자주가 말하는 삼봉도라는 것이 울릉도 이외에 존재하고 있었다 해도 그것이 지금의 죽도에 해당되지 않는다는 것만은 확실하다.

삼봉도 탐색은 원래 삼봉도에 많은 사람이 잠입한다는 보고에 기초하여 시작된 것으로 때로는 동도에 무려 천여 주민이 있다고까지 전해지고 있었고, 실제로 김자주가 동도를 망견했을 때에도 30여 명이 있었던 것으로 보고되었다. 사람의 상주에 적합하지 않은 지금의 죽도가 이것에 해당하지 않는다는 것은 물론이다.

(3) 가지도

한국정부가 조선이 지금의 죽도를 오래 전부터 인지하고 있었다는 증거로 들고 있는 것은, 위에서 기술한 「우산도」와 「삼봉도」인데 이 양도가 지금의 죽도에 해당된다는 것을 입증하는 적극적인 증거가 없다는 것은 상술한 대로이다.

최남선씨도 이 점에 관해 그의 저서 『울릉도와 독도』에서

> 于山과 鬱陵을 二로 보는 경우에 于山을 어느 屬嶼에 擬하느냐 함은 본디 一無稽한 假想에서 나온 것인만큼 꼭 어디니라고 일정할 수는 없다.

라 하고, 또 삼봉도에 대해서는 박종원의 탐사에 의해,

> 三峯島의 정체는 이내 밝혀지지 않고 말았지만 三峰撑空으로 들린 鬱陵島 그것의 一名이던 것 아니면, 후일의 「독섬」과 같은 一島嶼를 가리키는 것일지도 모른다.

라고 말하고 우산도나 삼봉도가 지금의 죽도에 해당하는지 아닌지에 대해서는 매우 확신이 없는 표현을 하고 있다. 그리고 최남선씨 자신은 오히려 『정종(정조)실록』 18(1794)년 6월 무오조(권 40)에 기재되어 있는 수토관 한창국의 울릉도 답사보고 중의 「26일에 가지도로 가니 네댓 마리의 가지어가 놀라서 뛰쳐나오는데, 모양은 물소와 같았는데 포수들이 일제히 포를 쏘아 두 마리를 잡았습니다」라는 기사의 「가지도」라는 것이 지금의 죽도일 것이라고 주장하고 있는 것이다.[62]

이 「가지도」에 대해서는 앞에서 든 『정조실록』의 기사 이전에는 전혀 보이지 않고, 또 그 후의 기록에도 찾을 수 없지만 한창국은 이 섬에서 「가지」 두 마리를 포획한 것이 보고되고 있다. 「가지」는 海鹿(kasi), 즉 말하자면 우리나라의 미치(海驢)로 강치를 말한다. 최남선씨는 이 보고의 기사를 근거로

> 純全히 「가지」만의 棲息地를 말하자 하면 지금의 독섬으로써 擬함이 아주 타당할 듯하다.

라고 말한 것이다.

그러나 한창국이 울릉도를 답사했던 당시에 강치가 생식하고 있었던 것은 결코 오늘날의 죽도만이 아니었다. 메이지 초 이래로 울릉도의 개발이 시작되어 사람들의 입주가 크게 증가함에 따라 강치는 동도의 주변에서 도망쳐 오늘날의 죽도에 모이게 되었는데 그 이전, 바꿔 말하면 울릉도에 대한 공도정책이 시행되던 시대에는 강치의 주요 생식지는 오히려 울릉도 주변이었다. 이 일은 겐나 연간부터 겐로쿠 연간에 걸친 오야·무라카와 양가의 울릉도 도해의 주목적이 전복 이외에도 강치 기름을 취하는 데 있었던 것으로도 명백하며 이에 관한 문헌은 매우 많다. 예를 들어 인부(因府) 에세키료(江石梁의 편술 『죽도고』에는

> 彼島(鬱陵島を指す)ニテ專トスル產物ハ鰒海鹿ノ兩種ナリ

그 섬(울릉도를 가리킴)의 주산물은 전복과 강치 두 종류이다.

라고 있으며 야다 타카마사(矢田高当) 저 『장생죽도기』에도

> されは渡海専らの目当ては串鮑生海鼠海驢(ミチ)の油を取り樽詰にして歸る 小利のものは積込かたく見る目もあらず見放すなり 海驢は砂浜に穴を掘置其穴に這入る 夫を鐵砲にて打取なり。
>
> 그래서 도해의 주목적은 꼬치전복, 생해삼, 강치기름을 얻어 나무통에 담아 돌아오는 일이다. 이익이 적은 것은 싣기도 어려워 눈길도 주지 않고 놓아준다. 강치는 모래사장에 구멍을 파두고 그 구멍에 기어들어 간다. 그것을 철포를 쏘아 잡는다.

라고 있다. 또 겐로쿠 6년 5월 22일자의 「오칸조카시라 마스타이라 미노노카미토노에게 제출한 서부의 사본(御勘定頭松平美濃守殿江差出候書付写)」이라는 제목의 이케다가 문서에도

> 竹島に而海驢取候而彼地ニ而油仕取歸候而商賣仕候 尤油之運上茂無御座候」
>
> 죽도에서 강치를 잡아 그 곳에서 기름을 취하고 돌아와 상매했다. 원래 기름에는 세금도 없습니다.

라고 기록되어있다. 더욱이 교호 연간에 이케다번에서 막부에 제출한 「죽도·송도지도」(「지도에 나타난 송도·죽도」의 항목 참조)를 보면 「강치어장」으로서 하마다우라(浜田浦·오사카우라(大坂浦)·기타우라(北浦)·야나기우라(柳浦)·기타쿠니우라(北国浦)·다케노우라(竹の浦) 등 울릉도 연안의 지명을 주기하고, 울릉도의 도형을 그린 지도에는 철포장(鉄砲場)으로 해서 그 어장의 위치를 명시하고 있어, 동도 주변의 도처에 강치의 생식지가 있었다는 것을 알 수 있다.

한창국이 울릉도를 답사한 것은 그로부터 약 1세기가 지난 후이나, 당시에

도 여전히 공도정책이 계속되고 있었기 때문에, 어지간한 환경 조건의 변화가 없는 한 강치가 동도 주변에서 완전히 자취를 감췄다고는 생각할 수 없다. 때문에 「가지도」에서 4, 5마리의 강치가 발견되었다고 해서 오늘날의 죽도가 강치의 생식지인 것을 이유로 그것이 반드시 오늘날의 죽도라고는 단정 지을 수 없을 것이다.

더욱이 문제가 되는 것은 이 「가지도」의 위치이다. 『정조실록』에서는 한창국의 일행이 4월 25일에 저전동(楮田洞)에 이르렀다는 기사에 이어

> 前有三島, 在北曰防牌島, 在中曰竹島, 在東曰瓮島, 三島相距不過百余步, 島之周回各爲數十把, 險巖崔嵬, 難以登覽
>
> 그 앞에 세 개의 섬이 있는데 북쪽의 것은 방패도, 가운데의 것은 죽도, 동쪽의 것은 옹도로, 세 섬 사이의 거리는 1백여 보에 불과하고 섬의 둘레는 각각 수십 파씩 되는데, 험한 바위들이 아주 쭈뼛쭈뼛하여 올라가 바라보기가 어려웠다.

라고 기록되어있다.

최남선씨는 이 「세 섬의 거리는 불과 100여 보에 불과」운운하는 것에서, 방패도, 죽도, 옹도의 3도는 울릉도의 동북단 가까이 있는 이른바 삼본립일 것이라고 이야기하고 있으나 도명으로 한다면 서항도(鼠項島), 죽서, 옹도의 3도를 가리킨다고 생각하는 편이 적당하다. 단지 이들 3도의 위치 관계는 각각 백여 보라는 것에는 해당되지 않기 때문에, 어쩌면 옹도와 다음의 「삼도」 사이에 탈락이 있는 것은 아닐까 하는 의문도 생긴다. 아무튼 일행은 울릉도 동안의 어느 한 지점을 4월 26일에 출발했다는 것이 될 것이다. 그곳에서 가지도로 향하여 강치 2두를 포획한 뒤, 돌아가서 울릉도의 북안을 따라 동에서 서로 항해하여 죽암 공암을 지나, 다시 추산(錐山)에 상륙한 후에 통구미(桶丘尾)에 이르러 산해의 신을 제사지내고, 바람을 기다려 머문 뒤, 30일에 동지를 출발하여 귀로에 오르는 것으로 되어있다.

통구미는 현재의 桶丘味 또는 通亀尾라는 이름으로 남아있으며, 울릉도 서안의 남쪽에 있는 지명이다. 그렇다고 하면 울릉도의 동안을 출발해서 가지도를 왕복한 뒤, 울릉도 북안을 서쪽으로 향해하고 그곳을 더 남하해서 통구미에 도착하는 동안에 실제로 3일 정도 밖에 걸리지 않은 것이 되어, 이런 단기간에 오늘날의 죽도를 왕복하는 것은 거의 불가능하다고 말해야 할 것이다. 아마도 「가지도」라는 것은 울릉도 동북안 근처의 무명의 소도를 가리키는 것이 아닐까라고 생각된다. 이리하여 이 「가지도」도 또한 오늘날의 죽도에 해당한다는 적극적인 증거를 찾아낼 수 없다.

제3절 죽도 일건

1. 문제점

오늘날의 죽도를 예전부터 인지하고 있었던 증거로서, 한국 측이 조선의 고문헌에 나오는 「우산도」, 「삼봉도」, 「가지도」등을 들고 있는 것이 아무런 확실한 근거도 없다는 것은 전절에서 지적한 대로다. 단지 여기에 유일한 예외로서 「송도」의 도명이 나오는 안용복에 관한 『숙종실록』 및 『증보문헌비고』의 다음과 같은 기사가 문제가 된다.

肅宗實錄 卷30
內子二十二年九月戊寅の條

備辺司推問安龍福等, 龍福以爲, 渠本居東萊, 爲省母, 至蔚山, 適逢僧雷憲等, 備說頃年往來鬱陵島事, 且言本島海物之豊富, 雷憲等心利之, 遂同乘船, 与寧海篙工劉日夫等, 俱發到本島, 主山三峯, 高於三角, 自南至北, 爲二日程, 自東至西亦然, 山多雜木, 鷹鳥猫, 倭船亦多來泊, 船人皆恐, 渠倡言鬱島本我境, 倭人何敢越境侵犯, 汝等可共縛之, 仍進船頭大喝, 倭言,吾等本住松島, 偶因漁採出來, 今当還往本所, 松島卽子山島, 此亦我國地, 汝敢住此耶, 遂於翌曉, 拕舟入子山島, 倭等方列釜鬵煮魚膏, 渠以杖撞破, 大言叱之, 倭等收聚載船, 擧帆回去, 渠仍乘船追趂, 猝遇狂飆, 漂到玉岐島, 島主問入來之故, 渠言, 頃年吾入來此處, 以鬱陵子山等島, 定以朝鮮地界, 至有關白書契, 而本國不有定式, 今又侵犯我境, 是何道理云, 爾則謂当轉報伯耆州, 而久不聞消息, 渠不勝憤惋, 乘船直向伯耆州, 假称鬱陵子山兩島監稅將, 使人通告, 本島送人馬迎之, 渠服靑帖裏, 着黑布笠, 穿皮鞋乘轎, 諸人並乘馬, 進往本州, 渠与島主對坐廳上, 諸人並下坐中階, 島主問何以入來, 答曰, 前日以兩島事, 受出書契, 不啻明白, 而對馬島主, 奪取書契, 中間僞造, 數遣差倭, 非法橫侵, 吾將上疏關白, 歷陳罪狀, 島主許之, 遂使李仁成構疏, 呈納, 島主之父, 來懇伯耆州曰, 若登此疏, 吾子必重得罪死, 請勿捧入, 故不得禀定於關白, 而前日犯境倭十五人, 摘發行罰, 仍謂渠曰, 兩島旣屬爾國之後, 或有更爲犯越者, 島主如或橫侵, 並作國書, 定譯官入送, 則当爲重處, 仍給糧, 定差倭護送, 渠以帶去有弊辭之云, 雷憲等諸人供辭略同

비변사에서 안용복 등을 추문하다. 용복이 말하기를 저는 원래 동래에 사는데, 어머니를 뵈러 울산에 갔다가 마침 승 뇌헌 등을 만나서 근년에 울릉도에 왕래한 일을 자세히 말하고, 또 그 섬에 해물이 풍부하다는 것을 말했더니 뇌헌 등이 탐을 냈다. 드디어 같이 배를 타고 영해에 사는 뱃사공 유일부 등과 함께 떠나 그 섬에 이르렀다. 주산인 삼봉은 삼각산보다 높았고, 남에서 북까지는 이틀길이고, 동에서 서까지도 그랬다. 산에는 잡목・매・고양이가 많았고, 왜선도 또한 많이 와서 정박하여 있으므로 선인들 모두가 두려워하였다.

제가 큰 소리로 말하기를, 그 울릉도는 본래 우리 지경인데, 왜인이 어찌하여 감히 지경을 넘어 침범 했는가. 너희들을 모두 포박해야겠다 하고, 이어서 뱃머리에 나아가 큰 소리로 꾸짖었더니, 왜인이 말하기를 우리들은 본래 송도에 사는데 우연히 고기잡이 하러 나왔으나 지금 막 본소로 돌아갈 것이다 하므로, 송도는 자산도로서, 그것도 우리나라 땅인데 너희들이 감히 여기에 사는가 하였다. 드디어 다음날 새벽에 배를 저어 자산도로 가서 물고기를 삶고 있는 가마솥을 작대기로 깨뜨리고 큰 소리로 꾸짖었더니, 왜인들은 거두어 배에 싣고서 돛을 올리고 돌아갔다. 제가 바로 배를 타고 뒤쫓았는데 갑자기 광풍을 만나 표류하여 옥기도에 이르렀다. 도주가 들어온 이유를 묻기에, 제가 말하길, 근년에 내가 이곳에 들어와서 울릉・자산 등의 섬을 조선의 지경으로 정하고,

관백의 서계까지 있는데, 이 나라에는 정식이 없어서 이제 또 우리 지경을 침범하였으니, 이게 무슨 도리인가 하자, 곧 마땅히 백기주에 전보하겠다고 하였으나, 오랫동안 소식이 없었다.

제가 울분을 참지 못하여 승선하여 곧바로 백기주로 가서, 울릉·자산 양도감세장이라고 칭하고 사람을 시켜 본도에 통고하였더니, 그 섬에서 사람을 보내어 맞이하므로, 저는 푸른 철릭(帖裏)을 입고 검은 포립을 쓰고 가죽신을 신고 교자를 탔고 다른 사람들은 모두 말을 타고 그 고을로 갔다. 저는 도주와 대청 위에 마주 앉고 다른 사람들은 모두 중계에 앉았는데, 도주가 묻기를, 어찌하여 들어왔는가라고 묻기에 답하기를, 전일에 양도의 일로 서계를 받아낸 것이 명백한데도 대마도주가 서계를 빼앗고는 중간에서 위조하여, 자주 차왜를 보내고 법을 어겨 함부로 침범하니, 내가 장차 관백에게 상소하여 죄상을 두루 말하려 한다 하였더니, 도주가 허락하였다. 드디어 이인성으로 하여금 소를 지어 바치게 하자, 도주의 아버지가 백기주에 간청하여 오기를, 만약 이 소를 올리면 내 아들이 반드시 중한 죄를 얻어 죽게 될 것이니 봉입하지 말기 바란다 하였다. 그런 까닭에 관백에게 품정하지는 못하였으나, 전일 지경을 침범한 왜인 15인을 적발하여 처벌하였다. 이어서 저에게 말하기를, 두 섬이 너희 나라에 소속한 뒤에 혹 다시 범월하는 자가 있거나 도주가 혹 함부로 침범하거든, 모두 국서를 만들어 역관을 정하여 보내면 엄중히 처벌할 것이다 하고, 이어서 양식을 주고 차왜를 정하여 호송하려 하였으나, 제가 대동하는 것은 폐단이 있다고 사양했다. 뇌헌 등의 공술도 대략 같았다.

增補文獻備考 卷31　輿地考　一九

初東萊安龍福隷能櫓軍，善倭語，肅宗十九年夏，入海漁採，漂到鬱陵島，遇倭船，被拘入日本五浪島，龍福言於島主曰，自鬱陵距我國一日程，距日本五日程，非屬我國者乎，朝鮮人自往，朝鮮地，何拘爲，島主知不可屈，解送伯耆州，州太守厚遇，餽銀幣，龍福不受曰，願日本勿復以鬱陵島爲辭，受銀非吾志也，太守遂禀關白，作書契授之，言鬱陵非日本界，行至長崎島，島主卽馬島之党也，求見書契，出示之，奪不還，送龍福于馬島，時馬島主，爲籍關白命，數以鬱陵島爭之，其實非關白意也，鬱陵饒魚竹，倭利其有，且差倭至，則國家待之，豊厚，倭因此來往不止，至是恐，龍福盡發其奸狀，牢囚久之，押送東萊，又囚于館，前後九十日，始還，龍福，言於府使，竟不聞，明年接慰官，至東萊，龍福又訴前事，朝廷亦不之信也，時差倭累至，若將生釁，國人憂之，而不知爲馬島所瞞，龍福憤甚，走蔚山海辺，有高僧雷憲等艤舟，龍福誘之曰，鬱陵島多海菜，吾当爲汝指其路，僧欣然從之，遂擧帆三晝夜，泊鬱陵島，倭船自東至，龍福目諸人縛之，船人惻不發，龍福獨前憤罵曰，何故犯我境，倭對曰，本向松島，固当去也，龍福追至松島，又罵曰，松島卽芋山島，爾不聞芋山亦我境乎，麾杖碎其釜，倭大驚走，龍福轉至伯耆州，言其狀太守悉捕治之，龍福乃詭称鬱陵監稅官，升堂与太守抗礼，大言曰馬島之居間矯誣，豈但鬱陵一事，我國所送幣貨，馬島轉賣日本，多設機詐，米十五斗爲一斛，馬島以七斗爲斛，布三十尺爲一疋，馬島以二十尺爲疋，紙一束甚長，馬島截爲，三束，關白何從而知之，不能爲我達一書於關白乎，太守許之，馬島主父，時在江戸，聞之大懼，乞於太守曰，書朝而入，則吾兒夕而死，子其図之，太守歸語龍福曰，毋庸上書，且速歸，馬島如更爭界者，可差人賫書來，龍福還泊襄陽，告于官，且獻在伯耆時，呈太守文，以証前事，

처음에 동래 사람 안용복은 노군으로 일본말을 잘했다. 숙종 19년 여름에 바다에 들어가 물고기를 잡고 해초를 따다가 표류하여 울릉도에 이르렀으나, 왜인의 배를 만나 구금되어 일본의 오랑도로 들어갔다. 용복이 도주에게 말하길 「울릉도에서 우리나라까지의 거리는 하루 노정이나, 일본과는 5일 노정이니, 우리나라에 속한 것이 아니겠는가. 조선 사람이 스스로 조선 땅에 가는데 어찌하여 억류하는가」 하였다. 도주가 그 뜻을 굽히지 못할 것을 알고 풀어서 호키슈로 보냈다. 호키슈 태수가 후하게 대우하고 은폐를 주니, 안용복이 받지 않고 말하길, 「일본에서 다시는 울릉도를 가지고 말하지 말아주기를 원할 뿐이다. 은을 받는 것은 내 뜻이 아니다」 하였다. 태수가 드디어 관백에게 품신하여 서계를 만들어 주면서 울릉도는 일본의 지역이 아니라 했다.

그는 가다가 장기도에 이르렀는데, 도주는 즉 대마도의 일당이다. 서계를 보자고 요구하기에 내어 보였더니, 빼앗고 돌려주지 않고, 안용복을 대마도로 보냈다. 그때에 대마도의 도주는 관백의 명령을 빙자하여 자주 울릉도를 가지고 다투었으나, 기실은 관백의 뜻이 아니었다. 울릉에는 대나무와 고기가 많아 왜인들은 그것을 갖기를 탐냈고, 또 왜의 사신이 오면 국가에서 융숭한 대우를 했던 까닭에, 왜인이 이로써 왕래가 그치지 않았다. 이때에 이르러 안용복이 그들의 간교한 모양을 모조리 발설할까 두려워하여, 오랫동안 감옥에 가두었다가 동래로 송환하고, 다시 왜관에 가둔지 전후 90일만에 비로소 돌려보냈다.

안용복이 동래부사에게 말하였으나 끝내 듣지 아니하였다. 이듬해에 접위관이 동래에 이르자 안용복이 또 앞서의 사건을 호소하였지만 조정에서도 역시 그것을 믿지 아니했다. 이때 왜인의 사자가 자주 오므로 장차 분쟁이 생길듯하여 나라사람들이 근심했지만, 대마도의 속임수임을 알지 못했다.

안용복이 매우 분개하여 울산으로 달려가니, 해변에 장사하는 승 뇌헌 등이 배를 젓고 있었다. 안용복이 꾀하여 말하기를 「울릉도는 해채가 많으니, 내가 그대들을 위하여 그 길을 가리켜 주겠다」하니 중이 흔히 따랐다.

마침내 돛을 올리고 3주야 만에 울릉도에 정박하였다. 왜선이 동쪽에서 오자, 안용복이 여러 사람에게 눈짓을 하여 결박하게 했으나 뱃사람들이 겁을 먹고 나가지 못 하였다. 용복은 혼자 앞으로 나서며 분개하여 꾸짖기를 「무슨 까닭에 우리 경계를 침범하느냐」하니, 왜인이 대답하기를 「본래 송도로 향하여 가던 길이니, 마땅히 가겠다」 했다. 안용복이 뒤따라 송도까지 가서 또 꾸짖기를 「송도는 바로 우리 우산도다. 너희들은 우산도도 또한 우리 땅이란 말을 듣지 못하였느냐」고 말하고 막대기를 휘둘러 그들의 가마솥을 부수어 버리니 왜인이 크게 놀라서 달아났다.

용복이 방향을 바꾸어 호키슈에 가서 그 상황을 말하니, 태수가 모조리 체포하여 처벌했다. 안용복은 곧 거짓으로 울릉감세관이라 칭하고 당상에 올라가 태수와 예를 대등이 하고 큰소리로 말하기를 「대마도가 사이에 끼어 꾸미고 속이는 것이 어찌 울릉도의 일 하나 뿐이겠는가. 우리나라에서 보내는 폐백과 화물을 대마도에서 일본에 전매하고 많이 속임수를 쓴다. 쌀 15두가 한 섬인 것을 대마도는 7두를 한 섬이라 하고, 베 30척이 한 필인 것을 대마도는 20척을 한 필이라 하며, 종이 한 다발이 매우 긴 것을 대마도에서는 끊어서 세 다발로 하는데 관백이 어찌 이 내용을 알겠는가. 그대는 나를 위하여 한 통의 글을 관백에게 전달할 수 없겠는가」하니 태수가 이를 허락했다.

대마도 도주의 아버지가 그때 에도에 있다가 이 말을 듣고 크게 놀라 태수에게 빌면서 말하기를 「그 글이 조정에 들어간다면 내 자식은 저녁에 죽을 것이니, 그대가 잘 도모해 달라」하였다. 태수가 돌아와서 안용복에게 말하기를 「글을 올릴 것이 없소. 그리고 빨리 대마도로 돌아가시오. 만약에 다시 경계를 다투는 자가 있다면 사람을 보내어서 글을 가지고 오도록 하시오」했다. 안용복이 돌아와 양양에 배를 대고 관가에 고하고, 또 호키슈에 있을 때 태수에게 올렸던 글을 바쳐 앞서 있었던 일의 증거로 삼았다.

즉, 한국정부는 이 두 책의 기사를 인용하여

> 숙종실록에 의하면 1696년에 안용복씨를 포함하는 조선국민이 울릉도 및 독도에 간적이 있으며, 그들은 이들 두 섬이 조선에 속하는 것을 알리고, 이들 두 섬에 접근하지 않도록 일본선에 강하게 경고했다. 이리하여, 이 조선인은 조선의 영토의 빼놓을 수 없는 일부분인 울릉도 및 독도의 수역을 일본 국민이 침범하지 않도록 지킨 것이다. (1953년 9월 9일자 대한민국 주일대표부 구상서).

라고 말하고 또

> 당시 안용복과 그 외의 사람들이 울릉도에서 일본인을 발견했을 때, 그들은 일본인의 한국영토 침범을 책하고, 일본인에게 송도라는 이름으로 알려져 있는 섬이 사실은 한국의 우산도라고 말하며 그들을 우산도(독도 혹은 송도)까지 쫓아가서, 그들에게 동도에서 나갈 것을 강요했던 것이다. 안용복과 그 외에 사람들에 대해 말하자면, 그들은 숙종 19년(서기 1693년)에 울릉도로 출어했을 때, 바꿔 말하면 이 사건의 3년 전, 동도에 불법 입국했던 일본인에게 잡혀 강제적으로 납치당했으나 동년말에 돌려보냈다. 그때 이래로 울릉도(일본인이 죽도라고 부르고 있는) 주변의 어업을 둘러싼 한일 양국간의 분쟁은 3년간 계속 되었으나 숙종 22년(서기 1696년) 2월에 이르러, 당시의 일본정부는 울릉도(죽도) 및 동도에서 불과 49해리의 거리에 있으며 시마네현 오키노쿠니에서 약 86해리의 해상에 있는 울릉도의 속도(독도)에 대한 한국의 영유권을 재확인하고, 또 그 이후에 일본인이 어렵을 위해 동 구역에 들어가는 것을 금지했다. 그러나 일본국민의 동지대의 침범은 멈추지 않아 전기의 안용복과 그 외의 사람들이 숙종 22년 가을에 동도에 건너가 불법의 일본어부를 추적할 필요가 생겼다. 그들은 일본인에게 「송도」라고 부르고 있는 섬이 한국의 「우산도(독도)」라는 것을 알리고 동시에 동 지역에서 나가게 한 것이다. 이때 안용복과 그 외 10명의 한국인은 일본어선을 추적하여 오키노시마를 경유하여 호키노쿠니까지 가서 오키 도사가 일본인에게 한국령인 울릉 및 우산 양도의 침범을 허가한 것을 비난하며, 이 문제에 대해 당시 에도에 있는 관백에게 서간을 보낼 뜻을 언명했다.

> 전기한 일련의 사건 후 당시의 일본정부는 고래로 우산국의 영토로 한국에 속하고 있었던 울릉도 및 우산도(일본인은 「송도」라 부르고 있었다)에 대한 한국의 영유권을 굳게 확인했다. (1954년 9월 25일자 대한민국 주일대표부 구상서)

라고 말하고 있다. 한국정부는 이 안용복의 기사에 대해 아무런 비판도 가하는 일 없이, 또 그 방증을 들지도 않고, 그의 공술에 의거하여, 그 언동을 영웅적 행동으로 기리며, 그것으로 자기주장의 근거로 삼고 있으나 과연 이 기사는 사실일까. 이에 대하여 검토하기 위해서는 우선 에도 시대 초기 이래의 울릉도의 소속을 둘러싼 일한 양국간의 교섭에 대해 개관할 필요가 있다.

2. 울릉도의 소속을 둘러싼 일선 교섭

(1) 발단

울릉도가 완전한 공도가 되어 조선국 정부에 의해 사실상 방기되자, 동도로의 일본인의 출어는 점점 빈번해져, 文禄役 후 약 백 년에 걸쳐 일본인의 완전한 어채지로 변하게 되었다. 이와 더불어 에도시대 초기 이래 동도의 소속을 둘러싸고 일선 양국간에 교섭이 이루어지게 되었다. 그 교섭 개시의 시기는 반드시 명확하지는 않으나 1614(慶長19, 光海君6)년 7월에 조선국 동래부사 윤수겸(尹守謙)은 우리 쓰시마번주 소 요시토모(宗義智)에게 서찰을 보내, 먼저 소씨가 의죽도가 일본령임을 주장한 것을 반박하고 다음처럼 주장했다.

> 朝鮮國東萊府使尹守謙, 奉復日本國對馬州太守平公足下, 辱問鼎來, 慰豁良多, 但書中有看審礒竹島之說, 深竊驚訝, 不知是計果出於誰某耶, 來使口称, 本島介於慶尙江原兩道海洋之中云, 卽我國所謂鬱陵島者也, 載在輿図, 屬於我國, 今雖荒廢, 豈可容他人之冒占啓鬧釁耶, 自古及今, 日本与

我國, 海嶠州嶼, 各有區別分限, 截然而或有往來之事, 惟以貴島爲一路門戶, 此外則便以海賊論斷, 其所以愼關防而嚴禁約之義, 貴島亦豈不知乎(下略)

(『通航一覽』) 137권)

조선국 동래부사 윤수겸이 일본국 쓰시마주 태수 평공 족하에게 삼가 다시 보냅니다. 서로 왕래하여 많은 위로가 되어 좋은 일도 많았습니다. 단 서중에 이소타케시마라고 써있는 것을 보고 크게 놀라고 있습니다. 그 계략이 과연 누구한테 나온 것인지 알지 못하겠습니다. 본도는 경상도와 강원도의 해상의 사이에 있습니다. 즉 우리나라에서 울릉도라고 말하는 곳입니다. 『동국여지승람』에도 게재되어 있습니다. 우리나라에 속합니다. 지금은 황폐되어 있으나 어찌 타인이 점거하는 것을 받아들여 소란스런 다툼을 하게 하겠습니까. 옛날부터 지금에 이르기까지 일본과 우리나라는 바다도 산도 소도도 각각 구별이 있고 한계가 확실합니다. 그리고 왕래하는 경우는 귀도를 문호로 하는 그 하나의 길로 한정합니다. 이것 이외의 다른 길을 해적으로 단정한다는 것은, 엄하게 약정하고 있는 그대로라는 것을 귀도가 모를 리 있습니까.

(『通航一覽』137권)

즉, 윤은 그 서찰에서, 이소타케시마는 사자가 말하는 것에 의하면 경상·강원 양도의 해중에 있다는 것인데, 그것은 우리나라의 이른바 울릉도로, 우리의 여도에 실려 있다고 단정함과 더불어, 일선 양국은 옛날부터 그 경계에 구별이 있어, 왕래가 있을 때는 단지 하나의 길을 문호를 하고 있어, 그 외는 모두 해적으로 간주한다는 것을 경고하는 것이었다.63)

그러나 소씨는 이소타케시마가 정박에 편리함을 말하며 거듭 개방을 요구했다. 이에 대해 동년 9월에 윤수겸에 이은 신임 동래부사 박경업은 거듭 전부사의 주장을 되풀이하면서, 전일의 서찰로 대개의 의미를 충분히 이야기했음에도 불구하고 배의 정박과 출범의 편의를 말하며 울릉도의 개방을 거듭 요구하는 것은, 우리 조정을 경시하는 일로, 도리를 알지 못한다고 말하지 않을 수 없다고 상당히 강한 어조로 이를 반박했다.64)

그러나 이때의 교섭은 이 응수 이상으로는 발전하지 않고 끝난 것 같다. 이에 관하여 다보하시 키요시씨는

蓋し、同時朝鮮國政府としては、鬱陵島は古來朝鮮國領土なるも、國初以來百年來空業の地で、是によって日鮮間に釁を生ずるのは、その最も好むところでなかったからである。

생각하건데 당시 조선국 정부로서는 울릉도는 고래로 조선국 영토이지만, 국초 이래 삼백년 이래의 공업의 땅으로, 이로 인해 일선 간에 불화가 생기는 일은 원하지 않는 일이었기 때문이다.

라고 논하고 있다.[65]

그 후 약 80년 가까이 별로 조선과의 사이에 문제가 생기는 일 없이 오야·무라카와 양가에 의한 죽도(울릉도) 출어가 평온 속에서 계속되었는데 1692(元禄5, 粛宗18)년에 이르러, 동년의 도해 순번이었던 무라카와 사람들은 다수의 조선인이 울릉도에 출어하고 있는 것과 조우했다. 그 때의 상황을 무라카와 이치베에의 선원이 다음과 같이 보고하였다.

乍恐口上之覺

(元祿五壬申年)二月十一日、爰元出船仕同晦日ニ隱岐國之福浦へ着船仕三月廿四日ニ隱岐國より出舟仕同廿六日之朝五ツ時分ニ竹嶋之內いか嶋と申所へ着舟仕様子見申候得者鮑大分取上ケ申様ニ相見へ不審ニ奉存同廿七日之朝浜田浦へ參申內ニ唐船貳艘相見へ申候　內壹艘はすへ舟壹艘ハうき舟にて居申候 唐人三拾人斗見へ申候、其內壹人殘し置殘り之者とも右之うき舟ニ乘り此方之船より八九間程沖を通り大坂浦と申所へ廻り申候

右之壹人殘り申內貳人ハ通しニて二人共ニともども舟ニ乘り此方之舟へ參申候故乘せ申候而何國之者と相尋候へ者ちやうせんかわてん國村(かわじ)之者と申候故此嶋之儀公方様より拝領仕毎年渡海いたし候嶋にて候所ニ何とて參候やと尋候へハ此嶋より北ニ当り嶋有之三年ニ一度宛國主之用にて鮑取ニ參候國元ハ二月廿一日に類舟十一艘出舟いたし難風に逢五艘に以上五拾三人乘し此嶋へ三月廿三日ニ流着此嶋之様子見申候へハ鮑有之候間致逗留鮑取上ケしと申候左候ハヽ此嶋を早々罷立候様ニと申候へ共舟も少損じ候故造作仕調次第ニ出舟可仕候間私共船をすへ候様ニと申ニ付岡へ上り兼て拵置候諸道具改見申へは舟八艘其外諸道具見へ不申候付通辭へ此由尋候へハ浦々へ廻し遣し候と申候先此方之舟すへ候へと申候へ共唐人ハ大勢此方ハ

纔ニ貳十一人にて御座候ニ付無心元奉存竹嶋より三月廿七日之七ツ時分より出舟仕申候然共何ニても印無之御座候ては如何と奉存唐人之拵置候串鮑少々笠壹つ網頭巾壹つかうじ壹つ取致出舟四月朔日ニ石州浜田浦へ着舟仕夫より当月四日ニ雲州雲津浦迄参翌五日之七つ時分ニ米子ニ入津仕候

村川市兵衛舟頭　平兵衛

申ノ四月六日　　　同　　　黒兵衛[66]

삼가 아뢰는 각서

(겐로쿠 5 임신년) 2월 11일, 이곳을 출선하여 동 그믐에 오키노쿠니의 후쿠우라에 착주했습니다. 3월 24일에 오키노쿠니에서 출주하여, 동 26일 아침 진시(8시)에 죽도 안, 이카지마라는 곳에 배를 대고, 그 정세를 살펴보았더니 (누군가가) 전복을 많이 잡은 것으로 보여, 수상히 여기고, 동 27일 아침에, 하마다우라라는 곳에 갔더니 조선 배 두 척이 보였습니다. 그 중 한 척은 정박해 있고 한 척은 물에 떠 있었습니다. 조선인 30명 정도가 보였습니다. 그 중 두 명을 남기고 나머지 사람들은 모두 앞에 말한 떠있는 배를 타고 우리 배에서 8, 9간(14.5~16.3m) 정도의 바다를 지나, 오사카우라라는 곳으로 돌아 갔습니다. 앞의 남은 두 사람 중 한 사람은 말이 통하였습니다. 두 사람 모두 같이 배를 타고 우리들의 배에 왔습니다. 그래서 배에 태우고 말하길, 어느 나라 사람이냐고 물었더니, 조선 가와텐 가와지(國村)사람이라고 말했습니다. 그래서 이 섬은 장군한테 배령하고 매년 도해하는 섬인데 어찌 왔느냐고 물었더니, 이 섬보다 북쪽에 섬이 있어 3년에 한 번씩 국주의 명으로 전복을 따러 옵니다. 우리나라에서 2월 21일에 배 11척이 출항하여 난풍을 만나, 5척에 53명이 타고 이 섬에 3월 23일에 표착하여, 이 섬의 상황을 보았더니 전복이 있기 때문에, 머물며 전복을 채취했다고 말했습니다. 그래서 이 섬을 빨리 떠나라고 말했더니, 배도 조금 부서졌기에 배를 고치는 대로 떠나려 한다고 말하였습니다. 우리의 배를 대겠다고 말하고, 언덕에 올라 이전에 만들어 두었던 여러 도구를 다시 보았더니, 배 8척과 그 외의 제 도구가 보이지 않아, 통사에게 이 이유를 물었더니, 각 포구에 보냈다고 말했습니다. 우선 우리의 배를 대려 해도, 조선인은 많고 우리 쪽은 겨우 21명이라 어쩔 수 없다고 생각하고, 죽도에서 3월 27일 인시(4시)에 출선하였습니다. 그렇지만 아무래도 증거가 없으면 안 된다고 생각하고, 조선인이 만들어 놓은 꼬치전복 약간과 갓 하나, 망두포 하나, 누룩 하나를 가지고 떠나 4월 1일에 세키슈의

하마다우라에 도착하고, 당월 4일에 운슈의 구모쓰우라까지 갔다 다음 날 5일 인시에 요나고로 들어왔습니다.

무라카와 이치베에 선두 히라베에
동　쿠로베에

신의 4월 6일

위의 전말은 즉시 번청에 보고되었으나 번청은 일의 중대함을 알고 이를 막부에 보고하고 그 지시를 청하였다. 그러나, 이때는 특별히 일선인 간의 문제를 일으킨 것이 아니라, 막부로서는, 조선인도 배의 수리를 마치는 대로 울릉도에서 곧바로 떠난 것으로 판단하고, 특별히 이를 문제 삼지 않기로 했다.

이 사이의 사정에 대한 돗토리번의 기록은 다음과 같다.

控帳
(元祿五壬申年 四月九日の條)

九日荒尾平左衛門より爲使, 安養寺猪之助差越, 今度米子村川市兵衛船頭, 如例年竹嶋江渡海候處, 彼嶋に朝鮮の獵舟流來, 則朝鮮人も居申, 鮑大分に取申候故, 最早獵も無之に付, 村川船歸帆仕候付, 於米子御役人共遂吟味候趣, 幷船頭兩人当地江差越候旨, 從平左衛門斷に付, 則於會所山崎主馬大御目付出座, 船頭申分相斷猶又口上書申付事67)

히카에초
(겐로쿠 5 임신년 4월 9일의 조)

9일 아라오 히라자에몬이 사자로, 안요지의 이노스케를 보내 이번에 요나고 무라카와 이치베에의 선장이 예년처럼 죽도에 도해했는데, 그 섬에 조선의 어선이 흘러와, 물론 조선인도 있었습니다. 전복 대부분을 잡았기 때문에, 더 잡을 것도 없어, 무라카와선은 돌아왔습니다. 이미 요나고 역인들이 조사한 내용, 그리고 선장 양인을 이곳에 보낸다는 내용입니다. 히라자에몬의 연락에 대해, 즉시 회소의 야마자키 슈메를 보내, 선두가 말한 내용을 조사하여, 다시 진술서를 올립니다.

元祿五年御在府日記
(四月卄八日の條)

伯州米子之町人大屋九右衛門村川市兵衛毎歳蚫取ニ罷越ス。竹嶋江当春も令渡海候處朝鮮人罷在、よりて依之早速令歸帆之由、御國御家老共より委細申來付而以吉田平馬阿部豊後守殿江御書付被遣御聞届被成之旨ニて何の構も無之埒明候, 因玆委不誌之

(鳥取縣図書館藏)

겐로쿠5년고자이후닛키
(4월 28일조)

하쿠슈 요나고 정인 오야큐에몬과 무라카와이치베에는 매년 전복을 잡으러 간다. 죽도에 올 봄에도 도해했더니 조선인이 있었다. 그로 인해 재빨리 돌아왔다는 내용을, 그 나라의 가로가 자세히 알려왔기에 요시다 히라우마 아베 분고노카미님에게 문서를 보내어 알려드렸으나 아무런 처벌도 없이 해결되었다. 그래서 여기에 자세히 기록하지 않는다.

(돗토리현도서관장)

그런데 이듬해 1693(元禄6)년에는 전년의 무라카와가 대신에 오야의 어민(手代)들이 3월 17일에 울릉도에 도항하여 이미 다수의 조선인이 와서 어렵하고 있는 것을 발견했다. 오야가의 어민들은, 그대로 내버려두면 장차 이 관할지를 그들에게 빼앗길 것이 두려워서, 어렵을 하지 않고 오로지 동정을 살피다 안용복 박어둔 두 명을 인질로 잡아 18일에 울릉도를 떠나 4월 27일에 요나고로 귀항했다.

그 동안의 사정에 대해서는 「7개조 답서(七個条反答書)」를 비롯하여 많은 문헌에 실려 있으나 가장 정확하고 상세한 것은 「겐로쿠 6년 죽도에서 하쿠슈로 조선인을 데리고 돌아온 오야 큐에몬의 선두의 진술서(口上書)」라는 오야가 문서이다.[68] 이것은 후에 검토할 안용복의 공술과도 중요한 관련이 있기 때문에 번거로우나 다음에 인용하기로 한다.

伯州米子を二月十五日に出船仕　同十七日之朝雲州雲津へ參着仕　三月二日ニ雲津を出船仕　隱岐國嶋前はし村へ同日に參着仕　三月九日迄同國ニ逗留仕　翌十日に嶋後福浦へ參着仕申候　卯月十六日ニ福浦を出船仕　同

十七日の八ツ時分ニ竹嶋の内とうせんが崎へ參着仕　嶋へ上り見申候得ハめのは大分ほし有之に付　不審に奉存近辺を見申候得は　唐人のわらぢ有之に付而　弥々無心元奉存候へ共　日暮に及ひ申候ニ付　其夜は其通ニ捨置　明ル十八日にはし船ニ加子五人私共貳人以上七人乘　西の浦を尋候へ共　唐人見へ不申ニ付　それより北浦へ參見申候へは　唐船壹艘すへこ屋かけ仕　唐人壹人居申候　こ屋の內を見申候へハ　蚫めのは大分取上け有之に付　彼唐人に樣子相尋候得共　通じに而無御座ニ付而わけ聞へ不申右の唐人はし船に乘せ　大てんぐと申所へ尋參候得は　唐人拾人斗獵仕居申候　內通じ壹人居申候故　此方のはし舟に乘せ　前に北浦に而乘せ候唐人は舟より上け　外に壹人以上貳人乘樣子相尋申候得ハ通じ申候は三月三日ニ　此嶋へ獵可仕と存參着仕候由申候　船は何艘乘參候哉と相尋候得は三艘に人數四拾貳人乘參候由申候　竹嶋之儀荒磯故　此方え船無心許奉存貳人之唐人乘せ此方の元船へ戻り申候　右之唐人つれ戻り申候　子細ハ去年も此嶋に唐人居申に付　重而此嶋へ渡り獵いたし候義堅無用之段　おどししかり段々申聞せ候處　亦当年唐人獵仕居申候ニ付　加樣ニ御座候へハ已後嶋之獵可仕樣も無御座　別而迷惑ニ奉存　乍恐何とそ御斷可申上ためと奉存　右之唐人貳人召連　卯月十八日に竹嶋を出船仕　隱岐國福浦へ同廿日に參着仕候　然所ニ隱岐御番所ニおいて私共被召出　唐人之口上書上ケ候樣ニ被仰付候故　私共申候ハ則唐人居申候間　御直ニ御聞被遊候樣ニ申上候得は　尤の由御意被成唐人被召出樣子御聞被成　其上に而所々庄屋共出合　唐人之口上書上ケ申候　私共へも右唐人之口上書ニハ判仕候樣ニ御意被成候へ共　違而御斷申上判形不仕候　其後ハ御番所より唐人ニ酒壹樽被遣候　同廿三日ニ福浦を出舟仕嶋前へ參着仕　同廿六日嶋前より出舟仕　同廿六日之晝雲州長浜へ參着　同廿七日に米子へ入津仕候

当卯月廿七日　　舟頭　黑兵衛
同　平兵衛

하쿠슈의 요나고를 2월 15일에 출선하여, 17일의 아침에 운슈 구모쓰에 도착했다. 3월 2일에 구모쓰를 출항하여 오키노쿠니의 도젠의 첫 마을에 동일에 도착했습니다. 3월 9일까지 동국에 체재하고, 다음 10일에 도고의 후쿠우라에 도착했습니다. 4월 16일에 후쿠우라를 출항하여 동 17일의 오후 2시에 죽도 안의 도센가사키에 도착하여, 섬에 올라가 보았더니, 해초 잎을 말린 것이 많아, 이상하게 생각하고 근처를 보았더니 조선인의 짚신이 있어 불안했지만, 날이 저물었기 때문에, 그날 밤은 그대로 두고 다음 18일에 소선에 수부 5인과 우리 둘, 이상 7인이 타고, 서쪽 포구에 가보았으나 조선인이 보이지 않아, 그곳에서 북쪽 포구로 가보았더니 조선배 1척이 정박해 있고 소옥을 손보는 조선인 한 사람이 있었습니다. 소옥 안을 보았더니 전복 미역을 많이 따놓았다. 그래서 조선인에게 사정을 물어보았으나 통하지 않아 사정을 듣지도 묻지도 못하여, 그 조선인을 배에 태워 오텐구라는 곳을 찾아갔더니, 조선인 10인 정도가 어렵하고 있었습니다. 그 중에 말이 통하는 사람 하나가 있었기 때문에 이쪽 배에 태우고 전에 북쪽 포구에서 태웠던 조선인은 배에서 내리게 하고 다른 한 사람, 이상의 두 사람을 태우고 사정을 물었더니 말이 통했다. 말하기를 3월 3일에 이 섬에 어렵 하려고 왔다 했다. 배는 몇 척이 왔는가라고 물었더니, 3척에 42인의 사람이 타고 왔다 한다. 죽도는 거친 해변이라, 우리 소선은 불안하여, 두 명의 조선인을 태우고, 우리들의 원래의 배로 돌아왔다. 앞의 조선인을 데리고 돌아온 연유는, 거년에도 이 섬에 조선인이 있었기에, 다시 이 섬으로 건너와 어렵을 하는 일은 절대 안 된다고 야단치고 협박하면서 여러 번 말했는데도, 또 금년에 조선인이 어렵을 하고 있었기 때문에, 이렇게 하면 이후에 섬에서 어렵을 할 수 없어 귀찮은 일이라고 생각하고 죄송스럽지만 설명해야 된다고 생각하고, 그 조선인 두 사람을 데리고, 4월 18일에 죽도를 떠나 오키노쿠니 후쿠우라에 동 20일에 도착했습니다. 그런데 오키노쿠니번소(隱岐國藩所)에서 우리들을 불러, 조선인의 진술서를 써서 내도록 명했기 때문에 우리들이 말씀 드리기를, 조선인이 있으니 직접 물어주실 것을 말씀 드리자, 당연한 일이라고 생각하고 조선인을 불러내어 사정을 물으시고, 그리고 나서 곳곳의 쇼야(庄屋)들이 모여서 보는 가운데 조선인의 진술서를 썼습니다. 우리들에게도 조선인의 진술서에 날인했으면 하고 생각하는 것 같았습니다만 강하게 거절하고 날인하지 않았습니다. 그 후에는 번소에서 조선인에게 술 한 통을 보냈습니다. 동 23일에 후쿠우라를 출항하여 도우젠에 도착하고, 동 26일에 도우젠을 출항하여, 동 26일 정오에 운슈의 나가하마에 도착하고, 동 27일에 요나고에 입항했습니다.

당 4월 27일　　　선두 구로베에

동 히라베에

요나고의 가로 아라오 슈리(荒尾修理)의 보고에 접한 번청은 일단 사건의 내용을 에도에 보고하고 그 지시를 청하여 그 지시가 있을 때까지 안용복 등

2명의 조선인은 요나고의 오야 큐에몬가쓰후사(勝房)의 집에 머물게 하고 히로카즈쿠미(大和組)에게 뒷바라지(作廻人)를 분부하여 아시카루(足軽) 들을 배치하여 경비하게 했다.[69]

5월 26일에 이르러 에도에서 파발이 도착하여 두 사람을 나가사키로 호송하라는 지시가 있었기에 육로로 보낼 순서를 정하고, 5월 29일에 요나고를 출발하여 6월 1일에 조부(鳥府)에 도착했다. 동일 요나고 성주 아라오 히로카즈의 별체에서 일박하고, 다음날부터는 본정 2정목의 회소로 옮겼다. 이어 6월 7일에 야마다 효에몬(山田兵衛門), 히라이 진에몬(平井甚衛門)을 호송역으로 해서 조부를 출발하여, 6월 30일에 나가사키에 도착하고, 다음날 7월 1일에는 무사히 나가사키 봉행소에 둘을 인도했다.[70]

나가사키 봉행소에 넘겨진 안용복과 박어둔 양자는 쓰시마번 루스이(留守居) 하마다 겐베에(浜田源兵衛)에게 넘겨져 그곳에서 조사 받은 후, 8월 14일 쓰시마의 사자 이치노마야 사에몬(一宮助左衛門)에게 인도되어, 9월 3일에 쓰시마슈에 도착하여 부중(府中)의 온시샤야(御使者屋)에 숙박했다. 이어서 이하의 죽도일건을 교섭하는 사자 다다 요자에몬(多田与左衛門) 일행이 대동하고 부산에 도착하여 조선 측에 양도했다.

(2) 겐로쿠 6년 이후의 교섭

이번 사건에 대해 막부는 안용복 박어둔 두 명을 조선에 송환함과 동시에 이후로 조선 어민의 죽도(울릉도) 도해금제를 조선정부에 요구하기로 하고 쓰시마번주 소 요시쓰구(宗義倫)에게 그 교섭을 명했다. 소씨는 이 명을 받고 다다 요자에몬을 정식 사절로 해서 부산에 파견하여 교섭을 개시하게 했다.

1693(元禄6년) 9월 부산으로 향한 다다 요자에몬은 접위관 홍중하(洪重夏) 및 동래부사 성관(成瓘)과 회담하여 전기한 두 사람을 조선 측에 인도하면서 다음 서찰을 그 나라의 예조에 보냈다.

貴城瀕海漁民，此年行舟於本國竹嶋，竊爲漁採，極是不可到之地也，以故土官詳諭國禁，固告不可再，乃使渠輩盡退還矣，然今春亦復不顧國禁，漁氓四十余口，往入竹嶋，雜然漁採，由是土官拘留其漁氓二人，而爲質，於州司以爲一時之証，故我國因幡州牧速以前後事狀，馳啓東都，蒙令彼漁氓附与幣邑，以還本土，自今而後決莫容漁船於彼嶋，弥可存制禁，不佞今奉東都之命，以報知貴國云々

(『通航一覽』卷百三拾七 137권).

귀국의 바닷가 어민들이 금년에 배를 타고 본국 죽도에 가서 몰래 어렵을 했습니다. 이곳은 절대로 가서는 안되는 곳입니다. 그렇기 때문에 토관이 국금임을 상론하고 다시 와서는 안 된다는 것을 강하게 말하고 그들을 모두 돌려보냈습니다. 그럼에도 불구하고 금년 봄에 또 국금을 어기고 어민 40여명이 죽도에 들어가 뒤섞여 어렵을 했습니다. 그런 연유로 토관은 그 어민 두 사람을 억류하여 인질로 잡고 주의 역인이 그때의 증거로 삼았습니다. 그래서 우리나라 이나바의 목사는 재빨리 전후의 상황을 서둘러 에도에 보고했습니다. 그 어민들을 우리 폐읍이 본토로 돌려보내며 이 이후에는 결코 그 섬에 어선을 들여보내는 일이 없도록 금제시킬 것을 명받았습니다. 이에 저는 동도의 명을 받들어 귀국에 알려드리는 것입니다. 운운. (『통항일람』137권)

즉, 전년에 조선 어민은 일본 측의 제지를 듣지 않고 죽도에 들어가 고기를 잡았기에 그 중 두 명을 잡아 당시의 증거로 삼은 것을 알리며 이후로는 조선 정부가 이를 제지해 줄 것을 요구했다.

이 소씨의 서계가 말하는 죽도가 울릉도를 가리키고 있는 것은 명백했으나, 조선 측은 의정부 좌의정 목래선(睦来善) 우의정 민암(閔黯)의 의견에 기초하여, 울릉도는 원래 조선의 영토이나 사실상 방치되어있는 현상으로, 이런 공도문제로 일본과 사이가 벌어지는 것은 계책이 아니라며, 일본령 죽도의 출어를 금한다는 뜻의 답서를 보내기로 결정했다.[71]

그 결과 조선 측은 예조참판 권해(権瑎)의 명으로 동년 12월 소 쓰시마요시쓰구 앞으로 다음의 서계를 보냈다.

朝鮮國礼曹參判權瑎, 奉復日本國對馬州太守平公閣下, 槎使鼎來, 惠翰隨至, 良用慰荷, 弊邦海禁至嚴, 制東浜海漁民, 使不得出於外洋, 雖敝境之蔚陵嶋, 亦以遼遠之故, 切不許任意往來, 況其外乎, 今此漁船入貴界竹嶋, 致煩領送遠勤書論, 隣好之誼, 實所欣感, 海氓獵漁, 以爲生理, 或不無遇風漂轉之患, 而至於越境深入雜然漁採, 法当痛懲, 今將犯人等, 依律科罪, 此後沿海等處, 嚴立科條, 各別申飭, 佳貺領謝, 薄物侑緘, 統惟照亮, 不宣.

癸酉年 十二月 日

(『通航一覽』 卷百三十七)
(『肅宗實錄』卷二六)

조선국 예조참판 권해는 일본국 쓰시마슈 태수 다이라 공 각하에 답합니다. 배를 탄 사자가 정래하고 혜한이 그와 같으니 참으로 감사합니다. 폐방은 해금이 아주 엄하여, 비닷가 어민을 단속하여 외양에는 나가지 못하도록 하고 있습니다. 비록 우리 경내의 울릉도라 하더라도 거리가 멀기 때문에 절대로 마음대로 오가지 못하도록 하고 있습니다. 하물며 그 밖이야 말할 일이 있겠습니까. 이번에 어선들이 귀계 죽도에 들어 갔는데, 번거롭게 멀리까지 영송해주고 서계로 일러주어, 인호의 뜻을 참으로 고맙게 생각합니다. 해민이 고기잡이로 생계를 꾸려가다 보면, 어쩌다 바람을 만나 표류할 염려도 없지 않으나 경계를 넘어 깊이 들어가 뒤섞여서 어렵한 일은 법으로 엄히 다스리겠습니다. 이번의 범인들은 법에 따라 죄를 과하고, 이후로는 연해 각처에 엄히 법을 설정하여 각별히 훈계하겠습니다. 좋은 선물은 감사히 받고, 볼품없는 물건을 곁들여 보내니 모두 살피시기 바랍니다. 갖추지 못했습니다.

(『통항일람』권137)
(『숙종실록』권26)

즉 이 서계에서는 일단 죽도와 울릉도를 구별하여, 어민이 「귀계죽도」에 들어가는 것을 금하겠다고 말하여, 표면상으로는 소씨의 요구를 받아들인 것처럼 보이나, 한편으로 「폐경지울릉도」라 할지라도 멀기 때문에 임의 왕래를 허락하지 않는다, 하물며 그 밖이야 말할 필요도 없다, 라는 한 구로 울릉도가 조선 영토인 것을 암시하여, 마치 일본령 죽도와 조선령 울릉도가 달리 있는 것처럼 고의적으로 보이는 고육지책을 취한 것이다.

다다 요자에몬은 이것을 불만으로 여기고 강경히 그것을 삭제하여 고칠 것(刪改)을 요구했으나 조선 측이 이에 응하지 않아 교섭은 전후 4개월이 걸린다. 결국 해결을 보지 못한 체 요자에몬은 귀국했다.

쓰시마번에서도 죽도와 울릉도는 원래 같은 섬인데 이를 다른 섬인 것처럼 위장한 서계로는 장래에 오히려 큰일을 불러일으키는 불씨가 되기 때문에 그 서계 중의 울릉도 운운하는 한 구절을 삭제시키는 방침을 정했다.

이 때의 사정에 대해, 쓰시마번에서 당시에 기록한 문서를 근거로 해서 마쓰우라 요시에몬(松浦儀右衛門)과, 고에 쓰네에몬(越常右衛門)이 1726(享保11)년에 편찬한 『죽도기사』에 다음과 같이 기록되어 있다.

> 竹島の儀權現樣以來因幡より支配仕來候儀無其紛候之處、彼國には年久捨置候嶋を、元我國之內と可申樣無之候、然處一嶋二名に仕立紛し置き候書面御取次被成候ては、御不念に罷成大切成儀に候、急度此返翰被差返、蔚陵嶋之文字除候而、返簡相改被差越候へと、嚴敷被仰遣、其上にも決して難除事に候はば、今度彼者共參候嶋は日本の內にては無之、朝鮮國の內蔚陵嶋にて候由有之儘に申候へは、朝鮮の爲には大切成事に候へ共、此方にては無御別條御取次被成被差上事候、日本朝鮮之御挨拶にて候へは少も口かましき事在之ては大切成儀に候間、早々御使者被差渡可然候。
>
> 죽도는 도쿠가와 이에야스 이래 이나바에서 지배해 온 이래 그 분쟁이 없었다. 그 나라에서 장기간 방치한 섬을, 원래 우리나라 안이라고는 말할 수 없습니다. 그러한 곳을 1도 2명으로 해서 틀리게 한 서면을 전달하는 것은, 예기하지 못할 큰 일이 될 것입니다. 반드시 이 답서를 되돌려 보내, 울릉도라는 문자를 제거하여, 답서를 고쳐서 보내 달라고 강하게 말하여 보내어, 그래도 결코 삭제하지 못하면, 이번에 그들이 간 섬이 일본 내의 섬이 아니라, 조선국 울릉도였다고 있는 그대로 이야기하면, 조선을 위해서는 중요한 일이지만, 이쪽으로서는 고치지 않고는 전할 수 없는 일입니다. 일본과 조선의 문제이므로 조금이라도 문제가 되는 일이 있으면 큰 일이므로, 서둘러 사자를 보내야 합니다.

전기한 방침에 기초하여 다다 요자에몬은 겐로쿠 7년 윤 5월에 다시 부산에 가서, 앞의 권해의 서계에 기재된 울릉의 문자를 삭제할 것을 요구하며 조선 측에 다음의 서계를 건넸다.

> 我書不言蔚陵嶋之事 今回簡有蔚陵島名 是所難曉 只冀除却蔚陵之名惟幸
> (『通航一覽』卷百三十七)
>
> 우리의 서계가 울릉도를 언급하지 않았는데, 이번 회간에는 울릉도명이 있는데, 그곳이 어딘지 불명하니, 그저 울릉이라는 이름을 삭제하면 좋겠습니다. (『통항일람』137권)

마침 이때까지 정권을 장악했던 영의정 권대운(權大運), 좌의정 목래선, 우의정 민암 등이 모두 실각하고, 영의정에 남구만(南九万), 좌의정에 박세채(朴世采), 우의정 윤지완(尹趾完) 이 임명되었는데, 이 정변으로 정부 내부에는 점차 강경론이 높아져 갔다. 원래 남구만도 한때는 소씨의 요구를 수용하여 서계의 울릉 2자를 없앨 것을 생각했으나 윤지완이 그것을 반대하고 왕도 이것을 지지하자 그도 강경론으로 돌아서 죽도와 울릉도가 같은 섬이라는 것을 성명하기로 했다. 그리고 접위관 유집일(柳集一)을 부산에 보내어 예조참판 이여(李畬)의 명으로 9월 12일에 개찬한 서계를 보내어 소씨의 죽도 일본령설을 반박하게 했다.

> 朝鮮國礼曹參判李畬, 奉復日本國對馬太守平公閤下, 槎使鼎來, 惠翰隨至, 良用慰荷弊邦江原道蔚珍縣有屬嶋, 名曰蔚陵, 在本縣東海中, 而風濤危險, 船路無便, 故中年移其民空其地, 而時遣公差往來搜檢矣, 本島峰巒樹木, 自陸陵歷々望見, 而凡其山川紆曲, 地形濶狹, 民居遺址, 土物所產, 俱載於我國輿地勝覽書, 歷代相伝, 事跡昭然, 今者我國辺海漁氓往其島, 而不意貴國之人自爲犯越, 与之相値, 反拘執二氓, 轉到江戸, 幸蒙貴國大名明察事情, 優加資遣此, 可見交鄰之情於尋常, 欽歎高義, 感激何言, 然雖我氓漁採之地, 本是蔚陵島, 而以其產竹, 或称竹嶋, 此乃一島而二名也, 一島二名之狀, 非徒我國書籍之所記, 貴州人亦皆知之, 而今此來書中, 乃以竹島爲貴國地方欲令我國禁止漁船更往, 而不論貴國人侵涉我境, 拘執我氓之失, 豈不有欠於誠信之道乎, 深望將此辭意轉報東武, 申飭貴國辺海之人, 無令往來於蔚陵嶋 更致事端之惹起, 其於相好之誼不勝幸

甚，佳貺領謝，薄物侑緘，統惟照亮，不宣

甲戌年九月　　　日

（『通航一覽』卷百三十七）
（『肅宗實錄』二十年八月十三日）

조선국 예조참판 이여는 일본국 쓰시마 태수 평공 각하에 답합니다. 사자가 올 때마다 좋은 서간이 같이 오니 감사합니다. 폐방의 강원도 울진현에 속도가 있는데 울릉이라고 이름합니다. 본현의 동쪽 바다 가운데에 있는데 풍파가 험하여 뱃길의 왕래가 없기 때문에 몇 해 전에는 주민들을 옮기고 땅은 비우고, 때때로 공차를 보내어 수검하게 하고 있습니다. 이 섬의 뾰족한 봉우리와 수목은 육지에서 역력히 바라다 보이는데, 그 산천의 굴곡과 지형의 광협, 민가의 집터와 주요 토산물은 모두 우리나라의 여지승람이란 책에 실려있어 대대로 전해오는 사적이 분명합니다. 이번에 우리나라 바닷가 어민이 그 섬에 갔다가 뜻밖에 자의로 범월한 귀국인과 맞닥뜨리게 되었는데, 오히려 우리 쪽 백성 두 사람을 붙잡아 에도로 데리고 갔습니다. 다행히 귀국의 다이묘께서 사정을 분명하게 살피고 노자를 주어 돌려보내 주었으니 이것으로 교린의 후의가 보통이 아님을 알 수 있습니다. 그 고의에 감격하고 흠탄함은 무슨말로 표현하겠습니까. 비록 그렇다 하나 우리나라 백성이 고기 잡던 땅은 본래 울릉도로서, 그곳에서 대나무가 난다고 하여 혹 죽도라고 부르기도 하니, 이는 섬 하나에 이름이 둘인 셈입니다. 일도이명이라는 사실은 비단 우리나라 서적에 기록되어 있을 뿐만 아니라 귀주인들도 모르는 사람이 없습니다. 이번에 온 서신에 죽도를 귀국의 영역이라고 하여 우리나라 어선이 다시 왕래하는 것을 금지해 달라 하고, 귀국인이 우리 영역을 침범하고 우리백성을 잡아가둔 잘못은 거론도 하지 않았으니, 어찌 성신의 도리에 흠이 없다 하겠습니까. 깊이 바라건데 이러한 뜻을 에도에 전보하고, 귀국의 연해인을 훈계하여 울릉도에 왕래함으로써 다시 문제를 야기하는 일이 없도록 한다면 좋은 일로 여간 다행이 아닐 것입니다. 좋은 선물은 감사히 받고, 볼품없는 물건을 곁들여 보내니 모두를 살피시기 바랍니다. 갖추지 못했습니다.

갑술년 9월　일

（『통항일람』권137）
（『숙종실록』20년 8월 13일）

즉 이 서계에서는, 우리 백성이 어렵한 땅은 원래 울릉도로, 대나무를 생산하기 때문에 죽도라고도 칭해왔으나, 이것은 하나의 섬에 두 개의 이름이 있으며, 이처럼 하나의 섬에 두 개의 이름이 있다는 것은, 단지 우리나라 서적에 있을 뿐만이 아니라 귀주인들도 모두 알고 있는 일이라고 단정함과 동시에 일본 측 서계 속에, 죽도를 일본의 지방으로 여기고, 우리나라 어선의 왕래를 금할 것을 요구하면서, 일본인이 우리 경계를 침범한 점을 언급하지 않은 것은 성신의 도에 어긋난다고 비난하고, 일본 근해 사람들의 울릉도 왕래를 금지시킬 것을 요구하는 것이었다. 또 서계에서 울릉도를 공도로 하고 있는 것은 인정했으나, 때때로 공차를 보내 왕래 수검하고 있으며 본도의 지리 물산 등은 여지승람에 있어, 모든 것이 분명하다고 주장했다.

이리하여 소씨는 1693(肅宗19, 元祿6)년의 예조서계의 수정을 요구하다, 오히려 최후통첩과도 같은 숙종 20년의 서계를 받는 결과가 되었다.

다다 요자에몬은 끝까지 자기의 사명의 관철을 위해 집요하게 어떻게든 교섭과 해결의 단서를 찾으려고 집요하게 노력했지만, 조선 측은 이에 응할 낌새도 보이지 않았다. 이 사이에 번주 요시쓰구(義倫)가 에도에서 죽어, 어린 동생 요시미치(義方)가 계승했지만, 나이가 어려 이미 은퇴한 부 요시자네(義真)가 후견을 맡게 되었다. 이어서 다음해 1695(元祿8)년 봄에 요자에몬은 귀국하라는 명을 받았다.

그러자 요자에몬은 동년 6월 10일 동래부사에게 서계를 보내어 겐로쿠 7년 예조서계의 사실과 다른 점 4개조를 열거하여 조선정부의 불신을 힐문하고, 정부에 진달해줄 것을 요구했다. 이에 관해 『숙종실록』권 28, 숙종 21년 6월 경술의 조 및 『본방조선왕복서』38, 겐로쿠 8년 을해 6월조에 대략적인 줄거리가 다음처럼 게재되어 있다.

> ……眞重(多田与左衛門)遂ニ六月十五日ヲ以テ發行ノ期ト爲シ、書ヲ萊府ニ貽リテ四條ヲ詰問シ、朝廷ニ轉達シテ之ヲ開示セシム。其一ニ曰ク、答書中、時ニ公差ヲ遣シテ往來搜檢セシムト云フ。按ズルニ、因幡、伯耆二

州ノ辺民、年年竹島ニ往キテ漁採シ、二州ハ、年年彼ノ島ノ鰒魚ヲ東都ニ獻ゼリ。彼ノ島、風濤危險海上安穩ノ時ニ非ザレバ、往來スルヲ得ズ、貴國若シ實ニ公差ヲ遣スノ事アラバ、亦タ当ニ海上安穩ノ時ナルベシ。大神君ヨリ今ニ至ルマデ八十一年、我ガ民、未ダ曾テ貴國ノ公差ト彼ノ島ニ相遇フノ事ヲ奏セズ、今回ノ答書中ノ公差云云ハ、何ノ意ナルヤヲ知ラザルナリト。其二ニ曰ク、回答書中、意ハザリキ、貴國人自ラ犯越ヲ爲スト云ヒ、貴國人、我ガ境ヲ侵涉スト云フ。按ズルニ、兩國通好ノ後、竹島ニ往來スルノ漁民貴國ノ地ニ漂到スルヤ、礼曹參議、漂民ヲ送返スルニ因リ、書ヲ弊州ニ与フルコト總テ三度、本邦ノ辺民、彼ノ島ニ往漁スルノ狀ハ、貴國ノ曾テ知ル所ナリ、上上年、我カ民彼ノ島ニ往漁スルヲ以テ、犯越侵涉ト爲サバ、曾テ前三度ノ書中ニ何ゾ犯越侵涉ノ意ヲ言ハザルカト。其三ニ曰ク、回答書中、一島二名ノ狀徒ダ書籍ノ記スル所ナルノミナラズ、貴州ノ人亦タ皆ナ之ヲ知ルト云フ。貴國、曾テ一島二名ノ狀ノ書籍ノ中載セラルルヲ考ヘ、又タ一島二名ノ狀ハ弊州ノ人亦タ皆ナ之ヲ知ルト謂ハバ、初度ノ答書ニ何ゾ貴界ノ竹島、弊境ノ鬱陵島ト言フカ。若シ初メ竹島卽チ鬱陵島ナルヲ知ラズシテ二島二名ト爲サバ、今ノ答書何ゾ一島二名ノ狀、徒ダ我ガ國書籍ノ記スル所ナルノミナラズ、貴州ノ人亦タ之ヲ知ルト言フカト。其四ニ曰ク、按ズルニ、八十二年前、弊州、書ヲ東萊府ニ寄セテ礒竹島看審ノ事ヲ告グ。府使答書シテ云フ、本島ハ卽チ我ガ國ノ所謂、鬱陵島ナル者ナリ、今、荒廢スト雖モ、豈ニ他人ノ冒占ヲ容シテ以テ鬧釁ヲ啓クベケンヤト、其再答書亦タ然リ。七十八年前、本邦ノ辺民、往キテ彼ノ島ニ漁シ貴國ノ地ニ漂到セシ時、礼曹參議、書ヲ弊州ニ与ヘテ云フ、倭人馬多三伊等七名、辺吏ニ獲ラル、其來由ヲ問ヘバ、乃チ鬱陵島ニ往漁シ、風ニ遇ヒテ漂到セルモノナリ。玆ニ倭船ニ付シテ貴島ニ送回スト。蓋シ八十二年前、他人ノ冒占ヲ容シテ鬧釁ヲ啓クベケンヤト言ヒ、七十八年前、他人ノ往漁スルヲ聞キテ、容許スルノ理ナシ。今回ノ答書中、一島二名ノ狀、貴州ノ人亦タ皆ナ之ヲ知ルト言ヘルハ、八十二年前ノ東萊府ノ答書ニ、礒竹島ハ實ニ我ガ國ノ鬱陵島ナリノ句アルヲ以テナルカ。八十二年前ノ書、七十八年前ノ書、辭意相合セズ、今、之ヲ詰問セザル可カラズト。

그 첫째가, 답서 중에 때때로 공차를 파견하여 왕래하며 수검하게 했다고 말한다. 생각하건데, 이나바, 호키 두 주의 변민이 매년 죽도에 가서 어채하여, 두 주는 매년 그 섬의 전복을 동도에 바쳤다. 그 섬은 풍도가 위험하므로, 해상이 안온할 때가 아니면 왕래할 수가 없다. 귀국에서 만일 실지로 공차를 파견한 일이 있으면, 역시 분명히 바다가 안온할 때였을 것이다. 대신군 때부터 지금까지 81년 동안 우리나라 백성들이 일찍이 귀국의 공차와 그 섬에서 만났다는 사실을 상주한 적이 없었는데, 금회의 회답서 중에 공차 운운하는 것은 무슨 의미인지 알 수 없다. 그 둘째가, 회답서 중에 뜻하지 않게 귀국인들이 범월했다고 말하고, 귀국인이 우리 경계를 침섭했다고 말한다. 생각건대 양국이 통호한 이후, 죽도에 왕래하는 어민이 귀국의 땅에 표착하면, 예조참의가 표민을 송환하는 일로, 서계를 폐주에 보낸 것이 합하여 세 번이다. 본방의 변민이 그 섬에 가서 어로한다는 사실은 귀국도 일찍부터 알던 일로, 재작년에 우리 백성이 그 섬에 가서 어로하는 것을 범월 침섭으로 한다면, 일찍이 종전의 세 차례의 서계 중에서는 어찌하여 범월과 침범을 말하지 않았는가. 그 셋째가, 회답서 중에 일도이명의 사실은 비단 서적에 기록된 것만이 아니라, 귀주인도 모두 이것을 안다고 하였다. 귀국이 일찍이 일도이명의 사실이 서적에 기재되어 있다는 것을 생각하고, 또 일도이명의 사실을 폐주인도 역시 모두 안다고 말한다면, 처음의 답서에 어째서 귀계의 죽도 폐경의 울릉도라 말하였는가. 만일 처음에 죽도가 바로 울릉도라는 것을 알지 못하고 이도이명으로 하셨다면, 이번의 답서에서는 어째서 일도이명이라는 사실은 비단 우리나라 서적이 기록하는 것만이 아니라, 귀주인도 역시 이를 알고 있다고 말하였는가. 그 넷째가, 생각하건대, 82년 전에 폐주가 동래부에 서찰을 보내 이소타케시마를 조사할 것을 알리니, 부사가 답서로 말하길, 본도는 바로 우리나라의 소위 울릉도라는 것으로 지금은 황폐되어 있다 하나, 어찌 다른 사람이 함부로 점거하는 것을 허용하여 성가신 문제를 만들겠는가. 라고 하였고, 그 두 번째 답서도 또한 그러하였다. 78년 전에 본방의 변민이 그 섬에서 가서 어로하다 귀국의 땅에 표착했을 때는, 예조참의가 폐주에게 보낸 서찰에서 말하길, 왜인 마타자이 등 7인이 변리에게 체포되었기에, 그들이 오게 된 연유를 물어보았더니, 울릉도에 가서 어로하다 바람을 만나 표류하게 된 것이라 했다. 이를 왜선에 태워 귀도로 송환한다 했습니다. 그렇게 82년 전에, 다른 사람의 점거를 허용하여 성가신 문제를 만들겠는가라고 말한다면, 78년 전에 타인이 가서 어로한다는 것을 듣고 허용했을 리가 없다. 금회의 답서 중에 일도이명의 사실을 귀주인 모두가 안다고 말하는 것은, 82년 전의 동래부의 답서에, 이소타케시마는 실은 우리나라의 울릉도라고 말한 구가 있기 때문인가. 82년 전의 서찰과 78년 전의 서찰 내용이 서로 부합되지 않아 지금 이것을 묻지 않을 수 없다.

6월 12일, 조선 정부는 동래부사에게 이에 대한 회답을 보냈는데, 그 힐문의 제 1점에 대해서는

> 公差ヲ遣シテ往來搜檢セシムルノ事ハわが國ノ輿地勝覽ニ…屢々官人ヲ島中ニ遣スノ事ヲ記シ、且つ……貴州の總兵衛ト称号スル人、譯官朴再興ニ謂ヒテ日ク、輿地勝覽ヲ以テ之ヲ覽レバ、鬱陵島ハ果テシ貴國ノ地ナリト
>
> 공차를 파견하여 왕래하며 수검하게 한 것은 우리나라 여지승람에 …… 여러 번 관인을 섬 안에 보낸 사실을 기록하고, 또……귀주의 소베에라는 자가 역관 박재홍에게 말하게 하여, 여지승람에서 이를 보면 울릉도는 역시 귀국의 땅이다.

라고 말하고, 또

> 近間、公差の常に往來セズ、漁民ノ遠入ヲ禁ゼシハ蓋シ海路の險多キガ爲ナリ
>
> 근간에 공차가 항상 왕래하지 않고, 어민이 멀리 나가는 것을 금한 것 역시 해로에 위험이 많기 때문이다.

라고 설명하고 있다. 또 제 2점에 대해서는

> 犯越侵涉ヲ以テ責ムルコトヲ爲サザリシハ、以後ノ意義各在ル所ナリ。頭倭の來ルヤ責ムルニ信義ヲ以テルセシハ、侵越ノ情アリシヲ以テナリ。漂船ノ泊スルヤ只ダ順付セシメシハ、沈溺ノ余生、速還ヲ得ンコトヲ乞ヒ、則チ資送是レ急ニシテ、他ヲ問フニ暇アラザリシナリ、夫レ豈ニ我ガ土ヲ許容スルノ意アランヤ。
>
> 범월 침섭을 책하지 않은 것은 전후의 일이 나름대로 제각기 의의를 가지고 있기 때문이다. 두 왜가 왔을 때 신의로 꾸짖었던 것은 침월의 정상이 있었기 때문이었다. 표류한 배가 정박했을 때 그저 순순히 돌려보낸 것은 물에 빠져 나약해진 자들이 빠른 송환을 원했고 살려서 돌려보내는 것이 급한 일이었기 때문에 다른 것을 물어볼 겨를이 없었기 때문이다. 그것이 어찌 우리 땅을 허용하는 뜻이었겠는가.

라고 말하고 있다. 제 3점 및 제 4점에 관해서는

> 癸酉ノ年、初度の答書ニ竹島ト鬱陵島トヲ二島ト爲スガ如キ者アルモ、此レ乃チ当時ノ南宮ノ官、故事ヲ詳カニセザルノ致ス所ニシテ、朝廷方ニ其失言ヲ咎ム。
>
> 계유년의 처음 답서에 죽도와 울릉도를 두 섬으로 여긴 것 같은 자가 있었던 것도, 이것은 당시 남궁의 관원이 그에 관한 사실을 잘 알지 못했기 때문에 저지른 일로 조정이 그 실언을 벌주었다.

로 처리하고, 이에 이어

> 此際、貴州、其書ヲ出送して改メンコトヲ請フ、朝廷其請ニ困リテ之ヲ改メ以テ初書ノ失ヲ正セリ。今ニ致リテハ、惟ダ一ニ改造ノ書ヲ以テ信ヲ考フベキノミ。初書ハ既ニ錯誤ニ困リテ之ヲ改ム、何ゾ今日憑間ノ端ト爲スニ足ランヤ」
>
> 이 때, 귀주가 그 서계를 돌려보내며 고칠 것을 청했다. 조정은 그 청에 따라 이것을 개정하여 초서의 잘못을 바로 잡았다. 지금에 이르러서는 그저 개정한 서계를 믿어야만 한다. 초서는 이미 착오였기에 이를 개정한다. 그것이 어찌 문제의 단서가 될 수 있는가.

라고 말했다.

이처럼 조선 측의 회답은 무익한 말장난으로 아무런 성의도 볼 수 없었기 때문에 요자에몬도 결국 교섭을 단념하고, 통한의 마음으로 다시 상서하여 조선의 회답 하나 하나를 논박하며 2백년 전의 여지승람을 가지고 정부를 논하는 일의 착오를 지적했다. 그 섬이 본방에 속하는 것은 80년래의 일로 우리나라의 변민이 해마다 죽도에 가서 어로작업을 해도 아직까지 이전의 귀국의 공차와 그 섬에서 만나지 못했고, 지봉유설의 기사가 일도이명의 증거이기는 하지만, 동서에는 근래에 왜인이 이소타케시마를 점거한 말이 있다. 타인의 검거를 알고 그것을 허가하고 타인이 가서 어로하는 것을 알고 그것을 하가 한다는 것은 즉 80년래, 귀국 스스로 그 섬을 버려 타인이 소유하게 한 일이다. 옛날에는 그러했는데, 지금 우리 백성이 그 섬에 가서 어로하는 것을 범월 침섭이라고 말하는 것은 생각할 수 없는 심한 일이다. 라고 논하는 것과 동시에 최초의 답서는 실수였다는 조선 측의 변명에 대해서는

> 今ノ答書, 初度ノ答書ト辭意相合セズ、而モ貴國, 今罪ヲ南宮ノ官ニ歸シテ、前後回答ノ辭意相合セザルノ失ヲ隱スモ、今番ノ一件ハ固ヨリ兩國ノ大事ニシテ、南宮所作ノ答書ハ朝廷閱セザルノ理ナシ、某今, 開示ノ書ヲ讀ミテ、深ク貴國ノ爲メニ之ヲ恥ヅト
>
> 이번의 답서, 처음의 답서와 말의 뜻이 맞지 않는다. 그것은 귀국이 이번의 죄를 남궁의 관리에게 돌려, 전후 회답의 말이 맞지 않는 실수를 감추어도, 이번의 일건은 원래 양국의 중대한 일로, 남궁에서 작성한 답서는 조정에서 검열하지 않았을 리 없다. 나는 지금 뜻을 알린 서계를 읽고, 깊이 귀국을 위해 수치스럽게 여기는 바이다.

라고 이야기 하는 곳이 있다.

이 제 2차의 회답 서계를 둘러싸고 교섭은 사실상 결렬 상태가 되어 인심이 크게 동요해서 임진왜란(文禄の役)의 재발을 우려했다고 전하고 있다. 이 사이의 사정에 대해 『숙종실록』권82, 21년 6월조에는 다음과 같이 전하고 있다.

> 時以直重(多田与左衛門)事、中外洶洶, 皆以爲壬辰之変、不日將作、人心波蕩靡有止泊、久而後乃定
>
> 이때 나오시게(다다요자에몬)의 일로 내외가 흉흉했다. 모두 말하기를 임진의 변이 머지않아 일어날 것이라며 인심이 들끓어 멎지 않다가, 한참이 지나서야 안정되었다.

이리하여 1695(元禄8)년 10월에 소 요시자네는 유주(幼主) 쓰시마노카미 요시미치(義方)의 후견으로 참근하여 노중 아베 분고노카미(阿部豊後守)를 방문해서, 죽도 소송에 관한 교섭 전말을 보고하고, 막각의 지령을 기다렸

다. 막각에서는 협의한 후에, 장군 쓰나요시(綱吉)의 재가를 얻어, 다음 해 1696(元禄9)년 정월에 아베의 집에 요시자네(義真)를 불러 다음의 영을 전했다.

> 竹島の地因幡に屬せりといへども、また我人居住の事なし、台德君の時にありて、米子村の街人其島に漁せむ事を願ひしによりて此れを許されし也、今其地理を許るに、因幡を去るもの百六拾里許、朝鮮を距る四十里許也、これ曾而彼が地界たる其の疑なきに似たり、國家若し兵威を以てこれに臨まば、何を求むとしてか得べからざらむ、但無用の小島の故を以って、好みを鄰國に失する、計の得たるに非ず、然かも其の初此れを彼に取りにあらざる時は、今また此れを返すを以って詞とすべからず、唯我人往き漁するを禁ぜらるべきのみ、今朝議以前に同じからず、其の相爭うてやまざらむよりは、各無事ならむにしかじ、宜しく此意を以って彼國に論すべし。
>
> (『朝鮮通交大紀』卷八)

> 죽도의 땅이 이나바에 속한다해도, 또 우리 사람이 거주하는 일이 없고 다이토쿠군(台德君)의 시대에 요나고 사람들이 그 섬에서 어렵하는 것을 원했기에 그것을 허락했다. 지금 그곳의 지리를 헤아려보니 이나바와의 거리는 160리 정도이고 조선과의 거리는 40리 정도다. 이것이 이미 그들의 땅이라는 것을 의심할 것이 없다는 것이다. 나라가 만일 무력으로 이에 임한다면 무엇을 원한들 얻지 못하겠는가. 다만 무용의 소도를 원인으로 해서, 인국의 호감을 잃는 것은 좋은 계책이 아니다. 그리고 당초에 저 나라에서 빼앗은 것이 아니니, 지금 다시 돌려준다고 말할 것이 아니다. 오로지 우리나라 사람이 가서 어렵하는 것을 금지할 뿐이다. 지금 조정의 의견도 이전과 같지 않다. 그 일로 서로 다툼을 그치지 않는 것은 무사한 것에 미치지 못한다. 마땅히 이러한 뜻을 그 나라에 일러주어야 한다. (『조선통교대기』권8)

막각의 방침이, 마치 앞의 조선국 좌의정 목래선, 우의정 민암의 주장과 맥을 같이하고 있는 것이 주목된다. 한편 막부는 먼저 죽도 도해를 면허한 오야·무라카와 양가에도 동년 정월 28 일자의 마쓰타이라 호키노카미(松平伯耆守)에게 보내는 봉서로 다음과 같이 죽도 도해금지를 통고했다.

先年松平新太郎因州伯州領知之節相窺之伯州米子之町人村川市兵衛大屋甚吉竹嶋江渡海至爾今雖致漁候向後竹島江渡海之儀制禁可申付旨被仰出之候間可被存其趣候 恐々謹言

正月 二十八日

土屋相模守
戸田山城守
阿部豊後守
大久保加賀守

松乎伯耆守殿

右御奉書之趣村川大屋兩人江申聞竹島渡海相止候事

선년에 마쓰타이라 신타로가 이나바 호키를 다스릴 때, 호키노쿠니 요나고의 주민 무라카와 이치베에와 오야 진키치가 죽도에 도해하여, 지금에 이르도록 어로를 하지만 향후에는 죽도로 도해하는 것은 금한다고 명하셨기 때문에, 그 뜻을 알아야 합니다. 삼가 아룁니다.

정월 28일

쓰치야사가미노카미
도다야마시로노카미
아베분고노카미
오쿠보카가노카미

마쓰타이라호키노카미 도노

우 봉서의 뜻을 무라카와·오야 양인에게 알려 죽도도해를 금지할 것.

이렇게 되자 소 씨는, 동년 10월 쓰시마에 들린 변동지 및 송사판 두 역관에게 구두로 죽도일건 낙착의 뜻을 전했다. 이것에 관해 『죽도고증』은 다음과 같이 기록하고 있다.

十月宗氏代替ノ使者トシテ譯官兩使卞同知采(ママ)判事渡海十六日刑部大輔兩使ニ對面竹島ノ義因幡伯耆ノ附屬ニモ無之空島ニテ伯耆ノ者罷越漁仕候迄ニ候處近年朝鮮人罷越シ入交り候段如何に候間重テ此方ノ漁民渡海不仕候様ニ可被仰付江戸ヨリ被仰渡候旨兩使ヘ口上書ヲ以テ渡サル

口上之覺

先年同氏對馬守方ヨリ竹島ノ儀ニ付以使者申達候處其節取次之人使者へ被申聞候趣歸國之刻拙者へ申聞候故其趣於江戸御老中迄御物語申上候得ハ彼島之儀因幡伯耆へ附屬ト申ニテモ無之日本へ取候ト申事ニテモ無之空島ニ候故伯耆之者罷渡致漁候迄ニ候然處近年朝鮮人罷渡入交如何ニ付最前之通對馬守方ヨリ申遣候得共朝鮮へ道程モ近ク伯耆ヨリハ程遠キ由ニ候間重テ此方之漁民渡海不仕候様ニ可被仰付トノ御事ニ候間御誠信之段恭可被存候

(內閣文庫藏)」

10월에 소씨의 후계상속의 사자로 역관 양사 변동지 채판사가 도해하여, 16일에 형부대보가 양사를 대면했을 때, 죽도가 이나바 호키의 부속도가 아닌 이 공도에 호키 사람이 가서 어로를 하게 되었는데, 근년에 조선인이 와서 같이 섞여 어로를 하기에 이르러 어떻게 할 것인가 하고 있었는데, 다시 이쪽 어민이 도해하지 않도록 하라는 명이 에도에서 내려왔다는 것을 두 사자에게 구상서로 전했다.

구상지각

선년에 동씨 쓰시마노카미가 죽도의 건에 관해 사자를 보내 통달했을 때, 그때 전달해 준 사람이 사자에게 말씀하신 내용을 귀국하는 저에게 말씀해 주셨기에, 그 내용을 에도에서 노중에게 말씀드렸더니, 그 섬은 이나바 호키에 부속된 것도 아니고 일본이 취한 것도 아닌 공도이므로, 호키 사람이 건너가 어로하게 되었는데, 근년에 조선인이 건너와 같이 섞여있는 것을 어떻게 할 것인가에 대해, 교섭의 최전선인 쓰시마노카미 쪽에서 말씀드렸더니, 거리도 조선이 가깝고 호키에서의 거리는 멀기 때문에, 다시 우리 어민이 도해하지 않도록 명하라는 상황이 되었으니, 성신의 처리를 황송하게 생각합니다. (내각문고장)

두 역관은 다음 해 1697(元禄10, 肅宗23)년 정월에 귀국했지만, 이어서 쓰시마번은 다시 동년 2월에 아비루 소베에(阿比留惣兵衛) 등을 조선에 보내, 동래부사 이세재(李世載)에게 문서를 건네, 막부의 명으로 일본인의 울릉도 출어를 금지한 내용을 통고했다.

단, 울릉도와 죽도가 동일한 섬이라는 것 및 그 조선령이라는 것을 승인하는 건에 대해서는 언급하지 않았다. 그러나 조선정부로서는 당연한 문제인 어업금지에 만족하고 익년 1698(元禄11)년 3월에 예조참판 이선부(李善溥)의 명으로 막부의 결정에 사의를 표하고, 아울러 울릉도·죽도가 일도이명인 이유를 설명했다.[72] 이리하여 울릉도의 문제는 고식적이나마 일단 해결을 보게 된다. 세상에서는 이것을 다케시마잇켄(竹島一件)이라 한다.

3. 안용복 문제

(1) 안용복의 인하쿠 도항

그러나 다다 요자에몬에 의해 1693(元禄6)년에 조선에 송환된 안용복은 동 1969년(元禄9)년 초하에 어머니를 보기 위해 울산에 갔다가 우연히 만난 승 뇌현 등에게 근래에 왕래한 울릉도에 해산이 풍부한 사실을 이야기하며 그들을 권하여 동도로 건너 다시 오키를 경유하여 호키노쿠니에 도래했다.

『인푸넨표(因府年表)』, 『고지이후닛키(御在府日記)』, 『다케시마키지(竹島紀事)』등 일본 측 기록에 의하면 안용복 등의 일행은 이 해 5월 20일에 오키노쿠니에 갑자기 나타났다. 다이칸(代官) 고토 가쿠에몬(後藤角右衛門)은, 그 데다이 나카세 단에몬(中瀬弾右衛門), 야마모토 키요에몬(山本清右衛門) 등에게 도래의 이유를 묻게 했다. 이때 조선의 배 32척이 죽도에 도해하여, 그 중의 한 척이 호키노쿠니에 소송하기 위해 도래했다는 것이었다.[73]

안용복 등의 오키 도래는 재빨리 요나고에 보고되었으나, 6월 4일에 일행은 호키·아카사키우라(伯耆·赤崎浦)에 도착했다. 번청은 후나테(船手) 야마자키 슈메(山崎主馬)를 파견하여 이들을 아오야(青谷)의 하구에 계류시키는 것과 더불어, 6월 13일에는 당시 에도에 있는 호키노카미 쓰나키요(伯耆守綱清)에게 사건을 통보했다. 보고를 접한 호키노카미는 그들이 표착한 것이 아니라 특별히 원하는 것이 있어 도래했다는 것이라며, 그 취급에 관한 막부의 지시를 받기 위해 즉일 기키야쿠(聞役) 요시다 히라우마(吉田平馬)를 보내, 오쿠보 카가노카미(大久保加賀守)에게 구상서를 제출했다.

口上書

朝鮮之船壹艘五月廿日隠岐國江着岸，依之御代官後藤角右衛門手代中瀨彈右衛門山本淸右衛門樣子相尋候處，今度朝鮮船三十二艘竹島江渡海仕候，其內一艘人數十壹人罷有候，是者伯耆國江願之儀有之渡海仕旨申付而，右兩人より飛脚を以，右之趣今月二日國元家來迄申越候，同四日伯州赤崎と申浦辺江，右朝鮮船着申候，則番人等申付置候，委細承追而注進可仕旨，從國元今日飛脚を以申越候付先御届申上置候 以上

六月十三日 (元祿九年『御在府日記』)

조선선 1 척이 5월 20일에 오키노쿠니에 착안했습니다. 대관 고토 카쿠에몬 대리인 나카세 단에몬·야마모토 키요에몬이 상황을 물었더니, 이번에 조선 배 32 척이 죽도에 도해했는데, 그 중의 1척의 11인이 왔다 합니다. 이는 호키노쿠니에 원하는 것이 있어 도해했다고 말하는 것을, 우 2 인이 파발로, 우의 내용을 금월 2일에 본국의 가신에게 보고해 왔습니다. 동 4일에 하쿠슈 아카사키라는 포구에 우 조선선이 이르렀다 합니다. 즉시 번인들을 배치했습니다. 자세한 것을 아는 대로 보고하겠습니다. 본국에서 오늘 비각으로 보고했기에 우선 제출합니다. 이상.

6월 13일 (겐로쿠 9년, 『고자이후닛키』)

아오야에 머무는 안용복 등은 메쓰케(目付) 히라이 카네자에몬(平井金左衛門)이 조사했지만 언어가 통하지 않아 판명하지 못했다. 그 때문에 다시 유학자 쓰지 곤노쇼(辻権之丞: 晩庵)을 파견하여 안용복과 그 외 2명을 그곳의 센넨지(千念寺)로 불러 필담하게 했으나, 역시 통하지 않아, 번청은 에도에, 조사했으나 죽도에 관한 소송의 뜻이 없다는 내용의 보고를 보내왔다.

前□隱崎國より申來候者竹嶋之義に付て御訴訟參り候旨申由の注進に付而樣子承候樣にと平井金左衛門え申渡罷越候處、通譯も無之難埒明付、而辻晩庵靑屋え遣候、晩庵靑屋え到着、千念寺えあんひちやん其外兩人呼上け對談申樣子承候處、差而竹島訴訟之樣にも不相聞候旨、金左衛門晩庵より承り候而罷歸る。 (元祿九年『御在府日記』)

앞서, 오키노쿠니에서 알려온 것은, 죽도에 관해서 소송하기 위해 왔다는 취지를 말한다고 보고한 것에 대해, 내용을 들어보라고 히라이 킨자에몬에게 명했으나, 통역이 없어 진전이 없기에 쓰지반안을 아오야에 보냈습니다. 반안이 아오야에 도착하여, 센넨지에서 안히쨘과 그 외의 두 사람을 불러 대담한 내용을 들었으나 특별히 죽도소송에 관한 것도 듣지 못했다는 취지를 긴자에몬이 반안한테 듣고 돌아왔습니다.

(겐로쿠9년『고자이후닛키』)

6월 22일에 보고를 받은 호키노카미는 즉시 그 뜻을 다시 요시다 히라우마를 시켜 가가노카미에게 제출한 바, 막부는 쓰시마의 소씨에게 통역을 이나바에 파견하도록 명하는 것과 동시에, 이나바에는 나가사키 이외의 곳에는 이국의 어떠한 소송도 취급하지 않고, 말을 듣지 않을 경우에는 귀국해야 된다는 것을 알리고, 특별한 취급은 일체 하지 말 것을 지령했다. 이 취지의 각서가 6월 23일부로 오쿠보 카가노카미(大久保加賀守)가 요시다 히라우마(吉田平馬)에게 건넸다.

覺

去ル四日伯耆國赤崎江朝鮮人致着岸、因幡國江參度旨申ニ付差留候得共承引不仕、因州青屋と申浦辺江番人附置候、言語しかと通じ不申候故、願の子細不相知候、宗次郎方より家來可差越候間、其方家來相談いたし、いづれの願にても長崎に罷越し、長崎奉行え相達候様可被申付候、其上にても長崎江參間敷旨申にをいては、外之所にてハ取あげ不申大法の旨申含、歸帆候様可相達由、可被申付候。 以上。

六月卄三日

(『竹島紀事』)

지난 4일에 호키노쿠니 아카사키에 조선인이 착안했습니다. 이나바노쿠니에 가고 싶다는 것을 잡아 두려 했으나 받아들이지 않아, 인슈 아오야라는 바닷가에 감시인을 붙여 놓았습니다. 언어가 잘 통하지 않기 때문에, 원하는 내용을 자세히 알지 못합니다. 소 지로님이 가신을 보내니, 그 가신과 상담하여 어떤 소원이라 해도 나가사키에 가서, 나가사키에 말하게 할 것, 그래도 나가사키에 가지 않겠다는 뜻을 말하면,

다른 곳에서는 취급하지 않는다는 대법의 취지를 이야기하고, 귀범해야 한다는 것을 명할 것. 이상.

6월 23일

(『죽도기사』)

안용복 등이 이나바에 도래했다는 보고를 받은 쓰시마한은 통사를 파견하라는 명에 의해, 스즈키 겐페(鈴木權平), 아비루 소베(阿比留惣兵衛) 통사 모로오카 스키자에몬(諸岡助左衛門) 등을 이나바에 파견하기로 했지만, 소씨는 한편으로 금년 1월에 막부의 방침으로 죽도도해금지를 결정한 것을 조선 측에 아직 통고하지 않은 일이 우려되었다. 즉 조선 측에서 이 죽도도해금지를 안용복의 소송의 결과, 막부가 청허했다고 인식하게 되면, 장래의 중대한 화근으로 남게 되는 것은 물론, 일조간의 교섭은 일체 쓰시마를 경유해서 행한다는 종래의 관습이 깨진다는 걱정도 있었다. 그 때문에 소 요시자네(宗義真)는 급사 가지마 곤하치(賀嶋權八)를 에도에 보내 오쿠보 카가노카미, 아베분고노카미에게 쓰시마의 입장을 설명하는 것과 동시에 의견을 묻게 했다. 여기서 막각은 상의한 결과 조선인을 나가사키로 회송시켜, 그 호소하는 것을 조사하도록 했던 당초의 방침을 바꾸어, 즉시 귀국시키는 것으로 정하고, 이를 7월 24일부로 마쓰타이라 호키노카미에게 통달했다.

一筆令啓達候, 先頃因州え參候朝鮮人宗次郎方より通詞參候はゞ, 相談長崎え被越候樣にと申達候へとも, 惣而朝鮮國よりの通用は宗刑部大輔方え申筈に従前被仰付置儀に候間, 其元にて通詞に樣子相尋させ候儀, 并長崎え遣に不及, 對州之外にては朝鮮國の儀, 取次不申御大法に候間, 刑部大輔え被相達候, 此段も如何と被存候は, 歸國候樣に申含可被追返候, 右之段各申談如此御座候 恐惶謹言

七月二十四日

大久保加賀守

松平伯耆守殿

(『竹島紀事』)

일필하여 알려드립니다. 지난번 인슈에 간 조선인을, 소 지로의 통사가 가거든, 상담하여 나가사키에 보내도록 이야기했으나, 모든 조선국과의 일은 소형부대보쪽에 이야기해야 된다고 종전에 말해두었으므로, 그곳(國元)에서 통사에게 내용을 물어보게 하고, 또 나가사키에 보낼 수 없으면, 쓰시마 이외에서는 조선의 일을 취급하지 않는다는 것이 대법이기 때문에 형부대보에게 보낼 것. 이것도 납득하지 않거든 귀국하도록 이야기하여 되돌려 보낼 것. 위의 건 각각 말씀하신 것이 이와 같습니다. 삼가 아룁니다.

7월 24일

오쿠보카가노카미

마쓰타이라호키노카미 토노

(『죽도기사』)

이 지령에 근거한 조치가 취해진 것이 『히카에초(控帳)』의 8월 6일의 조에,

「朝鮮人今朝加路出船歸帆に付江戸へ御届の爲御使者廣澤半右衛門被仰付依之於御書院御目見被仰式部罷出候事」

조선인이 오늘 아침에 가로를 출항하여 귀범한 것을 에도에 보고하기 위한 사자를 히로자와 반에몬에게 명했다. 이에 따라 서원에서의 알현을 명받고 시키부가 출발했다.

라고 기록되어 있다.

또 쓰시마의 사자 스즈키 겐페(鈴木權平) 등은 조선인이 출범한 8월 6일에는 초슈아카마세키(長州赤間関)에 도착하여, 16일에는 이나바(因幡) 영내에 들어왔으나 이미 조선인이 귀국했다는 말을 듣고 바로 돌아갔다.

이렇게 안용복일행은 8월 29일에 조선으로 돌아가 강원도 양양현에 도착하여 붙잡혔다. 강원감사의 보고를 접한 정부는 일이 변방에 관한 일만이 아니라, 멋대로 일본에 도해했으므로 서울의 감옥에 가두고 비변사에 사정을 조사하게 했다. 그때의 안용복의 공술이 본절의 모두에 있는 『숙종실록』의 기사이다.

(2) 안용복의 공술에 관한 검토

그런데 한국 정부는 전게의 『숙종실록』 및 『증보문헌비고』의 안용복의 언동에 관한 기사를 인용해서

> 그는 조선의 판도의 불가분의 일부인 울릉도 및 독도(오늘날의 죽도)의 수역을 일본국민이 침범하지 못하도록 지켰다.

라고 말하고 또

> 전기한 일련의 사건 후, 당시의 일본정부는 고래부터 우산국의 영토로 한국에 속해있던 울릉도 및 우산도(일본인은 「송도」라고 부르고 있다)에 대한 한국의 영유권을 굳게 확인했다.

라고 단정하고 있다(전게 1953년 9월 9일부 및 1954년 9월 25일부 대한민국 주일대표부 구상서).

그러나 그 논거로 되어있는 비변사의 조사에 대한 안용복의 공술에 대해 검토하면 심한 허구와 과장으로 가득 차있다. 그 중에서도 가장 결정적이고, 동시에 명백한 허언은 그가 승 뇌헌 등을 권유해서 울릉도로 향했을 때 동도에는 「또 많은 왜선이 와 정박(倭船亦多来泊)」이라고 이야기하고 있는 점이다. 그러나 이 해 즉 1696(元禄9)년에는 오야·무라카와 양가 어느 쪽도 울릉도에는 도항하고 있지 않은 것이다.

오야·무라카와 양가는 1692(元禄5)년에 울릉도에서 처음으로 조선인과 조우하여 어로하지 않고 돌아 왔고 이어서 다음 6년에는, 안용복·박어둔의 두 명을 납치하여 귀국한 것은 앞에서 지적한 그대로이나 1694(元禄7)년에는 난풍을 만나 죽도(울릉도)에 착안하지 못했고, 또 1695(元禄8)년에도 출어는 했지만 울릉도에 다수의 조선인이 확인되었기에 착안하지 못하고 돌아오다, 송도(오늘의 죽도)에서 전복을 채취하고 돌아왔던 것이다.

그 간의 사정에 관한 것이 『이케다가(池田家)문서』에 다음과 같이 기록되어 있다.

亥十二月廿四日竹島之御尋書之御返答書
同廿五日ニ平馬持參曾我六郞兵衛ニ渡ス

一、四年以前申年朝鮮人竹島江參居候節船頭共參逢候儀其節御届申上候 翌酉年茂朝鮮人參居申內船頭共參逢朝鮮人貳人連候而米子江罷歸之段茂御屆申上長崎江相送申候　戌年者遭難風彼島着岸不仕段御届申上候 当年も渡海仕候處異國人數多見へ申ニ付着岸不仕罷歸候節松島にて蚫少々取申候　右之段御届け申上候事

을해 12월 24일 죽도에 대한 질문서에 대한 답서
동 25일에 히라우마가 지참하여 소가 로쿠로베에게 건넸다.

一、4년 전인 신년에 조선인이 죽도에 왔을 때 선두들이 만났다는 것은, 그때 보고했습니다. 다음 유년에도 조선인이 와있어, 선두들이 가서 만난 조선인 두 사람을 데리고 요나고로 돌아온 일도 보고하고 나가사키로 송환했습니다. 술년에는 난풍을 만나 그 섬에 착안하지 못한 일도 보고했습니다. 당년도 도해했는데 이국인이 다수 보여서 착안하지 않고 돌아올 때, 송도에서 전복을 조금 잡았습니다. 위의 사실을 보고 드립니다.

申年以後竹島江渡海之儀左之趣申候

一、元祿六癸酉年二月下旬伯耆國米子出船三月初比出雲國雲津出船四月十六日隱岐國島後福浦出船同十七日竹島着岸仕候處朝鮮人大勢居申ニ付陸江上り段々吟味仕候處不埒之申方ニ付頭と相見へ申者壹人下部之者壹人以上兩人召連同十八日竹島出船同廿七日米子へ歸帆申候 早速注進申ニ付江戶江相窺右朝鮮人兩人長崎御奉行所江送遣候
一、同七甲戌年、同八乙亥年兩年茂竹島江渡海仕候得共朝鮮人大勢居申に付獵茂不仕歸帆仕候

임신년 이후의 죽도도해는 왼쪽과 같습니다

一、겐로쿠 6년 계유년 2월 하순에 호키노쿠니 요나고를 출선, 3월 초경에 이즈모노쿠니 구모쓰를 출선, 4월 16일 오키노쿠니 도고 후쿠

우라를 출선, 동 17일에 죽도에 착안했는데, 많은 조선인이 있어, 상륙하여 여러 가지를 조사해 보았더니 말이 안 되는 말을 하여 우두머리로 보이는 한 사람과 부하 한 사람, 이상 두 사람을 데리고 동 18일에 죽도를 출선하여, 동 27일에 요나고로 돌아 왔습니다. 즉시 에도에 물어, 위의 조선인 두 사람을 나가사키 봉행소로 송환했습니다.

一、동 7 갑술년, 동 8 을해년에도 죽도에 도해했으나 조선인이 많아 어로도 하지 못하고 돌아왔습니다.

또 1696(元禄9)년에는 정월 28일부 봉서로 죽도(울릉도) 도해금제가 재부중인 마쓰타이라 호키노카미에 전달되어, 오야・무라카와 양가는 물론 다른 어민들도 죽도에는 전혀 출항하지 않았다.

이에 관해 「1741(寛保元 酉)년 6월 10일부 나가사키부교사마(長崎御奉行様) 역인들에게 소원을 말씀드리는 구상지각(口上之覚)」(『大谷家文書』) 등에는, 겐로쿠6, 7, 8년까지는 울릉도에 도해했지만 겐로쿠 9년 정월 28일에 죽도도해금제를 분부 받았기 때문에 가업을 잃어, 살아갈 수 없다는 것을 호소하고 있는 것이다.

(前略)其後毎歳渡海仕候處元祿五年彼嶋江唐人相渡依之 伯耆守様より御注進被仰上夫より六年七年八年迄段々御差圖を以渡海仕候處年々唐人相増候様子ニ付追々従 伯耆守様御注進被仰上候處竹嶋渡海禁制之旨元祿九年正月廿八日
御奉書を以 伯耆守様迄被爲 仰出候旨則従 伯耆守様被 仰渡候御事

竹嶋渡海禁制被爲
仰付候ニ付家業を失渡世可仕様無御座云々

(전략)그 후 매년 도해했는데 겐로쿠 5년에, 그 섬에 조선인이 도래했기 때문에, 호키노카미사마에 보고말씀 올린 그 때부터 6년, 7년, 8년까지 여러 지시를 받으며 도해했으나, 연년 조선인이 불어나는 것을 그 때마다 호키노카미가 보고말씀 드렸는데, 죽도도해금제의 취지가 겐로쿠 9년 정월 28일에 봉서로 호키노카미님에게 전해졌다. 분부하신 취지

를 곧바로 호키노카미사마가 전해 주셨습니다.

죽도 도해가 금제되어
명을 받고 가업을 잃어 살 길이 없습니다. 운운.

안용복은 『숙종실록』에 의하면 울릉도에 도래한 일본인 어부를 향해 「울릉도는 본래 우리 땅인데, 왜인이 어찌 침범하였는가, 너희들을 모두 포박하겠다」라고 대갈했더니, 그들은 「우리들은 송도에 사는데 우연히 고기잡이 하러 나왔으니 지금 마땅히 본소로 돌아가려 한다」라고 답했기에, 다시 「송도는 자산도로 그것도 우리나라 땅인데, 너희들이 감히 여기에 사는가」라고 말하고, 이튿날 새벽에 이를 쫓아 자산도에 이르렀더니, 일본 어부가 그곳에서 식사를 하고 있었기 때문에, 지팡이로 그것을 쳐서 깨뜨리고 큰 소리로 꾸짖었다. 이 때문에 「왜인들이 거두어 배에 싣고서 돛을 올리고 돌아갔습니다」라고 비변사에 진술한 것으로 되어있는데, 이상의 하나를 보더라도 그것이 완전한 허구라는 것은 분명하다.

다만 여기서 지적해두지 않으면 안 되는 것은 적어도 안용복은 「송도(금일의 죽도)」라는 명칭을 알고, 또 동도에 대해 어느 정도의 지식을 가지고 있었을 뿐만 아니라, 실제로 이 섬을 보았을 가능성조차 있다는 점이다. 즉, 안용복은 3년 전 겐로쿠 6년에 오야의 선원들에게 납치되어 일본에 왔으며. 그 사이 약 1개월 간에 걸쳐 그들과 접촉하고 있었기 때문에, 그 사이에 「송도」에 대해 여러 가지 지식을 얻었다고 생각하는 것은 극히 자연스러울 것이다. 특히, 그가 일본에 납치되는 도중, 그가 승선하고 있었던 오야가의 배가 송도에도 들렀던 형적조차 있는 것이다. 이것에 관해 오카지마 마사요시의 『인푸레키넨다이잣슈(因府歷年大雜集』에 다음과 같이 기록되어 있다.

或家之日記に当三月米子大屋九右衛門磯竹え渡候所ニ去年之通り唐人參居申故はし船をおろし嶋廻り見申候所に小屋かけ唐人貳人罷在る様候へ共參り候壹人は通詞にて有之此嶋ハ日本の嶋成にいか様の義にて參候やあれに

日本の本船有之參候て斷申候へと申候へは、其心得候とて乘候て參り則乘移し帆に穗を立て日暮時分に押出す後より追懸候得共日暮に鐵炮を打懸候得共間遠曉松島と申候へ馳着候 云々

어느 집 일기에, 당3월에 요나고 오야 큐에몬이 이소타케에 도해했더니, 거년과 마찬가지로 조선인이 와있었기 때문에 하시부네(橋舟)를 내리고 섬을 둘러보았더니, 소옥을 짓고 조선인이 둘 있어, 상황을 물으러 갔더니, 한 사람은 통사였다. 이 섬은 일본의 섬인데 어찌 왔는가. 저곳에 일본의 본선이 있으니 가서 이야기하자라고 말했더니, 그는 알았다고 말하고, 타고 갔다. 즉시 옮겨 타고 배에 돛을 세우고 해질 무렵에 서둘러 떠났다. 뒤에서 쫓아와도, 석양에 총을 쏘아도 거리가 멀다. 새벽에 송도라는 곳에 서둘러 도착했다 운운.

그러나, 그는 겐로쿠 6년 7월 1일의 나가사키 봉행소의 조사에 임하여

此度我々共蚫取に參候嶋之儀、常に朝鮮國にてはムルグセムと申候、日本之內竹嶋と申所之由は、此度承申候御事 (『竹島紀事』)

이번에 우리들이 전복을 따러 간 섬은 보통 조선국에서는 무루구세무라고 말합니다. 일본 안의 죽도라고 말하는 것을 이번에 들었습니다. (『죽도기사』)

라고 말하고 있어, 안용복은 당시 울릉도가 무루구세무, 즉 무릉도(Murung sem의 g가 강하게 발음되어 무룬세무라고 들린 것으로 생각된다. 무룬은 무릉의 음독, 세무는 섬의 훈독)에 해당하는 것은 알고 있었다고 하더라도, 그것이 일본에서 말하는 「죽도」에 해당 한다는 것은 명확하지 않았다. 하물며 「송도」에 대해서는 이 일본인과의 접촉으로 비로소 그 지식을 얻은 것은 의심할 여지가 없다.

원래 안용복으로서는 그의 울릉도 도항이 그 정도로 중대한 문제가 되리라고는 예상도 하지 않았는데, 그의 송환을 계기로 해서 쓰시마번과 조선 정부 사이에 죽도(울릉도)의 영유를 둘러싼 교섭이 개시되고, 당시 조선정부가 그

처리에 고뇌하고 있다는 것을 귀국 후 비로소 알게 된 셈이다. 그러자 그는 겐로쿠 6년에 일본에 갔을 때의 지식이나 이번의 체험 등의 진위를 섞어, 자기의 재도항의 비리를 꾸며대는 것과 동시에, 정부에 영합하도록 작위하여 공술한 것이다. 송도에 관해 상술한 것과 같은 것은, 그야말로 그 좋은 예라 할 수 있을 것이다.

다음으로 그는 그 공술 중에서, 울릉도에서 오키를 경유하여 인슈에 도항한 내용을 말하고 있으나, 이것에 대해서는 우리 쪽 기록과 일치한다. 그러나 이어서 그는 오키도주에게 지난해에 왔을 때 울릉 우산 등의 섬으로 조선의 지계를 정하고, 그것에 관한 관백의 서약을 받았음에도 불구하고, 다시 우리 경계를 침범한 것에 대해서 힐난했다고 진술하고 있는 것은 어떤 근거가 있는 것이 아니다.

이것을 당시 일본 측 기록과 비교해 보면, 다이칸(代官) 고토 카쿠에몬(後藤角(覚)右衛門), 데다이(手代) 나카세 히키에몬(中瀬弾右衛門), 야마모토 키요에몬(山本清右衛門)이 취조한 결과 안용복은 그저 원하는 일이 있어 호키노쿠니에 간다는 것, 또 죽도에 어선 32척이 도래한 일 등을 이야기했다고 있을 뿐, 다른 건에 대해서는 기록하고 있지 않다(전게 元禄9년『御在府日記』참조). 만일 안용복이 오키에서 울릉, 우산의 조선소유의 문제나 관백의 서계와 같은 중대한 문제를 제기했다면, 당연히, 대관의 보고 중에 그것이 언급되었어야 하는데 전게의『어재부일기』만 아니라『인부연표』,『죽도기사』,『이케다가문서』등 때와 장소를 달리 해서 저술된 당시의 권위 있는 어느 기록에도, 아무런 기술이 없다.

겐로쿠 6년의 안용복 납치사건을 계기로 해서, 당시의 막부는 반대로 조선인의 울릉도 도해금제를 쓰시마번을 시켜 조선정부에 요구하게 하고 있었다. 이 점을 보아도 관백의 서계 운운의 일은 있을 수 없는 일이라고 말하지 않으면 안 된다.

그 관백의 서계 자체가 안용복의 작위인 이상 그가 돗토리부에서 도주

(호키 태수)와 청상에서 대좌하여, 도주의 질문에 답하여, 앞의 관백의 서계를 선년에 왔을 때 쓰시마도주에게 탈취 당했기 때문에, 이번에 쓰시마의 죄상을 관백에게 상소하려고 하는 것이라고 말했더니, 도주(호키 태수)는 이것을 허락했지만 쓰시마 도주의 부가 간청했기 때문에 목적을 달성할 수가 없었다. 그러나 일본 측은 전에 조선 국경을 침범한 일본인 15명을 처벌했다고 공술한 것 모두가 허구라는 것이 명백하다.

원래 그가 돗토리에 향할 때 가마를 타고 다른 사람들이 말을 탔다고 말한 것은 우리 쪽의 기록과 거의 일치하고 있다. 즉 오키에서 아카사키 포구에 도착한 안용복 일행은 아오야에서 가로로 옮기고, 이어서 그들을 돗토리로 맞이했는데, 그 때 안용복과 이인성(李仁成) 두 사람은 가마에 태우고, 다른 아홉 명에게는 전마를 주어 가사(家士)에게 호위하게 했다. 그러나 그가 돗토리부에서 번주와 대면한 사실은 없다. 안용복 일행이 아카사키우라에 도착한 것은 6월4일, 아오야에서 가로로 옮긴 것이 6월14일, 가로에서 돗토리로 안내된 것이 6월 21일로, 당초 돗토리에서는 본정의 정회소를 숙소로 하고 있었으나 월말인가 7월 초에 막부에서 지령으로 고야마이케(湖山池) 아오지마(青島)에 가옥을 세워 일행을 그곳으로 이동시키고 주위에 대울타리(竹矢来)를 쳐서 외부와의 왕래를 차단했다. 그 즈음에는 아직 번주 호키노카미 쓰나기요(綱清)는 에도에 있었다. 귀성한 것이 7월 19일이기 때문에 번주를 대면할 기회가 없었다는 것이 분명하다(이상의 사실은 『御在府日記』, 『竹島紀事』에 기재되어 있다).

그는 아오야의 센넨지(専念寺)에서 히라이 긴자에몬(平井金左衛門), 쓰지 반안(辻晩庵)의 취조를 받았기 때문에, 아마도 이 아오야의 취조를 그가 나름대로 각색한 것으로 생각된다.

또 울릉도에서 안용복 등을 납치한 오야가의 선원이 돗토리 정회소에서 그 납치한 사정에 대해 취조 받았다는 것은 앞에서도 기록한 대로이나, 안용복이 말하는 것처럼 그들이 처벌받았다는 것과 같은 사실은 없다.

다음으로 안용복은 그 진술에서 오키에서 호키로 향할 때 「울릉자산양도감세장(欝陵子山兩島監税將)」(『증보문헌비고』 에는 「울릉감세관(欝陵監税官)」으로 되어있다)을 칭한 것으로 되어 있지만 에세키료(江石梁)가 편술한 『죽도고』에 따르면, 그가 하쿠슈에 왔을 때에 실제 달고 있었던 선박의 표지(船験)의 사본에는 「조울양도감세장신안동지기(朝欝兩島監税將臣安同知騎)」로 되어있다. 「조울양도」로는 의미를 이루지 못한다. 어쩌면 「朝鮮欝陵于山兩島」라는 의미일까. 혹은 「朝鮮欝陵島」를 말한다는 것이 欝陵의 「陵」을 「兩」으로 잘못 쓴 것으로 생각할 수도 있다. 후자라면 『증보문헌비고』의 표현이 이에 가깝고, 전자라면 『숙종실록』의 표현이 이에 가깝지만. 어느 쪽이라 해도 조선에 그런 관명은 없다.

그것도 『죽도고』에 의하면, 그는 하쿠슈에서 자신을 「삼품당상신안동지(三品堂上臣安同知)」라고 칭했는데, 동지는 관명이지만 3품이 아니라 종2품이고, 또 당상이란 3품 이상의 사람을 당상관으로 부르고 있었다. 얼마나 무지한 자의 기록인가를 알 수 있다. 요컨데 일본 측이 사정에 어둡다는 것을 이용해, 그들은 어설픈 지식으로 허세를 부리고, 적당히 관명을 참칭한 것으로, 조선 정부의 어떤 위임을 받고 내일한 것이 아니라는 것은 이것으로도 명백하다.

이상 검토한 대로 안용복의 비변사에서 한 공술 중에서, 그가 울릉도에서 오키를 경유해서 인하쿠로 도항한 점 및 가로에서 돗토리로 갈 때, 가마를 타고, 그 외의 사람이 말은 탔다는 점만은 일본 측의 기록과도 일치하고 있으나, 그 외는 어느 것도 그의 작위에 의한 그야말로 허구에 지나지 않는다는 것을 알게 된다.

한편 당시의 조선정부가 안용복에게 어떻게 대처했는가를 보면, 겐로쿠 6년에 일본에 납치되었을 때, 그는 쓰시마번의 정사 다다 요자에몬이 대동하여 본국에 송환한, 동년 12월 10일에 조선 측에 인도되었지만, 즉시 취조받은 것이 아니다. 다음해 정월에 유집일이 접위관으로 부임한 후에 취조가 이루어졌다.

이 취조에서 안용복은 호키에 납치되었을 때에는 대우도 좋았고 의복, 후추, 촉 등을 받았으나 나가사키에 이르러서 처음으로 침책을 받았고, 더구나 쓰시마에서는 호키에서 받은 의복과 그 외의 것들을 빼앗겼다고 진술함과 동시에, 이번에 조선인의 죽도도해금제 요구는 쓰시마 도주의 독단으로, 후일에 도에 공을 자랑하기 위한 것이라고 단정했으며, 유집일의 취조로 그 사실이 비로소 판명되었다고 기록되어 있다. 이것이『숙종실록』권27권, 갑술 28년 8월 무신조에 다음과 같이 기록되어 있다.

> 盖安龍福, 朴於屯, 初至日本, 甚善遇之, 賜衣服及椒燭, 以遣之, 又移文諸島, 俾勿問, 而自長碕島, 始侵責之, 對馬島主, 書契竹島之說 是爲他日徼功於江戶之計也, 集一問龍福, 始得其實
>
> 대개 안용복과 박어둔이 처음 일본에 갔을 때, 대우를 잘하여 의복과 호추 초를 주어 보내며, 모든 섬에 공문을 보내어 심문하지 못하게 했는데, 나가사키부터 침책하기 시작했다. 쓰시마 도주가 보낸 서계의 죽도설은 장차 에도에서 공을 세워 보려는 계책이었는데, 유집일이 용복에게 물어 비로소 그 사실을 알았다.

1696(元禄9)년의 제2차로 하쿠슈로 도항했을 때의 안용복 일행은 8월 29일에 강원도 양양현에 도착하여 붙잡혀, 비변사의 취조를 받았다. 그 때의 공술이 모두에 실은『숙종실록』의 기사라는 것은 앞에서 지적한 대로이다.

이번의 공술도 제 1차 일본도항 때에 접위관 유집일에게 공술한 것과 상통하는 것이 많지만, 취조시의 조선정부는 겐로쿠 9년 정월에 막부가 일본어민의 죽도도해를 이미 금지한 사실을 알지 못해, 교섭의 정체로 분로쿠(文禄)·게이초(慶長)의 역이 재발될 것을 걱정하고 있었던 시기였다. 따라서 안용복의 공술은 상술한 것처럼 허구와 과장으로 찬 것이었으나, 달리 그 사실을 목격한 자가 없고, 또 그것이 정부에 영합하는 것이었기 때문에, 당국자의 일부는 그 언동에 호의조차 보이는 자도 있었다. 쓰시마에 대해서 가장 강경한 태도를 취한 영의정 남구만 같은 자가 그 대표적 인물이라 할 수 있다.

또 한국 정부는 「이 조선인은 조선 판도의 불가분의 일부인 울릉도 및 독도의 수역을 일본 국민이 침범하지 못하도록 지킨 것이다」라고 주장하여, 마치 겐로쿠 9년 안용복의 내일에 의해 막부가 일본인의 죽도(울릉도) 도해금지를 결정한 것처럼 말하고 있지만, 일행의 내일보다 5개월 이전에 이미 그 조치가 취해졌다는 것은 앞에 지적한 대로이다.

제4절 죽도 도해금제와 그 후의 송도

1. 울릉도의 통치

이조 초기 이래, 울릉도에 대해 이른바 「공도정책(空島政策)」이 취해지고 있었던 것은 앞에 말한 대로이나 당시로서는 때에 따라 동도의 존재가 어쩌다 상기되거나 또 동도에 도주한 본국 인민을 쇄환하거나 하는 것에 지나지 않아 실제로는 방기와 마찬가지였다. 말하자면 외지로의 도피를 단속한다는 의미가 강해 「공도정책」이라는 것 자체가 오히려 적당하지 않은 상황이었다.

그것이 동도를 자국의 판도로 인식하고, 실질적인 의미의 「공도정책」이 취해지게 된 것은 겐로쿠 연간에 죽도(울릉도)의 영유를 둘러싼 쓰시마번과의 교섭이 개시되면서 부터의 일이다. 즉 동도의 영유문제에 대한 교섭이 계속되었던 1694(肅宗20년, 元祿7)년에 조선 정부는 동도에 관리를 파견하여 조사시켰지만, 이어서 1697(肅宗23, 원록10)년 즉 막부가 죽도(울릉도)의 도항을 금지한 익년에는 2년에 1회, 강원도 연해에 있는 각군이 윤번으로 울릉도를 순검하게 하는 제도가 확립되게 되었다. 이에 관해 『숙종실록』은 다음과 같이 기록하고 있다.

甲戌二十年八月戊申

(領議政南)九万入奏曰, 不可使民入居, 間一二年捜討爲宜上, 從之

丁丑二十三年四月壬戌

(領議政柳)尙運曰, 鬱陵島事今巳明白歸一, 不可不間間送人巡檢 上命間二年入送

갑술20년 8월 무신

(영의정 남)구만이 입시하여 아뢰기를, 백성이 들어가 살게 할 수도 없고, 1, 2년의 간격을 두고 수토하게 하는 것이 합당합니다하니 임금이 그대로 따랐다.

정축 23년 4월 임술

(영의정 유)상운이 말하기를, 울릉도에 대한 일은 이제 이미 명백하게 한 곳으로 귀착되었으니, 틈틈이 사람을 보내어 순시하고 단속해야 합니다하니, 임금이 2년 간격으로 들여보낼 것을 명하였다.

그 후 이 제도는 언제부터 인지(숙종 말년 혹은 영조 초년) 3년에 1회(『영조실록』 권 40을묘 11년 정월 갑신, 『国朝宝鑑』권61, 영종 을묘 11년 춘정월) 혹은 5년에 1회(『文献撮録』권10 울릉도 시말)라는 것으로 되었으나 어쨌든 공도정책은 계속되어, 인민의 울릉도 입주가 금지되어 있었던 것만 아니라 동도에서의 어획도 엄히 금지되어 있었다.

이 같은 공도정책이 바뀌어 사람들의 동도의 입식이 기도된 것은 19세기 말엽, 이태왕 중기 이후의 일에 속한다. 즉 1881(李太王18, 明治14)년에 전례에 따라 수토관이 심검하기 위해 울릉도에 향한 결과 일본인 7명이 벌목에 종사하고 있는 것이 발견되어, 조선국 정부가 우리 외무성에 항의했는데, 그것이 계기가 되어, 조선국 정부로서는 동도를 공광(空曠)으로 버려두는 것은 오히려 소우(疎虞)하는 일이 되어 부호군의 이규원을 울릉도 검찰사로 임명하여 다음 19(1882)년 봄에 들어가 조사하게 했다.[74]

이어서 동년 8월에는 본도에 관리를 설치할 필요가 대두되어 도장(島長)을 두기로 정했으나 얼마 안 있어 이를 울릉도 개척관으로 고치고, 또 동 21(1884)년 3월에는 첨사로 칭하고, 삼척영장(営将)에게 겸임시켰다. 그 이후

1888(李太王25)년 2월에는 다시 도장으로 고쳐 평해군 소속의 월송만호(越松万戸)를 겸임시켜, 때에 따라 왕래하며 검찰하게 했다.[75]

이렇게 하여 그 명칭은 도장, 개척관, 첨사 등으로 자주 바뀌었지만 어쨌든 종래의 공도정책을 바꾸어 울릉도에 대한 인민의 입식이 기도되게 되어 이런 관리를 임명하기에 이르게 된 것이다. 그것도 조선국 정부로서는 이것을 계기로 동도의 개발을 적극적으로 꾀한 것이 아니라, 관리도 상주시키지 않고 삼척 혹은 평해 등 연해한 각군의 겸임으로 때때로 왕래하는 것에 지나지 않았다. 훗날에 이르러 강원도 평해군의 이교(吏校)를 동도에 상주시키게 되었으나 수렴(収斂)의 폐가 심해 입식의 실적이 늘지않아, 이태왕 31(明治27=1894)년 정월에는 부세요역을 일체 면제하여 입식을 적극적으로 장려하는 정책도 취하게 되었다.[76]

이래서 울릉도의 개발은 일청전쟁 이후 드디어 본격적으로 진행되게 되어 1901(光武 5, 明治34)년에는 종래의 도장제도를 폐지하고, 처음으로 독립된 군을 설치하고 군수를 두게 되었다. 그 군청은 처음에 서면 태하동(台霞洞)에 있었으나 1903(光武7, 明治36)년, 이것을 남면의 도동으로 옮겼다. 그 후 1908(隆熙2, 明治41)년에는 강원도에 속해 있던 본도를 경상남도에 편입하고, 일한병합 후의 1914(大正3)년에는 군을 바꾸어 도(島)로 하여 경상북도에 소속시키게 되었다.

이것을 요약하면 막부의 죽도(울릉도)도해금제 이후, 조선국 정부는 동도를 자국영토로 인식하고 공도정책을 유지하기 위해 약 200년에 걸쳐 정기적으로 순검해왔다. 이태왕의 중기에 이르러(1800년 말), 그 정책을 바꾸어 인민의 입식을 장려하여 개발을 꾀하였으나 성적은 쉽게 오르지 않았다.

동도에 정착하는 자가 약간 증가하기에 이르러도, 초기의 많은 도민은 농업을 주로 하여 어업에 대해서는 거의 채조(採藻)에 그쳐, 바다에 출어하는 것과 같은 일은 없었다. 그것이 1903(光武7, 明治36)년에 일본인이 근해에서 좋은 오징어장을 발견하고 어획을 시작하자 도민이 그것을 보고 배워 동도

근해에서 어업을 행하게 되었으나, 그 시기는 1907(隆熙 원, 明治40)년 전후의 일이었다.[77]

2. 한인과 송도

죽도 도해금제 이후의 울릉도에 대한 조선국 정부의 통치와 경영이 상술한 대로라면, 그 공도정책이 행해졌던 시기에 동도보다 아득한 동방의 바다에 있는 오늘의 죽도(당시의 송도)까지 한인이 향했다고는 상식적으로 생각할 수 없다는 것은 앞에서도 지적한 대로이나 공도정책이 바뀌어 울릉도 개발을 한인이 행하게 된 후에도, 그들이 오늘의 죽도까지 와서 그것을 개발 경영하고 있었다는 증거는 찾아낼 수 없을 뿐만 아니라, 당시의 한인이 그것을 인지하고 있었다고 입증할 수 있는 것도 없다.

(1) 「독도」의 유래

원래 한국 측에서는 한국인이 지금의 죽도를 「독도」라고 부르고 있는 것 자체가 이미 동도를 인지하고 있었다는 증거라며 다음과 같이 논하고 있다.

> 조선 경상도 방언에 의하면 Dok은 돌 혹은 바위를 의미한다. Dokdo는 바위섬을 의미한다. 「離島」를 의미하는 현재의 Dokdo 발음은 우연히 (石 혹은 岩의 島라 한다) Dokdo(독도)의 발음과 부합하는 것이다. 이렇게 하여 동도는 매우 적절히 또 상징적으로 조선인에 의해서 Dokdo라고 불리게 되었다. 왜냐하면, Dokdo는 정말로 암석이 많은 섬이기 때문이다. (1953년 9월 9일 부 대한민국 주일대표부 구상서)

그러나 최남선씨는 전게한 『울릉도와 독도』 중에서 「독도」의 명칭에 대해 다음과 같이 설명하고 있어, 전기의 한국 정부의 견해가 반드시 정설이 아니라는 것을 나타내고 있다.

> 近世 附近 居民의 사이에 島形이 독(甕)과 같다하여 보통 「독섬」이라고 부르는 것이다(鬱陵本島의 아주 側近에도 또 別個의 독섬이 있다). 近來 「獨島」라는 字는 독의 取音일뿐이요, 獨의 字意에는 아무 관계가 없는 것이다.

또 고려대학교 신석호 교수는 그의 저서 「독도의 내역」(한국잡지『思想界』 1960년 8월호 게재 논문)에서

> 獨島 名稱의 由來에 對해서는 울릉도 사람 가운데 어떤 사람은 이 섬이 東海의 한 복판에 외로이 있기 때문에 獨島라고 하였다는 사람도 있고 어떤 사람은 섬 전체가 바위 즉 돌로 成立되어 있고, 慶尙南道 方言에 돌을 독이라고 하기 때문에 돌섬이라는 뜻에서 독도라 하였다는 사람도 있어 그 어떤 것이 옳은지 알 수 없으나

라고 논하는 것과 동시에 「독도」라는 명칭이 한국문헌에 나타나기 시작한 것을 1906(光武10, 明治39)년으로 보고, 아마도 1881(高宗18년, 明治14)년에 울릉도를 개척한 이후, 울릉도의 주민이 이 같이 명명한 것 같다고 기술하고 있다.

가령 신교수의 전기논문을 전제로 한다고 해도, 기록적으로는 광무 10년까지 밖에 거슬러 올라 갈 수 없어, 그 이전의 것은 단순한 추정으로 울릉도 개척 이후 한국인이 오늘날의 죽도를 「독도」라고 부르고 있었다고 하는 적극적인 증거가 있는 것은 아니다.

다만 신교수가 지적하고 있는 1906(光武10, 明治39)년이라는 해에는 우리나라의 문헌에도 오늘날의 죽도를 한국인이 「독도」라고 부르고 있었다는 취지의 기사가 있기 때문에 한국 측의 문헌에 그것이 있었다고 해도 결코 불가사의는 아니다. 즉, 메이지 39년의 『지학잡지』(제18년 제210호)에 게재된 다나카 아카마로(田中阿歌麿)씨의 「隠岐国 竹島에 관한 지리학상의 지식」이라는 논문에

韓人は之れを獨島と書し、本邦の漁夫等は一般に「リアンコ」島と称せり。

한국인은 이것을 독도라고 쓰고 우리나라의 어부들은 일반적으로 「리얀코」도라고 불렀다.

라고 있다. 또 1907(明治40)년에 간행된 수로부편의 『조선수로지』에도

之ヲ（今日の竹島）獨島ト書シ、本邦漁夫ハリアンコ島ト曰フ。
이를(오늘의 죽도) 독도라고 쓰고, 본방 어부는 리얀코도라고 말한다.

라는 기사가 있다.

이 일에 대해서는 일본인이 울릉도를 근거로 지금의 죽도에 출어하게 된 1904(明治37)년 무렵부터, 울릉도에 살고 있는 한국인을 어부로 해서 여러 차례 동도에 동반했기 때문에, 그 이후에 한국인도 동도를 인식하게 되고, 그것을 「독도」라고 부르게 되었다고 보는 것이 가장 타당하다고 생각된다. 이렇게 보는 것으로, 메이지 39년 이후의 문헌에 「독도」라는 명칭이 실려져 있는 것도, 충분히 이해될 것이다.

(2) 한국인의 송도 도항

울릉도에 주재하고 있는 일본인이 강치잡이를 위해 한국인을 대동해 오늘날의 죽도(당시의 송도) 에 갔다고 하는 사실은, 나카이 요자부로(中井養三郎)의 강치잡이에 관한 오키도사에 대한 보고에 실려 있다. 이 보고에 의하면 1903(明治36)년에는 강치잡이를 위해 오늘의 죽도에 온 것은, 앞서 나온 나카이 요자부로 외에 오키에서 온 이시바시 마쓰타로(石橋松太郎) 일행뿐이었지만, 다음해 1904(明治37)년에는 나카이 요자부로·이시바시 마쓰타로 외에 오키에서 온 이구치 류타(井口竜太)와 가토 카즈나리(加藤重造)도 참가했다. 그 외에 야마구치현(山口県) 출신의 이와사키(岩崎) 아무개가 울릉도

에서 한국인을 대동해서 죽도에 갔다. 계속해서 1905(明治38)년에는 총 8개 팀이 죽도에 가서, 인부 70명을 사용해 1,000마리 이상의 강치를 잡았다. 그 중 앞에 나온 이와사키 팀 외 2개의 팀이 총 16명의 한국인을 대동했다는 사실이 보고되어 있다.[78]

또 한국 측은 우리 수로부 간행의『조선연안수로지』(明治40년 간행)에

> 明治三十七年十一月軍艦對馬ノ此島ヲ實査セシ際ハ東方島ニ漁夫用ノ菰葺小屋アリシモ風浪ノ爲メ甚タシク破壞シアリシト云フ
> 毎年夏季ニ至レバ 「トド」獵ノ爲メ鬱陵島ヨリ渡來スル者數十名ノ多キニ及フコトアリ 此等ハ島上ニ小屋ヲ構ヘ毎回約十日間仮居スト謂フ
>
> 메이지 37년 11월 군함 쓰시마가 이 섬을 실사했을 때는 동쪽 섬에 어부용 작은 초가집이 있었으나 풍랑으로 심하게 파괴되어 있다 한다.
> 매년 하계가 되면 「바다사자」를 잡기 위해 울릉도에서 도래하는 자가 수 십 명에 이른다. 이들은 섬 위에 소옥을 준비하고 매회 약 10일 간 임시로 거주한다고 한다.

라고 있는 것을 인용해서,

> この記事の文脈から判斷されることは、日本軍艦の發見したそれらの小屋というのは、明らかに鬱陵島の島民が夏季における漁業のため建てた小屋であったということである。それ故、この島が鬱陵島住民によって繼續的に使用されていたことは極めて確實である。
>
> 前後의 文勢로 보아 對馬艦이 獨島를 實測할 때에 發見한 菰草小屋은 鬱陵島의 住民들이 夏季의 漁獵을 위하여 지은 小屋이라는 것은 否認할 수 없는 事實이다. 따라서 이섬은 前부터 鬱陵島 住民이 恒常 利用하였다는 것이 確實하다.
>
> (1954년 9월 25일자 대한민국 주일대표부 구상서)

라고 주장하고 있다.

또 신교수도 전게논문에서 일본 측은 수로지의 기사에 있는 「울릉도에서 온 자」라는 것은 울릉도의 도민이 아니라, 일본인과 일본인에게 고용된 조선인이라는 것에 대해,[79]

> 日本人이 鬱陵島에 住居하게 된 것은 1910년 韓日合併以後 또는 1905년 保護條約 체결 이후의 일일 것이므로 對馬號가 獨島를 調査한 1904년에는 아직 단 한 사람의 日本人도 울릉도에 살지 아니하였다. 그러므로 日本政府의 견해는 성립되지 못하는 것이다.

라고 주장했다.

그러나 앞서 이야기한 나카이의 보고에도 있듯이, 적어도 1903(明治36)년 이후 오늘의 죽도에서의 강치잡이는 그 대부분이 오키도민에 의해 행해지고 있었다. 메이지37, 38년에는 오키도민 외에 울릉도에서도 죽도로 강치잡이를 간 사람들이 다소 있지만, 그것은 확실한 기록에 근거해서 지적한 대로, 일본인과 일본인에게 고용된 울릉도 도민이지, 한국 측이 말하는 것처럼, 울릉도의 도민 스스로가 죽도에서 강치잡이를 하고 있었던 것은 아니다. 따라서 군함 쓰시마호가 발견한 초가집 역시 오키도민을 주로 한 일본인이 사용한 것이었다는 것은 확실하다.

이에 관해서 다나카 아키마로씨의 전게 메이지 39년의 논문은 다음과 같이 기록하여 이 견해를 뒷받침하고 있다.

> 東島に於ては菰葺の仮小屋あり、此小舍は中井養三郎氏等の竹島漁業會社の所有にかゝるものなり。（昨三八年八月八日の暴風にては、家屋漁舟等全く洗ひ去られたりとぞ）是等は海豹獵の爲夏季此島に渡來する漁夫用のものなれども今は著しく破壞し、僅に其形跡を止むるのみ。
>
> 동도에는 풀로 이은 조그만 집이 있고, 그 소옥은 나카이 요자부로씨 등의 죽도어업회사가 소유하는 것이다. (지난 38년 8월8일의 폭풍은 가옥 어선 등을 완전히 쓸어갔다 한다) 이것들은 강치잡이를 위해 여름에 오는 어부

용이지만 지금은 완전히 파괴되어 겨우 그 자취를 남길 뿐이다.

즉 군함 쓰시마가 죽도를 실제로 조사한 것은 메이지 37년 11월로, 38년 8월 8일의 폭풍으로 가옥이 완전히 떠내려가기 이전이었기 때문에 이 죽도 어렵회사의 소옥을 볼 수 있었을 것이므로 『수로지』의 기사는 이것과 부합한다. 오히려 다나카씨는 전게논문의 첫머리에서 군함 쓰시마의 조사도 참조해서 이것을 기록한 취지를 기술하고 있기 때문에 『수로지』의 기사를 한층 구체적으로 설명한 것이라고 말할 수 있을 것이다.

또 신교수는 군함 쓰시마가 조사한 1904년에는 아직 한 사람의 일본인도 울릉도에 거주하지 않았다고 기술하고 있는 것도 잘못이다. 메이지 시대 이후의 울릉도의 일본인의 도항과 오늘날의 죽도의 개발 사정에 대해서는 다음 장에서 상술하기 때문에, 여기서는 주요한 사실에 대해 그 개략을 지적하는 것에 그치지만, 일본인이 울릉도로 향하게 된 것은 아직 조선 정부가 동도에 공도정책을 취하고 있던 시대부터다.

즉 1881(明治14)년에 일본인 7명이 울릉도에서 벌목하고 있는 것이 발견되었기 때문에 조선 정부가 우리 외무성에 대해 항의하게 된 것은 앞에서 기술한 대로이지만 1883(明治16)년에는 당시 동도에 재류하고 있던 방인 전원 254명의 귀환이 실시되었다. 그 후 1889(明治22)년 11월에 일한 통어규제가 성립되고 울릉도도 그 통어 근거지가 되었으나 1900(明治33)년의 재부산일본영사관의 동도 실지 조사보고에 의하면 동도에는 1891(明治24)년 이후 일본인이 거주하였고, 조사 당시에는 100명 내외의 사람이 재류하고 있었다는 것이 보고되었다.

이들 울릉도 재주자 중에는 나카이 등이 메이지 36년부터 강치잡이를 개시하기 이전에 울릉도에 도항하는 도중 또는 울릉도를 근거로 지금의 죽도에 출어한 자가 있던 것은, 현재의 울릉도 도항 관계자 내지는 그 자손에 대해 조사한 것으로도 알 수 있다. 이것에 대해서는 후술하겠다.

이에 관련하여 신교수는 전게논문에서 울릉도 개척 당시에 강릉에서 이주했다는 울릉도의 노인 홍재현(洪在現)의 말이라며

> 울릉도 개척 당시 울릉도 사람은 곧 이 섬을 발견하고 혹은 다시마·전복을 따기 위하여 혹은 가재를 잡기 위하여 많이 獨島로 출어하였다 하며 洪氏 自身도 十數次 往來하였다고 말하였다.

라고 기술해서 마치 한국인이 일찍부터 지금의 죽도개발을 하고 있었던 것처럼 주장했다.

하지만 홍씨 한 개인의 이러한 증언으로는 아무런 객관성이 없고 한국인이 정말로 울릉도 개척 당시에 지금의 죽도에 갔었지 어땠는지 심히 신빙성이 부족하다. 설령 홍이 말하듯이 한국인이 동도에 갔다 해도 개척 당시라는 것은 언제를 가리키는 것인지, 도민만으로 갔는지, 일본인에게 동반되었는지, 어떠한 수단으로 갔는지 잘 알 수 없다.

오히려 전게의 『한국수산지』를 보면, 울릉도 도민은 당초에는 농업을 주로 하고 어업은 겨우 김 미역의 채취 정도에 그치고 전복은 일본인의 채집에 맡겨져 도민이 이에 종사하는 자는 없었다고 하기 때문에 개척 당시 도민이 먼 바다까지 출어했는지 어땠는지는 매우 의심스럽다. 특히 홍이 말하듯이 전복을 채집하기 위해 지금의 죽도에 출어했다는 것은 사실에 반하는 것일 것이다.

그들이 울릉도의 먼 바다에서 어업을 하게 된 것은 일본인이 도민에게 오징어 어업을 가르친 후의 일로 그 시기는 1907(明治40)년) 이후이기 때문에 그 무렵의 죽도는 이미 시마네현에 편입되어 있었던 것이다.

3. 일본인과 송도

울릉도에 대해 공도정책을 취하던 시대는 물론, 공도정책이 바뀐 후에도 지금의 죽도(당 시의 송도)를 한국인이 경영하고 있었다는 어떤 명백한 증거

도 찾아낼 수 없다는 것은 상술 한 대로이지만 한편 1696(元禄9)년의 막부의 죽도(울릉도) 도해금제 이후 메이지 시대의 초기에 이르기까지의 사이에 지금의 죽도를 일본인이 계속 경영하고 있었다는 것을 적극적으로 입증하는 것도 곤란하다.

단 죽도의 도해가 금지된 후에도 송도(지금의 죽도)로의 도해가 금지된 것이 아니었다는 것은 겐로쿠 9년 정월 28일 부의 죽도 도해금지에 관한 봉서에

> 向後竹嶋え渡海之儀制禁可申旨被仰出候云々
> 향후 죽도의 도해를 금제한다는 내용의 명이 있었습니다. 운운

이라고 해서 송도에 대해서는 아무런 언급도 없었다는 것으로도 알 수 있다. 이것을 더욱 뒷받침하고 있는 것이 에쓰야(絵津屋) 하치에몬(八右衛門)의 죽도 밀무역 사건이다. 하치에몬은 해상운송 중개업자의 아들로 금지를 범하고 죽도(울릉도)에 건너가 밀무역을 했다는 죄로 1836(天保7)년 6월에 오사카초 부교(大坂町奉行)의 손에 잡혀 12월 23일에 사형을 선고 받은 사건이 있었으나, 이 사건의 판결문 중에 하마다번 가로 오카다 라이보(岡田頼母)의 부하 하시모토 산베에(橋本三兵衛)가 하치에몬에 대해서

> 右最寄松島へ渡海之名目を以て竹島え渡り稼方見極上弥弥益筋に有之ならば取計方も有之[80]
>
> 가장 가까운 송도에 도해한다는 명목으로 죽도에 건너가 이익을 보는 자가 있는 이상 더욱더 늘어날 것으로 이를 계획하는 자도 있다

라고 말한 취지가 기록되어 있다. 이것은 이 사건이 당시에도, 송도로 도항은 아무런 문제가 없었다는 것을 나타내는 증거라 할 수 있을 것이다. 이 경우가 이야기하는 「송도」가 지금의 죽도에 해당한다는 것은 하치에몬을 심문할 때의 그의 공술에 근거하여 그린 『죽도방각도』를 보아도 확실하다.

또 앞에서 지적했듯이 죽도도해금제 후의 저작인 호레키(宝歴) 연간(1751~63)의 기타조노 쓰안(北園通葊) 편저 『죽도도설』에는 송도를 가리켜 「隱岐国松島」나 「隱岐ノ松島」등으로 기록되어 있고, 또 1801(亨和원)년 야다 타카마사(矢田高当)의 『장생죽도기』에도 송도를 「본조의 서해 끝이다」라고 기록하고 있는 것은 당시 송도가 일반적으로 오키노쿠니의 일부로 간주되고 있었던 증거로 여겨지고, 또 1828(文政11)년에 에세키료(江石梁)가 편술한 『죽도고』에서는, 지금의 죽도에 관한 묘사가 그때까지의 문헌에 비해 한층 상세하게 되어 있는 것도 이 시대에 동도에 대한 지식의 계승과 발전을 나타내고 있다고도 생각할 수 있다.

이처럼 죽도도해금제로부터 메이지 초년에 걸쳐서 송도(지금의 죽도)로의 우리 국민의 도항은 아무런 문제가 없었을 뿐만 아니라 죽도에 대한 지리적 식견도 계승되고 있었던 것이지만, 죽도개발의 사실에 관해서는 적극적인 증거를 내세우기가 곤란하다. 그것은 죽도 도해금제에 관해 오야·무라카와 양가가 막부에 죽도전복 혹은 그 외의 토산물을 헌상하고 장군을 배알하는 등 당시로써는 실로 이례적이라고 말할만한 행사는 없어지고 단지 바위 하나의 무인도에 지나지 않는 송도에 때때로 고기를 잡으러 나간 일 밖에 없었으므로, 특히 송도(지금의 죽도)의 경영에 관해서는 기록이나 문헌에 남겨질 만한 것이 없었기 때문이라고 생각된다. 그러나 송도의 소재를 알고 또 울릉도 정도는 아니더라도 그것이 전복이나 강치의 어장으로써 가치가 있음을 알고 있었던 오키도민 등이 때에 따라 이것을 이용 개발하고 있었다는 것은 결코 무리한 추측은 아니라고 생각한다.

註)

6) 1840년 간행된 시-보루토의 일본도에는, 아루노고-트도의 발견자를 브로-튼(Broughton)이라고 했다. 그 때문에, 秋岡武次郎씨도 그의 논문 「日本海西南의 松島와 竹島」(『社會地理』제27호 昭和 25년 8월)에서는, 鬱陵島는 1787년에 라・페루우즈에 의해 발견되어, 다쥬레-島로 명명된 후, 다시 1789년에 부로-톤에 의해 다시 認見되어, 아루고-노토라고도 불리게 되었다라고 말하고 있다.

秋岡씨가 아루고노-토島의 발견을 1789년으로 한 것은, 1811년에 간행된 영국의 아로우・스미스(ArrowSmith)의 일본도 등에 그렇게 기재 되어있기 때문이라고 생각되지만, 영국해군 中佐 윌리암・로바-토・브로-톤(Wiliam Robert Broughton)이 樺太 西海岸에서 朝鮮의 東岸 일대를 건너는 탐험은, 1797년 9월 하순부터 10월 상순 사이에 실시 된 것으로 1789년이 아니었다. 더구나 그는 1797년의 탐험 때에도 조선의 해안 가까이 항해했으나 울릉도는 望見하지 못했다(그가 울릉도를 망견하지 못한 것은 田保橋潔씨도 논문 「鬱陵島 그 발견과 領有」(『靑丘學叢』 제3호 昭和 6년 2월)에서 지적 하고 있다).

제6도 Arrow Smith의 圖

즉 시-보루토가 아루고노-토島의 발견자를 부로-톤으로 한 것은 잘못이며, 또 아로우・스미스의 지도 등에 있는 아루고노-토島의 발견을 1789년으로 한 것은, 실은 브로-톤이 아닌 고루넬토가 그것을 발견한 해에 해당하는 것이다. 고루넬토는 1789년에 쓰시마 해협에서 일본해로 들어와, 일본의 해안을 떠나 서쪽으로 나아가, 그 후 북상하여 서방해상에서 울릉도를 발견했다. 이 섬은, 그 배의 이름을 따 아르고노-토로 명명되었으나, 동함은 이 섬의 남쪽 해상에서 그 방향을 잃었다. 전게한 아로우・스미스의 지도에는, 고루넬토의 항로가 점선으로 그려져 있고, 아루고-노토島 부분에 "Argonaut lost her Rudder"라고 주기되어 있다. 秋岡武次郎씨는 그의 신저『日本地圖史』(1955년)의 제5절 「송도와 죽도의 混淆」에서, 그 후의 고증에 기반하여 아루고노-토島의 발견자를 정정했다.

7) 1845년에, 시-보루토의 조수 호프만이 편집한 『시-볼트蒐集日本圖書目錄』에 의하면, 그가 소지했던 日本總圖는 다음의 다섯 종류를 들 수 있다.
'大日本細見指掌全図', '改正日本輿地路程全図', '改正日本圖', '新版日本國大繪図', '日本辺略略図'

이 중 「大日本細見指掌全圖」는, 1808(文化5)년)에 浪華의 藤屋와 吉文字屋가 연합하여 발행한 것으로, 전기 5종의 지도 중에서는 縮尺도 크고, 또 가장 상세하다. 또 「改正日本輿地路程全圖」는 유명한 水戸의 나가쿠보 세키수이(長久保赤水)가 편찬한 것이다. 이들 지도에는 일본 측에 송도, 조선 측에 죽도가 실려 있다. 또 시-보루토가 일본도 작성에 즈음하여, 일본의 제 지도를 참조했다는 것은, 同圖의 表題에 「일본인의 原図 및 천문학적 관찰에 의한다」(nach Original Karten und astronomischen Beobachtungen der

Japaner) 라고 명기하고 있는 것으로도 분명하다.

8) 와타나베 히로모토(渡辺洪基)『松島之議』稿本(外務省藏).

9) 고다마 사다야스(兒玉貞易)의 松島開拓에 관한 建議의 전문은 다음과 같다.

鄙生嘗て瀬脇君の露港雜誌武藤氏の同港記聞を閱見し且其景況等伝承するに殊更感發興起するの條件は卽ち我か皇國西北の屬嶋松島なるものなり　熟々惟みるに今や開國の際に当て各國の交際日に篤厚に進み月に隆盛に赴くに從て國事百般自ら冗費も尠からす　國產の輸出もいまた盛大に運はす　國債も亦解消するに至らす　嗚呼これ全國一般の憂患にして之に過越する大患なし　是を補ふは富國强兵に在り、富强の基礎は仁恤を施行し万民職事に盡力し物産を興隆して國家の裨益を計るにあり　其事を行ふ哉又緩急前後の別なき事能はす　故に鄙生從來此に着目し日夜心胆を碎き孜々として其要務を索覓し國家万分の一に報いんと欲すれとも如何せん短才不肖且微力にして更に獻り爲す所なし　卽今武藤氏松島の建白を熟閱するに其着手の順序以往の方向普く至れり盡せりと云ふへし　實に方今の急務にして擯斥し難き要件なり　一日をくるれは一日の損害を生するに至らん所謂先する時は人を征す　彼の南方なる小笠原嶋の如きも既に着手の期を稍失するに似たり　而して此島嶼に比較すれは松島は一層の要島な(ママ)れは速にせすんは有へからす　如何となれは北方なる寒國人の覘候覬覦に陷らん事を痛む寔に至て悔るとも及はす　仰き願くは同氏之建議賢明之英斷を以て只管、御裁用且速に御着手被爲在度と竊に企望いたす所なり

固より卑賤の我輩苟も不明之淺見を以て堂々たる廟議に關する義を猥りに論說いたし候事戰慄恐懼に堪へされ共聊微衷を表し有志の諸君子に其着眼する所の是非曲直を正さん事を乞んと欲するなり

明治九年七月十三日　　兒玉貞易

소생은 과거 세와키군의 로항 잡지에서 무토씨의 동항 기문을 보고, 또 그 경황 등을 전승하고, 특히 감발 흥기한 것은, 즉 우리 황국의 서북속도 송도라는 것입니다. 곰곰이 생각하건데, 지금은 개국의 시기로 각국의 교제는 날로 돈독히 진전하고 달로 융성하는 것에 따라, 국사 백반에 낭비도 적지 않습니다. 국산의 수출도 아직 성대하게 이루어지지 않고 있습니다. 국채도 역시 해소하지 못했습니다. 오호 이것이 전국 일반의 우환으로 이것보다 더한 대환이 없습니다. 이것의 보충은 부국강병에 있습니다. 부강의 기초는 인휼을 시행하고 만민이 맡은 일에 진력하여 물산을 흥륭해서 국가의 패익을 도모하는데 있습니다. 이것을 행함에 또 완급 전후의 구별이 없어서는 안 됩니다. 그래서 소생 종래 이에 착안하여 주야로 고민하고 노력하여 그 요점을 구하여 국가에 만분의 일이라도 보답하려 생각해도 어찌해야 할지 단재 불초하고 또 미력하여 아직 꾀하여 이룬 것이 없습니다. 지금 무토씨의 송도에 대한 건의를 숙고하건데, 그 착수의 순서가 여러 방향에서 완벽하다고 말할 수 있습니다. 실로 현재의 급무로 하여 물리치기 어려운 요건입니다. 하루가 늦어지면 하루의 손해가 생기게 될 것입니다. 말하자면 앞설 때 남을 이길 수 있습니다. 저 남방의 오가사하라시마와 같은 것도 이미 시기를 소실한 것과 같습니다. 그리고 이 도서에 비교하면 송도는 일층 요도이므로 신속히 하지 않으면 안 됩니다. 잘못 하면 북방의 러시아인이 보고 탐하는 것에 떨어질 것을 걱정합니다. 그렇게 되어 후회해도 어쩔 수 없습니다. 원하는 것은 동씨의 건의를 현명한 영단으로 빨리 허가하고, 또 신속히 착수하게 될 것을 간절히 원하는 것입니다. 원래 비천한 저임에도 불명의 얕은 의견을, 당당한 조의에 관한 것을 함부로 논설한 것, 전율공구하여 견딜 수 없습니다만, 미충을 표하여, 유지의 여러 군자에게 그 착안한 것의 시비곡직을 가려주실 것을 빌어 마지않습니다.

메이지 9년 7월 13일　　고다마 사다야스 근언

松島着手之楷梯見込み　송도 착수 순서의 예상

第一　開拓人の蝸屋を營み	제1 개척인의 거처의 준비
第二　伐木	제2 벌목
第三　開港場を確定する事	제3 개항장을 확정하는 일
第四　灯台之建設	제4 등대의 건설
第五　良材其他を輸出する事	제5 양재 기타를 수출하는 것
第六　土地開拓之事	제6 토지 개척의 일
第七　置場を定め船用諸品を蓄藏する事	제7 창고를 정해 선용 제품을 보관하는 것
第八　民屋を營み殖民に及ふ事	제8 민가를 짓고 식민하는 일
第九　魚獵之用意に取りかかる事	제9 어렵의 준비에 착수하는 것
第十　作物之開業	제10 작물의 개업
其他山川丘陵之業に運ふ事	기타 산천 구릉업으로 발전시켜 가는 일

(前揭『松島之議』)

10) 사이토 시치로베에(齋藤七郎兵衛)는 明治九年에 세와키 히사토(瀬脇壽人) 무역사무관에게 송도개척에 관한 건의를 제출했으나, 동년 11년 8월 15일부로 長崎縣 시모타카키군(下高木郡) 가미요(神代)의 상인 시모무라 린하치로(下村輪八郞)와 연명으로 다시 동사무관에 제출했다. (北澤正誠『竹島考証』寫 內閣文庫藏)

11) 기타자와 마사노부(北澤正誠)『竹島考証』

12) 明治10년 1월 27일에 東京府知事 앞으로 죽도도해원을 제출한 戸田는 동년 3월 13일에 다시 죽도도해원을 제출하고, 4월에는 그 도해를 다음해로 연기하고 싶다고 청원했으나, 6월 8일부 제18675호 東京府知事 구스모토 마사타카(楠本正隆)의 통고로 거부당했다(前揭『竹島考証』).

13) 渡辺洪基『松島之議』

14) 松島巡見에 관한 의논에 대해, 外務省 公信局長 다나베 타이치(田邊太一)는 다음과 같이 보고했다.

松島巡視要否ノ議

公信局長 田辺太 一

甲云壹日開否ノ略定リテ而後今日視察ノ要否ヲ論スヘシ　聞クカ如キハ松島ハ我邦人ノ命セル名ニシテ其實ハ朝鮮蔚陵島ニ屬スル于山ナリ　蔚陵島ノ朝鮮ニ屬スルハ旧政府ノ時一葛藤ヲ生シ文書往復ノ末永ク証テ我有トセサルヲ約シ載テ兩國ノ史ニ在リ　今故ナク人ヲ遣テコレヲ巡視セシム　此ヲ他人ノ宝ヲ數フトイフ　況ンヤ跡隣境ヲ侵越スルニ類シ我ト韓トノ交漸ク緒ニ就クトイヘトモ猜嫌猶未全ク除カサルニ際シ如此一擧ヨリシテ再ヒ一隙ヲ開カンコト尤交際家ノ忌ム所ニ出ツルオヤ　仮令該島ヲシテ韓籍ニ屬セストモ南無人島ヲ開キ琉球ヲ藩トスルモ識者或ハ其宜ニ非サルヲ論ス　現今ノ務方ニ國脈ヲ靜養スルニアリ鮮ヲ煎テコレヲ擾ス 計ノ得ルモノナラス 松島斷シテ開ク能ワス 又開クヘカラス 其不能不可ヲ知テコレヲ巡視スル豈無益ナラサランヤ 況ヤ後害ヲ釀サントスルオヤ 乙云開否ノ略ハ視察ノ後ニ非サレハ定ムル能ハス 版図ノ論今其實ヲ視ス 只ニ曩紙上ニ據信ス ルハコレヲ可トイフヘカラス 況ヤン我近海ニアリ 我民ノ韓ノ內地ニ航スルモノ露ノ藩地ニ航スルモノ必由ノ途タレハ其地ノ狀形ヲ悉サスシテコレヲ不問ニ措ク我吾務ヲ盡ササルニ幾シ 故ニ該島ハ勿論所謂竹島ナルモノモ亦巡視シテソノ今日ノ狀ヲ詳知スヘシ 巡視ハ必要スル所ナリ　サレトモ英露等ノ船ヲ雇ヒ僅ニ一日半日ノ碇泊ヲナシ一人二人ノ官吏上陸視察ストモ墓々敷事ナキハイフヲマタス　且今日ヲ失フテハ再ヒスヘカラサル機會ナリトイフマテニモアラサレハ西南勦定ノ後海軍モ無事閑暇ノ時アルヘケレハ其時ニ至リ測量製図

等ニ熟セル海軍士官ト生産開物ニ明カナル官吏トヲ派差シテコレヲ檢セシメ而後コレヲ書図ニ徵シ古文書ニ照シテ初メテ松島ノ蔚陵島ノ一部ナリヤ果テ于山ナリヤ又別ニ一ノ無主地ナリヤヲモ定得ヘク將渡來開墾シテ利益ノ有無ヲモ考得ヘシ

故ニ巡視ノ後ニアラサレハ開否ノ議ヲ定メカタシ 松島必巡視セサルヘカラサル也 然レトモ瀨脇氏ノ議ノ如キハ敢テコレヲ可トセス必將ニ它日ヲ竢アルヘシ 丙云英國新聞ニ露國ノ東略ヲ預妨セントテ既ニ太平海北部ニ一ノ海軍屯站ノ地ヲ要セントスルノ論アリ 松島等ノ如キ或ハ彼カ注目スル處タルモ知ルヘカラス 且聞該國官船シルビヤ長崎ヨリ韓他ニ航セリト 当時我譯官乘組居ラサレハ何ノ地ヲ航通セシヤヲ知ルニ由ナシ 或ハ該國ヲモ予メ巡視セシメンコト必無トモ信シカタシ サレハ今ニモ英公使或ハシカラストモ他ヨリ該島ニ就キ云々ノ論アルトキ一切知ラスト答ヘンハ頗ル忸怩ナキアワス 所謂不都合ナルモノナリ 故ニ今日ノ策ハ甲乙ノ所論ノ如キ開否等ノ議ニ涉ラス聊ニテモ該島ノ現狀ヲ知ルコトヲ急務トセリ 故ニ誰ニテモ其地ヲ巡視スヘキノ望アルモノ何船ニテモ其近傍ヲ航シ甘ンシ寄碇セントイフモノアレハコレヲ許可シコレヲ雇フヲ可ナリトイヘトモソノ效ヲ收ムルモノハ只ニ前ニ述ル所ノミニ止ルモノナルハ計算上多費ヲ要スルコトハ妙トセス須ク如此効ヲ收ムルコト若干ノ価アルヘキヲ算シ若干金ヲ瀨脇氏ニ付シ是額內ヲ以テ此擧ヲナスヘキヲ命セハ計ノ得ルモノニ幾カシ 我邦人外國ノ船ニ搭シ韓地ニ至リシトテ韓政府ノ猜嫌ヲ增サントノ過慮ハナキニアラストイヘトモ該島ニ在ル韓民(仮令官吏アルモ)邦人ト外國人トヲ區別スルノ眼睛モアルマシケレハ斷然交隣ノ誼ニ於テハ妨碍ヲ生セサランコトヲ信ス

(渡辺洪基『松島之議』)

송도순시 요부의 의

공신국장 다나베타이치

갑이 말한다. 1일에 개부의 략을 정한 이후, 금일 시찰의 여부를 논해야 한다. 들은 바에 의하면 송도는 우리 방인이 명한 이름으로 실은 조선 울릉도에 속하는 우산이다. 울릉도가 조선에 속하는 것은 구정부 때에, 한 갈등이 생겨 문서가 오간 끝에, 오랜 증거로 우리것이 아니라는 것을 약속하고 기록하여, 양국의 국사에 있다. 지금 이유 없이 사람을 보내어 이것을 순시하게 한다면 이것은 남의 보물을 세는 것이라 한다. 하물며 이는 인국의 경계를 침월하는 것과 같아, 우리와 한국의 교류가 시작되었다 해도, 의심과 혐오가 아직 조금도 없어지지 않는 때에, 이렇게 하나의 일로 다시 사이를 벌리는 것은 원래 교제가가 싫어하는 곳에서 나오는 것이다. 가령 그 섬이 한국에 속하지 않는다해도 남쪽의 무인도를 열어 류큐를 번으로 해도, 식자 중에는 그것의 옳지 않음을 논한다. 현금의 일은 국맥을 정양하는 것에 있다 조선을 소란케 하여 그것을 걱정하는 것은 취할 계책이 아니다. 송도는 단연코 열 수 없다. 또 열어서는 안 된다. 그 불능불가를 알고 이를 순시하는 것은, 어찌 무익이 아니겠는가. 어찌 후일의 해를 빚으려 하는가. 을이 말한다. 개부의 략은 시찰 후가 아니면 정할 수 없다. 판도의 논은 지금 그 실을 보지 못한다. 그저 좀먹은 지면상의 증거를 믿는다면, 이것은 옳다고 말할 수 없다. 허나 우리 근해에 있고, 우리 사람이 한국의 내지에 건너가는 자, 로의 영지에 건너가는 자가 반드시 지나야 하는 길이기에, 그 땅의 형상을 자세히 하지 않고, 이것을 불문하여 그만 두는 것은 우리의 임무를 다하지 않는 것과 같다. 때문에 그 섬은 물론 소위 죽도라는 것도 역시 순시하여 그것의 오늘의 상태를 상세히 알아야 한다. 순시는 필요한 것이다. 그렇기는 하지만 영·로 등의 배를 고용하여 불과 하루나 반일 정박하고, 한 두 사람의 관리가 상륙하여 시찰해도 큰 의미가 없을 것이다. 또 오늘을 놓치면 다시 할 수 없는 기회라고도 할 수 없으므로 서남을 진압한 후 해군도 무사 한가할 때일 것이므로, 그 때에 이르러 측량 제도 등에 익숙한 해군 사관과 생산개발에 밝은 관리를 파견하여 이것을 검사하게 하여, 이후 이것을 서도로 정리하여, 고문서와 비교하여 비로소 송도가 울릉도의 일부인가, 과연 우산인가, 또 다른 하나의 무주지인가도 정할 수 있다. 또한 장래에 도래 개간하는 이익의 유무도 생각할 수 있다.

때문에 순시한 후가 아니면 개부의 뜻을 정하기 어렵다. 송도는 반드시 순시하지 않으면 안 된다. 그렇지만 세와키씨의 뜻과 같이, 일부러 이것을 옳다 하지 않고, 반드시 그야말로 다른 날을 기다려야 한다. 병이 말한다. 영국 신문에 로국의 동진을 미리 방어한다며 이미 태평양 북부에 하나의 해군 둔참지를 필요로 한다는 논이 있다. 송도와 같은 곳을 어쩌면 그가 주목하는 곳일지도 모른다. 또 듣기를 그 나라 관선 실비아가 나가사키에서 한국땅으로 항해했다 한다. 당시 우리 역관이 승조하지 않았으니, 어느 곳을 항통했는가를 알 수 없다. 어쩌면 그 나라를 미리 순시하게 한 일이 반드시 없다고도 믿기 어렵다. 그러므로 지금이라도 영국공사 혹은 그가 아니라도 다른 곳에서 그 섬에 대해 여러 이야기가 있을 때, 일체 알지 못한다고 답하는 것은, 아주 부끄럽게 생각할 일이다. 소위 체면이 안서는 일이다. 따라서 오늘의 대책은 갑을의 소론처럼 개부 등의 의논으로 머물지 말고 조금이라도 그 섬의 현상을 아는 것을 급무로 한다. 따라서 누구라도 그 땅을 순시하겠다는 것을 희망하는 자, 어느 배라도 그 근방을 향해하여 기꺼이 들리겠다고 말하는 자가 있으면, 이것을 허가하고, 이것을 고용하는 것이 옳다고 하지만, 그 효과를 얻는 것은, 단지 앞에 이야기한 것에만 머무는 것이라면, 계산상 많은 비용을 요하는 것은 묘책이라 할 수 없다. 얼마 동안 이렇게 효과를 거두는 것은 약간의 가치가 있다고 계산하고, 약간의 돈을 세와키씨에게 주어, 그 금액 안에서 이 일을 이룰 것을 명하면, 계획을 이루는 것과 같다. 우리 방인이 외국의 배를 타고 한국땅에 이르렀다 하여, 한국정부의 시혐을 증폭시킨다는 괴려가 없는 것은 아니지만 그 섬에 있는 한국인(가령 관리가 있어도)이 방인과 외국인을 구별하는 안목이 있는 것도 아니므로, 단연 교린의 의에 있어서는 방해를 일으키지 않을 것으로 믿는다.

(와타나베 히로모토『송도지의』)

15) 軍艦「天城」의 松島巡見의 경위에 대해서는, 北澤正誠의「竹島版図所屬考」(『日本外交文書』제14권 外務省藏版)에 자세하다. 그 관계 부분을 인용하면 다음과 같다.

海軍水路局ノ水路雑誌ニ據レハ明治十一年六月海軍少佐松村安種天城艦ヲ以テ朝鮮海へ回航ノ際其乗員海軍大尉山澄直清海軍少尉補小林春三同福地邦鼎等ト松島ニ赴キ吉田中尉ハ正午本艦ノ所在ヲ實測シ北緯三十七度四十八分ヲ得又午前七時五十八分ニ太陽高度ヲ測テ本艦所在ノ東経一百三十度三十二分ヲ得是ヨリ針路ヲ南東ニ変シ水程儀ヲ以テ測リ航走スル二十里松島ヲ去ル二里ノ處ニ達シ松島ノ中部ヲ正南ニ望ム云々トアリ　是我軍艦松島ノ測量スルノ始メナリ　其後明治十三年天城艦ノ再ヒ松島ニ航スルニ及ヒ海軍少尉三浦重郷等親シク其地ニ至リ實見測量スルニ及ヒ該島東岸ニ仮泊ノ地ヲ發見シ　又松島ハ古代韓人称スル處ノ鬱陵島ニシテ他ニ竹島ト称スル者アルモ蕞爾タル小島ニ過キサルヲ知リ事情愈明了ナリ

由此觀之ハ今日ノ松島ハ卽チ元祿十二年称スル所ノ竹島ニシテ古來我版図外ノ地タルヤ知ルヘシ 是竹島古今沿革ノ大略ナリ

해군 수로국의 수로잡지에 의하면, 메이지 11년 6월, 해군소좌 마쓰무라 야스타네가 아마키함으로 조선해로를 회항할 때, 그 승원 해군대위 야마스미 나오키요 해군소위보 코바야시 하루조 동 후쿠치 쿠니마타 등과 송도를 향해했다. 요시다 중위는 정오에 본함의 소재를 실측하여 북위 37도 48분을 얻고, 또 오전 7시 58분에 태양고도를 측정하여 본함소재의 동경 130도 32분을 얻었다. 이로부터 침로를 남동으로 바꾸어 수정의로 측정하며 배가 달리길 20리, 송도를 떠나 2리의 곳에 이르러, 송도의 중부를 정남으로 바라본다고 운운 했다. 이것이 우리 군함이 송도를 측량하는 것의 처음이다. 그 후 메이지 13년 아마키함이 다시 송도로 항해하게 되어, 해군소위 미우라 시케사토 등이 친히 그곳에 이르러 실견 측량하게 되어, 해도의 동안에서 가박의 땅을 발견하고, 또 송도는 고대 한인이 칭하는 곳의 울릉도로, 따로 죽도라고 칭하는 것이 있는 것도 작은 소도에 지나지 않는다는 것을 알아, 사정이 아주 명료해졌다. 따라서 이를 보면, 금일의 송도는 즉 겐로쿠 12년에 칭하는 곳의 죽도로, 고래로 우리 판도 외의 땅이라는 것을 알아야 한다. 이것이 죽도의 고금연혁의 대략이다.

16) 鬱陵島ニ邦人渡航禁止審査決議ノ件並ニ決濟(外務省編纂『日本外交文書』第一六卷)
울릉도에 방인 도항금지 심사결의의 건 및 결제(외무성편찬『일본외교문서』제16권)」

17) 島根縣隱岐支廳文書綴

18) 島根縣隱岐支廳文書綴

19)『續々群書類從』地理部 제9에 있다, 또 內閣文庫에는『隱州視廳合記』사본도 있다.

20) 內閣文庫本(사본)에 의함.

21) 大谷家文書에 同文 3통이 있는데, 그 表書에「카쓰노리(勝意가 甲戌春에 寫해 두었다」라고 주기되어 있다. 또 大谷九右衛門의『竹島渡海由來記拔書控』(大谷家文書)에도「勝信代, 延寶 9년 酉 5월에 巡見님이 머무셨을 때 죽도의 상황을 물으신 것에 관해 올린 답의 사본」이라는 표제 밑에, 이것과 거의 같은 내용의 글이 실려 있다. 이 문서들에 의하면 죽도의 배령은 大猷院(德川막부의 3대장군)시대라고 되어있으나 元和 4년 5월 16일부를 기해 죽도도해면허의 봉서가 나왔으므로, 台德院(秀忠:막부의 2대 장군)이 잘못 표기된 것이 확실하다. 이런 종류의 실수는 아마도 이 청원서를 제출한 3대 큐에몬 카쓰노부가 초대 勝宗를 대신하여 선대 勝實가 장군 家光를 처음으로 알현한 시기와 겐나 4년에 죽도를 배령 받았던 시기와 혼동한 것에 유래한다고 생각된다.『竹島渡海由來記拔書控』에도, 이미 이것을 알아차리고, 다음과 같이 주기하고 있다.
右書上五十年以前　大猷院樣御代五十年以前竹島拜領之書顯有之是ハ御目見初發と見えたり。竹島渡海免許ハ台德院樣御代元和四年午五月十六日と則御奉書に顯然たり。今右書上竹島渡海免許と御目見之初發と混雜略して如斯書上仕義と見えたり。
우서는 50년 이전, 다이유인의 어대 50년 이전, 죽도를 배령한 문서에 이것이 있다. 여기에 처음으로 알현했다고 보인다. 죽도도해면허는 다이토구인의 어대 겐나 4년 5월 16일이라고 봉서에 있다. 지금 우서에 죽도도해면허와 알현이 혼잡 생략되어 이렇게 기록된 것이라고 보인다.

22) 大谷家文書, 同文 五冊 있다.

23) 大谷九右衛門『竹島渡海由來記拔書控』에 게재.
또 大谷家文書에도「寬保元酉年六月十日附長崎御奉行所樣御役人中樣宛奉願上候口上之覺」라는 것이 있는데, 이것은 村川市兵衛와 연명된 것으로 내용은 전혀 다르다. 松島渡海免許의 시기에 대해서는 寬保 원년에 4대 勝房가 長崎奉行所에 제출한 구상서에는「大猷院(家光)樣御代」라고 되어있으나, 그 전년의 元文 5년에 동일인이 寺社奉行에 차출한 서류에는「台德院(秀忠)樣御代」으로 되어 있다. 또 3대 勝信가 延寶 9년에 막부 巡察使에 差出한 請書에는「嚴有院(家綱)樣御代」라고 되어 있어, 제각각이다. 이점에 대해서는 나중에 고증하기로 하고, 여기서는 언급하지 않는다.

24)『이소타케시마오보에가키(礒竹島覺書)』(內閣文庫本).

25) 內閣文庫本에 의함.
26) 島根縣藏本에 의함.
27) 島根縣圖書館藏本에 의함.
28) 新宿區 早稻田穴 하치만진자큐시(八幡神社宮司) 사이토 나오나리(齋藤直成)氏所藏 「竹島方角圖」
29) 『高麗史地理誌』, 『世宗實錄地理志』, 『新增東國輿地勝覽』 등은 于山國의 신라 복속을 智證王 12 년으로 하고 있으나 『三國史記』는 智證王 13년 夏6월로 하고 있다.
30) 『世宗實錄地理志』 및 『新增東國輿地勝覽』에는 金柔立의 울릉도 파견을 毅宗 13년으로 하고 있으나『高麗史』 에서는 毅宗 11년 5월조(권18)에,
王聞東海中有羽陵島, 地廣土肥, 旧有州縣可以居民, 遣溟州道監倉殿中內給事金柔立往視, 柔立回奏, 土多巖石, 民不可居, 遂寢其議
왕이 동해 중에 우릉도란 섬이 있어, 땅이 넓고 토지가 기름져서 예전에 주현이 있었던 곳으로 사람이 살 수 있다는 말을 듣고 명주 도감창전의 내급사 김유립을 파견하였다. 유립이 돌아와 고하기를 「땅에 암석이 많아 백성이 살 수 없습니다」라고 하니 마침내 의논을 그만두었다.
라고 있다. 『高麗史地理志』도 이에 의해 毅宗 11년 설을 취하고 있다
31) 『世宗實錄』20년 4월 甲戌條 및 동년 7월 戊戌條(권81)에서는, 도망쳐 숨은 인구의 수색을 위해 울릉도로 향한 것은 護軍 南薈와 司直 曹敏으로 되어 있다.
戊戌(7월 16일)
護軍南薈司直曹敏回自茂陵島復命進所捕男女共六十六及產出沙鐵石鐘乳生鮑大竹等物仍啓日發船一日一夜乃至日未明掩襲人家無有拒者皆本國人也自言聞此地沃饒年前春潛逃而來其島四面皆石雜木与竹成林西面一處不泊舟揖東西一日程南北一日半程
호군 남회와 사직 조민이 무릉도에서 돌아와 복명하고, 붙잡은 남녀 모두 66명과 거기서 생산된 사철·석종유·생포·대죽 등 산물을 바치고, 그에 관하여 아뢰기를, 배가 출발한지 하루 낮과 하루 밤 만에 비로소 도착하여 날이 밝기 전에 인가를 포위하여 덮치니 항거하는 자가 없었고 모두가 우리나라 사람들이었으며, 스스로 말하기를 이곳 토지가 비옥하고 풍요하다는 말을 듣고 몇 년 전 봄에 몰래 도망왔다고 합니다. 그리고 그 섬은 사면이 모두 돌로 되어있고 잡목과 대나무가 숲을 이루고 있으며 서쪽은 배가 정박할 곳이 한 곳도 없고 동서는 하루의 노정이고 남북은 하루 반의 노정이었습니다.
그러나 『新增東國輿地勝覽』(권45)에서는,
世宗二十年遣縣人万戶南顥, 率數百人, 往搜逋民, 盡俘金丸等七十余人而還, 其地遂空
세종 20년(1438)에 울진현 사람 만호 남현을 보내어 수 백 명을 이끌고 가서 도망해 가 있는 백성들을 수색하여 김환 등 70여명을 잡아가지고 돌아오니 결국 땅이 텅 비었다.
라고 있어, 인명 그 외에 두 기사 사이에 약간의 상위는 있으나, 세종 20년에 울릉도가 결국 완전한 공도가 되었다는 것에는 일치한다.
32) 「うるまの島」에 대해서는『大日本史』 및 『大日本史料』에 다음과 같이 실려 있다.
『大日本史』卷234, 列傳5, 高麗
寬弘元年 高麗蕃徒芋陵島人漂至因幡
(權記, 高麗蕃徒據本朝麗藻, 芋陵據東國通鑑, ○本書芋陵爲于陵, 麗藻迂陵, 今訂之, 公任集云, 新羅宇流麻島人至, 宇流麻島卽芋陵島也)
給資糧, 回歸本國〈本朝麗藻〉
간코 원년에 고려의 번도 우릉도인이 이나바에 표류해 왔다.
(곤키, 고려번도는 본조려조에 의한다. 동국통감에 의하면 우릉이다. ○본서는 芋陵을

于陵으로 한다. 려조의 迂陵, 이를 지금 정정한다. 긴토집이 말하길, 신라 우류마 도인이 왔다. 우루마도란 즉 우릉도를 말한다.
식량을 보내 본국으로 돌려 보냈다〈본조려조〉
『大日本史料』第二編ノ五
寬弘元年三月七の條
(權記) 七日辛卯, 參內, 左大臣就陣給申所宛之, 被定 (中略) 因幡國言上于陵島人十一人事等、定文在別云云
(本朝麗藻) 下, 餞送部
○代迂陵島人感皇恩詩 源爲憲
遠來殊俗感皇恩, 彼不能言我代言,
一葦先摧身殆沒, 孤蓬暗轉命纔存,
故鄕有母秋風淚, 旅館無人暮雨魂,
豈慮紫泥許歸去, 望雲遙指舊家園,
○高麗蕃徒之中, 有新羅國迂陵島人,
折 (忻) 競悅之者, 其文不優, 頗知詩篇,
臨別之日予与一篇〈勘解相公 (藤原有國)
我尋京洛辭雲去, 君赴高麗掉浪歸,
後會難期何歲月, 秋風宜使雁書飛,
(前大納言公任卿集)
나는 경락을 찾아온 구름을 이야기하며 가고 당신은 고려를 향해서 파도에 배를 저어 돌아간다.
후에 만나기 어려워 어느 세월가을 바람에 부탁해 기러기에 편지를 써서 띄우려 한다.
(전 다이나곤 긴토경접집)
しらきのうるまの島人きて、ここのひとのいふ事も聞しらすときかせ給て、かへりこと聞さりける人に
신라 우루마의 도인이 와서, 이곳 사람들의 말을 듣고도 알지 못한다고 들으시고, 절대로 답을 주지 않는 여인에게 주는 것처럼 보낸 노래.
※千載和歌集、詞書ヲ「うるまの嶋の人、ここにはなたれきて、ここの人の物いふをききもしらてなむあるといふ比、かへり事せぬをんなにつかはしける」ニ作ル
※센자이 와카슈, 고토바가키(詞書)를 「우루마섬의 사람, 이곳에 흘러 와서, 사람들이 말하는 것을 듣지도 못하고 있을 때, 답을 주지 않는 여인에게 보내는 것처럼 이 노래를 보낸다」며 만들었다.
おほつかなうるまの嶋の人なれや
我うらむるをしらすかほなる
아주 애가 타는 구나. 당신은 (말이 안 통하는) 우루마 섬 사람이로다(보낸 편지의 답이 없어)
내가 원망한다는 것도 전혀 모르는 얼굴이다
かへし
はるかなるその嶋人のことの葉を
あ(ち)るとはみけむ風に便に
답가
멀고먼 그 섬의 사람이 사용하는 말이 있다고 하는 것 들었으리라고 생각합니다.
바람에 들리는 소문으로(당신의 노래는 왠지 들은 것 같다고 생각되는데, 그런데 그것

이 어떻다는 것입니까)
*千載和歌集　4句(我うらむるを) ヲ「わかことのはを」ニ作ル
『센자이와카슈』의 4구(내가 원망한다는 것도)를 「나의 말을」로 고친다.

33) 아키오카 타케지로(秋岡武次郎) 저『日本地圖史』(昭和30년) 제2편 제2장제1절 「浄得寺, 小林, 河村系日本図屏風」

34) 나카무라 히로시(中村拓)「戰國時代의 日本圖(『横浜市立大學紀要』제58호, 昭和32년) 前編4 「初期南蠻屛風日本圖의 製作年代.
동「地圖에 나타난 竹島에 대하여」(外務省調書 昭和 28년).

35) 中村拓 「戰國時代의 日本(『横浜市立大學紀要』제58호, 昭和32년),

36) 大谷九右衛門『竹島渡海由來記拔書控』(大谷家所藏本)에 다음과 같이 기술되어 있다.
永祿年中玄番長男和田九右衛門勝宗ニ甥甚吉与申者有之米子灘江ヲ𨒹住居爲致廻船家業相營候處越後國ヨリ歸帆砌与風竹島江漂流甚吉全ク島巡り越方等熟思致所朝鮮國相隔事四拾里斗人家更ニ無之土産所務之品有之姿弥渡海之勝手相考同所より海上百五拾里斗日経漸漆山下江歸帆
에로쿠 연중 겐바의 장남 와다 큐에몬가쓰무네의 조카 진키치라는 자가, 요나고 나다에 이사하여 회선업을 경영하게 되었는데, 에치고노쿠니에서 귀범할 때 바람을 만나 죽도에 표류했다. 진키치는 섬 전체를 돌아보며 오는 방법 등을 깊이 생각했다. 조선과 떨어지길 40리 정도로, 인가는 전혀 없고, 토산품이 있다는 것을 알고, 도해의 방법을 생각하고, 동소에서 해상으로 150리를 여러 날에 거쳐 겨우 산하로 돌아왔다.

37) 『台德院殿御實記』의 元和 3년 7월 25일조에, 다음과 같이 기록되어 있다.
阿倍四郎五郎正之監使にさゝれ伯耆國に赴き加藤左近大夫貞泰より同國米子城を受取り, 龜井豊前守政矩に石見の津和野城引渡しの事命ぜらる
아베 시로고로마사유키 감사를 명받아 호키노쿠니에 부임하여 가토 사콘다유사다야스한테 동국의 요나고성을 수취하고, 가메이 호젠노카미마사노리에게 이와미의 쓰와노시로를 인도할 것을 명받았다.

38) 池田家文書, 大谷家文書『竹島渡海由來記拔書控』등에 게재.

39) 『大谷家由緒實記』(大谷家藏)에 다음처럼 기록되어있다.
그 때 勝宗가 노년으로, 눈병이 났을 때, 장군의 알현에 임하여, 당번으로 적자 소스케(惣助)를 에도에 참부시켜, 알현하는 당일이 되어, 미성인이 알현한 전례가 없다는 규정에 의해, 어전 안에서 소스케는 성인식을 하고 이름도 큐에몬(九右衛門)으로 개호하여, 알현을 순조롭게 마치고 귀국했다. 즉시 가쓰무네는 도베에(藤兵衛)로 개호하고 분가하여 은거했다. 후에 단발하고 도기(道喜)라 했다.
또 동 기록에 가쓰무네는 「寛文 2년 壬寅 12월 卄一일, 行年 97세로 죽었다」라고 기록되어 있다.

40) 그것이 万治2년의 서간이라는 것은, 마사쓰기(正繼)의 서간에 「지난 번에 순조롭게 장군을 알현을 마친 것이 그지없이 기뻤다는 뜻을 당연히 가집니다(去比首尾能御目見江相濟恐悅之旨尤存候)」라고 있는 것으로도 추정할 수 있다. 龜山 서간에는 알현에 대해서는 언급하지 않았지만, 두 서간 모두 6월 11일 오사카에서 온 大谷九右衛門의 서간에 대한 답장이라는 것, 내용이 거의 같은 취지라는 것으로, 전기의 阿倍의 서간과 같은 시기의 것이라는 것을 추정할 수 있다. 아마 오야는 아베, 가메야마 두 사람에게, 이 서간으로 송도도해의 희망을 표명한 것으로 생각된다. 두 서간 모두 大谷家文書에 있다.

41) 元祿六年五月卄二日御勘定頭松平美濃守에 제출한 書付(『池田家文書』)

42) 元祿 8년 2월 24日 阿部濃後守가 竹島에 관해 물은 것에 대한 답서(『池田家文書』)
43) 호키노카미에게 여러 가지를 물어서 제출한 서부(伯耆守へ段々相尋候付又々書付差出候覺)(『磯竹島覺書』)
44) 池田家文書 중의 「오타니이베에(小谷伊兵衛)가 재출한 竹島의 書付」. 이것에는 「子正月廿五日」의 일자가 있다. 이 子年이 元祿 9년에 해당하는 것은, 제2절1(2) 「지도에 나타난 송도・죽도」에서 검토한 대로이다.
45) 『元文五年四月 장군에게 소송한 요구 및 죽도도해의 건을 선규대로 서사한 각기(御公儀江御訴訟之御請並竹島渡海之次第先規より書寫候覺記)』(大谷家文書) 중에 있는 寬文 7년 2월 29일의 大谷九右衛門의 「伯耆國漂流人口書之覺」가 상세하다.
46) 나카이 타케노스스무(中井猛之進)박사의 『鬱陵島植物調査書』(大正八年)에는 다음처럼 기록되어 있다.

島の特産植物

죽도 백합　Lilium Hansonii, Leitchtlin.

고래의 武島百合 또는 竹島百合으로 알려진 것으로, 그야말로 本島의 원산이다. 鱗莖은 참나리를 닮고, 잎은 輪生한다. 그 輪生은 2, 3 내지 4階를 이루고, 모든 꽃은 황색으로 살이 많다. 전도의 수림 아래에 난다.

오동나무 Paulownia tomentosa, Koch,

오동나무는 고래로 일본에서 재배하지만 그 원산지를 알지 못했으나, 울릉도가 그 원산지라는 것을 알게 되었다. 10년 전까지는 직경 6, 7尺의 노목이 있었으나 모두 벌채하여 지금은 玉泉洞의 斷崖, 錐山의 斷崖 등에 그 명맥을 유지할 뿐이다.

47) 1953년 9월 9일부

대한민국 주일대표부 구상서

「鬱陵島는 羽陵, 武陵, 蔚陵島 등으로 불리고 있다. 한편 獨島는 于山 또는 三峰島로 불려지고 있었다.」

「세종실록(이조의 세종왕이 편찬한 가장 권위 있는 조선의 사서의 하나)의 울진현조에는 「우산과 무릉 두 섬이 현의 정동 해중에 있어, 두 섬이 서로 떨어짐이 멀지 않아, 바람이 부는 맑은 날에는 바라볼 수 있다」라고 진술하고 있다.」

「독도는 이조의 초기부터 삼봉도라고도 불리고 있었다」

「이조의 가장 유명한 문헌 중 하나인 동국여지승람에 의하면 서기 1476년에 金自周를 장으로 하는 현재의 독도의 조선조사단이 삼봉도에 도항하여, 당시의 조선정부에「우리들이 정박한 섬에서 7리나 8리의 거리에 (조선의 10리는 일본의 1리와 같고, 또 그것은4km에 해당), 동쪽을 바라보면 세 개의 암봉을 발견할 수 있었다.…… 우리들은 이 섬의 도면을 그려 귀환했다」라는 취지를 보고했다. 이 사실은 조선인이 삼봉도(현재의 독도)에 동도 조사의 목적을 갖고 간 일이 있다는 것을 명확히 나타내는 것이다.」

1954년 9월 25일자

대한민국 주일대표부 구상서

「文獻上의 于山島가 現在의 獨島(日本의 所謂 竹島)를 가리키는 것이 더 疑心할 餘地가 없다.」

「于山島와 鬱陵島가 두 개의 別島라는 것을 區區히 說明할 必要가 없다. 그러나 다시 한번 誤解가 없도록 明確을 期하기 爲하여 이에 『世宗實錄地理志』와 『新增東國輿地勝覽』에서 다음의 記事를 引用하고자 한다.

「于山 및 武陵의 두섬(島)이 蔚珍縣의 正東쪽 海中에 位置되고 두섬의 距離가 그리 遠隔

이 아니기 때문에 日氣가 淸明한 때에는 이 두섬이 서로가 望見할 수 있다」(世宗實錄地理志).
「于山島와 鬱陵島 이 두섬(島)은 蔚珍縣의 正東쪽 海中에 位置한다」(新增東國輿地勝覽)
전기의 인용과 같이 우산도 및 무릉(울릉도) 양도는 蔚珍縣의 정동방의 해상에 위치하는 별개의 도서이다. 또한, 이 양도는 서로 떨어져 있기는 하지만 그 거리는 그다지 멀지 않아 청천일 때는 서로 망견할 수 있다는 주석이 붙어 있다. 전술의 설명에서도 분명하듯, 우산 및 울릉의 양도는 결코 동일섬이 아니라 분명히 두 개의 다른 섬이다. 일본국 정부는 이 사실을 승인하려고 하지 않는다. 그것뿐인가 일본 정부는 이 사실을 부정하려 계획하고 『세종실록』 및 『신증동국여지승람』 중에 있는 문언의 맹목적인 인용을 행했다. 즉 「신라 시대에는 우산국은 또한 울릉도라고도 불렀다」. 또 「우산도 및 울릉도가 본래 동일한 섬이었다는 이야기도 있었다」라고 말하는 것이다.
이 두 인용문에 명료하게 기술되고 있는 바와 같이 전자는 「우산국」이라는 이름이 신라시대의 「우산국」을 가리킨 것이며, 그렇기 때문에 「우산도」를 가리킨 것이 아니다. 輿地誌는 우산도가 울릉도와 함께 「우산국」의 일부였던 것을 나타내고 있다). 후자는, 애매한 「이야기」일 뿐이다. 따라서, 이들 인용은 우산도, 울릉도라는 이름이 『세종실록』 및 『신증동국여지승람』이 편찬된 당시에 확인되고 있던 두 개의 다른 섬의 이름이었다는 사실에 영향을 미친다는 것은 결코 불가능하다」
「우산도와 울릉도가 두 개의 다른 섬이라고 확인하고 있는 『세종실록』 및 『신증동국여지승람』에 나타나 있는 사실을 고의로 무시하고, 또 권위도 없는 이야기만을 인용하고, 혹은 우산국을 제멋대로 우산도라고 간주하는 일본국 정부의 태도는 동정부가 그 주장을 입증한다는 본래의 목적에 도움이 되기는커녕 이 문제를 공정한 태도로 연구하는 의지를 지니고 있지 않은 것을 분명히 나타내는 것이다.
일본국 정부는 우산도, 삼봉도 및 울릉도의 3도가 동일 섬이라는 것을 증명하려고 기도하고 『文獻撮錄』이라는 서책 1절을 인용하고 있다. 그러나 『문헌촬록』 그 자체는 이조 왕조 말기에 쓰인 개인적 소론문에 지나지 않는다. 동서는 역사적 및 지리적 사실, 또한 그 추이를 탐구하기 위한 문헌으로서는 세종실록과 같은 가치를 지니고 있지 않다. 이러한 자료에 근거를 두고 일본국 정부가 인출한 결론은 단순히 견강부회한 설에 지나지 않는다.

1959년 1월 7일부

대한민국 주일대표부 구상서

대한민국 정부는 한국이 이미 이씨 조선 초기부터 우산도와 울릉도가 각각 별칭의 2도라는 것을 인지하고 또, 그 우산도는 독도(일본의 소위 현재의 죽도)와 동일한 점을 정확한 문헌에 의거하여 주장해 왔다.
일본 측은 『삼국사기』에 기록된 「우산국……혹명 울릉도」라고 있는 것을 들어 『고려사지리지』에도 이것이 답습되었다는 것을 이야기하고, 또한 『세종실록지리지』에서 「우산무릉이도재현정동해중(于山武陵二島在縣正東海中)」이라는 본문기사에 첨기된 「신라시칭우산국일운울릉도(新羅時稱于山國一云鬱陵島)」을 거론하면서 우산울릉(于山鬱陵)이 동일도를 지칭한 것이라고 억단(臆斷)하고 있지만, 이것은 어느 문헌의 1구절을 자신에게 유리하게 인용하여 해석하는 것에 의해, 그 전체의 진실을 은폐하려고 하는 일본측의 잘못된 편견이 도출한 결론에 지나지 않는다.
왜냐하면 우산국을 울릉도로 보고 또는 울릉도를 우산국으로 본다고 하더라도, 그 어느 쪽도 울릉도 부근의 무인소도가 우산국에 포함되어 있지 않았다는 사실을 이야기하고 있는 것이 아니다. 특히 일본 측은 『세종실록지리지』 중 한 주석을 이용하여, 이것을 가지고 우산·무릉 양도를 울릉도로 보았다고 견강부회하고 있지만, 본문의 「우산무릉이도재현정동해중」, 「이도상거부원풍일청명즉가망견(二島相去不遠風日淸明卽可望見)」이라는 별칭의 2도로, 명백하게 인지된 사실에 추호의 의문이 있을 수 없는 일이다.

이렇게 명백하게 시인할 수밖에 없는 사실이 있음에도 불구하고 일본 측은 한국 측이 인증한 문헌이 당시 한국 정부에 의한 관찬물이라는 사실에 조금도 유의하지 않고, 어쨌든 한국 측에서는 우산도와 울릉도가 별개의 (섬)이라고 하는 것에 대해, 여러 의문을 품고 있었다는 듯이 주장하기 위해, 본 문제에 대해 하등의 문헌적 가치도 인정할 수 없는 한 개인이 제멋대로 기록한 것에 지나지 않는 『芝峯類說』과 『문헌촬록』의 기사를 재차 거론 하고 있는 것에 대해 한국 측은 이 이상 해명할 필요조차 느끼지 않고 있는 것이다.

또한, 일본 측은 『증보문헌비고)』에서도 2도설로 일관하면서도, 이 역시 一島二名의 의문을 남긴 것이라 하지만 실제로는 『증보문헌비고』에서도 「우산도울릉도, 鬱을 蔚로도 하고, 羽로도하고, 武로도하는데 2도로, 하나가 바로 우산이다(于山島鬱陵島 鬱一作蔚一作羽一作武二島一卽芋山)」라고 기록되어 있다. 이것을 설명하자면 우산도와 울릉도, 그 중 울릉(鬱陵)의 울(鬱)자를 혹은 울(蔚) 또는 우(芋), 또는 우(羽), 또는 무(武)라고도 쓰고 있지만, 사실상 우산과 울릉은 2도로 보고, 그 중의 하나인 우산)은 즉 우산(芋山)이다. 바꿔 말하자면 울릉의 윗자가 우산(于山)의 윗자와 혼용되고 있지만 우산과 울릉은 2도라는 것이다. 이것을 가지고 이 문헌에서도 우산울릉(于山鬱陵)이 2도로 확인되고 있는 것은 명백한 일이다」

48) 三國史記 卷四四 列伝四 異斬夫

異斬夫〈或云苔宗〉姓金氏、奈勿王四世孫、智度路王時、爲沿邊官、襲居道權謀、以馬戲誤加耶〈或云加羅〉國取之、至十三年壬辰、爲阿瑟羅州軍主、謀幷于山國、謂其國人愚悍、難以威降、可以計服、乃多造木偶師子、分載戰舡、抵其國海岸、詐告曰、汝若不服、則放此猛獸踏殺之、其人恐懼則降

이사부〈혹은 태종이라고도함〉의 성은 김씨요, 내물왕의 4세손이다. 지로왕 때, 연변의 관장이 되었다. 거도를 권모로 습격하여 마희로 가야를 속여〈혹은 가라라 한다〉나라를 취하였다. 13년 임진년에 아슬라주 군주가 되어 우산국의 병합을 꾀하고 있었는데, 말하기를 그 나라 사람은 어리석고 사나워서 위엄으로 항복시키기는 어려우나, 계교를 써서 복종시킬 수는 있다. 하고, 이에 나무로 사자를 많이 만들어 전선에 나누어 싣고, 그 나라 해안에 다다라 거짓으로 말하기를, 너희들이 항복하지 않으면, 이 맹수를 놓아 밟아 죽이겠다고 하니 그 사람들이 두려워하며 곧 항복했다.

三國遺事 卷一 智哲老王

阿瑟羅州〈今溟州〉東海中、便風二日程、有于陵島(今作羽陵)、周廻二万六天七百三十步、島夷恃其水深、憍傲不臣、王命伊喰朴伊宗、將兵討之、宗作木偶師子、載於大艦之上、威之云、不降則放此獸、島夷畏而降、賞宗爲州伯

아슬라주〈지금의 명주〉 동해 중에 순풍 2일 거리에 우릉도(지금은 우릉으로 쓴다)가 있으니, 주위가 2만 6천 7백 3십보다. 도이가 그 해수의 깊음을 믿고 교만하여 칭신하지 않았다. 왕이 이찬 박이종에게 명하여 병사를 거느리고 가서 치게 하였다. 이종이 나무로 사자를 만들어 큰 배에 싣고 위협하여 말하길, 항복하지 않으면 이 짐승을 놓으리라하니 도이가 두려워서 항복하였다. 이종을 포상하여 그 주의 관장으로 삼았다.

49) 太宗實錄 卷32

十六年九月庚寅、以金麟雨爲武陵等處安撫使、戸曹參判朴習啓、臣嘗爲江原道都觀察使、聞武陵島周回七息、傍有小島、其田可五十余結、所入之路、纔通一人、不可並行、昔有方

之用者、率十五加入居、或時仮倭爲寇、知其島者、在三陟在、請使之往見、上可之、乃召三陟人前万戸金麟雨、問武陵島事、麟雨言、三陟人李万嘗往武陵而還、詳知其島之事, 卽召李万、麟雨又啓、武陵島遙在海中、人不相通、故避軍役者、或逃入焉、若此島多接人、則倭終必入寇、因此而侵於江原道矣、上然之、以麟雨爲武陵等處安撫使、以万爲伴人、給兵船二隻・抄工二名・引海二名・火㷁火藥及糧、往其島　論其頭目人、以來、賜麟雨及万衣笠靴

16년 병신(1416) 9월, 김인우를 무릉등처안무사로 임명했다. 호조참판 박습이 계하되, 「신이 일찍 강원도 관찰사로 있을 때 듣기를 무릉도는 둘레가 7식이고 옆에 소도가 있다고 하며, 그 밭이 50여 결인데 들어가는 길은 한 사람이 겨우 통하고 두 사람이 병행할 수 없다고 하며, 옛날에 방지용이라는 자가 15가구를 인솔하고 들어가 사는데 때로는 왜인을 가장하여 본토를 침노하기도 했다 하온 바, 그 섬을 아는 자가 삼척에 있으니 청컨대 그를 보내 조사케 하옵소서」하니 왕이 가하다 하였다. 이에 삼척인 전 만호 김인우를 불러 무릉도의 일을 물으니 김인우가 「삼척인 이만이 일찍이 무릉도에 갔다 와서 그 섬 일을 상세히 안다」하므로 즉시 이만을 부르게 하였다. 김인우가 또 어뢰길 "무릉도는 바다 가운데 멀리 떨어져 있어 사람들이 서로 통하지 못하므로 군역을 피하려는 자가 혹 도망하여 들어가니, 만일 이 섬이 사람들을 많이 받아들이면 왜인이 마침내는 반드시 入寇하고 이로 인하여 강원도에도 침입하리라"고 했다. 왕이 그렇겠다고 하여 김인우를 무릉등처안무사, 이만을 동반인으로 하여 병선 2척 沙工 2명, 引海 2명과 화통 화약 및 식량을 보급하여 그 섬에 가서 그 두목인을 설유해서 데려오라 하고, 김인우와 이만에게 의복과 갓과 신발을 하사했다.

50) 成宗實錄 卷一七

三年四月丁卯、三峯島敬差官朴宗元辭　上引見謂曰、三峯島在海中、爾之行、甚苦但我民逃賦潛投者、不可不刷還、不獲巳遣之、爾往何以爲之、宗元對曰、彼見臣至、必皆逃竄、臣当先奪其船、如其逆命、以軍法従事、然当臨機處置、可預料、上曰、爾言正合予意、其往懋哉

○教朴宗元曰、三峯島在我封城之內、海路險惡、逃賦避稅者、潛在居之、今命爾往捕、發船以後、所領軍士、加有違令者、以軍法從事

3년 4월 정묘, 삼봉도 경차관 박종원이 임지 출발의 인사를 올렸다. 국왕이 인견하여 가로되, 삼봉도는 바다 가운데 있어서 그대의 사행이 매우 고난이 많을 것이다. 단 우리 백성으로서 부역을 피하여 도망해 들어간 자들을 불가불 쇄환해 와야겠는데 잡아오지 못했으므로 그대를 파견한 것이다. 그대는 가서 어떠한 방법으로 이 일을 하겠는가. 종원이 대답하여 가로되, 신이 그곳에 나타나면 반드시 모두 도망할 것이므로 신은 마땅히 먼저 그 배를 빼앗고 명을 거역하는 자는 군법으로써 일을 할 것입니다. 그러나 마땅히 임기하여 처치해야 하겠지만 어려움이 많으리라 예측합니다. 왕이 가로되 그대의 말이 나의 뜻에 바로 합치하니 가서 힘쓸지어다 라고 하였다. 왕께서는 박종원에게 교시하여 가로되, 삼봉도는 우리의 영토(봉토) 안에 있는데, 바닷길이 험악하고, 부역과 조세를 피하여 도망한 자가 그곳에 몰래 들어가 거주하고 있다. 이제 그대에게 가서 잡아오기를 명하니, 배를 출발한 이후 영솔하는 군사 중에서 명령을 위반하는 자는 군법으로써 일을 하도록 하라고 하였다.

成宗實錄 卷一九

三年六月丁丑　○江原道觀察使李克墩馳啓曰、三峯島敬差官朴宗元、与所領軍士、分乘四船、去五月二十八日、自蔚珍浦發去、卽遇大風四散、朴宗元之船東北去、二十九日平明、

向東南、望見武陵島、可十五里、復遇大風、船纜絶、漂流大洋中、不知東西者七晝夜、本月初六日午時、到杆城郡請簡津、司直郭永江等三船、去二十九日、至武陵島留三日、搜索島中、不見居人、只有旧家址而已、島中有竹、其大異常、永江等數竿載船發回、本月初六日、至江陵羽溪縣梧耳津、今風氣漸高、海波險惡、更遣爲難、放遣本道軍士、京軍士、分運上送、何加

3년 임진 6월 정축조. 강원도 관찰사 이극돈이 치계하여 가로되, 삼봉도 경차관 박종원과 그의 영솔하는 군사는 4척의 배에 나누어 타고 지난 5월 28일 울진포에서 출발했는데 큰 바람을 만나 사방으로 흩어졌습니다. 박종원의 배는 동북쪽으로 밀려가 29일 아침에 동남방향으로 무릉도를 망견하고 15리 쯤에서 또다시 큰 바람을 만나 배 돛이 끊어져 대양 중에서 표류하면서 동서 방향을 알지 못한 것이 7주야나 되었다가 이달 초 6일 오시에 간성군 청간진에 도착하였습니다. 사직 곽영강 등이 탄 3척의 배는 지난 5월 29일 무릉도에 도착하여 3일간 머물면서 섬 안을 수색했는데 거주하는 사람은 보지 못하고 단지 옛 집터가 있었을 뿐이며, 섬 안에 대가 있는데 크기가 보통이 아니었으므로 몇 개를 배에 싣고 출발해서 이달 초 6일에 강릉의 우계현 오이진에 도착하였습니다. 이제 바람 기세가 점차 높아지고 파도가 험악하여 다시 파견하기는 어려우니 본도 군사는 풀어 보내고 서울군사는 나누어 올려 보내는 것이 어떠겠습니까.

51) 世宗實錄 卷二九

七年八月甲戌、以前判長鬐縣事金麟雨、爲于山武陵等處安撫使、初江原島平海人金乙之李万金亐乙金等曾逃居武陵島、歲丙申國家遣麟雨盡行刷還、癸卯乙之等男婦共二十八名、復逃入本島、今年五月、乙之等七人、留其妻子於本島、乘小船、潛到平海郡仇弥浦、發覺、監司因之本郡、馳報於是復爲刷還、麟雨率軍人五十名、備軍器賫三月粮、浮海而去、島在東海中、麟雨三陟人也

7년 8월 갑술조. 전판장 기현사 김인우를 우산무릉등처안무사로 임명하였다. 처음에 강원도 평해인 김을지, 이만, 김우을 등이 무릉도에 도망하여 거주했었는데 병신년에 국가에서 김인우를 파견하여 모두 쇄환하게 했었다. 계묘년에 김을지 등 남녀 모두 28명이 다시 본도에 몰래 도망하여 들어갔다. 금년 5월에 김을지 등 7인이 그 처자를 본도에 남겨두고 작은 배를 타고 평해군 구미포에 몰래 도착했다가 발각되었다. 감사가 본군의 치보에 의거하여 보고하여, 이에 다시 쇄환하도록 한 것이다. 김인우는 군인 50명을 인솔하고 무기와 3개월분의 식량을 준비하여 바다로 떠났다. 섬은 동해 가운데에 있고 김인우는 삼척인이다.

52) 世宗實錄 卷二九

七年十月乙酉、于山・茂陵等處安撫使金麟雨、搜捕本島避役男婦二十人、來復命、初麟雨、領兵船二艘、入茂陵島、船軍四十六名所坐一艘、飄風不知去向、上謂諸卿曰、麟雨捕還二十余名、而失四十余人、何益哉此島別無異產所以逃入者、專以窺免賦役、礼曹參判金自知啓曰、今此捕還逃民、請論加律、上曰、此人非潛從他國、且赦前所犯不可加罪、仍命兵曹、置于忠、淸道、深遠、山郡、使勿復逃、限三年復戸

7년 10월 을유조, 우산무릉등처안무사 김인우가 본도에 역을 피해 간 사람 20인을 수색하여 잡아와 복명했다. 처음에 김인우는 병선 2척을 영솔하고 무릉도에 들어갔는데 선군 46명이 탄 한 척은 태풍에 간 곳을 알지 못하게 되었다. 임금이 여러 대신들에게 가로되, 김인우는 20여 인을 잡아 데려왔으나 40여 인을 잃었으니 무슨 이익이 있는가. 이 섬은 특이한 산물이 별로 없는데 도망하여 들어가는 자의 이유는 전적으로 부역을 면하려는 것이라 한다고 하였다. 예조참판 김자지가 계하여 가로되, 이번에 잡아온 도민을 법률에 비추어 죄를 주자고 청하니, 임금이 가로되, 이 사람들은 타국에 몰래 따로 들어간 것이 아니며, 또 전에 범한 바를 사해준 일도 있으니 죄를 주는 것은 불가하다고 하였다. 임금은 이어 병조에 명해서 이들을 충청도의 먼 산군에 두어 다시 도망하지 못하도록 하고 3년 이내에 복호시키도록 하였다.

53) 울릉도의 각종 호칭과 한음과의 관계는 다음과 같다.

亐陵・于陵・羽陵・芋陵=u-rung } u-rung
蔚陵・蔚陵 =ur-rung }

武陵=mu-rung }
茂陵=mo-rung } u-rung의 전화(轉化)일 것이다

流山=riu-san }
牛山=u-san } u-san(于山)

54) 成宗實錄 卷21

三年八月丙子、前此院相鄭麟趾等議三峯島、搜覓事目云、令永安道觀察使預擇閑散有職品官可使者、諸事備弁、待明年春和、以金漢京爲持路尋覓至是、兵曹據此啓、一、依今年三峯島搜覓時例、哨麻船四隻、每船軍人四十名、抄本道吉城以北諸邑軍士有武才者充差、一、令本道觀察使、無問公私船、擇不腐朽牢實者、修補以待、一、四船篙工擇本道諸浦船軍慣水者量數分差、一、道內有職有才略人、預先揀擇、領率如有自募人弁許送、一、往還一朔糧、令本道觀察使、計口題給、一、搜探後論賞節次、臨時議定、從之、

3년 8월 병자. 이 보다 앞서 정사를 다스리는 정승 정인지 등이 삼봉도를 수색할 일의 조목을 의논하여 이르기를, 영안도 관찰사에게 영을 내려 한산한 유직품관 중에서 일을 시킬만한 자를 미리 골라 모든 준비를 했다가, 명년 봄에 날씨가 화창해지면 김한경을 길잡이로 하여 찾아보게 해야 한다했다. 이때에 이르러 병조에서 이에 의하여 다음을 아뢰었다. 1. 금년에 삼봉도를 수색할 때는 예에 의하여 초마선 4척에 매선마다 군인 40명으로 하되, 본도 길성 이북의 여러 고을 군사로서 무재가 있는 자로 모아 충당할 것. 1. 영안도 관찰사에게 명령하여 공사선을 막론하고, 썩어 낡지 않고 견실한 것을 택해서 보수하여 기다릴 것. 1. 4척의 뱃사공은 영안도 여러 나루의 배꾼으로서 물에 익숙한 자를 택하여 숫자를 헤아려 分差할 것. 1. 도내에 직이 있고 재략이 있는 사람을 우선 간택하여 영솔토록 하고 지원자가 있으면 같이 갈 것을 허락할 것. 1. 왕복에 필요한 한 달분의 식량은 영안도 관찰사에게 명령하여 인원수를 계산하여 제급하도록 할 것. 1. 수탐한 후의 논공행상의 절차는 그 때 가서 의논하여 정할 것.

55) 『成宗實錄』권 72、7년 10월 丁酉條의 金自周의 삼봉도 수사에 관한 기사에 이어 다음의 1절이 있다.

今若更往, 可以尋覓, 請於明年四月風和時, 選有文武才者一人入送, 從之

지금 만약 다시 간다면 찾을 수 있다고 여깁니다. 청컨대 명년 4월에 바람이 온화할 때 문무의 재능을 가진 자를 한 사람 선발하여 들여보내게 하소서 하니, 그에 따랐다.

56) 成宗實錄 卷104

十年五月丁卯 ○兵曹據永安道觀察使本啓, 三峯島投居人物, 請遣朝官刷還, 命議諸政丞, 鄭昌孫, 韓明澮, 沈澮, 尹士昕, 金國光, 尹弼商 議, 臣等曾聞三峯島, 水路險惡, 且不如所向, 不可輕易遣人, 更加詳問, 若人物往來, 明白, 更議遣人何如

10년 5월 정묘, 병조에서 영안도 관찰사의 본계에 의거하여 아뢰기를, 「삼봉도에 투거하는 인물을, 청컨대 조관을 보내어 쇄환하게 하소서」하니, 여러 정승에게 의논할 것을 명하였는데, 정창손 한명회 심회 윤사흔 김국광・윤필상이 의논하기를 「신 등이 일찍이 들으니 삼봉도는 수로가 험악한데다가 또 가는 방향을 알지 못하니, 경솔하게 사람을 보내는 것은 불가합니다. 다시 더 자세히 물어보고, 만일 인물의 왕래가 명백할 경우

다시 사람을 보낼 것을 의논하는 것이 어떻겠습니까.」라고 했다.

57) 成宗實錄 卷107

十年八月癸丑

上曰, 三峯島人有拒敵官軍之勢, 欲与卿等議處置, 左承旨金升卿曰, 三峯島旁有小島全君子等二戶逃居其中, 若募本道之人, 出其不意而往, 則可及三峯島人未覺之時取小島兩家矣, 然後審其形勢, 遣人討之何如, 鄭昌孫曰, 三峯島人無乃覺而來襲乎, 上曰, 若然則官軍恐受辱矣, (中略) 昌孫曰, 若必入討, 則不可緩也, 若使彼人知我將討而有備, 則大不可也, 上曰, 当大擧速討, 用戰卒一千五百若何, 右副承旨蔡壽啓曰, 不須此數, 雖三四百可矣, (中略) 辛仲琚啓曰, 聞魚命山逃入時, 竊人哨麻船騎去矣, 上曰, 水路幾日程, 其島泊船處, 有幾, 仲琚對曰, 人言可二日程, 泊船處亦多有之, 右承旨李瓊仝啓曰, 彼亦我國人, 安有拒敵官兵之理乎, 遣人招撫何如,

왕이 말하기를, 「삼봉도 사람이 관군에게 저항하는 기세가 있어, 경 등과 더불어 의논하여서 처리하고자 한다」하니, 좌승지 김승경이 아뢰기를 「삼봉도 곁에 소도가 있는데 전군자 등의 2호가 도망하여 그 가운데에 살고 있습니다. 만약에 본도의 사람을 모집하여 불의 중에 갈 것 같으면, 삼봉도 사람이 미처 깨닫기 전에 소도의 두 집을 취할 수 있습니다. 그런 다음에 그 형세를 살펴서 사람을 보내어 토벌하는 것이 어떻겠습니까.」하고, 정창손은 말하기를 「삼봉도 사람이 알고서 내습하면 어찌하겠습니까.」하니, 임금이 말하기를, 「만약에 그렇다면 관군이 욕을 볼까 두렵다.」(중략) 정창손은 말하기를, 「반드시 들어가 토벌해야 한다면 늦출 수 없습니다. 만약 저 사람들로 하여금 우리가 장차 토벌할 것을 알게 하여서 방비가 있으면 크게 불가합니다.」하니, 왕이 말하기를, 「大擧하여 속히 토벌함이 마땅하니, 전졸 1천 5백을 씀이 어떻겠는가.」라고 말했다. 우부승지 채수가 아뢰기를, 「이 정도의 수는 필요가 없습니다. 비록 3, 4백이라도 가할 것입니다.」(중략) 신중거가 아뢰기를, 「들으니, 어명산이 도망하여 들어갔을 때에 남의 초마선을 훔쳐 타고 갔다고 합니다.」하니, 왕이 말하기를, 「수로는 며칠 길이 되며 그 섬에 배를 정박할 곳은 몇 군데나 있는가.」라고 말씀하셨다. 신중거가 답하기를, 「사람이 말하기를, 이틀 길이고, 배를 정박할 곳도 많이 있다고 합니다.」하고, 우승지 이경동이 아뢰기를, 「저들도 우리나라 사람이니, 어찌 관병에게 저항할 리 있겠습니까. 사람을 보내어 초무함이 어떻겠습니까.」

58) 成宗實錄 卷107(續)

論永安道觀察使李德良, 南道節度使李鈗石, 北道節度使辛鑄曰, 今敬差官辛仲琚來言, 本道人民逃避差役, 潛往三峯島, 其數無慮千余, 此無他, 所在守令, 不能撫恤所致, 然謀背國家, 往投絶島, 罪在不赦, 今欲擧大兵往討, 卿等知悉此意, 造哨麻船五十艘以待, 彼若自知罪過, 悔悟出來, 則当悉貰其罪, 加以重賞, 如或執迷不悟, 則殄殲無遺, 悔無及矣, 卿等幷將此意, 遍行知會

영안도 관찰사 이덕량, 남도 절도사 이흠석, 북도 절도사 신주에게 유시하기를, 「이제 경차관 신중거가 와서 말하기를, 본도의 인민이 차역을 도피하여 몰래 삼봉도로 가서 그 수가 무려 천여 명이나 된다고 하니, 이것은 다름이 아니라 소재 고을의 수령이 능히 무휼하지 못한 소치이다. 그러나 국가를 배반하고 절도에 투신하여 갔으니, 죄가 용서할 수 없는 것이다. 이제 대병을 동원하여 토벌하려고 하니, 경 등은 다 이 뜻을 알고, 초마선 50척을 제조해서 기다려라. 저들이 만약 스스로 죄과를 알고 회오하여 나오면 마땅히 그 죄를 다 용서하고, 중한 상을 더할 것이며, 만일 혹 집미하고 회개하지 않으면 무찔러 없애버리고 남음이 없게 할 것이니, 뉘우쳐도 미치지 못할 것이다. 경 등은 아울러 이 뜻을 두루 알리도록 하라」하였다.

59) 成宗實錄 卷109,

十年十月壬子

永安道敬差官曹偉馳啓曰, 三峯島自願入 去人於諸邑宣布事目 廣論召募吉城六名 明四名 鏡城十四 名富寧八名 合三十二名, 麻尙船, 則亦於諸邑擇取体大 且前此 逃去嚴永山族親 則時未聞見 故更移會寧府窮極訪問 嚴永山 一時逃去金貴實之兄 會寧居良人金長命 李奉生族親 富寧居甲士李仲善二名 將以入送 並令治將裝 前之逃去 現捉被囚人等 皆願入歸 歸而劉六生李技 則本船上慣熟 故亦令治裝 余自願人內 金漢京 則三度往還 自称熟知 鏡城居護軍崔興 司金自周亦言李克均觀察時以看審事 再度入歸遙 望還來 金自周 則非唯解文 身彩言語可取 故今欲作頭入送 將於本月二十七日 富寧南面靑巖海辺發船 其入送數 自願人內揀擇 送麻尙船 亦与節度使同議 量數入送

영안도 경차관 조위가 치계하기를, 『삼봉도에 들어가기를 자원하는 사람을 여러 고을에 내용을 선포하고 널리 알려 모집하였던 바, 길성에 6명, 명천에 4명, 경성에 14명, 부령에 8명, 합계 32명이며, 마상선은 역시 여러 고을에서 선체가 큰 것을 골라 취하였습니다. 또 이보다 먼저 도망간 엄영산의 족친은 이에 아직 듣고 보지 못했기 때문에 다시 회령부로 옮겨서 끝까지 찾아보겠으며, 엄영산과 같이 도망간 김귀실의 형으로 회령에 사는 양인 김장명과 이봉생의 족친으로 부령에 사는 갑사 이중선의 2명은 장차 들여보내려고 모두 장비를 준비하게 하였습니다. 이보다 먼저 도망하다가 붙잡혀서 갇힌 사람들이 모두 들어갔다가 돌아오기를 원하는데, 유육생과 이지는 본래 배에 익숙하기 때문에 역시 장비를 준비하게 하였습니다. 나머지 자원한 사람 가운데 김한경은 세 번이나 갔다가 돌아와서 익숙하게 안다고 스스로 일컫고, 경성에 사는 호군 최흥과 사직 김자주도 말하기를, 이극균이 관찰사로 있을 때에 살펴보는 일로 두 번 들어갔다가 멀리서 바라보고 돌아왔다고 하는데, 김자주는 글을 알 뿐만 아니라 풍채와 언어가 취할 만하기 때문에 이제 우두머리로 삼아서 들여보내려고 합니다. 장차 이 달 27일에 부령 남면의 청암 바닷가에서 배를 출발시키려고 하는데, 그 들여보내는 수는 자원한 사람 가운데서 골라 보내며 마상선도 절도사와 같이 의논하여 수를 헤아려서 들여보내겠습니다.』라고 했다.

成宗實錄 卷110

十年閏十月戊午

永安道敬差官曹偉馳啓曰 臣依賚來事目 三峯島自願入去人金漢京等 二十一人及前投三峯島人嚴永山異姓四寸兄 會寧居李仁石 金貴實同生兄金長命 李奉生族親富寧居李仲善幷船上慣熟 慶源居李卯同等十一人 麻尙船合結三隻分騎 具糧物軍器以 其中解文有職人嚴謹 金自周金麗强 爲各船牌頭授論書 今十月二十七日巳時於富寧南西靑巖里海辺發船入送令沿海諸邑 候望

영안도 경차관 조위가 치계하기를 『신이 가지고 온 사목에 의거하여, 삼봉도에 입거하기를 자원한 사람 김한경 등 21명과 전일 삼봉도에 갔다는 사람 엄영산의 이종 사촌으로서 회령에 거주하는 이인우와 김귀실의 동복형인 김장명과 이봉생의 족친으로 부령에 거주하는 이중선은 모두 배에 익숙하니, 경원에 거주하는 이묘동 등 11인과 마상선에 합하여 3척에 분승하여 식량과 군기를 갖추며, 그 중에 글을 알고 관직이 있는 사람 엄근·김자주·김여강을 각 선의 패두로 삼고 유서를 주어, 금년 10월 27일 사시에 부령의 남면 청암리 해변에서 배를 출발시켜 들여보내고, 연해의 여러 고을로 하여금 망을 보도록 했다고 말했습니다.

60) 成宗實錄 卷115, 11年 3月丁酉

論諸種兀狄哈曰, 汝等自祖宗以來, 世沐王化, 或投誠報变, 或刷還流民, 予嘉乃功, 益勤

撫綏, 不意永安頑民, 逃避差役, 潛往三峯島者頗多, 故今遣沈安仁等二百余人, 裝船九艘, 幷載軍器, 以備不虞, 浮海而往, 多般招誘, 使之返業安居, 第念彼島邈在海中, 若遇狂風, 必漂至汝境, 汝等須盡心護送, 其深遠沿海諸野人處, 亦宜預先通諭使知此意, 汝等当受重賞, 仍下書諭永安北道節度使辛鑄曰, 今招撫使發船處, 與沿海兀狄哈所居相近, 慮恐漂至其界, 今送諸種兀狄哈處諭書五道, 其付朝貢回還野人及城底野人, 使之傳送知會
여러 종족의 올적합에게 유시하기를, 너희들이 조종 이래로 왕화를 대대로 입어 어떤 경우에는 지성을 다하여 변을 알리기도 하고, 혹은 유민을 쇄환하기도 하니, 내가 너희들의 공을 아름답게 여겨 무수(撫綏)하기를 더욱 관심 있게 하였다. 그런데 뜻하지 않게 영안도의 완고한 백성이 차역을 도피하여 몰래 삼봉도에 간 자가 상당히 많은 까닭에, 지금 심안인 등 2백여 인을 보내어 무장한 배 9척에다가 군기를 아울러 싣고 불우의 사변에 대비하며 바다로 가되, 다방면으로 초유해서 생업에 복귀하여 안거하게 하려 한다. 다만 생각해 보건대, 저 섬은 해중 원지에 있으므로 만일 광풍을 만나게 된다면 너희들은 표류하는 지경에 이르게 될 것이다. 너희들은 모름지기 마음을 다하여 호송하되, 그 심원한 연해의 여러 야인이 사는 곳에도 또한 마땅히 미리 통유하여 이 뜻을 알게 하라. 너희들이 중한 상을 받을 것이라고 말하고, 이어서 하서하여 영안북도 절도사 신주에게 유시하기를, 지금 초무사가 배를 내는 곳은 연해의 올적합이 사는 곳과 가까우니, 어쩌면 표류하여 그 경계에 이르게 될까 염려 된다. 지금 여러 종족의 올적합이 사는 곳에 보내는 유서 5통을 조공하고 돌아가는 야인과 성하에 사는 야인 편에 전하니 그리 알도록 하라 했다.

成宗實錄 卷117

十一年五月己酉 ○下書于招撫使沈安仁曰、今霾雨方作、風水不順、其停三奉島之行、斯速上來
11년 5월 기유. 초무사 심안인에게 하서하여 말하기를, 지금 장마가 시작되고 풍수가 순조롭지 않으니 삼봉도의 행차를 정지하고 빨리 올라오도록 하라했다.

61) 成宗實錄 卷125,

十二年正月甲申
議三峯島搜覓事, 從第一條, 令本道自望人三十余名, 賫諭書入送, 探覓島之所在, 的知在某處, 則更遣使招之, 如或不從, 遣師往討爲便, 從之
의논하기를, 삼봉도를 찾는 일은 제1조를 따라 본도에서 자원하는 사람 30여 명에게 명하여 유서를 가지고 들여보내어서 삼봉도가 있는 것을 탐사하여 찾도록 하고, 꼭 어느 곳에 있다는 것을 알게 되면 다시 사자를 보내어 그들을 부르되, 혹시라도 따르지 않으면 군대를 보내어 토벌하는 것이 좋겠습니다 라고하니, 그에 따랐다.

62) 正祖實錄 卷四十

十八年六月戊午, 江原道觀察使沈晉賢狀啓言, 鬱陵島搜討, 間二年, 使边將輪回擧行, 已有定式, 故搜討官越松万戶韓昌國處, 發關分付矣, 該万戶牒呈, 四月二十一日, 幸得順風, 糧食雜物分載四隻船, 與倭學李福祥, 及上下員役格軍八十名, 同日未時量, 到于大洋中, 則酉時北風猝起, 雲霧四塞, 驟雨霹靂, 一時齊發, 四船各自分散, 莫知所向, 万戶收拾精神, 戎服禱海, 多散糧米, 以餽海神, 後使格軍輩, 擧火応之, 則二隻船擧火而応, 一隻船漠然無火矣, 二十二日寅時, 怒濤漸息, 只見遠海之中, 二隻船帆, 自南而來, 格軍輩擧手指東曰, 彼雲霧中, 隱隱如雲者, 疑是島中上峰也, 万戶詳細遠望, 則果是島形也, 親自擊鼓, 激勵格軍, 卽爲到泊於島之西面黃土丘尾津, 登山看審, 則自谷至中峰三十余里, 而山形重疊, 谷水成川, 其中有可作水田六十余石下種之地, 谷則狹窄有瀑布, 而左爲黃土丘尾窟, 右爲屛風石, 其上又有香木亭, 故斫取香木, 而以間年斫取之故, 漸就稀少, 二十四

日，到桶丘尾津，則谷形如桶，前有一巖，在海中，与島相距，可爲五十步，而高近數十丈，周回皆是絶壁，谷口巖石層層，僅僅攀登而見之，則山高谷深，樹木參天，雜草茂密，通涉無路，二十五日，到長作地浦，谷口果有竹田，非伯稀疎，擧皆体小、其中擇其稍大者斫取，後仍向東南楮田洞，則自洞口至中峰爲數十里許，而洞裏廣闊，基址顯有三處，可作水田數十石下種之地，前有三島，在北曰防牌島，在中曰竹島，在東曰瓮島，三島相距不過百余步，島之周回各爲數十把，險巖㠁屼，難以登覽，仍爲止宿，二十六日轉向可支島，四五箇可支魚，驚駭躍出，形若水牛，砲手齊放，捉得二首，而丘尾津山形最爲奇異，入谷數里，則昔日人家遺址，宛然尙存，左右山谷甚爲幽，難於登陟，仍遍看竹巖孔巖錐山等諸處，行到桶丘尾，禱山祭海，待風留住，盖島周回，摠爲論之，則南北七八十里許，東西五六十里許，環海則皆是層巖絶壁，四方山谷，則間有昔日人居之土址，而田土可墾處，合爲數百石下種之地，樹木則香栢 蘗檜桑榛，雜草則靑芹葵艾苧楮，其余異樹奇草不知名，難以盡記，羽虫則鴉鷹鷗鷺，毛虫則猫鼠，海產則藿鰒而已，三十日發船，初八日還鎭，島中所產可支魚皮二令，篁竹三箇，紫檀香二吐莫石間朱五升，圖形一本，監封上使云，幷上送于備辺司

강원도 관찰사 심진현이 장계하였다. 「울릉도의 수토를 2년에 한 번씩 변장으로 하여금 돌아가며 거행하기로 이미 정식을 삼고 있기 때문에, 수토관 월송 만호 한창국에게 관문을 띄워 분부하였습니다. 월송 만호의 첩정에 4월 21일 다행히도 순풍을 얻어서 식량과 반찬거리를 4척의 배에 나누어 싣고 왜학 이복상 및 상하 원역과 격군 80명을 거느리고 같은 날 미시쯤에 출선하여 바다 한가운데에 이르렀는데, 유시에 갑자기 북풍이 일며 안개가 사방에 자욱하게 끼고, 우뢰와 함께 장대비가 쏟아졌습니다. 일시에 출발한 4척의 배가 뿔뿔이 흩어져서 어디로 가고 있는지 알 수 없었는데, 만호가 정신을 차려 군복을 입고 바다에 기원한 다음 많은 식량을 물에 뿌려 해신을 먹인 뒤에 격군들을 시켜 횃불을 들어 호응케 했더니, 두 척의 배는 횃불을 들어서 대답하고 한 척의 배는 불빛이 전혀 보이지 않았습니다. 22일 인시에 거센 파도가 점차 가라앉으면서 바다 멀리서 두 척의 배 돛이 남쪽에 오고 있는 것만을 바라보고 있던 참에 격군들이 동쪽을 가리키며 '저기 안개 속으로 은은히 구름처럼 보이는 것이 아마 섬 안의 높은 산봉우리일 것이다. 하기에, 만호가 자세히 바라보니 과연 그것은 섬의 형태였습니다. 직접 북을 치며 격군을 격려하여 곧장 섬의 서쪽 황토구미진에 정박하여 산으로 올라가서 살펴보니, 계곡에서 중봉까지의 30여 리에는 산세가 중첩되면서 계곡의 물이 내를 이루고 있었는데, 그 안에는 논 60여 섬지기의 땅이 있고, 골짜기는 아주 좁고 폭포가 있었습니다. 그 왼편은 황토구미굴이 있고 오른편은 병풍석이 있으며 또 그 위에는 향목정이 있는데, 예전에 한 해 걸러서 향나무를 베어 갔던 까닭에 향나무가 점차 듬성듬성해지고 있습니다. 24일에 통구미진에 도착하니 계곡의 모양새가 마치 나무통과 같고 그 앞에 바위가 하나 있는데, 바닷속에 있는 그 바위는 섬과의 거리가 50보쯤 되고 높이가 수십 길이나 되며, 주위는 사면이 모두 절벽이었습니다. 계곡 어귀에는 암석이 층층이 쌓여 있는데, 근근이 기어올라가 보니 산은 높고 골은 깊은데다 수목은 하늘에 맞닿아 있고 잡초는 무성하여 길을 헤치고 나갈 수가 없었습니다. 25일에 장작지포의 계곡 어귀에 도착해보니 과연 대밭이 있는데, 대나무가 듬성듬성할 뿐만 아니라 거의가 작달막하였습니다. 그중에서 조금 큰 것들만 베어낸 뒤에, 이어 동남쪽 저전동으로 가보니 골짜기 어귀에서 중봉에 이르기까지 수십 리 사이에 세 곳의 널찍한 터전이 있어 수십 섬지기의 땅이었습니다. 또 그 앞에 세 개의 섬이 있는데, 북쪽의 것은 방패도, 가운데의 것은 죽도, 동쪽의 것은 옹도이며, 세 섬 사이의 거리는 1백여 보에 불과하고 섬의 둘레는 각각 수십 파씩 되는데, 험한 바위들이 하도 쭈뼛쭈뼛하여 올라가 보기가 어려웠습니다. 거기서 자고 26일에 가지도로 가니, 네댓 마리의 가지어가 놀라서 뛰쳐나오는데, 모양은 물소와 같았고, 포수들이 일제히 포를 쏘아 두 마리를 잡았습니다. 그리고 구미진의 산세가 가장 기이한데, 계곡으로 십여 리를 들어가니 옛날 인가의 터전이 여태까지 완연히 남아 있고, 좌우의 산곡이 매우 깊숙하여 올라가기는 어려웠습니다. 이어 죽암·후포암·공암·추산 등의 여러 곳을 둘러보고 나서 통구미로 가서 산과 바다에 고사를 지낸 다음, 바람이 가라앉기를 기다려 머무르고 있었습니다. 대저 섬의 둘레를 총괄하여 논한다면 남북이 70, 80리 남짓에 동서가 50, 60리 남짓이고 사면이 모두 층암 절벽이며, 사방의 산골짜기에 이따금씩 옛날 사람이 살던 집터가 있고 전지로 개간할 만한 곳은 도합 수백 섬지기쯤 되었으며, 수목으로는 향나무·잣나무·황벽나무·노송나무·뽕나무·개암나무, 잡초로는 미나리·아욱·쑥·모시풀·닥나무가 주종을 이루고, 그 밖에도 이상한 나무들과 풀은 이름을 몰라서 다 기록하기 어려웠습니다. 우충으로는 기러기·매·갈매기·백로가 있고, 모충으로는 고양이·쥐가 있으며, 해산물로는 미역과 전복뿐이었습니다. 30일에 배를 타고 출발하여 새달 8일에 본진으로 돌아왔습니다. 섬 안의 산물인 가지어 가죽 2벌, 황죽 3개, 자단향 2토막, 석간주 5되, 도형 1벌을 감봉하여 올립니다 하였으므로, 함께 비변사로 올려보냅니다」

63) 『通航一覽』卷137, 朝鮮國部113에는 宗義智와 尹守謙의 응수를 慶長17년의 일로 하여 다음과 같이 기록하고 있다.

○ 竹 嶋

慶長十七年壬子年、宗對馬守義智より朝鮮國東萊府使に書を贈りて、竹嶋は日本屬嶋なるよしを論せしに、彼許さす、よって猶使書往復におよぶ。

慶長十七年子年、此頃磯竹嶋をもって日本の境なりとせし也、此年七月、彼國東萊府尹守謙、公に復せし書あり、其いはゆる磯竹嶋は、我國の鬱陵嶋なりといふを以て答へしなり。

게이초 17년 임자년, 소 쓰시마노카미 요시토시가 조선국 동래부사에게 서찰을 보내, 죽도는 일본의 속도라는 것을 논하는데, 그것을 받아들이지 않아, 다시 서찰이 오가게 되었다.

게이초 17년 자년, 요즈음 이소타케시마를 일본의 경계로 한다. 이 해의 7월 그 나라 동래부 윤수겸이 공적으로 보낸 서찰이 있는데, 그것은 소위 이소타케시마는 우리나라 울릉도라고 답하는 것이었다.

그러나 그 주기에 「이것이 무엇을 근거로 하는지 분명하지 않아 후증을 기다린다」라고 기록하고, 또 「본서를 인용한 조선통교대기에는 게이초 19년에 관련된다」라고 기록되어 있고, 그 게재된 윤수겸의 반서 일자는 萬曆 42년, 즉 게이초 19년으로 되어있다.

『朝鮮通交大紀』에는 慶長 19년조에 「요즈음 이소타케시마를 일본의 경지로 하였다」라고 있어, 대일본사료는 이 『조선통교대기』의 기사에 따라 게이초 19년 7월(제12편 14)조에 기록하고 있다.

64) 朝鮮國東萊府使朴慶業、奉復日本國對馬州太守平公足下、承審遠信、良慰不淺、磯竹之事、想貴島庶見覺察、而猶復執迷、深切怪愕、足下非不知此島屬於我國、非不知貴島不可横占、而尚欲攙越窺覘、是誠何心、恐非終好之道也、所謂磯竹島者、實我國之鬱陵島也、介於慶尚江原兩道海洋、而載在輿図、奚可誣也、蓋自新羅高麗以來、曾有收取方物之事、還経我朝、有刷還逃民之擧、今雖廢棄、豈可容許也人之冒居、以啓鬧釁耶、貴島果知此情、則其可從臾於日本、苟循一朝之私欲、不顧從日之悔乎、前日復書已悉梗槩、貴島所当瞿然改図、而今乃直以解纜發航爲言、不幾於輕朝廷而昧道理者乎、貴島於我國往來通行、

惟有一路、譬如門戸、此外則無論漂滴眞仮、皆以賊船論斷(中略)萬曆 42년 9월 일
또 본건에 관해 『光海君日記』에는 광해군 6년(1614년=慶應 19년) 甲寅 9월조에 기재되어있다.

65) 田保橋潔 「鬱陵嶋 그 發見과 領有」(『青丘學叢』第三号 昭和6年2月).

66) 「元祿六年酉四月朝鮮人召つれ參候時諸事控」(大谷家文書) 중에 있는 船頭의 口上이다. 같은 취지의 기사는 「七個條返答書」그 외에도 있으나 모두 이 先頭의 口上에 의한 것이라고 생각한다.

67) 『控帳』는 鳥取藩 家老의 일기로 『万留帳』또는 『万控帳』라고도 한다. 『御櫓日記』도 이와 같다. 연대에 의해 여러가지로 불리고 있다. 鳥取縣圖書館藏.

68) 鳥取藩士 岡嶋正義저 『因府歷年大雜集』(岡嶋敏行氏藏)의 元祿 6년 癸酉條에도, 거의 같은 동문이 수록되어 있으나 여기서는 大谷家문서에 의한다.

69) 『御櫓日記』의 元祿 6년 4월 28일조에, 다음과 같이 기록되어 있다.
四月二十八日、例年之通竹嶋に鮑取りに參り候處彼嶋に唐人居申候て獵不罷成戻り候に付唐人二人船に乘せ參り候由、此節荒尾修理米子に罷越し居申處修理より申越、依之江戸へ七日割之御飛脚差出す、江戸より御左右有之內は、唐人大屋九右御門手前に差置き、大和組中之內，作廻人申付足輕兩人付置候樣に修理に申遣候こと。
4월 28일, 예년과 마찬가지로 죽도에 전복을 잡으러 갔는데, 그 섬에 조선인이 있어 어로하지 못하고 돌아오며 조선인 두 사람을 배에 태우고 왔고, 이때 아라오 슈리가 요나고에 있었기에, 슈리가 보고하여, 에도에 7일 걸리는 비각을 보내고, 에도의 지시가 있을 때까지는 조선인을 오야 큐에몬의 곳에 머물게 하고, 야마토쿠미에 뒤처리를 분부하여 足輕 둘을 배치하도록 슈리에게 말했다.

70) 『御櫓日記』의 관계 기사를 들면 다음과 같다.
五月二十六日條
從江戸今月十六日之飛脚到來，朝鮮人之義公儀え御窺候處御聞屆長崎え送可被遣由之御仰出之旨申來此儀に付今日不時の寄合於將監宅に相談有之事
今度朝鮮人長崎に被遣候儀、何も遂用談、海上無心元に付て陸地被遣候筈に取極、万々其御用意夫々役人え申渡候事
에도에서 금월 16일부의 비각이 왔다. 조선인의 일을 장군에게 여쭈었더니 들으시고 나가사키로 보내라는 내용의 분부가 있어, 이 건에 대해 오늘 불시에 장감댁에 모여 이 일을 상담했다.
이번에 조선인을 나가사키로 보내는 일, 모든 것을 상의했다. 해상은 불안하여 육로로 보내기로 했다. 그 준비에 만전을 기하라고 여러 역인에게 이야기할 것.
同月廿九日の條
今夕子の下刻，米子より宿送にて朝鮮人今朝米子發足，明日爰元に到着申候注進之事
오늘 밤 1시경에 요나고에서 숙소로 연락하여, 조선인이 오늘 아침에 요나고를 출발하여 명일 이곳에 도착한다고 보고해 왔다.
六月 朔日の 條
朝鮮人今晩米子より參着，今夕は大和(荒尾)所へ一宿明日會所へ參り可申事
조선인이 오늘 밤에 요나고에서 왔다. 오늘 밤은 야마토(아라오) 집에서 1박하고 명일 회소로 가기로 한다.
同月二日の條
朝鮮人今晩會所に集り，其節式部(和田) 將監(津田) 日向(池田)同道にて大和宅へ參り逢候事
조선인이 오늘 밤 회소에 모였다. 그 때 시키부(와다), 조칸(쓰다), 휴카(이케다) 등이

동행하여 히로카즈의 집에 가서 만났다.

同月五日の條

長崎えの御使者, 山田兵衛門, 平井甚右衛門を式部宅へ呼寄せ, 長崎御奉行の御書, 並道中御條目御書出等右兩人え相渡申候, 弥明後七日發足候樣にと申聞候事

나가사키에 가는 사자 야마다 베에몬, 히라이 진에몬을 시키부의 집에 불러, 나가사키고부교에 보내는 문서 및 도중의 일정 문서 등을 양인에게 건넸다. 드디어 명후 7일에 발족하라 하셨다.

同月七日の條

今辰の下刻, 朝鮮人兩人發足の事

朝鮮人当地罷立候儀江戸え申上候ため今日より九日割之御飛脚差出候事

오늘 아침 9시에 조선인 양인이 출발했다.

조선인이 당지를 출발한 것을 에도에 보고하기 위해 9일 걸리는 파발을 오늘 보냈다.

七月十八日の條

長崎より注進, 兩人朝鮮人道中無異, 先月晦日長崎へ到着, 翌日朝鮮人無異儀御奉行所へ相渡由申來る事

나가사키에서 주진, 두 조선인, 도중에 사고 없이 지난달 그믐에 나가사키에 도착, 다음날 조선인을 사고 없이 봉행소에 인도한 사실을 알려 왔다.

同月廿四日の條

山田, 平井兩人長崎使者首尾能仕廻今日歸着事

야마다 히라이 양인, 나가사키에 보낸 사자가 차질 없이 일을 마치고 오늘 귀착했다.

71) 『肅宗實錄』권 25. 肅宗19(元祿6, 1693)년 11월18일 丁巳조에 다음의 기술이 있다.

丁巳接慰官洪重夏辭陛 左議政睦來善右議政閔黯 与重夏同爲請對 重夏言 倭人所謂竹島卽我國鬱陵嶋今以爲不關而棄之則已 不然則不可不預爲明辯 且彼若以人民入接 則豈非他日之憂乎 來善閔黯俱以爲倭人之徒入民戶 旣不能的知 此是三百年空棄之地因此生釁失好 亦非計也

정사에 접위관 홍중하가 하직 인사를 하고, 좌의정 목래선 우의정 민암이 함께 홍중하와 청대했다. 홍중하가 말하길, 왜인이 말하는 소위 죽도는 즉 우리나라의 울릉도입니다. 지금 긴요하지 않다고해서 버린다면 그만이겠지만, 그렇지 않다면 미리 명확히 판변하지 않을 수 없습니다. 또 저들이 만약 인민을 들어가서 살게 한다면, 어찌 후일의 걱정거리가 아니겠습니까. 하니 목내선 민암이 함께 아뢰길, 왜인이 민호를 옮겨서 들어간 사실은 이미 확실하게 알 수는 없으나, 이것은 삼백 년 동안 비워서 내버려둔 땅인데, 이로 인하여 흔단을 일으키고 우호를 상실하는 것도 또한 좋은 계책이 아닙니다.

72) 『肅宗實錄』二十四年庚子三月二十五日條.

73) 『池田家文書』享保7년 11월의 覺에 다음과 같이 실려져 있다.

元祿九年六月隱岐國江船壹艘着岸、御代官後藤覺右衛門殿手代中瀨彈右衛門、山本淸右衛門樣子相尋候處、今度朝鮮人船三十二艘竹島え渡海仕候內壹艘人數十一人罷在候、是は伯耆國え願の議有之渡海仕旨申すに付いて右兩人より以飛脚右の趣申越云々

겐로쿠 9년 6월 오키노쿠니에 배 한척이 착안했다. 다이칸 고토 카쿠에몬님의 데다이 나카세 히키에몬. 야마모토 키요에몬이 상황을 물었더니 이번에 조선인의 배 32척 죽도에 도해했는데 그 중의 1척으로 인수는 11인입니다. 이 배는 호키노쿠니에 원하는 것이 있어 도해했다는 뜻을 말하기 때문에, 우의 양인을 비각으로 해서 내용을 알려왔다 운운.

또 『因府歷年大雜集』에는 이것에 대하여 다음과 같이 기록되어 있어, 인명 등에 대해 전게문서와는 약간의 차이가 있다.

朝鮮之船壹艘五月廿日隱岐國へ着岸依之御代官後藤角左衛門手代中路彈右衛門山下清右衛門様子相尋候處今度朝鮮船三拾貳艘竹嶋へ渡海仕候其内壹艘人數十一人罷在候是ハ伯耆國へ願之儀有之渡海仕旨申ニ付而右兩人より以飛脚右之趣今月二日國元家來迄申越候同四日伯州赤崎と申浦辺江右朝鮮船着申候云々

조선선 1척이 5월 20일에 오키노쿠니에 착안했기 때문에 다이칸 고토 카쿠엠몬의 데다이 나카치 히키에몬 야마시타 키요에몬이 상황을 물었더니, 이번에 조선선 32척이 죽도에 도해했는데 그 중 일척입니다. 인수 11인입니다. 호키노쿠니에 원하는 것이 있어 도해했다는 내용이었기에, 우 양인을 비각으로 해서 우의 내용을 금월 2일에 구니모토의 부하에게 알려왔습니다. 동 4일에 하쿠슈 아카사키라는 포구에 우 조선선이 도착했습니다 운운.

74) 朝鮮國 礼曹判書가 우리 外務卿에 보낸 書簡은 다음과 같다.

大朝鮮國礼禮曹判書沈舜澤 呈書

大日本國外務卿 井上馨 閣下

謹玆照會者 卽接我江原道觀察使所報 則蔚陵島搜討官巡檢之際 有貴國人士名 在其島伐木積置 將送于元山釜山港云 蓋此蔚陵島 粤自三韓·係在本國土地物産 詳載於本國輿圖 逮我朝 以海路危險 撤其居 空其地 封殖長養 而派官審檢 歲以爲常 重舊蔽固疆圉之道 不得不然爾 前此一百八十九年癸酉 以貴國人錯認島名事屢度往復 竟至歸正而自貴國飭干海民 永不許入往漁採 其書尙載在掌故可按也 今此貴國人之懵然來斫 有欠入境問禁之義 且交隣貴誠信 梁灌楚菰 晋還吳獵 豈非今日之所相勉者乎 玆庸開陳 望貴政府嚴申辺禁 俾環往船舶更舟得昧例甒踵誤益篤 兩國之孚永久無替 深所幸也耑此前付 順祈 台祉 敬具

辛巳六月 日

礼曹判書 沈舜澤

(『日本外交文書』第十四券)

삼가 이에 조회하는 것은 곧 우리 강원도 관찰사가 보고한 바를 접한 즉, 울릉도의 수토관(搜討官)이 순시할 때 귀국의 인사가 그 섬에 벌목해서 쌓아둔 것을 장차 원산항(元山港)과 부산항(釜山港)으로 보낸다고 한 것이 있어서입니다. 대개 이 울릉도는 삼한으로부터 계통이 본국의 토지에 있고, 토산물이 본국의 지도에 상세하게 실려 있습니다. 우리 조정에 이르러 바닷길이 위험하기 때문에 그 거처를 철거하여 그 땅을 비워두고 나무를 심고 길러 관리를 파견하여 일년을 주기로 살폈으니, 옛날의 울타리를 중수하여 국경을 견고하게 하는 도는 그렇게 하지 않을 수 없을 뿐입니다. 이보다 189년 전 계유년에 귀국의 사람이 섬 이름을 잘못 인식하여 자주 오가면서 바로잡고 스스로 귀국이 어민들을 통제하여 영원히 오가며 물고기를 잡는 것을 허가하지 않았습니다. 그 문서가 아직도 실려 있어 장고에 있으니 살펴보면 될 것입니다. 이것은 귀국 사람이 어리석게도 연구하지 않아서 (남의) 국경에 들어와 금령을 묻는 의리에 문제가 있는 것입니다. 이웃 나라와 교류는 성실함을 귀하게 여기니, (梁爜楚菰晋還吳獵)이 어찌 오늘날에 서로 힘써야 할 것이 아니겠습니까? 이에 떳떳하게 개진하노니, 바라건대 귀국의 정부가 변방에 대한 금령을 엄격하게 펴서 선박을 되돌려가서 다시는 잘못에 발을 들이지 않게 하여 양국의 믿음을 더욱 돈독하게 하여 영구히 변하게 하지 않는다면 다행일 것입니다. 이에 문서를 보내고 큰 복을 빌며 삼가 드립니다.

신사월 일

예조판서 심순택

(『일본외교문서』제14권)

또 『조선사』이태왕 18년 5월 22일조(제6편제4권)에는, 그 방인의 벌목사건에 관해,

다음과 같이 기록되어 있다.

○李太王十八年五月廿二日癸未

江原道鬱陵島ニ日本人七名潛入伐木シ、該道觀察使林翰洙具由馳啓シテ、挽近、日本船去來常無ク、此島ヲ指点シテ弊尠ラザルヲ以テ、稟處セシメンコトヲ請フ。統理機務衛門ノ啓言ニ困り、嚴防ノ意ヲ以テ、書契ヲ選出シ、日本國外務省ニ轉致セシメ、且ツ此島ヲ他ノ空曠ニ委スルハ、甚ダ疎虞ニ屬スルヲ以テ、副護軍李奎遠ヲ鬱陵島檢察使ニ差下シ、馳往商度シテ稟覆ノ地ト爲サシム〈日省錄　李太王辛巳年五月廿二日　承政院日記　光緖七年五月廿二日〉.

강원도 울릉도에 일본인 7명이 잠입하여 벌목하므로 강원도 관찰사 임한수가 그 내용을 자세히 보고하길, 최근, 일본선의 거래가 끊임없이 그 섬을 점거하여 그 피해가 적지 않아 품처 해주기를 원했다. 통리기무위문의 계언을 근거로, 굳은 방어의 뜻으로 서계를 보내어 일본국 외무성에 轉致시켜, 또 그 섬을 비워두는 것은 크게 모자라는 일이므로, 부호군 이규원을 울릉도 검찰사에 임하여, 오가며 조사하여 보고하는 땅으로 하게했다. 〈日省錄太王辛巳年5월22일, 承政院日記 光緖7년 5월22일〉

75) 「朝鮮史」第六編　第四卷

○李太王十九年八月二十日　癸酉　領議政洪淳穆ノ啓言ニ從ヒ、鬱陵島ニ島長ヲ差送セシム

○李太王廿一年三月十五日　庚寅　鬱陵島開拓官守ヲ検使ト称シ、三陟營將ヲ兼ネシム

○李太王廿一年六月三十日　壬寅　統理軍國事務衛門ノ所啓ニ依り、平海郡守ヲ以テ鬱陵島検使ヲ兼ネシム

○李太王廿五年二月七日　己丑　鬱陵島長ハ平海郡所屬越松万戸ヲ作窠兼帶シテ往來檢察セシム

○李太王 19년 8월20일 계유 영의정 洪淳穆 의 계언에 따라 울릉도에 島長을 차송시켰다.

○이태왕 21년 3월15일 경인　울릉도 開拓官守를 僉使라 칭하고, 삼척 營將에게 겸하게 했다.

○이태왕 21년 6월 30일 임인　統理軍國事務衙門의 所啓에 의해 平海군수를 울릉도 僉使를 겸임시켰다.

○이태왕 25년 2월 7일 기축　울릉도장은 평해군 소속 월송 萬戶를 作窠兼帶하여 왕래 檢察시킨다.

76) 「朝鮮史」第六編　第四卷

○李太王卅一年正月七日　乙酉

是ヨリ先鬱陵島土地未ダ盡ク開墾セズ、人民聚ラザルヲ以テ、特ニ命ジテ賦税徭役ヲ一切免除ス。然ルニ江原道平海郡史校ヲ該島ニ常駐セシメ、收斂ノ弊甚ダシキヲ以テ、統理交涉通商事務衛門ヨリ鬱陵島ニ關シテ之ヲ嚴飭シ、所收ノ麥太ハ該島民ニ返還セシム

지금부터는 울릉도 토지는 아직도 완전히 개간되지 않아 인민이 모이지 않으므로 특별히 명하여 부세 요역을 일체 면한다. 그러니 강원도 평해군 이교를 그 섬에 상주시켜, 수검의 폐가 커서, 통리교섭 통상사무위문이 울릉도에 관하여 엄하게 타일러 거두어 들이는 곡식을 그 도민들에 반환하게 했다.

77) 「韓國水産誌」第二輯(農商工部水産局編纂 隆熙四年五月五日發行)

「주민은 원래 농업을 주로 하고, 물고기는 채조에 그쳤으나, 요즘은 일본 거주자에게 배워 중등 이하의 농민은 많이 오징어잡이를 하기에 이르렀다.」(710頁).

「다음 36년 (光武 7년)근해의 오징어 서식이 많은 곳을 발견하여, 다시 확실한 발전을 이루는 계기가 되었다.」(712頁)

「해산물은 오징어를 제일로 하고, 그 외의 것은 김, 미역, 우뭇가사리, 전복이다.」

「오징어는 앞에 말한 것과 같이 광무 7(明治36)년 일본인 어획을 시작한 것에서 島人이 그것을 배워 잡게 된 것은 지금부터 3년전 이다. 그렇지만 유리한 업이라 지금 본 어업에 종사하는 사람이 대단히 많아졌다. 어기는 5월부터 11월에 이르는 7개월이지만 성어기는 6월경부터 9 10월에 이르는 기간이다.」(714頁).
「김, 미역은 종래 도인이 채취하였으나, 지금은 일본인도 같이 채취하는 일에 종사한다. 단 일본인이 미역을 채취하게 된 것은 근래의 일로 도인과 공동으로 하는 것 외에 단독으로 종사하는 자는 없다. 분명히 본군 일반의 관행을 존수하는 일이다.」(715頁).
「우뭇가사리, 전복은 일본인이 채포(採捕)하여 도인이 이 일에 종사하는 자는 없다. 일본인은 잠수기 또는 낚시로 채포한다.」(715頁)

울릉도민이 초기에는 採藻 이외의 어업을 행하지 않았던 것에 대해서는 전게『한국수산지』만 아니라 메이지 27년 2월18일부『山陰新聞』에 松江 佐藤狂水生이 투고한『朝鮮竹島探險』이라는 기사에도 다음과 같이 언급되었다. 이 佐藤의 탐험은 明治 26년 6월 4일에 隱岐 島前을 출항해서 島後의 福浦에서 순풍을 기다려, 동월 24일 동지를 출범, 6월 27일에 울릉도에 도착했다.

「도민의 가옥은 왜소해서 雨露를 피할 정도로 허술하여, 아주 불완전한 것은 나뭇가지를 쌓아, 암자 같고. 그 안에 살기 때문에 외견상으로는 장작을 쌓은 것으로 생각했다. 토인은 성질이 온유 질박하여 경작을 전업으로 한다. 어업은 즐겨 종사하는 자가 없고, 전혀 알지 못하는 것 같다. 다만 미역은 섬의 중요한 물산으로 자주 그것을 채취하여, 그 대부분을 내지에 수출하여 그 가치가 귀하다. 또 세금의 대용으로 한다.」

「수산물은 희망이 있으며, 그 주된 어류는 방어, 청어, 가물치 등이고, 개류는 전복 貼貝, 牡蠣가 있고, 藻類는 미역, 우뭇가사리, 대황, カジメ海羅, 김 등이 있다. 그중에서도 특히 전복은 많이 번식하여 수년전부터 규슈 지방에서 잡으러 와, 많은 이윤을 얻어 돌아간다 한다. 또 암수 고래가 온다.」

「이 지역은 明治 23년 일본 조선 양국 간의 정약에 의해 이루어진 통어규칙의 범위 내여서 우리 어선은 그 규칙에 의해 출어할 수 있어 어업상 많은 편익이 있다.」

78) 明治三十六年中ノ調査

周吉郡西鄕町大字西町營業人 中井養三郎

渡航ノ年月日　明治三十六年五月六日 西鄕港出帆同月十六日竹島着
從業一切ノ狀況
一　參拾六年五月十六日着島ノ頃ハ他ニ漁獵者一人モナク全島ノ海岸ハ全ク海驢ヲ以テ掩ハレ頗ル捕獲ニ容易ナリシニヨリ漁獵者等狂喜シ漁舍ヲ適地ニ構ヒ各種ノ獵具ヲ用ヒ種々捕獲ヲ試ミ及ヒ獵品製造ニ就キ種々硏究ヲ遂タリ(中略)
一　獵船母船カ獵品ヲ滿載シ次回目歸帆セントスル際穩地郡五箇村大字久見石橋松太郎ナル者ノ從業者古川幸太井口龍太等人夫ヲ督シテ來着シ一舍ヲ構ヘ海驢ノ捕獲ニ從事セリ(下略)

明治參十拾七年中ノ調査

周吉郡西鄕町大字西町營業人
中井養三郎

渡航ノ年月日　明治三十七年四月一日西鄕港出帆同月三日竹島着
從業一切ノ 狀況
一　參拾七年四月三日着島シタル時ハ期節尚早クシテ海驢ノ群集ヲ妨クノ恐レアルヲ似テ捕獲ハ見合セ漁舍ノ修繕ニ止メテ一応從業者ヲ引揚ケ歸國シ同月二十八日再ヒ渡航シ

タル時ハ穏地郡五箇村大字久見石橋松太郎組及周吉郡中村大字港井口龍太ノ組(三十六年石橋從業者タリシ)渡航シ居リ海驢ハ數日前ヨリ群集シ來リシニヨリ石橋組井口組ハ盛ンニ捕獲シ居リシ爲メ中井組ノ捕獲額ハ石橋井口ニ劣リタリ又同年ハ漁獵者數大ニ增加シ石橋井口ノ兩組ノ外ニ山口縣人岩崎某韓國鬱陵島ヨリ韓人ヲ引キ來リ大字西町加藤重造期節央ヲ過キテ西鄕港ヨリ渡航シ都合五組トナリタリ然レトモ岩崎井口ノ二組ハ期節央ヲ過キ營業ヲ開始シタルヲ以テ實際始終營業ヲ継續セルハ三組ナリシト云フヲ適当トス(下略)

竹島海驢實況覺書

一 密漁者ノ渡航月日人數捕獲數

久見村組(橋岡友次郎外十名) 三月三十日渡航人夫數六人獵艇一隻二百二十八頭捕獲

岩崎組(山口縣人岩崎某) 四月十日十人〈韓人 七, 邦人 三〉貳艘凡二百餘頭

飯美村組(飯美村某外二名) 四月十一日七名二隻三百數十頭

井口組(井口龍太, 永海寬市組合) 四月十二日十二名二隻三百頭

沼田組(宇賀沼田圧太郎) 四月十四日九名〈韓人 六, 邦人 三〉二艘二百餘頭

浦鄕組(浦鄕村門某外二名) 四月十四日十名〈韓國人 三, 邦人 七〉 二艘二百餘頭

下西組(下西村某, 西町某組合) 四月十八日八名二隻二百餘頭

赤崎組(鳥取縣赤崎某等) 六月四日八名二隻五十餘頭

都合八組人夫七十名 獵艇數十隻 捕獲數千八百頭

(下略)

(注)最後の「竹島海驢實況覺書」という文書には日付がない。しかしこの文書のある隱岐島廳の文書綴込の前後の文書からみても, また明治三十八年度の『竹島漁獵合資會社營業成績略』中に 「本社ノ營業開始前海驢カ將ニ群集セントスル尤モ大切ノ時期ニ際シ多數ノ密獵者ガ極度ノ濫獲ヲ逞フシテ痛ク海驢ヲ驅逐セシヲ以テ竹島ニ於ケル本年海驢ノ群集集ハ營業收支損益ノ關係上保護場ヲ設ケ捕獲ヲ制限スル等本社ノ理想實行ノ余裕ヲ存セザリキ」とあるところからみても、これが明治三十八年度のものであることは明らかである。ただし、竹島漁獵合資會社としては、會社以外のあしか獵業が従事したものをすべて「密漁者」として取扱っているが、島根縣知事から井口等四名に對して、あしか漁業が許可されたのは明治三十八年六月五日で、中井等がその許可に基いて竹島漁獵合資會社設立し、裁判所に登錄したのが同月六日であるので、それ以前の漁獵者は必ずしも「密漁者」ときめつけるわけにはいかないであろう。

메이지 36년 중의 조사

스키군 사이고초 오아자니시초 영업인 나카이 요자부로

도항 연월일 메이지 36년 5월 6일 사이고항 출범 동월 16일 죽도도착

종업일체의 상황

一、36년 5월 16일 도착했을 무렵은 달리 어렵하는 자가 한 명도 없고, 섬 전체의 해안은 온통 강치로 뒤덮여 있어 포획이 아주 용이했기에, 어획자 등이 미칠 듯 기뻐하며 어사를 어획하기 좋은 곳에 마련하여, 각종 고기잡이 도구를 준비하여 여러 가지로 포획을 시도하고 또 어렵품의 제조에 대해서도 많은 연구를 했다(중략)

一、엽선의 모선이 사냥용품을 가득 싣고 두 번째로 귀항하려 할 때, 오치군 고카노무라 오아자구미 이시바시 마쓰타로의 종업원 요시카와 코타, 이구치 류타 등이 인부를 대리고 내착하여 숙사를 마련하고 강치 잡이에 종사했다(하략)

메이지 37년 중의 조사

스키군 사이고초오아자니시초 영업인

나카이 요자부로

도항 연월일 메이지 37년 4월 1일 사이고항 출범 동월 3일 죽도도착

종업일체의 상황

一、37년 4월 3일 도착했을 때는 시기가 조금 빨라 강치의 군집을 방해할 염려가 있어 포획은 미루고 어사를 수선하며, 일단 종업원을 거느리고 귀항하여 동월28일에 다시 도항했을 때는 오치군 고카노무라 오아자 구미 이시바시 마쓰타로조 및 스기군 나카무라 오아자항 이구치 류타조(36년 이시바시의 종업원이었다)이 도항해 있고, 강치는 수 일 전부터 군집해 왔으므로 이시바시조합 이구치 조합은 한창 포획하고 있었기 때문에 나카이조 포획액은 이시바시 이구치보다 적었다. 또 같은 해에는 어렵자의 수가 크게 증가하여 이시바시 이구치 두 조합 외에 야마구치현 사람 이와자키 아무개는 한국 울릉도에서 한인을 데리고 왔다. 오아자 니시초 가토 추조가 계절을 지나 사이고항에서 도항하여 도합 5조합이 되었다. 그러나 이와자키 이구치 2조합은 계절을 지나서 영업을 개시하였기에, 실제로 영업을 처음부터 끝까지 계속한 것은 3조합이라고 말하는 것이 적당하다 하겠다. (하략)

죽도강치 실황 각서

一、밀어자의 도항 월일, 인수, 포획 수

구미무라조 하시오카 유지로외 10명 3월 30일 도항 인부 수 6인 엽정 1척 228두 포획

이와자키조(야마구치현 사람 이와자키 아무개) 4월 10일 10명(한국인 7, 방인 3) 2척 2백여 두

이비무라조(이비무라아무개 외 2명) 4월 11일 7명 2척 3백 수십 두

이구치조(이구치 류타, 나가우미 히로이치 조합) 4월 12일 12명 2척 3백두

누마타조(宇賀沼田歷太郎) 4월 14일 9명〈한국인6, 방인3〉 2소 2백여 두

우라고조(우라고촌 아무개 외 2명) 4월 14일 10명〈한국인3, 방인7〉2소 2백여두

시타니시조(시타니시무라 아무개, 니시초 아무개 조합) 4월 18일 8명 2척 2백여 두

아카자키조(돗토리현 아카자키아무개 등) 6월 4일 8명 2척 50여두

도합 8조 인부 70명 엽정 수십척 포획 수 1800두 (하략)

(주) 최후의 「죽도해려실황각서」라는 문서에는 날짜가 없다. 그러나 이 문서가 있는 오키도청 문서철의 전후의 문서를 보아도, 또 메이지 38년도의 『죽도어렵합자회사영업실적략』 중에 「본사의 영업 개시 전 강치가 그야말로 군집하려고 하는 아주 중요한 시기에 다수의 밀업자가 극도의 남획을 하여 아깝게도 강치를 구축하여, 죽도에서의 금년의 강치 군집은 영업 수지손익의 관계상 보호장을 설치하여 남획을 제한하는 등 본사의 이상실현의 여유가 없었다.」라고 있는 것을 보아도, 이것이 메이지 38년도의 것이라는 것은 분명하다. 다만 죽도어렵합자회사로서는 회사 이외의 강치 엽업에 종사한 자를 모두 「밀어자」로서 취급하고 있지만 시마네현 지사가 이구치 등 3명에 대해, 강치어업이 허가된 것은 메이지 38년 6월 5일로, 나카이 등이 그 허가에 기초해서 죽도어렵합자회사를 설립해서, 재판소에 등록했던 것이 동월 6일이었으므로, 그 이전의 엽획자는 반드시 「밀어자」로 단정할 수는 없을 것이다.

79) 신 교수가 인용한 일본의 견해는 昭和 29년 1월 10일부 외무성구상서에 있는 다음의

기사이다.

『조선연안수로지』에 의하면 군함 쓰시마가 보고하고 있는 것은 죽도의 「동방의 섬에 어부용의 갈대로 이은 소옥이 있었으나 풍랑에 의해 심하게 파괴되어 있다 한다」라는 1항뿐이다. 한국 측이 인용하고 있는 울릉도 주민의 다수가 매년 죽도에 상륙하여, 부근에서 어업에 종사하고 있다는 기사는, 수로지의 편자가 전문에 의해서 기록했던 후년의 죽도 사정으로, 군함 對馬의 보고가 아니다. 하지만 원문에는 「울릉도에서 도래하는 자」라고 있어, 한국 측이 지적하는 것처럼 「울릉도의 주민」이라고는 쓰여져 있지 않다. 우 기사는 후년 울릉도를 근거로 전복, 미역 등을 채취하러 죽도에 나간 일본인 및 그에 고용된 조선인을 가리키는 것이라고 생각된다.

80) 無宿狩込一件

天保7申年

松原浦無宿 八右衛門

其方儀石州松原浦に而船乘渡世中北海筋渡海の節見請し竹島を朝鮮國附屬の地とは不弁旨難申立，右者人家無之空島に而良材有之，海岸魚類も多く漁業伐木等いたすならは助成に可相成と存附，出府の砌，元領主松平周防守家來三澤五郎右衛門村井萩右衛門え便り領主益筋にも相成由を以て同島へ渡海志願之儀大谷作兵衛へ申立置，歸村後，右之趣，浜田表に罷在る同家家老岡田頼母事秋齊聞込由に而，同人召仕橋本三兵衛より尋請，必定作兵衛外二人江申立 次第通達有之義に存，益地に相達無之旨咄聞，追而右島はいづれの國地とも難差極手入等の儀は可存止旨萩右衛門より申越をも不取用再応取成之義，三兵衛へ相頼砌，右最寄松島へ渡海之名目を以て竹島え渡り稼方見極上，弥ゝ益筋に有之ならば取計方も有之由に而秋齊並同家來松井図書も心得居る趣，三兵衛申聞る迚，大阪表に於いて銀主共聞請宜敷ため、同所周防守藏屋敷詰家來島崎梅太郎え三兵衛より頼書狀申請，中橋町庄助等を申勸銀主に引入，殊右目論見中，外不届有之領主より浜田入津差留，所拂に相成る身分に而，元住所に罷在，大阪安治川南二丁目善兵衛其外之もの共乘組，竹島え渡海いたし繪図面相仕立又は立木伐採，既人參と見込紛敷草根等持歸る上は，異國人に出會，交通等いたす儀は無之とも素より國界不分明の地と乍心得，畢竟領主先代重御役柄中故，志望も成就可致杯相心得，秋齋其外之もの共と申立，既異國元之屬島へ渡海いたし立木等伐採，持歸る始末御國体に對し不輕儀不届に付死罪申付る

당신이 세키슈 마쓰와라에서 배를 타고 건너는 중간에 북해로 가는 길을 도해할 때, 보이는 죽도를 조선국 부속의 땅인지 몰랐다고는 말하기 어렵다. 우는 인가가 없는 공도로 그곳에 양재가 있다. 해안에 어류도 많아 어업 벌목 등을 하면 도움이 되리라고 생각하고, 출부했을 때, 전 영주 마쓰타이라 슈호노카미의 가신 미자와 고로에몬 무라이 하기에몬에 연락하여, 영주의 이익이 된다는 이유로 동도의 도해를 지원해 달라는 뜻을 오야 사쿠베에에게 건의해 두고, 귀촌한 후 우의 취지를 하마다에 있는 동가의 카로 오카다타노모의 일을 秋齊한테 얻어 듣고, 동인의 하인 하시모토 산베에게 물어서 듣고 분명히 사쿠베 외 2인에 건의한 경과를 통지했다고 생각합니다. 이익의 땅임에 틀림없다. 그 위에 우도는 어느 나라의 땅이라고도 정하기 어려워 시작하는 것을 보류해야 한다고 하기에몬이 말했으나 취하지 않고, 미베에를 만났을 때, 우에 가장 가까운 송도에 도해한다는 명목으로 죽도에 건너가 이익을 보는 방법을 생각해내고, 또 이익이 있으면 어떻게 할 방법도 있어, 秋齊 및 동가의 가신 마쓰이 도쇼도 알고 있다는 뜻을 산베에에게 이야기했을 때, 오사카에서 은주들의 평판이 좋아서、같은 곳의 스와노카미의 쿠라야시키에 있는 가신 시마자키 우메타로에게 산베에가 의뢰서를 보내, 나카하시초 쇼스케 등을 권해서, 은주로 유인했다. 특히 우의 계획 중에, 다른 부족한 것이 있어, 영주가 하마다에 들어가는 것을 금하여, 추방당했던 신분으로, 예전 주소에 있는, 오사카 아치가와 미나미 2초메의 젠베에 그 외의 자들과 같이 배를 타고, 죽도에 도해하여, 그림도면을 만들고, 또 나무를 벌채하며, 또 인삼이라고 생각하는 풀뿌리 등을 가지고 돌아온 이상, 이국사람을 만나 교류하는 일은 없더라도, 원래 국경이 분명하지 않은 땅이라고 알면서도, 필경 영주의 선대가 중요한 자리에 있기 때문에, 소원도 성취된 것이라고 생각한다. 슈사이 외의 사람들과 같이 신청하여 이미 이국의 속도에 도해하여 입목 등을 벌채하여 가지고 돌아오는 것은 국체에 대한 불경 불의이기에 사죄를 명한다.

12월 23일 (『시마네현지』 제3장 연혁 306혈)

제2장 죽도의 도근현 편입 후의 경영

제1절 메이지 시대 이후의 죽도경영

1. 메이지 초기의 개발

1880(明治13)년 9월에 군함 아마키(天城)를 파견하는 것으로 문제의 송도가 울릉도와 동일섬이라는 것이 판명되었기 때문에, 한 때 우리 조야를 소란스럽게 한 송도 개척안이 그 후에 중지되게 된 사실은 앞에서 지적한 대로이다(제1장 제1절 2의(2) 참조).

그러나 실제로는 우리 산인(山蔭)의 주민으로 당시까지도 공도정책이 취해지고 있던 울릉도에 몰래 가는 자가 있어, 1881(明治14, 李太王18)년에 수토관이 심검할 때, 일본인 7명이 동도에서 벌목에 종사하고 있는 것이 발견되어, 동년 7월에 조선정부가 우리 외무성에 도항금지를 요구했다.

메이지 정부는 이 요구에 응하여 1883(明治13)년 3월에 지방장관명으로 다음의 통지를 보내, 방인의 울릉도 도항금지에 대한 국민의 주의를 환기한 일이 있었다.

> 北緯三十七度三十分, 東経百三十度四十九分ニ位スル日本称松島〈一名竹島〉朝鮮称鬱陵島ノ儀ハ従前彼我政府議定ノ儀モ有之日本人民妄リニ渡航上陸不相成候條心得違ノ者無之様各地方長官ニ於テ諭達可致旨其省ヨリ可相達此旨及內達候也

明治十六年三月一日

太政大臣[81]

內務卿山田顯義殿

북위 37도 30분, 동경 130도 49분에 위치하는 일본칭 송도〈일명 죽도〉 조선칭 울릉도는 종전에 피아 정부의 의정도 있으니 일본인은 함부로 도항 상륙해서는 안 된다는 것을 알고, 어기는 자가 없도록 각 지방관이 유달해야 한다는 내용을, 해당 성에서 알리라는 취지의 연락이 있었다.

메이지 16년 3월 1일

다이죠다이진

내무경 야마다아키요시 도노

한편 메이지 정부는 동년 10월 히가키(桧垣) 내무소서기관 등을 울릉도에 파견해서, 재류 중의 모든 방인 154명의 철거를 실시했다. 그 동안의 경위에 대해서는 동년 11월 16일부의 이노우에(井上) 외무경이 조선국 주차(駐箚) 하나부사(花房) 공사에게 보낸 다음 공문에 자세히 전한다.

福岡縣下豊前國企救郡楠原村平民早瀬岩平ナル者人數八十名程引率本年二三月頃朝鮮國蔚陵島ヘ渡航致候旨副田領事ヨリ報知有之候ニ付內務省協議之上福岡縣令ヘ相達右早瀬岩平親族之者ヨリ迎船差出シ一同爲引揚候末該人等之申立ニ因レハ山口縣士族松岡某ナル者外數十名尙該島ニ滯居之由ニ付山口縣ヘモ前同樣之手續ニテ迎船差立方相達候處同縣ニテ松岡某之原籍取調中獨リ山口縣下之者而巳ニ無之他縣人入雜リ現ニ數百名之多キニ及居リ候趣相分リ候　一体該島ヘ御國人渡航禁止之義ニ付テハ御承知之通リ朝鮮政府ヨリ屢々照會有之其後竹添公使赴任之際若今後該島ヘ渡航之者有之候節我領事館ヘ押送セハ相当之懲弁可致旨彼政府ヘ爲申入候義ニ付以後必ス渡航之蹤迹ヲ絶ツベク企望之折柄前顯之如ク數百名之御國人彼地ニ潛居妄リニ伐木漁採等ニ從事候テハ彼國ニ對シ信義ヲ欠クニ至リ難捨置義ニ付其筋之裁可ヲ遂ケ特ニ蒸氣船ヲ仕立內務省ヨリ檜垣內務少書記官外數名当省ヨリハ幸ニ歸朝致居候淺山三等屬ヲ該島ニ派遣シ別紙甲号島長ト對話之末同官之一行ハ該島滯在之本邦人不殘(二百五十四名)引纏去月下旬無恙歸着致候　尤モ右之人民懲弁之義ニ付テハ本年三月別紙乙丙号之通リ內務司法兩省ヘ內達之趣モ有之候間之ニ據リ夫々處分可致筈ニ而目下調査中ニ有之候

右ハ先年貴官御在韓中ニ相發シ曾テ御配慮モ有之候件之結果ニ付御參考迄ニ此段及御報道候也

후쿠오카현 부젠노쿠니 기쿠군 구스비라무라의 평민 하야세 이와히라라는 자가 인수 80명 정도를 인솔하고 금년 2, 3월 경에 조선국 울릉도에 도항했다는 이야기는 후쿠다(副田)영사의 보고가 있었기에, 내무성이 협의하여 후쿠오카현령에 통지하여 우의 하야세 이와히라의 친족에게 배를 보내 일동을 철거하게 한 후, 그 사람들의 진술에 의하면 야마구치현의 사족 마쓰오카 아무개라는 자 외 수십 명은 아직도 그 섬에 체류하고 있다하니 야마구치현에도 전회와 같이 수속하여 배를 보내도록 통지했더니, 동현에 마쓰오카 아무개의 원적을 조사해 보니 야마구치현 사람만이 아니다. 타현 사람들이 섞여 현재는 수백 명에 이른다는 것을 알았습니다. 그런데 그 섬에 우리들의 도항을 금지시켜달라는 이야기는 아시는 바와 같이 조선정부가 누누이 말하고 있습니다. 그 후 다케조에 공사가 부임할 때, 혹시 금후 그 섬에 도항하는 자가 있을 경우, 우리 영사관에 압송하면 상당하는 벌을 주겠다는 뜻을 그 정부에 말하였고, 이후에는 반드시 도항을 단절시키려고 하고 있을 때, 앞에서 말한 것처럼 수 백 명의 아국인이 그곳에 잠거하여 멋대로 벌목 어채 등에 종사하여, 그 나라에 대한 신의를 잃게 되어 방치하기 어렵게 되었습니다. 그래서 관계되는 곳의 재가를 얻어, 그 뜻을 이루려고 특별히 증기선을 준비하여 내무성의 히가키 내무소서기관 외 수 명을, 당성에서는 마침 다행히 귀국하는 아사야마 3등속을 그 섬에 파견하여, 별지 갑호의 도장과 대화한 끝에 동관 일행은 그 섬에 체재하는 본방인을 남김없이(254명) 정리하여 지난 달 하순에 무사히 귀착했습니다. 다만 우의 인민 처벌에 대해서는, 금년 3월에 별지 을·병호대로 내무 사법 양성에 내막적으로 시달한 내용도 있어, 이에 의해 각각 처분하기 위해 목하 조사 중입니다.

우는 선년에 귀관이 한국에 있을 때 발생하여 지난날의 배려도 있었던 건의 결과이므로 참고로 이것을 보도합니다.

이 문서 중에 언급된 히가키 내무소서기관과 도장의 대화를 기록한 것은 다음과 같다.

アリクサ
十月七日蔚陵島ニ到着直ニ阿陸沙〈島中地名〉ニ上陸シ顯藏一書ヲ認メ我來意ヲ島長ニ通知ス 翌八日檜垣內務書記官佐々木內務八等屬ト同行中谷〈地

名〉ニ向フ途朝鮮人兩名ニ遇フ乃チ島長ノ次官幼學裵忠隱其從者ヲ伴ヒ將サニ阿陸沙ニ來會セントスル所ナリ 依テ共ニ中谷ニ至り日本出稼人ノ住家ニ於テ左ノ通り談話アリ 顯藏通辯ヲ爲ス

檜垣書記官日 小官此度渡航シ來ルハ他ノ義ニ非ス 当島ニ在留スル我國人民ヲ殘ラス召連還ルヘキ我政府ノ命令ヲ奉シ汽船ニ搭シ昨日着島セリ 依テ本船ヘ該人民等ヲ乘込マシメントス 諒知セラレヨ

幼學日 仰ノ如ク貴國人民悉歸國セラルヽ誠ニ賀スヘキ事ニ候得共交情ニ於テ忍ヒサル所アリ 何トナレハ本島ヘ渡來スル所ノ我國人民食ニ乏シク時々貴國人ノ恩惠ヲ蒙リタル事不尠此恩忘ルヘカラス 願クハ巳ニ採伐スル材木ハ悉ク歸國ノ序持歸ラレン事ヲ企望致候 就テハ今ヨリ四十日間ノ猶予ヲ給ハラバ積船ノ渡來ヲ待テ都合能ク歸國ノ運ニ到リ可申何卒貴官ノ御仁恕ヲ以テ御酌量被下候樣偏ニ希フ處ニ候

書記官日 巳ニ伐採スル材木ヲ持歸ラシムルハ小官ノ權内ニテ處シ難シ 小官ハ只ニ人民ヲ纏メテ連レ還ル事ノミニ止マレハ歸朝ノ上其理由ヲ政府ニ申述ベン

幼學日 貴意御尤モナレバ重テ申上ルモ惶悚ノ至ニ候得共尚ホ御含迄愚衷ノ在ル處ヲ申上度候 前ニモ述ル如ク貴國人民ニ數千ノ木材ヲ与ヘン事ヲ望ムハ余ノ義ニ非ス 我國人數百名ハ毎年氷解ヲ待テ本島ニ渡航シ山海ヲ挊テ秋氣ニ及ヒ本國ニ回航スルノ慣ヒニテ此愚氓等ノ爲ニ數千ノ良材ヲ徒失シ貴國人ノ勞力ヲ徒ラニスルニ似タリ是ヲ以テ遺憾ノ余リ再応申上ル義ニ候

書記官日 貴下ノ厚情深ク了知セリ 乍併兩國政府ノ命令ニ非ルヨリハ今後決シテ我國人此島ニ來リ猥リニ木材ヲ積出ントスルモ貴下ヨリ之ヲ許サヽルノ理ナク亦我國中エモ尙嚴令ヲ下シテ斯ル冒犯者ナカラン事ヲ証スルナリ (下略)

10월 7일 울릉도에 도착, 즉시 아리쿠사〈도중의 지명〉에 상륙하여 아키쿠라가 일필하여 우리가 온 뜻을 도장에게 통지했다. 다음 8일 히가키 내무서기관은 사사키 8등속과 동행하여 나카다니(지명)에 가는 도중에 조선인 2명을 만났다. 즉 도장의 차관 유학 배충은이 종자를 대리고 아리쿠사에 와서 만나게 한 것이었다. 그래서 같이 나카타니에 가서 돈벌러 온 일본인 집에서 좌와 같이 대담했다. 아키쿠라가 통역 했다.

히가키 서기관왈, 소관이 이번에 도항한 것은 다름이 아니다. 당도에 재류하는 아국인을 남김없이 데리고 돌아가라는 우리정부의 명을 받들어 기선을 타고 어제 착도했다. 따라서 본선에 그 인민 등을 태우려 한다. 양지하시라.

유학 왈 말씀하신 대로 귀국 인민 모두가 귀국하시는 것은 참으로 축하할 일입니다만, 개인적으로는 견딜 수 없는 일입니다. 왜냐하면 본도에 도래하는 아국의 인민이 먹을 것이 없어 때때로 귀국인의 은혜를 입는 일이 적지 않아 이 은혜를 잊을 수 없습니다. 원컨대 이미 채벌한 재목은 모두 귀국할 때 가지고 돌아가실 것을 간절히 원합니다. 그러하니 지금부터 40일간 유예하여 주시면 적선이 도래하는 것을 기다려 차질 없이 귀국으로 옮기도록 하겠습니다. 부디 귀관의 인덕으로 조절해 주실 것을 그저 원합니다.

서기관 왈 이미 벌채한 재목을 가지고 돌아가게 하는 것은 소관의 권한 내에서 하기 어렵다. 소관은 단지 인민을 정리하여 데리고 돌아가는 것에 그치므로 귀국한 후에 그 이야기를 정부에 보고하겠다.

유학 왈 귀관의 의견이 지당하여 거듭 아뢰는 것도 황송합니다만, 그래도 마음에 담아 주시는 것만으로 감사하다는 말씀을 드리고 싶습니다. 전에도 말씀 드렸듯이 귀국인민에게 수 천의 목재를 드릴 것을 원하는 것은 저의 뜻이 아닙니다. 아국인 수 백 명은 매년 해빙을 기다렸다 본도에 도항하여 산과 바다를 누비다 가을이 되면 본국으로 회항하는 것이 관례로, 이 우민들 때문에 수 천의 양재를 헛되이 잃어버려 귀국인의 노력을 헛되게 하는 것 같아, 이것이 너무 유감스러워 다시 말씀 드리는 것입니다.

서기관 왈 귀하의 후정은 잘 알았다. 그렇다 하나 양국 정부의 명령이 아니면 금후 결코 아국 사람이 섬에 와서 함부로 목재를 실어내려해도, 귀하가 이를 허가할 이유가 없고, 또 아국에서도 역시 엄령을 내려 그러한 범법자가 없다는 것을 증명할 것이다. (하략)

第二回の談判筆記

十月十四日午後一時元山津ヨリ蔚陵島阿陸沙ニ到着我國人並ニ朝鮮人已ニ海浜ニ佇立ス　島長全錫奎幼學裴忠隱直ニ來船檜垣書記官ニ面會ス 其談判ノ要領ハ左ノ通リ

書記官　曩ニ上陸ノ際幼學ニ會シ來島ノ概旨ヲ告ケ貴下ニ通達セラレン事ヲ求メタリ　而貴下ノ來臨ヲ竣ツノ心得ナリシモ偶暴風狂濤船ヲ繫クヘカラス 之レカ爲メ已ムヲ得ス纜ヲ解キ去レリ 而ルニ曩ニ幼學ニ陳言セシ如ク此度我國民ノ本島ニ在ルモノヲ悉ク携ヘ歸ラントス　最早遠隔ノ地ニ殘留スルモノ無之候ヤ承リ度候

島長 最早他所ニ殘留スルモノ無之候 實ニ貴國人民ニ對シテハ我儕容易ナラサル懇誼ヲ恭フス 這回拳テ歸國セラルヽハ交誼ニ於テ深ク忍ヒサル所ニ候

島長 玆ニ聊カノ粗品ニ候得共知ラルヽ如キ絶海ノ一孤島一物ノ高臨ヲ勞スルニ足ルモノナシ 僅カニ燒酌壹壺候ヘ笑納ヲ蒙ラハ幸ノ至リニ候

書記官 貴意ノ如ク万事不如意ナルハ言ヲ竢タス 貴諭は謝スルニ余リアリト雖トモ掌領シ難シ 請フ容ラレヨ

島長這回貴國人民ノ歸航セラルルニ依テ是迄我人民ノ日々糊口ノ恩惠ヲ蒙リタルモノ一粒ノ担積ナキヲ以テ立ロニ餓死スベシ 伏テ希クハ貴下憐憫ヲ垂レラレヨ (下略)[82]

제이회 담판 필기

10월 14일 오후 1시 원산진에서 울릉도 아리쿠사에 도착했다. 아국인 및 조선인이 이미 해변에 서서 기다린다. 도장 전석규 유학 배충은이 즉시 내선한 히가키 서기관을 면회한다. 그 담판의 요령은 좌와 같다.

서기관 지난번에 상륙했을 때 유학을 만나 내도한 취지를 알려 귀하에게 통지할 것을 요구했었다. 그리고 귀하의 내임을 기다릴 생각이었으나 우연히 폭풍이 거칠어 배를 대지 못하여 어쩔 수 없이 닻줄을 풀고 갔었다. 그런데 지난번에 유학에게 진언한대로 이번에 본도에 있는 아국민 모두를 데리고 돌아가려 한다. 이제는 원격의 땅에 잔류하는 자가 없는지 알고 싶도다.

도장 이미 다른 곳에 잔류하는 자는 없습니다. 참으로 귀국인민에 대해서는 우리들이 쉽지 않은 간의에 감사합니다. 이번에 철수하여 귀국하시는 것은 교의에 있어 참으로 견디기 어려운 일입니다.

도장 여기에 볼품 없는 물건입니다만 아시는 대로 절해의 고도라 왕림하신 것에 답할 수 있는 것이 없습니다. 겨우 소주 한 단지가 있습니다. 거두어 주시면 고맙기 그지 없겠습니다.

서기관 귀하의 뜻대로 만사가 여의치 않다는 것은 말할 것도 없다. 귀한 뜻은 감사하고도 남는다 해도 받아들이기 어렵다. 청컨대 양해하시라.

도장 이번에 귀국인민이 귀항하시는 것으로 지금까지 우리 인민이 매일같이 호구의 은혜를 입었는데 조금도 모아둔 것이 없어 곧 굶어 죽게 될 것입니다. 엎드려 바라는 것은 귀하의 연민이 내리는 것입니다. (하략)

즉 이 히가키 내무소서기관과 도장이나 유학의 대담을 보면 일한 양국인은 현지에서는 아무런 감정도 없이 아주 원활한 관계였을 뿐만 아니라, 오히려 한인은 방인의 은혜로 생활을 유지하고 있었다는 것을 엿볼 수 있다. 이렇게 도민이 섭섭해 하며 방인의 울릉도 총 철수가 이루어진 셈이다.

그러나 한 편으로는 이 해에는 일한 양국의 사이에 「조선국에서의 일본인민의 무역규칙」이 성립되었는데, 그 제41관에는 다음과 같이 규정되었다.

> 일본국 어선은 조선국 전라 · 경상 · 강원 · 함경의 4도, 조선국 어선은 일본국 히젠(肥前) · 치쿠젠(筑前) · 나가노(長門)〈조선해 연안〉· 이와미(石見) · 이즈모(出雲) · 쓰시마(對馬)의 해변에 왕래하며 포어하는 것을 허가한다 하더라도 사적으로 화물을 무역하는 것을 허가하지 않는다. 위반하는 자는 그 물건을 몰수한다. 단 그곳에서 잡은 어개(魚介)를 매매하는 것은 이 예가 아니다. 그 피차가 응납하는 어세 및 기타의 세목은 준행 2년 후 경황에 따라서 다시 협의하여 작정하기로 한다.

이 무역규칙의 성립으로 우리나라 어민은 정식으로 조선해 출어가 인정되게 되어 강원도에 속한 울릉도의 출어도 가능하게 되었는데, 이어서 1889(明治22)년 11월에는 이 무역규칙 제41관의 시행세칙이라고도 하는 「일본조선양국통어규칙」이 성립해서 양국의 해변에 왕래하며 포어하기 위한 어업세나 감독에 관한 규칙이 정해졌기 때문에,[83] 그 후의 통어자(通漁者)는 이것에 준거해서 출어하게 되었다.

1883(明治16)년의 모든 방인을 철거한 후의 울릉도의 재도항에 관해서는 1900(明治33)년의 재부산 영사관 사무대리 영사관보 아카쓰카 마사스케(赤塚正助)가 명받아 조사한 현지보고에 의하면, 다음처럼 1891(明治24)년 이후로 되어있다.

울릉도 개황

제5 재도일본인

재도 일본인은 주로 시마네현 사람이다, 그 수는 연과 때에 따라서 증감이 있어 일정하지 않다. 현재의 수는 100인 내외다. 재도 일본인의 이야기를 듣건대 일본인이 이 섬에 처음으로 온 것은 메이지 24년에 끈끈이(黐)를 제조하기 위해 7인이 도항해 온 것을 시작으로 한다. 그 후 계속해서 들어온 것이 25년에서 28년까지는 확실하지 않다. 29년 이후에 200인 내외가 재도했다. 주로 물푸레나무(槻木) 벌채자 및 그 부속원이다. 현재 재도하는 100명은 일본보다 원산 혹은 부산을 향해 도항하는 도중에 천기의 상황에 따라 기항한 자 및 일부러 섬으로 온 자이나, 선박의 출항면허 및 여권은 대부분 원산 혹은 부산행이다. 그들은 도동이라고 부르는 마을을 중심으로 해서 모이고 그외의 여러 곳에 산재한다. 그들은 하나의 조합을 만들어 간사를 두고서 상호의 질서를 유지한다.

도감 裵季周를 그다지 경복하지 않는 것 같으나 특별히 난동을 부린 일은 없다. 특히 전 간사 가다오카 요시베에(片岡吉兵衛)라는 자, 그리고 현 간사 마쓰모토 시게사카(松本繁栄)는 배도감과 잘 지내고 있다.

도민은 아주 감정이 좋아, 도민은 일본인이 많은 편리를 제공해주고 있는 것을 기뻐하고 있다. 도민의 의복지인 비단 목면 옥양목 등은 모두 일본인의 수입에 의한다. 본국과의 왕래는 모두 일본형 풍범선(風帆船)에 의지한다. 현재 기항중인 것은 11척이다. 평균 100석적 내외다. 항이 없고 풍랑이 높아 왕래가 극히 적다.[84]

그러나 1888(明治21)년 8월에 울릉도에 상륙해서 가옥을 건설하고 있었던 일본인 30명의 퇴거를 조선정부가 요청했던 사실이 있는 것을 보아도,[85] 이 보고서에 있는 메이지 24년 이전에도 울릉도에 향하는 일본인이 있었다는 것을 알 수 있다.

오늘의 죽도는 어쩌면 이 같은 메이지 초기의 방인의 울릉도 도항이 개시되고 멀지 않은 시기에 우리나라가 주목하게 되었다고 생각된다. 오쿠하라 후쿠이치(奥原福市) 편 『죽도 및 울릉도』는 그 개발 시기를 다음과 같이 기술했다.

> 상업 또는 전복채취를 위해 울릉도에 도항하는 도중에 본서(죽도)에 강치의 군서를 실견한 것은 오래된 일이지만, 그 짐승을 포획해서 내지에 수송하게 된 것은 불과 8, 9년 이전인 것 같다. 지금부터 8, 9년 전에 오키노쿠니의 어부가 울릉도에 난파한 어선을 수색하기 위해 본도에 도항해서 강치가 군서하는 것을 보고 5, 60두를 박살하여, 내지에 보내 상당한 이익을 얻은 일이 있다.

이 책은 1906(明治39)년에 편찬된 것이므로, 그것으로 미루어 보면 그 8, 9년 이전이라는 것은 1897(明治30)년 이후라는 것이 된다.

그러나 구마모토현(熊本県) 아마쿠사군(天草郡) 후타에초(二江町) 재주의 나카우라 고헤이지(中浦小平次)씨의 조부 나카우라 이헤이지(中浦伊平次)는 1883(明治16)년-이 해 가을에 일본정부는 울릉도에 재주하는 방인 전원의 귀환을 실시했다-에는 잠수기를 사용해서 울릉도에서 채패(採貝), 채조(採藻)하고, 그 귀도에 오늘의 죽도에 들려 4, 5시간의 작업으로 전복 1,200여관, 강치 3두를 포획하여 오키를 경유하여 귀국했다한다. 그것이 사실이라면 메이지 시대 이후의 지금의 죽도 경영으로는 지금까지 판명하고 있는 것으로는 이것이 가장 오래된 것이 된다.[86]

이어서 1890(明治23)년에는 미에현 시마군(三重県志摩郡) 시마초 가타다(志摩町片田) 재주의 오쿠무라 키요스케(奥村清助)씨의 조부 하마구치 키요베에(浜口清兵衛)는 영국에서 구입한 최신식 잠수기를 사용해서, 울릉도에서 전복과 우뭇가사리의 채취를 행하고, 다음 24년, 다다음 25년에도 계속해서 같은 방법으로 조업했다. 더욱이 1893(明治26)년에도 동도에 갔지만 그 때는 잠수기는 사용하지 않고 시마에서 해녀 30여명, 그 외 합계 50명을 동반했다. 이 사이에 울릉도를 왕복하는 도중 또는 동도에 체재 중에 금일의 죽도에서도 전복이나 해조의 채취에 종사했으나 강치의 엽획은 행하지 않았다.

그 후의 정황은 자세하지는 않지만 메이지 29년 9월 21일부의 사이고(西郷) 재판소 검사 벳푸 케이진(別府恵人) 앞으로 보낸 오키도민의 울릉도 도항자에 관한 사이고 경찰서장 구보 마사오미(久保庸臣)의 조사보고(西坤 제619호)에

尤モ志摩國ヨリ渡航スルモノハ大概海士專業ニシテ採貝採海草ニ従事スルモノ事ニ有之候
원래 시마노쿠니에서 도항한 자는 대개 어렵전업으로 채패 채해초에 종사한다 합니다.

라고 있고, 또 이 보고의 비고로

以上ノ外姓名不詳豊後人二十名計志摩國人浜口某ノ一行男女五十人計及当國人數名密航中ノ 聞ヒアリ目下取調中(外務省記錄)
이상의 외는 성명 미상의 분고 사람 20명 정도, 시마노쿠니 사람 하마구치 아무개의 일행이 남녀 합하여 50명 정도에 이른다. 당국인 여러 명이 밀항중이라고 듣고 목하 취조 중이다.

라고 있는 것을 보면 하마구치는 그 후에도 시마의 어부를 채용하여 계속 울릉도에서 조업을 계속하여, 어쩌면 오늘날의 죽도에도 출어하고 있었다고 생각된다. 또 사이고 경찰서장의 전기보고에서는 하마구치 등은 일단 밀항혐의를 받고 있지만, 동인의 손자 오쿠무라 키요스케에게 청취한 것으로는 일행은 정규여권을 교부 받아 도항했다는 것이다.

이외에 현존하는 오키 재주의 죽도 도항 관계자에 대해 듣고 조사한 것에 의하면 전게한 오쿠하라 후쿠이치(奥原福市)의 저서에 있는 1897(明治30)년이라는 해에는 오키의 치부군(知夫郡) 구로키무라 모노이(黒木村物井) 재주의 마노 테쓰타로(真野鉄太郎)가 사이토 사타로(西乡左太郎) 등을 고용해서 기범선(機帆船)으로 교역하기 위해 울릉도에 가며, 그 왕복 도중에 오늘날의 죽도에서 채조, 채패 및 강치잡이를 했고, 마찬가지로 오키의 오치군(穩地郡) 고카무라(五箇村) 재주의 이시바시 마쓰타로(石橋松太郎) 및 다이하루카즈(代春一)도 소형 어선으로 죽도에 출어하여 강치잡이를 하고 있었다. 또 그 보다 2, 3년 전에 치부군(知夫郡) 구로키무라 모노이 출신의 우노 미사오(宇野操)도 마노처럼 울릉도를 왕복하는 도중에 죽도에서 해초나 전복을 채취하고, 강치잡이를 했다하지만, 이에 관해서는 당시의 관계자로 현존하는 자가 없기 때문에 확실한 것은 모른다.

이상의 청취에 의한 조사결과를 전기 메이지 29년 9월 21일의 오키 도민의 울릉도 도항자에 관한 사이고 경찰서장의 조사보고와 같이 대조해보면 동 보고서는, 당시 오키의 도항자 총수는 55명으로 그 내역은 다음과 같이 되어 있다.

(가)	종전 島廳을 경유하여 지방청의 허가를 받고 도항한 자	13명
(나)	우라고(浦郷) 경찰분서를 거쳐 허가를 받은 자	12명
(다)	무면허 도항중인 자	26명
(라)	과거의 밀항이 의심되거나 밀항을 기도한 혐의자	4명

전기의 우노 미사오(宇野操)는 (다)의 울릉도에서 교역하기 위해 무면허로 도항한 사람의 하나로 거명되고 있지만, 마노 데쓰타로(真野鉄太郎)와 이시바시 마쓰타로(石橋松太郎)는 이 명부 안에는 보이지 않는다. 그러나 마노 데쓰타로에 대해서는, 메이지 27년 1월 14일부의 「산음신문」에 동인이 신조한 배 가이료마루(改良丸)를 빌려 수부 2명 외 2명을 태우고, 메이지 26년에 풍파를 무릅쓰고 오키에서 5일 걸려 울릉도에 도착했다는 기사가 있어,[87] 동도의 도항은 메이지 30년이 최초가 아니었다고 생각된다. 또 전기의 사이고 경찰서장의 보고 중의 (가), 지방청의 허가를 받고 도항 중인 자 안에 마노 시게타로라는 이름이 있고, 그 출신지가 치부군 우라고무라로 되어있는 것으로 보아 어쩌면 그것이 마노 테쓰타로와 동일인이 아닐까라는 의문도 있다.

이시바시 마쓰타로의 경우는, 울릉도에는 도항하지 않고, 오로지 죽도에서 조업했기 때문에, 전기 보고의 대상은 되지 않았다고 생각되지만, 이시바시는 그 후에도 매년 죽도에 건너가서, 일정 기간 동도에 체재하며 강치를 엽획하고 있었던 것 같아 후술하는 것처럼 나카이 요사부로가 1903(明治36)년에 동도에서 강치잡이를 시작할 때에도 동인은 내도해서 포획을 경쟁했다 한다.

이처럼 메이지 이후에 오늘날의 죽도경영은 지금까지 판명했던 것만을 보아도 메이지 16년의 도해는 일단 별도로 한다해도 적어도 1890(明治23)년경까지 거슬러 올라갈 수 있고, 당초의 시기에는 울릉도를 왕복하는 도중 혹은 울릉도를 근거로 죽도에서 전복이나 우뭇가사리 등을 주로 채취하고 있었으나 1897(明治30)년경부터는 오로지 죽도에서의 강치잡이를 목적으로 동도에 오키에서 직접 건너가게 되었다고 생각된다. 다만 그 당시에는 그 규모도 작고 반드시 질서있는 개발이 행해지고 있었던 것은 아니었다.

2. 죽도의 시마네현 편입과 그 후의 조치

(1) 죽도의 시마네현 편입

오늘의 죽도에서 강치잡이를 주로 하는 본격적 경영이 이루어지게 된 것은 1903(明治36)년 이후의 일로, 이 해에 오키도민 나카이 요자부로와 이시바시 마쓰타로 일행은 동도에 건너가 강치잡이에 종사했다. 1904(明治37)년에는 나카이·이시바시 두 조합 외에 오키에서 도래한 이구치 류타(井口竜太) 및 가토 시게나리(加藤重造), 울릉도에서 도래한 야마구치현 사람 이와사키(岩崎) 아무개 일행도 참가하여, 서로 엽획을 경쟁한 결과, 동년도의 강치의 포획 총수는 2,760두 이상에 달했다. 이러한 상태로 계속되면 죽도의 강치는 절멸할 형세였다(주78참조). 이 때문에 나카이 요자부로는 메이지 37년의 어기가 종료된 후, 그 사업의 독점을 계획하고 동년 9월 29일부로 내무·외무·농상무 3대신에게 「랸코도 영토편입 및 대하원」을 제출했다. 이것은 그 후 정부가 죽도를 시마네현에 편입하는 동기가 된 역사적 문서였다.

りゃんこ島領土編入並ニ貸下願

隱岐列島ノ西北八十五浬　朝鮮鬱陵島ノ東南五十五浬ノ絶海ニ俗ニりゃんこ島ト称スル無人島有之候　周囲各約十五町ヲ有スル甲乙二ヶノ岩島中央

ニ對立シテ一ノ海峡ヲナシ大小數十ノ岩礁点々散布シテ之ヲ囲繞セリ 中央ノ二島ハ四面斷岩絶壁ニシテ高ク屹立セリ 其頂上ニハ僅ニ土壤ヲ冠リ雑草之ニ生ズルノミ

全島一ノ樹木ナシ 海辺彎曲ノ處ハ砂礫ヲ以テ往々浜ヲナセドモ屋舍ヲ構エ得ベキ場所ハ甲嶼ノ海峡ニ面セル局部僅ニ一ヶ所アルノミ 甲嶼半腹凹所ニ瀦水アリ 茶褐色ヲ帶ブ 乙嶼ニハ微々タル塩分ヲ含ミタル淸冽ノ水斷岸涓滴仕候 船舶ハ海峡ヲ中心トシテ風位ニヨリ左右ニ避ケテ碇泊セバ安全ヲ保タレ候

本島ハ本邦ヨリ隱岐列島及ビ鬱陵島ヲ経テ朝鮮江原、咸鏡地方ニ往復スル船舶ノ航路ニ当レリ 若シ本島ヲ経營スルモノアリテ人之ニ常住スルニ至ラバ夫等船舶が寄泊シテ薪水食料等万一ノ欠乏ヲ補ヒ得ル等、種々ノ便宜ヲ生ズヘケレバ今日駸々乎トシテ盛運ニ向ヒツツアル處ノ本邦ノ江原、咸鏡地方ニ對スル漁業貿易ヲ補益スル所少カラズシテ本島経營ノ前途最モ必要ニ被存候

本島ハ如斯絶海ニ屹立スル蕞爾タル岩島ニ過ギザレバ從來人の顧ルモノナク全ク放委シ有之候 然ル處私儀鬱陵島往復ノ途次會本島ニ寄泊シ海驢ノ生息スルコト夥シキヲ見テ空シク放委シ置クノ如何ニモ遺憾ニ堪ヘザルヨリ爾來種々苦慮計畫シ愈明治三十六年ニ至リ斷然意ヲ決シテ資本ヲ投ジ漁舍ヲ構エ人夫ヲ移シ獵具ヲ備ヘテ先ツ海驢獵ニ着手致候 当時世人ハ無謀ナリトシテ大ニ嘲笑セシガ元ヨリ絶海不便ノ無人島ニ新規ノ事業ヲ企テ候事ナレバ計畫齟齬シ設備当ヲ失スル所アルヲ免レズ 剩ヘ獵法製法明カナラズ用途販路亦確ナラズ空シク許多ノ資本ヲ失ヒテ徒ラニ種々ノ辛酸ヲ嘗メ候結果本年ニ至リ獵法製法共ニ發明スル所アリ 販路モ亦之ヲ開キ得タリ 而シテ皮ヲ塩淸ニセバ牛皮代用トシテ頗ル需用多ク新鮮ナル脂肪ヨリ採取セル油ハ品質価格共ニ鯨油ニ劣ラズ 其粕ハ十分ニ搾レバ以テ膠ノ原料トナシ得ラルベク肉ハ粉製セバ骨ト共ニ貴重ノ肥料タルコト等ヲモ確メ得候 即チ本島海驢獵ノ見込略相立チ候 而シテ海驢獵ノ外本島ニ於テ起スベキ事業陸產ハ到底望ナク海產ニ至リテハ未ダ調査ヲ経ザルヲ以テ今日確言シ難キモ日本海ノ要衝ニ当レバ本島附近ニ種々ノ水族來集棲息セザル筈ナケレバ本島ノ海驢漁業ニシテ永續スル事ヲ得バ因テ以テ試驗探查ノ便宜ト機會トヲ得テ將來更ニ有利有望ノ事業ヲ發見シ得ルナラント相期シ候 要スルニ本島ノ経營ハ資本ヲ充實ニシ設備ヲ完全ニシテ海驢ヲ捕獲スル上ニ於テ前途頗ル有望ニ御座候

然レドモ本島ハ領土所屬定マラズシテ他日外國ノ故障ニ遭遇スル等不測ノ事アルモ確乎タル保護ヲ受クルニ由ナキヲ以テ本島経營ニ資力ヲ傾注スルハ尤モ危險ノ事ニ御座候 又本島ノ海驢ハ常ニ棲息スルニハアラズ 毎年

生殖ノ爲其季節卽チ四五月(年ニヨリ遲速アリ)來襲シ生殖ヲ終リテ七八月頃離散スルモノニ候

隨テ其漁獲ハ其季間ニ於テノミ行ヒ得ラレ候　故ニ特ニ漁獲ヲ適度ニ制限シ繁殖ハ適当ニ保護スルニ非ンバ忽チ驅逐殄滅シ去ルヲ免レズ 而シテ制限保護等ノ事ハ競爭ノ間ニハ到底實行シ得ラレザルモノニテ人ノ利ニ趨クハ蟻ノ甘キニ附クガ如ク世人苟クモ本島海驢漁ノ有利ナルヲ窺知セバ当初私儀ヲ嘲笑シタルモノモ並ビ起ツテ大ニ競爭シテ濫獲ヲ逞ウシ直チニ利源ヲ滅絶シ盡シテ結局共ニ倒ルルニ至ルハ必然ニ御座候

要スルニ前途有望ニシテ且ツ必要ナル本島ノ経營モ惜ムラクハ領土所屬ノ定マリ居ラザルト海驢獵業者ニ必ズ競爭ノ生ズベキトニヨリテ大ニ危險有之終ヲ完ウシ難ク候

私儀ハ前陳ノ如ク從來種々苦心ノ結果本島ノ海驢獵業略々見込相立チタレバ今ヤ進ンデ更ニ資本ヲ增シテ一面ニハ捕獲スベキ大サ數等ヲ制限スルコト雌及ビ乳兒ヲバ特ニ保護ヲ厚クスルコト島內適当ノ箇處ニ禁獵場ヲ設クルコト害敵タル鯱、鰲ノ類ヲ捕獲驅逐スルコト等種々適切ノ保護ヲ加ヘ一面ニハ獵獲製造ニ備フル種々精巧ノ器械ヲ備ヘ裝置ヲ設クル等設備ヲ完全ニシ傍ニハ漁具ヲ備ヘテ他ノ水族漁撈ヲモ試ムル等大ニ経營スル所アラント欲スルモ前陳ノ如キ危險アルガ爲頓挫罷在候 如斯ハ啻ニ私儀一己ノ災厄ノミナラズ又國家ノ不利益トモ被存候 就キテハ事業ノ安全利源ノ永久ヲ確保シ以テ本島ノ経營ヲシテ終ヲ完ウセシメラレンガ爲ニ何卒速ニ本島ヲバ本邦ノ領土ニ編入相成之ト同時ニ向フ十ケ年間私儀ヘ御貸下相成度別紙図面相添此段奉願候也

明治三十七年九月二十九日

島根縣周吉郡西鄕町大字西町字指向

中井養三郎

內務　大臣　子爵　芳川　顯正殿
外務　大臣　男爵　小村壽太郎殿
農商務大臣　男爵　淸浦　圭吾殿

량코도 영토편입 및 대하원

오키열도의 서북 85해리, 조선 울릉도의 동남 55해리의 절해에 속세에서 랸코도라 칭하는 무인도가 있습니다. 주위가 약 15정인 갑·을 두 개의 암도가 중앙에 대립하여 하나의 해협을 이루며, 대소 수십 개의 암초가 점으로 흩어져 그것을 둘러싸고 있습니다. 중앙의 2도는 사면이 단애절벽으로 높이 솟아 있습니다. 그 정상에는 약간의 토양이 있고, 그곳에 잡초가 나있을 뿐입니다.

섬 전체에는 수목 하나 없고 굽어진 해변의 곳곳에는 조약돌이 해변을 이루지만, 집을 지을 만한 장소는 갑서 해협에 면한 구석에 겨우 한 곳이 있을 뿐입니다. 갑서의 우묵한 곳에는 고인 물이 있습니다. 다갈색을 띱니다. 을서에는 미미한 염분이 섞인 맑고 차가운 물이 단애로 방울로 떨어지고 있습니다. 선박은 해협을 중심으로 해서, 풍향에 따라 좌우로 피하며 정박하면 안전을 지킬 수 있습니다.

본도는 본방에서 오키열도 및 울릉도를 거쳐 조선의 강원 함경 지방을 왕복하는 선박의 항로에 해당합니다. 만일 본도를 경영하는 자가 그곳에 상주하게 되면 그 배들이 기박하여 연료 물 식료 등을 보충하는 등 여러 가지로 편리한 일이 생길 것입니다. 오늘날 거침없는 기세로 운이 왕성하게 일어나는 본방은 강원 함경 지방에 대한 어업무역으로 보익할 것이 적지 않아, 본도경영의 전도는 아주 필요하다고 생각합니다.

본도는 이처럼 절해에 우뚝 솟은 작은 암도에 지나지 않아서 종래 사람들은 돌아보지 않고 이를 방치했습니다. 그러할 때 저는 울릉도에 왕복하는 도중에 본도에 기박하여 생식하는 강치가 엄청나게 많은 것을 보고 헛되게 내버려두는 것이 참으로 유감스러워 견딜 수 없어, 이래로 여러 가지를 고민하고 계획하여, 드디어 메이지 36년에 이르러 단연히 뜻을 정하고 자본을 투자하여 어사를 마련하고 인부를 옮기고 엽구를 갖추어 일단 강치잡이에 착수했습니다. 당시 세상 사람들은 무모하다며 크게 조소했지만 원래 절해 불편의 무인도에 신규사업을 기획한 일이었으므로, 계획에 차질이 생기고 설비가 적절치 않은 경우를 피할 수 없었습니다. 더군다나 엽법이나 제조법에 어둡고 용도나 판로 역시 분명하지 않아서 헛되이 많은 자본을 잃고 많은 헛고생을 겪은 결과, 금년에 이르러 엽법 제조법 등을 발명하게 되었고 판로도 열 수 있었습니다. 그래서 가죽을 소금에 절이면 소가죽 대용으로 하는 수요가 많고, 신선한 지방에서 채취하는 기름은 품질 가격 모두가 고래기름보다 뒤지지 않아, 그 찌꺼기를 완전히 짜면 아교원료로 사용할 수 있고, 고기는 분제하면 뼈와 함께 귀중한 비료로 사용할 수 있다는 것 등을 확인했습니다. 즉 본도의 강치잡이는 장래성이 있습니다. 그리고 강치잡이 외에 본도에서 일으켜야 할 산업으로 육지산업은 전혀 가망성이 없으나 바다산업이라면, 아직 조사를 하지 않아 현재 확언하기는 어려우나, 일본해의 요충지에 해당하고 본도 부근에 많은 수족이 모여들어 서식하지 않을 리 없어, 본도의 강치잡이 어업을 영속하게 되면 그것을 통해 시험 탐사의 편의와 기회를 얻어, 장래에는 더 유리 유망한 사업을 발견할 수 있다고 생각합니다. 요컨대 본도의 경영은 자본을 충실히 하고 설비를 완전하게 갖추어 강치를 포획하는 일은 아주 전도유망하다고 생각합니다.

그렇지만 본도는 영토 소속이 정해지지 않아, 타일 외국의 이의를 만나는 등 예측하지 못한 일이 있다해도 확실히 보호받을 방법이 없어, 본도의 경영에 자금력을 경주하는 것은 더욱 위험한 일입니다. 또 본도의 강치는 항상 서식하는 것이 아닙니다. 매년 생식을 위해 그 계절 즉 4, 5월(해에 따라 지속은 있음)에 와서 생식을 마치고 7, 8월경에 흩어집니다.

따라서 이 어획은 그 기간에만 할 수 있습니다. 그래서 어획을 적당히 제한하여 번식을 적절히 보호하지 않으면 곧 구축 섬멸되는 일을 피할 수 없습니다. 그리고 제한 보호 등은 경쟁하는 동안에는 도저히 실행할 수 없는 일로, 사람들이 이익을 추구하는 것은 개미가 단 것에 달라붙는 것과 같습니다. 본도의 강치잡이에 이익이 있다는 것을 알게 되면, 당초에 저를 조소했던 자들도 덩달아 일어나 심하게 경쟁하며 용감하게 남획하여 곧 절멸하게 되어 결국은 모두가 망하는 것은 필연적입니다.

요컨대 전도유망하고 또 필요한 본도의 경영에 아쉬운 것은 영토의 소속이 정해져 있지 않으면, 강치잡이 업자에 반드시 경쟁이 생겨, 아주 위험하여 끝을 잘 맺기 어렵습니다.

저는 전술한 대로 종래 여러 가지로 고심한 결과 강치잡이의 대략적인 가능성을 예측하고 지금은 진행하며 다시 자본을 늘리고, 한편으로는 포획할 크기나 수 등을 제한하는 일, 암컷 및 유아를 특별히 보호하는 것을 중히 여기는 일, 도내의 적당한 곳에 금렵장을 설치하는 일, 강치를 해치는 상어류를 포획 구축하는 일 등, 여러 가지로 적절히 보호하며, 한편으로는 엽획 제조에 대비하는 여러 가지 정교한 기계를 준비하고, 장비를 설치하는 등 설비에 만전을 기하며 한편으로는 엽구를 갖추어 다른 수족의 어로도 시도하는 등 대대적으로 경영해 보려고 생각하지만, 전술한 대로 위험이 있기 때문에 좌절하고 있습니다. 이러한 것은 단지 저 개인의 손해일 뿐만 아니라 국가의 불이익이라고도 생각합니다. 덧붙이자면 사업의 안전, 이익의 원천을 영구히 확보하고, 그것으로 본도의 경영이 성공적으로 매듭지어지도록 하기위해 부디 서둘러 본국의 영토로 편입하고, 이와 동시에 향후 10년간 저에게 빌려 줄 것을 별지도면을 첨부하여 원합니다.

메이지 37년 9월 29일

시마네현스키군사이고초오아자니시초시고

나카이 요자부로

내무대신 자작 요시카와 아키마사 도노
외무대신 남작 고무라 쥬타로 도노
농상무대신 남작 기요우라 케이고 도노

나카이 요자부로의 출원을 받은 정부는 시마네현청의 의견을 요구한 적이 있었기 때문에, 현으로서는 다시 메이지 37년 11월 15일에 내무부장명으로 오키도사에게 동도를 오키도청의 소관으로 하는데 지장이 없는지 어떤지, 또 동도를 어떻게 명명해야 할 것인가를 조회했다(주17 참조). 이에 대해서 오키도사는 동년 11월 30일, 동도를 오키도의 소관으로 하는 것에 이의가 없다는 뜻을 회답함과 동시에 이것을 죽도로 명명하는 것이 적당하다는 내용의 의견을 상신했다(주 18 참조).

정부는 이런 의견들을 근거로 해서 심의한 결과 1905(明治38)년 1월 28일의 각의결정에 의해 동도를 시마네현 소속 오키도사의 소관으로 하고 이것을 죽도로 명명하기로 하고, 그 뜻을 내무대신이 시마네현 지사에게 훈령했다.

明治三十八年一月二十八日閣議決定

別紙内務大臣請義無人島所屬ニ關スル件ヲ審査スルニ右ハ北緯三十七度九分三十秒東経百三十一度五十五分隱岐島ヲ距ル西北八十五浬ニ在ル無人島ハ地図ニ於テ之ヲ占領シタリト認ムヘキ形跡ナク一作三十六年本邦人中井養三郎ナル者ニ於テ漁舍ヲ構ヘ人ヲ移シ獵具ヲ備ヘテ海驢獵ニ着手シ今回領土編入並ニ貸下ヲ出願セシ所此際所屬及島名ヲ確定スルノ必要アルヲモッテ該島ヲ竹島ト名ケ自今島根縣所屬隱岐島司ノ所管ト爲サントスト謂フニ在リ 依テ審査スルニ明治三十六年以來中井養三郎ナル者該島ニ移住シ漁業ニ従事セルコトハ關係書類に依テ明ナル所ナレハ國際法上占領ノ事實アルモノト認メ之ヲ本邦トシ島根縣所屬隱岐島司ノ所管ト爲シ差支無之儀ト思考ス 依テ請議ノ通閣議決定相可燃ト認ム

메이지 38년 1월 28일 각의결정

별지 내무대신 요구로 무인도 소속에 관한 건을 심사함에, 우는 북위 37도 9분 30초, 동경 131도 55분, 오키노시마에서의 거리 서북 85리에 있는 무인도는 타국이 이를 점령했다고 인정되는 흔적이 없고, 재작년 36년 본방인 나카이 요자부로라는 자가 어사를 준비하고, 인부를 옮겨 엽구를 갖추고, 강치잡이에 착수했다. 이번에 영토편입 및 대하를 출원하였다. 이 기회에 소속 및 도명을 확정할 필요가 있어 그 섬을 죽도라고 명명하고 지금부터 시마네현 소속 오키도사의 소관으로 하려 한다.

그러므로 심사함에 있어 메이지 36년 이래 나카이 요자부로라는 자가 그 섬에 이주하여 어업에 종사한 것은 관계서류가 명확하여 국제법상 점령의 사실이 있는 것으로 인정하고, 이를 본국 소속으로 하여 시마네현 소속 오키도사의 소관으로 해서 지장이 없는 것으로 사고한다. 그래서 요구대로 각의 결정이 이루어졌다고 인정한다.

內務大臣訓令

訓第八七号

北緯三十七度九分三十秒東経百三十一度五十五分隱岐島ヲ距ル西北八十五浬ニ在ル島嶼ヲ竹島ト称シ自今其所屬隱岐島司ノ所管トス 此旨管內ニ告示セラルヘシ

右訓令ス

明治三十八年二月十五日

內務大臣　芳川顯正

島根縣知事　松永武吉殿

내무대신 훈령

훈제87호

북위 37도 9분 30초, 동경 131도 55분 오키노시마에서 서북 85리에 있는 도서를 죽도라 칭하고, 지금부터 그 소속을 오키도사의 소관으로 한다. 이 뜻을 관내에 고시해야 한다. 우를 훈령한다.

메이지 38년 2월 15일

내무대신 요시카와 아키마사

시마네현지사 마쓰나가 타케요시

이 각의 결정 및 내무대신 훈령에 근거해서 시마네현 지사는 메이지 38년 2월 22일 시마네현고시 제40호로 본도의 명칭과 그 소속, 소관에 대해서 다음과 같이 공시함과 동시에 오키도청에 대해서도 다음과 같이 지령했다.

島根縣告示第四十号

北緯三十七度九分三十秒東経百三十一度五十五分隱岐島ヲ距ル西北八十五浬ニ在ル島嶼ヲ竹島ト称シ自今本縣所屬隱岐島司ノ所管ト定メラル

明治三十八年二月二十二日

島根縣知事　松永武吉

시마네현고시 제40호

북위 37도 9분 30초 동경 131도 55분 오키노시마에서 서북 85해리에 있는 도서를 죽도라 칭하고 지금부터 본 현소속 오키도사의 소관으로 정한다

메이지 38년 2월 22일

시마네현지사 마쓰나가 타케요시

島根縣庶第十一号

隱岐島廳

北緯三十七度九分三十秒東経百三十一度五十五分隱岐島ヲ距ル西北八十五浬二在ル島嶼ヲ竹島ト称シ自今本縣所屬隱岐島司ノ所管ト定メラレ候條此旨心得フヘシ

右訓令ス

明治三十八年二十二日

島根縣知事 松永武吉

시마네현서 제11호

오키도청

북위 37도 9분 30초 동경 131도 55분 오키노시마에서 서북 85해리에 있는 도서를 죽도라 칭하고 지금부터 본현 소속 오키도사의 소관으로 정한다는 조항, 이 내용을 알아둘 것.

우를 훈령한다.

메이지 38년 2월 22일

시마네현지사 마쓰나가 타케요시

또 이러한 각의 결정을 거친 후에 부현(府県)고시로 영토의 소속 및 소관을 정한다는 절차는 당시 일반적으로 우리나라에서 취해지고 있던 관행으로 죽도의 시마네현 편입도 이 절차를 따른 것일 뿐이다.

즉 메이지 31년의 미나미도리시마(南鳥島), 메이지 41년의 도리시마(鳥島)는 모두 각의 결정을 행한 후에 각각 다음의 도쿄부(東京府) 고시로 그 영토편입을 일반에 공시했다.

○東京府告示

東京府告示第五十八号

北緯二十四度十四分東経百五十四度ニ在ル島嶼ヲ南鳥島ト称シ自今本府所属ト爲シ小笠原島島廳所管ニ屬セラル

明治三十一年七月二十四日

東京府知事　肥塚　龍

○도쿄부 고시

도쿄부 고시 제 58호

북위 24도 14분 동경 154도에 있는 도서를 미나미도리시마로 칭하고, 지금부터 본부 소속으로 해서 오가사와라시마 도청소속으로 한다.

메이지 31년 7월 24일

도쿄부지사　고에즈카　류

○東京府告示

東京府告示第百四十一号

北緯三十度五分東経百五十四度二分ニ在ル島嶼ヲ中ノ鳥島ト名ツケ自今本府小笠原島島廳ノ所管ニ屬セラル

明治四十一年八月八日

東京府知事　阿部　浩

○도쿄부 고시

도쿄부 고시 제141호

북위 30도 5분 동경 154도 2분에 있는 도서를 나카노시마도로 명명하고 지금부터 본부 오가사와라시마 도청의 소관으로 한다

메이지 41년 8월 8일

도쿄부지사　아베 히로시

(2) 시마네현 편입 후의 조치

메이지 38년 2월에 죽도를 시마네현의 소속 오키도사의 소관으로 정한 후, 이 섬에 대해 취해진 조치의 주된 것은 다음과 같다.

〔가〕 토지대장의 기재

동년 5월 3일, 시마네현지사는 시마네현지 제90호로 오키도청에 「죽도의 면적을 조사하고 개신할 것」이라고 훈령했다. 이에 도사는 다음과 같이 상신했다.

甲土第四號

竹島面積之件上申書

一、總反別貳拾參町參反參畝步

右ハ明治三十八年五月三日地第九十号訓令ニ依リ調査候處前掲之通有之候ニ付別紙略図面相添ヘ此段及上申候也

明治三十八年五月十七日

隱岐島司　東 文輔

島根縣知事　松永武吉殿

(隱岐支廳記錄)

갑토 제4호

죽도면적의 건 상신서

一、총반별 23정 3반 3무보

우는 메이지 38년 5월 3일 제90호 훈령에 의해 조사한 바, 전게한 바와 같기 때문에, 별지 도면을 첨부하여 이 건을 상신합니다.

메이지 38년 5월 17일

오키도사　아즈마 후미스케

시마네현지사 마쓰나가 타케요시 도노

(오키지청기록)

이 상신을 근거로 현에서는 관유지 대장에 다음과 같이 등록했다.

	周吉	
隱岐國	隱地	郡官有地臺帳
	海士	
	知夫	

一、竹　島

位置　北緯三拾七度九分三拾秒東緯白三拾壹度五拾五分隠岐島ヲ距ル西北八拾五浬 [ママ]

面積　貳拾參町參段參畝歩

　　明治三十八年五月拾七日隠岐島司上申ニヨリ掲載

告示　明治三十八年二月二十二日本縣告示第四拾号ヲ以テ竹島ト称シ自分本縣所屬隠岐島司ノ所管ト定メラレタル旨告示セラレタリ

	스키
오키노쿠니	오치　군관유지대장
	아마
	치부

一、죽도

위치 북위 37도 9분 30초 동위 131도 55분. 오키노시마에서 떨어지기를 서북으로 85해리.

면적 23정 3단 3무보

메이지 38년 5월 17일 오키도사의 상신에 의거하여 게재

고시 메이지 38년 2월 22일 일본현고시 제40호로 죽도라 칭하고 지금부터 본현 소속 오키도사의 소관으로 정해진 내용을 고시하였다.

그 후 1940(昭和15)년에 오쿠라쇼(大蔵省)는 죽도를 잡종 재산으로서 처분할 의향에 대해 시마네현 지사에 의견을 구했다. 시마네현은 그 답신에 대해 해군성과 상의했더니 동성은 이 섬을 해군용지로 인계 받을 것을 요망했기에, 시마네현은 쇼와 15년 8월 17일에 죽도의 공용을 폐지하고 해군용지로서 마이즈루진수부(舞鶴鎮守府)에 인계하고, 그 내용을 전기한 관유지대장에 다음과 같이 추기했다.

昭和十五年八月十七日公用廢止ノ上舞鶴鎮守府へ海軍用地トシテ引繼グ
쇼와 15년 8월 17일에 공용을 폐지하고 마이즈루 진수부가 해군용지로 해서 인계한다.

〔나〕 토지의 대여와 사용료의 징수

시마네현 지사는 새로 현의 소속이 된 죽도에서의 강치잡이를 죽도어렵합자회사에 면허하고(강치잡이 면허에 대해서는 후술), 동 합자회사는 메이지 38년도부터 그 사업을 개시했지만, 이 회사로서는 밀렵을 방지하고 강치의 보호번식을 꾀하여, 동도 전체를 차용하고 지선수면(地先水面)을 전용할 필요성을 느껴, 다음 1906(明治39)년 4월 30일에 동도 전도의 장기차용 및 지선수면의 전용면허를 신청했다.

官有地借用願

隱岐國竹島

一、島嶼、反別貳拾參町參段參畝歩

明治二十九年六月ヨリ

同　四拾四年五月マデ五ヶ年間

右地所海驢保護蕃殖方法設ケ度且地形変更予防ノ爲メ樹木種子播蒔致度候間前揭地所借用仕度右御聽屆被下度料金ノ儀ハ御指示ニ徒ヒ成規ノ通上納ハ勿論明治貳拾四年島根縣令第五拾七号之趣遵守可仕候 依テ別紙図面相添保証人連署ヲ以テ此段奉願候也

明治參拾九年四月三十日

周吉郡西鄕町大字指向貳拾參番地

借用主　竹島漁獵合資會社

同郡同町同大字同番地

右代表社員　井養三郎

同郡同町大學八尾ノ二七番地

保証人　加藤重藏

島根縣知事　松永武吉殿

(隱岐支廳紀錄)

관유지차용원

오키노쿠니 죽도

一、도서, 반별 23정 3단 3무보

메이지 29년 6월부터

동　44년 5월까지 5개년간

우 지역의 강치보호 번식방법을 준비하고, 또 지형의 변경을 예방하기 위해 수목의 종자를 뿌려야 하기 때문에, 전게한 곳을 차용하고자 합니다. 우의 청원을 들어주시면 요금은 지시에 따라 규정대로 상납하는 것은 물론, 메이지 24년 시마네현령 제57호의 취지를 준수하겠습니다. 그래서 별지 도면을 첨가하고 보증인의 연서를 가지고 이 건을 소원합니다.

메이지 39년 4월 30일

스키군 사이고초 오아자시코 33번지
차용주 죽도어렵합자회사
동군 동정 동오아자 동번지
우대표사원 나카이 요자부로
동군 동정 오아자 야오 27번지
보증인 가토 시게쿠라

시마네현지사 마쓰나가 타케요시 도노

(오키지청기록)

이에 대해 관유지차용에 대해서는 7월 2일에 다음 조건으로 허가 받았다.

島根縣地第二〇三四号

周吉郡西鄕町 竹島漁獵合資會社
代表社員 中井養三郎

明治三十九年四月三十日願官有地借用之件許可候條左項相心得受書差出スヘシ

明治三十九年七月二日

島根縣知事 松 永 武 吉

一、賃貸借ノ存續期間ハ明治三十九年七月ヨリ明治四十四年六月マテトス
一、賃金ハ一ヶ年ニ付金四円貳錢トシ毎年納入告知書ニヨリ納付スルモノトス
一、賃貸借ノ存續期間ト雖モ公害ヲ生シ若クハ之ヲ發見スルトキ又ハ法律命令ノ施行ニ依リ又ハ公益上其他行政廳ニ於テ必要ト認ムルトキハ何時ニテモ許可ヲ解除スルコトアルヘシ
一、賃借人ニ於テ植付ケ又ハ播種ノ爲メ生シタル樹木ハ無償ニテ官有トナスモノトス
一、土地使用ノ爲メ他ニ障害ヲ加ヘ又ハ加ヘントスルコトアラハ賃借人ノ費用ヲ以ヲ之ヲ除カシメ又ハ予防セシムルコトアルヘシ 若シ之ヲ怠リタルトキハ行政廳ニ於テ之ヲ施行シ其費用ハ賃借人ヨリ徵收ス

一、第三項ノ解除ニヨリ賃借人ニ於テ何等ノ損失アルモ行政廳ハ其賠償ニ責ニ任セス　又此場合ニ於テ該土地ニ現存スル賃借人ノ物件ハ賃借人ノ費用ヲ以テ行政廳ノ指定シタル期限內ニ之ヲ除却シ原形ニ復スヘシ若シ期限內に除却セサルトキハ行政廳ニ於テ之ヲ除却シ其費用ハ賃借人ヨリ徵收ス

一、賃貸借ノ終了又ハ賃借人ノ都合ニヨリ賃貸借ノ存續期間ニ該土地ヲ返還スル時ハ前項後段ヲ適用ス

(隱岐支廳記錄)

시마네현지 제2034호

스키군사이고초　다케시마어렵합자회사

대표사원　나카이 요자부로

메이지 39년 4월 30일 원 관유지 차용건을 허가하니 좌항을 이해하고 승낙서를(受書)를 제출할 것

메이지 39년 7월 2일

시마네현지사 마쓰나가 타케요시

一、임대차의 존속 기간은 메이지 39년 7월부터 메이지 44년 6월까지로 한다

一、임대료는 1년에 부금 4엔 20전으로 하고, 매년 납입고지서로 납부하는 것으로 한다

一、임대차의 존속기간이라 하더라도 공해를 일으키거나 혹은 이것을 발견 했을 때 또는 법률 명령의 시행에 의해, 또는 공익상 그 땅을 행정청이 필요하다고 인정될 때는 언제라도 허가를 해제할 수 있다.

一、임차인이 식목, 또는 파종으로 생긴 수목은 무상으로 관유하는 것으로 한다

一、토지의 사용때문에 달리 장해를 주거나 또는 주려고 하는 일이 있으면 임차인의 비용으로 그것을 제거하게 하고, 또는 예방하게 할 수 있다. 만약 그렇지 않을 시는 행정청이 그를 시행하고 그 비용은 임차인한테 징수한다.

一、제3항의 해제로 임차인에게 어떠한 손실이 있어도 행정청은 그 배상을 책임지지 않는다. 또 이 경우에 그 토지에 현존하는 임차인의 물건은 임차인의 비용으로 행정청이 지시한 기한 내에 그것을 제거하고 원형으로 복구해야 한다. 만약 그 기한 내에 제거하지 못했을 경우 행정청에서 그것을 제거하고 그 비용은 임차인에게 징수한다.

一、임대차의 종료 또는 임차인의 형편으로 임대차의 존속 기간에 그 토지를 반환할 경우는 전항의 후단을 적용한다.

(오키지청 기록)

이 관유지의 대부는, 당초 죽도어렵합자회사 대표사원 나카이 요자부로에게 5개년의 기한을 허가하고, 그 후에도 5년 마다 동인에게 계속해서 허가했지만 1929(昭和4)년에 강치엽업권이 야와타 나가시로(八幡長四郎)에게 옮겨졌기 때문에 동년 이후는 관유지 사용허가도 야와타 나가시로에게 주어지게 되었다.

토지 사용료는 당초는 연액 4엔 20전이었지만 1916(大正5)년도부터 4엔 70전으로 바뀌었다. 그 징수 상황은 오키지청의 국세외제수입 징수원장에 명확하게 나타나 이들 명의인 또는 그 대리인이 각각 사용료를 국고에 납입하고 있다.

1940(昭和15)년 8월에 죽도가 해군용지가 된 것과 더불어 마이즈루 진수부 사령장관은 다음해인 1941(昭和16)년 11월 28일에 다시 야와타 나가시로에게 쇼와 20년 3월 31일까지 동 해군용지의 사용을 허가했다. 토지 사용료는 종래와 마찬가지로 연 4엔 70전이었다.

舞鎭第一三二〇号の二五七ノ三
昭和十六年一月二十八日

舞鶴鎭守府司令長官

島根縣穩地郡五箇村
八幡長四郎殿
昭和十六年二月出願海軍用地使用ノ件許可ス　但シ別紙命令書ヲ遵守スベシ

(別紙)
命令書

島根縣穩地郡五箇村大字久見
八幡長四郎

第一條　土地使用ヲ許可スル　位置ハ島根縣竹島所在海軍用地六九、九九〇坪ニシテ願書添付図ノ區域トス
第二條　使用ノ目的ハ海驢ノ生捕、海草貝類ノ捕獲、蕃殖ノ保護ノ爲トシ目的以外ニ使用スルコトヲ得ズ
第三條　許容スル仮設物ハ二棟トシ其ノ構造並ニ數量ハ左ノ通トス
一、住宅　木造平家　建坪拾五坪　一棟
作業場及物置 木造平家　建坪貳拾坪　一棟
地盤掘鑿破壞其ノ他原形ヲ損スルコトヲ許サズ
第四條　使用料ハ本使用期間中年額四円七拾錢トシ官ヨリ告知スル期日內ニ納付スルモノトス
但シ既納ニ係ル使用料ハ如何ナル理由アルモ之ヲ還付セズ
第五條　使用期日ハ昭和十六年十月一日ヨリ昭和二十年三月三十一日迄トス
第六條　左記各号ノ一ニ該当スルトキハ使用期間中ト雖モ隨時命令書ノ許可條項ヲ增減、変更又ハ使用ヲ停止若ハ許可ヲ取消スコトアルベシ
一、官ニ於テ必要アルトキ
二、本許可條項ニ從ハザルトキ
第七條　前條ノ處分ニ依リ損害ヲ生ズルコトアルモ官ハ其ノ賠償ノ責ニ任ゼス
第八條　本許可取消ノ通告ヲ受ケタルトキ又ハ使用人ノ都合ニ依リ返地屆出ヲシタルトキハ壹ケ月以內ニ諸施設ヲ撤回原形ニ復シ其ノ旨屆出ズベシ
期間滿了ノ場合亦同ジ
前項期限內ニ履行セザルトキハ官ニ於テ之ヲ施行シ其ノ費用ハ使用人ヲシテ支拂ハシム
第九條　官ノ許可ナクシテ使用ノ目的ヲ変更シ又ハ使用權ヲ讓渡シ若ハ担保ニ供スルコトヲ得ズ
第十條　前條ノ外使用取締ニ關シテハ当鎭守府諸例規ヲ遵守スベシ

무진 제1320호의 257의 3
쇼와 16년 11월 28일

마이즈루 진수부 사령장관

시마네현 오치군 고카무라
야와타 나가시로
쇼와 16년 2월 출원한 해군용지 사용의 건을 허가한다. 단 별지 명령서를 준수해야 한다.

(별지)

명령서

시마네현 오치군 고카무라 오아자 구미
야와타 나가시로

제1조 토지사용을 허가한다. 위치는 시마네현 죽도 소재 해군용지 69,990평으로 하고 원서 첨부도의 구역으로 한다.

제2조 사용 목적은 강치의 생포, 해초와 조개류의 포획, 번식, 보호를 목적으로 하고, 목적 이외로 사용할 수 없다.

제3조 허용하는 가설물은 2채로 하고 그 구조 및 수량은 다음과 같이 한다

1. 주택 목조 단층 건평 15평 1동
작업장 및 창고 목조 단층 건평 20평 1동
지반의 굴착 파괴 및 그 외 원형을 훼손하는 일을 허가하지 않는다.

제4조 사용료는 실사용 기간 중 연 4엔 70전으로 하고 관이 고지하는 기일 내에 납부하는 것으로 한다.
단, 이미 납부한 사용료는 어떤 이유가 있어도 그것을 환부하지 않는다.

제5조 사용 기일은 쇼와 16년 10월 1일부터 쇼와 20년 3월 31일까지로 한다.

제6조 다음 각 호의 1에 해당할 때는 사용 기간 중이라 해도 수시로 명령서의 허가조항을 증감, 변경 또는 사용의 정지 혹은 허가를 취소할 수 있다.

1. 관에서 필요로 할 경우
2. 본허가 조항에 반하는 행위를 할 경우

제7조 전조의 처분에 의해 손해가 발생해도 관은 그 배상을 책임지지 않는다.

제8조 본 허가취소의 통고를 받았을 경우 또는 사용인의 사정으로 반환서를 제출할 때는 1개월 이내에 시설을 철거하고 원형을 복구하여 그것을 관에 신고해야 한다.
기간 만료의 경우도 동일하다.
전항을 기한 내에 이행하지 않을 때는 관에서 그것을 시행하고 그 비용은 사용인이 지불하게 한다.

제9조 관의 허가 없이는 사용의 목적을 변경 또는 사용권을 양도해 담보로 사용할 수 없다.

제10조 전조 이외의 사용 감독에 관해서는 진수부의 제 규례를 준수해야 한다.

〔다〕 지사·부장의 순시

죽도가 시마네현에 편입된 메이지 38년의 8월에 마쓰나가 타케요시 시마네현 지사는 직접 섬을 순시했다. 당초 계획으로는 지사는 동월 16일 아침, 제2 오키마루(隠岐丸)로 사카이미나토(境港)를 출발하여 오키(隠岐)의 사이고(西郷)에 기항해서 도사 이하가 일행에 합류할 예정이었지만, 8월 15일에 이르러 일단 연기되었다. 그러나 그 후 갑자기 해군의 용선 교토마루(京都丸)로 가게 되어, 오키에는 기항하지 않고 마쓰나가 지사, 사토(佐藤) 경무장, 후지다(藤田)현속, 오쓰카(大塚) 경부 4명만이 8월 19일에 죽도로 직행하여 일행은 동도에 상륙해서 친히 상황을 시찰했다.[88]

또 다음 39년 3월에는 시마네현 제3부장 진자이 유타로(神西由太郎)는 지사명으로 오키도사 아즈마 후미스케 이하 44명을 인솔하여 죽도시찰을 행하였다. 일행은 어업, 종사, 위생, 측량 등 많은 전문가를 포함한 대조사단으로 동년 3월 22일 마쓰에(松江)를 출발하여 사이고에 기항한 후 동월 27일에 죽도에 도착, 동도에 상륙하여 시찰 및 조사를 마치고, 기념으로 소나무를 심었지만 날씨가 험악하여 울릉도 도동으로 피난, 동항에서 1박하고 29일에 사이고에 귀착했다. 그때의 복명서를 참작하여 편찬한 것이 오쿠하라 헤키운(奥原碧雲)의 『죽도 및 울릉도』이다. 또 진자이 부장은 울릉도 체재 중 군수 심흥택(心興沢)을 방문하여, 그 때 죽도에서 잡은 강치 한 마리를 기증 했는데, 그 상황에 대해서 오쿠하라 헤키운의 전기서의 부록 「타케시마도항일지」의 3월 28일 항에 다음과 같이 기술되어 있다.

午前十時神西部長以下十名は通譯を従えて郡守を訪問す。日本人の部落をすぎて上ること數町「鬱島衙門」と扁額せる政廳の門を入り、刺を通じて、郡守沈興澤に面會す。郡守は京城の人、年齒五十二寬裕の相を備へ座蒲團の上に跪坐し、白衣を着し冠をつけ、長煙管を携げ、傍なる机上に數部の簿冊あるのみ、簡單素朴頗る太古の風あり。神西部長は訪問の由來を述べ竹島にて捕獲せし海驢一頭をおくる。郡守は遠來の勞を謝し、贈物對して謝辭を述ぶ。辭令頗る巧なり。

오전 10시 진자이 부장 이하 십수 명은 통역을 데리고 군수를 방문한다. 일본인 부락을 지나 올라가길 수 정 울도아문(鬱島衙門)이라고 편액한 정청의 문을 들어가 명함을 전하고 군수 심흥택을 면회했다. 군수는 경성사람으로 연령 52의 관유한 모습으로, 방석 위에 앉아 백의를 입고 관을 쓰고 긴 담뱃대를 들고 있었다. 옆에 있는 책상 위에 많은 장부가 있을 뿐, 간단하고 소박하기가 태고풍이다. 진자이 부장은 방문의 연유를 말하고 죽도에서 포획한 강치 한 마리를 보냈다. 군수는 먼 곳에서 온 수고를 말하고, 증물에 대한 감사의 말을 했다. 응대가 능숙하다.[89]

〔라〕 가설망루의 건설

죽도가 시마네현에 편입되고 얼마 안되는 메이지 38년 5월 28일의 일본해 해전에서, 우리 연합함대의 주력은 동도의 남방 약 18마일에서 로국전함 니코라이 1세 이하 5척을 포착했고, 적함대 사령장관 네보카토후 소장 이하는 항복했다. 이 전투로 죽도의 존재는 일약 세인의 주목을 끌게 되었다. 해군은 늦게나마 서둘러 동도에 가설망루를 설치할 것을 결정했다.

이 가설망루의 건설에 관련해서 동년 7월 4일에는 사세보(佐世保) 진수부 사령장관은 시마네현 지사에게 죽도에서 강치를 잡는 업자의 단속에 대해 요망하게 되었다. 현은 그것을 다시 오키도사에 알리고 오키도사는 경찰서장과 협의한 후, 관련업자에게 어장의 질서를 유지하기 위한 실행장려방안을 엄중히 설명했다. 그 관계 문서는 다음과 같다.

衛第七〇六号

竹島ニ於ケル海驢獵者取締方ノ儀ニ關シ佐世保鎭守司令長官ヨリ別紙ノ通り照會有之候ニ付警察署長ト協議ノ上速ニ嚴重取締方施行相成度依命此段通諜候也

明治三十八年七月廿二日

島根縣第四部長事務官　佐藤孝三郎

隱岐島司 東文輔 殿

위제706호

죽도에 있어서 강치잡이 업자 단속방안에 관해 사세보 진수부 사령장관의 별지와 같은 조회가 있어 경찰서장과 협의하여 신속히 엄중한 단속을 시행하게 되어, 여기에 이를 통첩합니다.

메이지 38년 7월 22일

시마네현 제사부장 사무관 사토 타카사부로

오키도사 아즈마 후미스케 도노

(別紙)

佐鎭機密 第七號ノ四九

今回其筋ノ訓令ニ依リ本府ニ於テ日本海竹島（リヤンコールド岩）營造物建設ニ着手可島ニハ貴縣下ヨリ毎年海豹（驢ナラン）獵ノ爲メ渡航スルモノ數多有之候趣過日本府ニ於テ實地踏查セシメ候際左記ノモノノ外數十名目下左獵致居候趣同人等ノ所爲ニ依レバ海豹ノ皮ヲ剝キ肉体ハ其儘同海岸ヘ投棄シ其數頗ル多クシテ漸次腐敗シ附近潮水ハ黃色ヲ呈シ一種異樣ノ惡臭ヲ放チ到底常人ノ堪ヘ得ベキ所ニ無之然ルニ於テ營造物建設ノ上ハ必要ノ人員ヲ在勤セシメ候ニ　付テハ衛生上難候條今後出獵スルモノニ對シテハ海岸ヘ投棄セス別紙図面ノ方向遠ク海上に搬棄スル樣貴縣ニ於テ嚴達相成度又目下ノ渡航者ニ對シテハ右ノ趣至急御達相成候樣致度此段及御照會候也

明治三十八年七月四日

鮫島佐世保鎭府司令長官

松永島根縣知事殿

島根縣隱岐國西鄕町大字西町

中井養三郎

外數十名

(별지)

좌진기밀제7호의 49

이번 그 계통의 훈령에 의해 본부에서 일본해 죽도(랸코오루토암リャンコールト岩)에 營造物 건설에 착수해야 하는데, 동도에는 귀현에서 매년 海豹(驢일 것이다) 잡이를 위해 도항하는 자가 다수 있다는 것은, 과거 일본부에서 실지 답사하게 하였을 때, 좌기한 자 외에 수십 명이 사냥하며 살고 있었다는 내용은, 그들의 행위에 의하면 강치의 가죽을 벗기고 몸뚱이는 그대로 해안에 투기하는데, 그 수가 아주 많아 점차 부패하여 부근 조수는 황색을 띄어 일종의 이상한 악취를 풍겨 도저히 사람이 참을 수 없다. 그런데 본부에서 영조물 건설상 필요의 인부를 재근시키게 되었으니, 위생상 문제가 있습니다. 금후 출렵하는 자에 대해서는 해안에 투기하지 말고 별지 도면의 방향 멀리, 해상에 날라다 버리도록 귀현에서 엄달하기를 바람. 또 지금의 도항자에 대해서는 우의 취지가 빨리 전달되기를 바라며, 이를 조회합니다.

메이지 38년 7월 4일

사메지마 사세보 진수부 사령장관

마쓰나가 시마네현지사 토노

시마네현 오키노쿠니 사이고초 오아자 니시초
나카이 요사부로
외 수십명

乙衛第二六号

本月廿二日衛第七〇六号ヲ以テ竹島ニ於ケル海驢獵者取締方ノ件御通牒之趣了承警察署トモ協議シ直チニ營業者ヲ召喚シ嚴重說示ノ上別紙請書之通將來勵行スルコトトシ實地ヘハ特ニ社員一名ヲ派遣セシメ候條右ニ御承知相成度此段及回答候也

明治三十八年七月廿六日

隱岐島司　　東文輔

島根縣第四部長事務官　佐藤孝三郎殿

(別紙)

御　受　書

竹島海驢漁場作業場掃除方御諭告ニ從ヒ別紙之通リ從業者ヲシテ遵奉爲致

可申此段御受候也

明治三十八年七月廿五日

竹島海驢漁業權者代表者　　中井養三郎

隱岐島司　東　文輔 殿

一、漁場規定第十九條ニ第五号ヲ追加シ左ノ文言ヲ設クルコト

五、官廳ノ命令若クハ訓諭ヲ遵奉セザルモノ(漁場規定第十九條參照)

(左ノ各号ノ一ニ該当スルモノハ本社員ニ在テハ定款違反若クハ不正ノ行爲アリタルモノトシ除名シ若クハ違約金ヲ徵シ被雇人ニ在テハ賃錢ヲ沒收シ若クハ違約金ヲ徵スベシ　但違約金金額ハ違約ノ事情ニ照ラシ業務執行社員之ヲ定ムベシ)

一、特ニ社員ヲ派シ漁場監督員ト協議シ左ノ條令ヲ勵行セシムルコト

一、海驢ノ剝殼ハ總テ腐敗セザルニ先チ直ニ製造スベシ

一、新鮮ノ內ニ製造スルコト能ハズシテ之ヲ取捨ツル場合ハ總テ別紙図面指定ノ場所(漁舍構築所ヨリ約百五十間ノ海中)ニ運ビ去リ遺棄スベシ

一、作業場掃除方ニ專從ノ人夫ヲ置キ腐敗物ヲバ一切殘留セシメザルベシ

一、海軍省其他其筋ニ於テ竹島ニ向ヒ測量其ノ他ノ施設相成ル節ハ營業上成ルベク繰合セ人夫若クハ艇ヲ用立ツル等十分盡力致スベシ

(隱岐支廳記錄)

을위제26호

본월 22일 衛第706호로 죽도에서 강치렵자 단속 방안의 건을 통첩받고 경찰서와 협의하여 즉시 영업자를 소환하여 엄중히 설명한 위에, 별지의 청서대로 앞으로 실행할 것으로 하고, 실지로는 특별히 사원 1명을 파견시켰습니다. 우처럼 알고 계시기를 바라며 이건을 회답합니다.

메이지 38년 7월 26일

오키도사 아즈마 후미스케

시마네현 제사부장 사무관 사토 타카사부로 토노

(별지)

어수서

죽도 강치어장의 작업장 청소 방안에 대한 諭告에 따라 별지와 같이 종업자로 하여금 받들어 지키게 하기위하여 이것을 받았습니다.

메이지 38년 7월 25일

죽도 강치어업권자대표자　나카이 요사부로

오키도사 아즈마후미스케 도노

1. 어장규정제19조에 제5호를 추가하고 좌의 문언을 설정할 것.
   5. 관청의 명령 혹은 훈유를 준봉하지 않는 자(어장규정제19조참조) (좌의 각호 1에 해당하는 자는 본사원이라면 정관 위반 또는 부정행위가 있는 것으로 해서 제명하거나 혹은 위약금을 거두고, 피용인일 경우는 임전을 몰수하거나 혹은 위약금을 징수한다. 단 위약의 금액은 위약의 사정에 비추어 업무집행 사원이 이를 정한다).
1. 특별히 사원을 파견하여 어장감독원과 협의하여 좌의 조령을 이행하게 할 것.
   1. 강치의 가죽 벗기기는 대체로 부패하기 전에 즉시 제조할 것.
   1. 신선할 때 제조하지 못하고 이를 취사할 경우는 모두 별지 도면의 지정 장소(어사 구축소에서 약 150간의 해중)에 실어다 유기할 것.
   1. 작업장 청소 쪽에 전속 인부를 두고, 부패물이 일체 잔류하지 않도록 할 것.
   1. 해군성 그외 그 관계자가 죽도에서 측량 그 외의 시설을 할 때는 경영상 가능한 변통으로 인부 혹은 거룻배의 사용 등에 충분히 진력할 것. (오키지청기록)

한편 해군으로서는 7월 22일에는 해군인부 38명을 죽도에 상륙시켜서 망루의 건설을 행하고,[90] 8월 19일부터 임무를 개시했으나 9월에는 휴전이 되었기 때문에, 10월 15일에는 철거를 결정했다. 그 결과 그 자재는 이듬해 1906(明治39)년 마쓰나가 지사의 알선으로, 죽도어렵합자회사가 마이즈루 진수부에서 불하 받았다. 이에 관해서 죽도어렵합자회사의 「메이지 39년도 업무집행 전말」에는 다음과 같이 기록되어 있다.

…本員ハ本年三月神西事務官東島司以下ノ一行ニ加ハリ竹島視察ノ結果假設望樓拂下ノコト、竹島全島借用ノコト、地先水面專用ノコト、及漁獵期間前後ニ於テ漁場ノ監守ヲ嚴ニスルコト等ノ緊急必要ヲ認メタリ……竹島望楼ハ本縣知事松永武吉ノ特別恩惠ニ頼リテ舞鶴鎮守府ヨリ拂下ゲヲ受ケタリ、而シテ海軍御用品ノ竹島殘存セルモノ一切ヲ正式ニ知事ヨリ惠与サレタリ

본원은 금년 3월 진자이 사무관 아즈마도사 이하의 일행과 같이 죽도시찰의 결과 가설망루 불하의 건, 죽도 전도 차용의 건, 지선수면 전용의 건, 및 어렵기간 전후에 있어서 어장의 감수를 엄히 하는 일 등의 긴급 필요를 인정했다

……죽도 망루는 본현 지사 마쓰나가 타케요시씨의 특별 은혜를 입어 쓰루마이 진수부에서 불하 받았다. 그리고 해군 용품으로 죽도에 잔존하는 것 일체를 정식으로 지사로부터 혜여 받았다.

〔마〕 고카무라의 편입

오키도사의 소관이 된 죽도에 대해 1907(明治40)년에 사이고초 니시초(西郷町西町) 어업조합에서 사이고초 편입을 현지사에게 청원했으나, 나카이 요자부로가 반대를 상신했기 때문에, 그때는 초손(町村)구역의 편입이 보류되었다.[91)]

그러나 1926(大正15)년 7월 1일에 오키도청이 폐지되자 죽도는 신설된 시마네현 오키지청의 소관으로 옮겨졌다. 그 후 다시 1939(昭和14)년 4월 24일에 이르러 오치군 고카무라(五箇村)회의 의결을 거쳐 동촌의 구역으로 편입되었다.

議第二号

竹島ヲ五箇村區域ニ編入ノ件

北緯三十七度九分三十秒東経百三十一度五十五分ニ位スル竹島ヲ五箇村ニ編入スルモノトス

右昭和十四年四月二十四日提出

五箇村長　村上貟

(昭和十四年四月二十四日原案可決)

의제2호

죽도를 고카무라 구역으로 편입하는 건

북위 37도 9분 30초 동경 131도 55분에 위치하는 죽도를 고카무라에 편입하는 것으로 한다

우 쇼와 14년 4월 24일 제출

고카손초 무라카미 신

(쇼와 14년 4월 24일 원안 가결)

〔바〕 인광 채굴의 허가

죽도에는 많은 괭이갈매기(海猫)가 서식하여, 오랜 시간에 걸쳐서 퇴적된 배설물이 구아노 인광상(燐鉱床)을 생성하고 있다. 이 사실에 착안한 돗토리현 사이하쿠군 야마토무라 고나미(鳥取県 西伯郡 大和村 小波)의 고바야시 겐타로(小林源太郎) 및 요나고시 가모초(加茂町) 아지마 이사부로(安島為三郎) 두 사람이 1935(昭和10)년 5월에 오사카 광산 감독국에 인광시굴원을 제출했다. 동도의 강치엽업을 허가 받은 야와다 나가시로(八幡長四郎) 등은 인광채굴로 인해 강치 및 괭이갈매기가 절멸하게 될 것을 걱정하여 그 허가에 강하게 반대했기 때문에, 오사카 광산감독국은 이듬해 1936(昭和11)년에, 나라사키 켄지(楢崎研次) 기사를 동도에 파견하여 실정을 조사하게 했다. 동 기사는 4월 20일 복명서를 제출하고, 광량 및 품위에 대해 다음과 같이 보고하는 것과 함께 인광채굴의 허가에 대해서는 인광 채취에 관하여 화약류는 사용하지 않고, 괭이갈매기 그 외 해수는 보호동물로 되어 있으므로 현 당국과 협의하여 허가의 수속을 필요로 한다」라는 의견을 구신했다.

죽도 인광구조사건 복명

1. 광상

본도는 일명 「랸코오도(りゃんコート)도」로 칭하고 강치 떼의 서식지로 「강치과 바다사자」의 특산지로서 세계 4대 해수도(海獸島)이다. 또 괭이갈매기의 산지다. 본도의 지질은 화강암으로, 이것은 화강암의 위에 해수 및 괭이갈매기가 서식하며 다년에 걸쳐 배설물을

퇴적 축적시킨 것으로 가장 두터운 곳은 2미터80센티미터로 적은 지점도 1미터 30센티미터가 되어, 퇴적된 지표부는 초지를 이루고 있다. 퇴적된 면적이 약 4만평이고, 인가는 없고 어업창고만 있다.

1. 광량
   본도의 인광석 존재 면적은 약 4만평 내외다.
   다음에 그 계산을 기록한다
     1평(6척 평방 깊이 1미터80센티미터)의 중량 4톤
     면적 40,000평×40톤=1,600,000톤
       (단 죽도는 2개의 섬으로 되어, 2도를 합병한 면적이다)
     광량 16만톤
1. 품위
   인산 9.88%

우의 결과 1939(昭和14)년 6월 6일, 시마네현 시굴권 등록 제2143호로 전기 고바야시 겐타로(小林源太郎)에게 시굴권이 부여되었다.

(3) 강치렵업의 면허

죽도의 시마네현 오키도사 소관이 결정되자, 먼저 「랸코도 영토편입 및 대하원」을 제출하여, 동도의 시마네현 소속의 동기를 만들었던 나카이 요자부로를 비롯하여, 다수의 사람들이 잇달아 강치엽업의 허가를 오키도사에게 신청하자, 오키도사는 다음 의견을 가지고 이 원서를 일괄하여 지사 앞으로 보고했다.

甲庶第16號

竹島出漁願ノ義ニ付內申

本年告示第四十号ヲ以テ竹島ヲ本縣所屬トシ島司ノ所管ト定メラレタル旨告示相成候處本件ニ付テハ尙所屬町村ヲ定メ地籍編入等別ニ御訓令相成儀ト思惟致候　然ルニ該島ハ從來海驢ノ棲息(胎兒分娩ノ爲三四月頃四辺ヨリ群集スルト言フ)盛ンナルノ聞ヘアリ　兩三年前ヨリ二三の島民該島ニ出漁相当捕獲セシ趣ニ本年ニ於テモ既ニ出漁ノ計畫ヲナシ不日出發セントスル

ニ際シ本縣所屬ト定メラレ俄カニ相当手續ヲナサザルヲ得ザルニ立至リ全島貸下願或ハ海驢漁業許可願ヲ差出シタルモノ有之是等漁業願ニ付テハ必然取締法御發布可相成モノト存セラレ今日ノ處甚ダ取扱兼候ノミナラズ許否ニ付テハ充分調査ヲ要シ候得共不取敢書面丈ハ加印ノ儘進達致置候 其採否意見ハ調査ノ上追テ具陳可致候間夫レ迄ハ總テ御詮議不相成樣度此段予メ內申候也

明治三十八年三月七日

隱岐島司　東文輔

島根縣知事　松永武吉殿

갑서제16호

죽도출어원에 대한 내신

금년 고시 제40호로 죽도를 본현 소속으로 하여 도사의 소관으로 정한다는 내용을 고시했습니다만, 본건에 대해서 다시 소속 정촌을 정해 지적 편입 등 특별히 훈령이 있으리라고 사유합니다. 그런데 그 섬은 종래 강치의 서식(태아 분만을 위해 3, 4월경 사방에서 군집한다고 한다)이 활발하다는 것을 들었습니다 2, 3년 전부터 2, 3의 도민이 그 섬에 출어하여 상당히 포획했다며, 금년에도 이미 출어계획을 세우고 곧 출발하려 할 때, 본현 소속으로 정해져 갑자기 수속을 하지 않으면 안되게 되어, 전도의 대하원 강치어업허가원을 제출한 자가 있습니다. 이들 어업에 대해서는 필연적으로 단속법을 발포해야 할 것으로 생각되어, 지금으로서는 아주 취급하기 어려울 뿐 아니라 허가 여부에 대해서는 충분한 조사를 요합니다만, 우선 서면만은 가인한 채로 보내드립니다. 그 여부의 의견은 조사한 후에 다시 구진하려 합니다. 그때까지는 모든 것을 결정하지 마시기 바라며 이를 미리 내신합니다.

메이지 38년 3월 7일

오키도사 아즈마 후미스케

시마네현지사 마쓰나가 타케요시 도노

이에 대해 시마네현으로서는 죽도의 강치엽업을 허가어업으로 하는 방침을 정하고, 앞의 출원자 중에서 적격자를 조사하도록 오키도사에게 명하는 것과 함께, 메이지 38년 4월 14일에는 현령 제18호로 어업 단속규칙의 개정을 행했다.

島根縣令第十八号

明治三十五年十一月本縣令第百三十号漁業取締規則中左ノ通更正ス

明治三十八年四月十四日

島根縣知事 松永武吉

(關係部分拔萃)

第一條中浮網漁業ノ次ニ左ノ通リ挿入ス

一、海驢漁業(隱岐國竹島ニ於ケルモノニ限ル)

第二條中浮網漁業ノ次ニ海驢漁業ヲ挿入ス

第三條括弧書中潛水器漁業ノ次に海驢漁業ヲ挿入ス

시마네 현령 제18호

메이지 35년 11월 본 현령 제130호 어업 단속 규칙 중 좌와 같이 경정한다.

메이지 38년 4월 14일

시마네현지사 마쓰나가 타케요시

(관계부분 발췌)

제1조 중 유키아미어업의 다음에 왼쪽과 같이 넣는다.

1. 강치어업(오키노쿠니 죽도의 것에 한한다.)

제2조 중 유키아미어업 다음에 강치어업을 넣는다.

제3조 괄호 서중 잠수기어업 다음에 강치어업을 넣는다.

적격자의 조사를 명받은 오키도사는 5월 6일부 공신(公信)으로 나카이 요사부로, 이구치 류타, 하시오카 토모지로, 가토 시게나리 4명을 일단으로 해서 공동영업을 하게하는 것이 적당하다는 뜻을 답신하고, 현지사는 이 답신에 기초하여 다시 전기의 4명이 명기한 원서를 제출하게 하여 1905(明治38)년 6월 5일에 이를 허가했다. 이에 관한 1건의 서류는 다음과 같다.

農第四八七号

御管下竹島ニ於ケル浮網漁業ハ今般漁業取締規則ニテ許可漁業ト相成候ニ付過般御部內左記ノモノヨリ差出タル願書ニ對シ夫々處分ノ必要有之候處元來同島ハ面積狹少ナルヲ以テ動モスレバ漁場ノ荒廢ヲ來ス恐有之ニ付競爭濫獲ヲ妨キ此漁業ヲ永續セシムル趣旨ニヨリ許可スル方針ニシテ到底多人數ニ許可スル事能ハス候　依テ從來同島ノ経營者中其功勞ノ多少就業見

込ノ確否等ヲ調査シ詳細意見書御差出相成度此段及照會候也

明治三十八年四月十一日

島根縣內務部長 書記官 堀信次

隱岐島司 東文輔 殿

西鄕町	中井養三郎
同町	永海　寬市
五個村	橋岡友次郎
西鄕町	石井忠太郎
布施村	山根　房松
西鄕町	三浦忠一郎
磯村	門脇貞太郎　外一名
中村	井口　龍太

농제487호

관하의 죽도에 있어서의 강치어업은 이번 어업 단속규칙으로 허가어업이 됨에 따라 지난 번 부내의 좌기의 자가 제출한 원서에 대해 각각 처분할 필요가 있다. 원래 동도는 면적이 협소하여 자칫하면 어장의 황폐를 초래할 걱정이 있습니다. 때문에 경쟁 남획을 방지하여, 이 어업을 영속시키려는 취지에 의해 허가할 방침이라, 아무래도 많은 사람에게 허가할 수 없습니다. 따라서 종래 동도의 경영자 중 그 공로의 다소, 취업의 가능성 여부 등을 조사하여, 상세한 의견서를 차출해줄 것을 이것으로 조회합니다.

메이지 38년 4월 11일

시마네현 내무부장 서기관 호리 신지

오키도사 아즈마 후미스케 도노

사이고초	나카이 요자부로
동초	나가미 히로이치
고카무라	하시오카 토모지로
사이고초	이시이 추타로
후세무라	야마네 후사마쓰
사이고초	미우라 추이치로
이소무라	카도와키 사다타로　외1명
나카무라	이구치 류타

乙農第92號
四月十一日付農第四八七号ヲ以テ竹島ニ於ケル海驢漁業者既往ノ経営功勞等御照會之趣了承取調候處別紙之通ニシテ中井養三郎、井口龍太、橋岡友次郎ノ三名ハ三十六年ヨリ加藤重造ハ三十七年ヨリ渡航従業シ業務ノ狀況ハ各多少ノ差違ナキニアラザルモ事業継續ノ点ニ至リテハ中井、井ロ、橋岡ノ三名ハ殆ント甲乙ナキモノノ如シ獨リ加藤ニ至リテハ前者ニ比シ創業ニ一ケ年後レタルモノアルモ今尚継續者タルニハ相違ナシ然シテ中井養三郎ハ客年夏期以來上京シ直接主務省ニ就キ或ハ口頭ヲ以テ或ハ書面ヲ以テ該島ヲ本邦領土ニ編入ノ上自分ニ貸下ケラレンコトヲ請願シタル趣ニテ曩ニ領土ニ編入セラレタルモ蓋シ其結果ナルモノノ如シ　其功勞ニ於テハ素ヨリ多トスベキ所アリト雖モ全島ノ漁權ヲ同人ニ獨占セシムルトキハ從來同島ノ経營に着手シ今尚継續シ居ル他ノ三名ハ是迄ニナシタル諸種ノ設備ヲ水泡ニ屬セシムルノミナラズ俄カニ方向ヲ轉ゼザルヲ得ザルノ非境ニ立至ルベク　去リナガラ右四名ノモノニ各個ニ許可セラルヽトキハ勢ヒ利益ノ競爭ヲ免カレズ　從ツテ濫獲ノ弊ニ陥ルハ必然ナルモノト存候間右四名ノモノヲ一团トシ共同ニ繁殖保護ノ方法ヲ指定シ一定ノ年限ヲ付シテ營業セシメ候様致度若シ卑見ノ通御決定相成候儀ニ候得者發表前ニ於テ四名ノモノヲ召喚シ共同願書ニ引替方説示致度候間其旨御內示ヲ煩シ度此段及回答候也

明治三十八年五月六日

隱岐島司 東 文輔

島根縣第三部長　堀信次 殿

追テ本文四名以外ノ出願者ハ是迄渡航従業シタルコト無之候

을농제92호
4월 11일부 농제487호로 죽도에 있어서의 강치 어업자의 과거 경영 공로 등을 조회하는 취지를 납득하고 조사하여 별지와 같이 하여, 나카이 요자부로, 이구치 류타, 하시오카 토모지로 3명은 36년부터, 가토 시게나리는 37년부터 도항 종업하여 업무의 상황은 각각 다소의 차이가 없는 것은 아니지만 사업을 계속한다는 점에서는 나카이, 이구치, 하시오카의 3명은 거의 차이가 없을 것 같습니다. 한 사람 가토는 전자에 비해 창업이 1년 늦은 점은 있으나, 지금도 계속하고 있음에는 틀림없습니다. 그리고 나카이 요자부로는 작년 하기 이래 상경하여 직접 주무성에 가서 구두로, 혹은 서면으로 그 섬을 본방의 영토로 편입한 위에 자신에게 대하해 줄 것을 청원하였으며, 갑자기 영토로 편입하게된 것도 어쩌면 그 결과인 것과 같다. 그 공로는 참으로 크다 할 수 있지만 모든 섬의 어업권과 수렵권을 같은 사람에게 독점시킨다면 종래 동도의 경영에 착수하여 지금도 계속하고 있는 다른 3명은 지금까지 설치한 제종의 설비를 수포로 돌아가게 할 뿐만 아니라, 갑자기 방향을 전환해야만 하는 비참한 처지에 이를 것입니다. 그렇지만 우 4명에게 각각 허가했을 때는, 자연히 이익의 경쟁을 피할 수 없습니다. 따라서 남획의 폐에 빠져야만 하는 것을 알고 있기 때문에, 우 4명의 사람을 일단으로 해서 공동으로 번식 보호하는 방법을 지정하여 일정한 연한부로 경영하게 하고 싶습니다. 만약 비견대로 결정을 하실 거라면, 발표 전에 4명을 소환하여 공동원서로 교환하는 방법을 설명하여 권해보려고 생각하기에, 그 뜻의 내시를 번거롭게, 이렇게 회답합니다.

메이지 38년 5월 6일

오키도사 아즈마 후미스케

시마네현 제3부장 호리 신지 도노

추가로 본문 4명 이외의 출원자는 지금까지 도항 종업한 일이 없습니다.

農第685號

本月六日乙農第九ニ号ヲ以テ海驢漁業許可ニ關シ御回答之趣了承　右ハ御意見ノ通中井養三郎、井ロ龍太、橋岡友次郎、加藤重藏四名ノ共同出願ニアラサレハ許可セサルコトニ內定相成候條御承知之上前記四名ニ對シ共同願書ニ訂正差出候樣御諭達相成度願書四通(前記四名分)相添ヘ此段及照會候也

明治三十八年五月十日

島根縣內務部長 書記官 堀信次

隱岐島司 東 文輔 殿

농제685호

본월 6일 을농제92호로 강치어업 허가에 관하여 회답하신 내용을 납득했습니다. 우는 의견대로 나카이 요자부로, 이구치 류타, 하시오카 유지로, 카토 시게나리 4명의 공동출원이 아니면 허가하지 않는 것으로 내정되었습니다. 승지하신 위에 전기 4명에 대하여 공동원서로 정정하여 제출하도록 일러주시기 바랍니다. 원서 4통(전기 4명분)을 첨부하여 이것을 조회합니다.

메이지 38년 5월 10일

시마네현 제3부장 호리 신지

오키도사 아즈마 후미스케 도노

乙農第八〇五号

竹農ニ於ケル海驢漁業許可ニ關シ本月十日農第六八五号御照會之趣了承別紙ノ通リ中井養三郎、井口龍岡、橋岡友次郎、加藤重藏ノ四名共同漁業ヲ爲スコトニ協定願書差出候處、右ハ平和ニ終リ候ニ付、直ニ許可相成候様御取扱相成度、尙御許可之上ハ電報ヲ以テ御通知有之度、此段申達候也

明治三十八年五月二十二日

隱岐島司 東 文輔

島根縣第三部長書記官　堀 信次殿

追テ曩ニ差出タル前記四名分該漁業願書ハ執レモ本人ヘ返却致候條御了知相成度候也

海驢漁業許可願

一. 漁業區域　竹島並ニ周囲

一、漁具ノ數　網　貳側

一、許可期間 自明治三十八年六月　同四十一年五月　參ヶ年間

前記ノ通リ共同事業トシテ海驢漁業許可相受度別紙図面相添ヘ此段奉願候也

明治三十八年五月二十日

島根縣周吉郡西鄕町大字西町　中井養三郎
同 縣同 郡同 町大字同町　加藤　重藏
同 縣同 郡村大字港　井口　龍太
同 縣穩地郡五箇村大字久見　橋岡友次郎

島根縣知事 松永武吉殿

을농제805호

죽도에 있어서의 강치어업 허가에 관하여 본월 10일 농제685호 조회의 뜻을 승지하고 별지와 같이 나카이 요자부로, 이구치 류타, 하시오카 유지로, 가토 시게나리 4명이 공동으로 어업하는 것으로 협정하고 원서를 제출합니다. 우는 평화롭게 끝났으니 곧 허가될 수 있도록 처리하여 주시길 바랍니다. 또 허가하신 다음에 전보로 통지해 주시기 바랍니다. 이상 말씀 드립니다.

메이지 38년 5월 22일

오키도사 아즈마 후미스케

시마네현 제3부장 서기관 호리 신지 도노

추가하여, 이전에 제출했던 전기 4명분의 그 어업원서는 모두 본인에게 돌려보내는 것을 납득하여 주시기 바랍니다.

강치 어업 허가원

1. 어업구역 죽도 및 주위
1. 어구의 수 그물 2측
1. 허가기간 메이지 38년 6월에서 동 41년 5월 3개년 간

전기대로 공동사업으로 강치어업 허가를 받아 별지 도면을 첨부하여 이 내용을 원합니다.

메이지 38년 5월 20일

시마네현 스키군	사이고초	오아자니시초	나카이 요자부로
동현 동군,	동초	동초	가토 시게쿠라
동현 동군	다이오아자항		이구치 류타
동현 오치군	고카무라 오아자구미		하시오카 유지

시마네현지사 마쓰나가 타케요시

島根縣農第一九二六号

周吉郡西鄕町大字西町	中井 養三郎
同 郡同 町大字同町	加藤 重藏
同 郡村大字港	井口 龍太
穩地郡五箇村大字久見	橋岡 友次郎

明治三十八年五月二十日願海驢漁業ノ件許可シ鑑札一枚下付ス

明治三十八年六月五日

島根縣知事 松氷武吉

(隱岐支廳記錄)

시마네현농제1926호

스키군 사이고초 오아자니시초	나카이요자부로
동군 동초 오오아자 동초	가토시게쿠라
동군 나카무라 오오아자항	이구치 류타
오치군 고카무라, 오아자쿠미	하시오카유지로

메이지 38년 5월 20일 소원한 강치어업의 건 허가하고 감찰 1매를 하부함

메이지 38년 6월 5일

시마네현지사 마쓰나가 타케요시

(오키지청기록)

나카이 등 4명은 전기 허가에 의거 죽도어렵합자회사를 설립하고(동년 6월 6일 재판소 등록), 동년도부터 즉각 사업을 개시했다.[92]

회사는 죽도의 고양이 이마처럼 좁은 자갈밭에 어렵 오두막 및 제조창고를 설치하고, 매년 4월부터 9월경까지의 어기 중 다수의 어부를 도도시켜 강치의 포획 제조에 종사했다.

그 포획에는 사시아미(刺網)를 사용했는데, 이것은 동굴의 입구에 설치하고 그 양 끝을 물가의 두 사람의 어부가 붙잡으면, 다른 어부는 동굴 안에 잠복한 강치를 몰아 그물에 걸린 것을 생포 또는 박살하는 것인데, 총살에 의한 방법도 실시했다. 총살은 주로 육상에 있는 것을 저격했지만, 이 방법을 쓸 때는 부상을 입은 채 달아나는 것도 있었다.

포획한 강치의 가죽은 소금에 절여 내지로 수송하여 제혁했다. 품질은 좋지 않으나 모자의 차양, 배낭, 담배갑, 방한용구 등의 용도로 쓰였다. 피하의 지방은 굉장히 많아 끓여서 기름을 채취했다. 어린 강치의 고기는 식용으로 먹을 수도 있었으나, 고래의 붉은 고기와 비슷하여 약간 냄새가 나기 때문에, 주로 삶아 익힌 후에 건조하여 비료로 썼다.

죽도어렵회사로써는 그 사업을 수행한 이상 죽도 전도의 차용, 지선수면(地先水面) 전용의 필요성을 느끼고, 이듬해 39(1906)년 4월 30일, 동도 전도의 장기차용 및 지선수면의 전용면허를 신청했으나, 관유지 차용에 대해서는 7월 2일부로 허가되었다는 것은, 전술했던 대로이나 ((2)의 〔나〕 토지의 대여와 사용료 징수의 항 참조), 죽도의 지선수면의 전용에 대해서는 허가받지 못했다.

이 때문에 회사는 다음 1907(明治40)년 4월 17일 다시 이를 신청했으나, 시마네현지사로써는 죽도어렵회사에게만 해면의 사용을 인정하는 것은 치우친 허가가 되기 때문에, 차라리 강치어업 이외의 어업은 금지해야 한다는 오키도사의 의견을 바탕으로,[93] 1908(明治41)년 6월 30일, 현령 제48호로 「어업취체규칙」을 개정하고, 죽도 주변에서의 강치엽업 이외의 어업을 금지하는 조치를 취했다.

根縣令第四十八号

明治三十五年十一月本縣令第百三十号漁業取締規則中左ノ通リ更正シ本年七月一日ヨリ施行ス

明治四十一年六月三十日

島根縣知事　若 林 賚 藏

(關係部分拔萃)

一、第一條ヲ左ノ通リ更正ス

漁業法施行規則第五十六條二掲クル漁業ノ外左ニ掲クル漁業ヲ爲サントスル者ハ知事ノ許可ヲ受クヘシ但シ第七号ノ漁業ハ明治三十八年二月本縣告示第四十号所定竹島ニ於ケルモノニ限リ又第八号乃至第十一号ノ漁業ハ湖沼河川ニ於ケルモノニ限ル

七、海驢漁業

一、第八條ニ左ノ一項目ヲ追加ス

竹島(明治三十八年二月本縣告示第四十号)及其ノ地先二十丁以內ニ於テ海驢漁業以外ノ漁業ヲ禁ス

시마네현령제48호

메이지 35년 11월 본 현령 제130호 어업취체규칙 중 좌와 같이 경정하고 본년 7월 1일부터 시행한다.

메이지 41년　6월 30일

시마네현지사 와카바야시 라이조

(관계부분 발췌)

1. 제1조를 좌와 같이 경정한다.

어업법 시행규칙 제56조 2에 언급한 어업 외 좌에 언급하는 어업을 하려는 자는 지사의 허가를 받아야 한다. 단 제7호의 어업은 메이지 38년 2월 본현고시 제40호 소정 죽도에 한하고, 또 제8호 내지 제11호의 어업은 호소하천에 한한다.

7、강치어업

1. 제8조에 좌의 1항을 추가한다.

죽도(메이지 38년 2월 본현고시 제40호) 및 그 지선 20정 이내에서 강치어업 이외의 어업을 금한다.

그 후 시마네현은 1911(明治44)년 12월에 현령 제54호로 전기 어업취체규칙을 폐지하고 새로 「시마네현어업취체규칙」을 제정했다. 그 때 죽도의 주변구역을 금어구로 하여 수산 동식물의 채포를 금지한 것은 앞의 규칙과 같으나, 강치엽업의 허가를 받고 있는 자에 한해 동도의 지선수역에서 미역, 전복 등을 채취하는 것을 인정했기 때문에, 이곳에서 강치 엽업자는 죽도에서의 독점적 어렵을 보장받게 되었다.

縣令第五四號

(明治四十四年十二月)

島根縣漁業取締規則(抄)

第一章　總則

第一條　漁業法施行規則第五十條ニ掲クル漁業ノ外左ノ漁業ヲ爲ムトスル者ハ知事ノ許可ヲ受クヘシ 但シ專用漁業權ニ依リテ爲ス場合ハ此ノ限リニ在ラス

二十五 海驢漁業(刺網撲殺銃殺)

第三章 蕃殖保護及取締

第十五條　左ニ掲クル區域內ヲ禁漁區トシ水產動植物ノ採捕ヲ禁ス

五、竹島(明治三十八年二月本縣告示第四十号)及其地先別紙第五号図朱線內ノ區域 但シ許可ヲ受ケタル海驢漁業及該漁業者カ石花菜海苔和布蠑螺鮑貽介等ヲ採取スルハ此ノ限リニ在ラス

현령제54호

(메이지 44년 12월)

시마네현 어업취체규칙(초)

제1장 총칙

제1조 어업법 시행규칙 제50조에 언급한 어업 외 좌의 어업을 하려는 자는 지사의 허가를 받아야 한다. 단 전용 어업권에 의해 하려는 경우는 이 제한에 해당되지 않는다.

25 강치 어업(자망·박살·총살)

제3장 번식보호 및 취체

제15조 좌에 언급한 구역 내를 금어구로 하고 수산 동식물의 채포를 금한다.

5. 죽도(메이지 38년 2월 본현 고시 제40호) 및 그 지선 별지 제5호도 주선 내의 구역. 단 허가를 받은 강치어업 및 그 어업자가 우무가사리 김 미역 소라 전복 홍합 등을 채취하는 것은 이 제한에 들지 않는다.

이리하여 죽도어렵회사는 법에 의하여 그 사업을 보호받았지만 회사 운영의 실패, 피혁 가격의 하락, 밀렵자의 도량, 남획에 의한 강치 자원의 감소 등이 겹쳐서, 그 실적은 오르지 않고 회사는 극도의 영업 부진에 빠지기에 이르렀다. 그 후에도 강치 엽업의 허가는 1908(明治41)년부터 1911(明治44)년까지, 또 동년부터 1916(大正5)년 까지는 이구치 류타를 제외한 전기 3명에게, 또 다이쇼 5년부터 10(1921)년까지, 또 동년부터 동 15(1926)년까지는 나카이 요이치(中井養一 : 養三郎의 아들), 하시오카 타다시게(橋岡忠重:友一郎의 아들) 및 가토 시게쿠라(加藤重蔵) 3명에게 부여되었으나 1925(大正14)년 경부터 회사의 실권은 야와타 나가시로(八幡長四郎), 하시오카 타다시게(橋岡忠重), 이케다 코이치(池田幸一) 등의 손으로 넘어가 1929(昭和4)년에는 동도의 강치엽업권은 오치군 고카무라 쿠미의 야와타 나가시로의 명의로 이전했다. 이 사이에 죽도에서 포획된 강치의 메이지 44년까지의 분은 어렵회사의 보고에 따르면 다음 표와 같다.

년 도	강치 포획 두 수 포획총두수	수컷	암컷	새끼
메이지37	2,750	850	900	1,000
〃 38	1,003	534	339	130
〃 39	1,385	663	415	307
〃 40	1,600			
〃 41	1,680			
〃 42	1,153			
〃 43	679			
〃 44	796			

그 후의 포획 수는 반드시 명확한 것은 아니지만 1916, 7(大正5, 6)년 경에는 연간 200~300두였지만 쇼와 3, 4(1928, 9)년 경에는 100두 전후였다 한다.[94]

야와타 나가시로의 명의로 옮긴 후부터 1933(昭和8)년까지는 경영난 때문에 강치엽획을 중지하고 있었지만, 융자를 받을 수도 있었기 때문에 동년 이후 30마력 13톤의 발동기선에 어부 14, 5명을 태우고 매년 죽도로 출어하여. 주로 서커스용으로 20마리 전후의 강치를 생포하고 있었지만,[95] 전쟁의 발발로 1941(昭和16)년에는 중지해야만 했다.

또 강치 이외의 죽도 어업권은 죽도어렵회사의 실권이 야와타 등의 손으로 넘어간 후로는 화합에 의해 실제상, 울릉도 재주의 오쿠무라 헤이타로(奥村平太郎)에게 맡겨져 1938(昭和13)년에 그가 죽은 후에는 장남 오쿠무라 아키라(奥村亮)가 그 실권을 계승했다. 출어기는 4월 하순부터 7월 하순경까지로 잠수기를 사용해서 채패 채조를 행했다. 종업원은 당초는 약 20명, 후에는 40명 전후가 되어, 그 중에 감독자 2, 3명은 일본인, 그 외는 조선인이었다.

그러나 우는 어디까지나 어업자 간의 단순한 사적 양해에 지나지 않아, 공적으로는 1928(昭和3)년까지는 죽도어렵합자회사의 대표사원인 나카이 요자부로에게, 또 1929(昭和4)년 이후는 야와타 나가시로에게 관유지 죽도의 사용과 강치엽업이 허가되었고, 토지사용료도 이들 명의인 또는 그 대리인이 각각 국고에 납입했던 것은 앞에서 지적한 대로이다.

제2절 전후의 죽도문제

1. 총사령부의 점령정책과 죽도

이번 대전의 종결에 의해 우리나라가 연합국의 점령과 관리 하에 놓이게 되자마자, 연합국총사령부는 연합군의 일본본토 진주시의 혼란을 피하기 위해, 서둘러 1945(昭和20)년 9월 2일에 지령제 1호를 발표하고, 그 제4항에 의해 모든 일본선박을 연합국 최고사령부의 지령이 있을 때까지의 이동을 금지했다. 그러나 9월 10일에는 100톤 이하의 선박에 대해서 동경만 내의 특정구역 이외의 경우에는 항행이 인정되었고, 뒤이어 그 달 14일에는 기계를 부착한 목선이 연안 12마일 이내로의 항행이 가능하게 되었다. 또 다음날 15일 이후에 철도연락선, 섬을 떠나는 항로 등 긴급을 요하는 선박의 항행 계획이 하나하나 승인되었는데, 12월 10일에 이르러 「일본수역」(Japanese Waters) 내에서는 일본 선박은 개별적으로 총사령부의 승인을 받지 않고 항해할 수 있는 총괄적 권한이 주어지게 되었다. 그 「일본수역」이라는 것은, 같은 지령(SCAJAP 각서 제1007호)에서는 일본의 4개의 주도와 쓰시마(対馬), 五島列島 및 북위 30도까지의 남서·남방 제도를 포함하는 근접 제소도(small islands in the immediate vicinity)를 포함한다고 정의되어 있는데, 그 수역 내에 죽도가 포함되어 있는지 아닌지는 분명하지 않았다.

그러나 다음 21(1946)년 1월 29일에는 총사령부로부터 「약간의 주변지역을 일본으로부터 정치 및 행정상으로 분리하는 것에 관한 각서」(SCAPIN 제677호)가 발효되고, 일본영역의 특정지역에 대해 일본 정부가 정치상 또는 행정상의 권력을 행사하거나 또는 행사하려고 계획한 것을 정지하도록 지령되어("The Imperial Japanese Government is directed to cease exercising, or attempting to exercise, governmental or administrative authority.....")그 행정권을 정지해야 할 특정지역 중에는 죽도도 포함된다는 뜻이 명시되었다.

이 지령에 있어 일본이란 일본 4대도 홋카이도(北海道), 혼슈(本州), 규슈(九州) 및 시고쿠(四国) 및 약 1천의 인접 제 소도를 포함하는 것으로 규정된다. 위의 인접 제 소도는 쓰시마 및 북위 30도 이북의 류큐(琉球) (남서) 제도 구치노시마(ロノ島)를 포함하고, 또 다음의 제도를 포함하지 않는다. (a)울릉도, 죽도, 제주도, (b)북위30도 이남의 류큐(남서)제도 (구치노시마를 포함), 이즈(伊豆), 난포(南方), 오카사와라(小笠原) 및 가잔유오(火山硫黄) 군도 및 다이토쇼도(大東諸島), 오키노토리시마(沖鳥島), 미나미토리시마(南鳥島), 나카노토리시마(中ノ鳥島)를 포함한 기타 모든 외각 태평양제도, (c)치시마렌토(千島列島), 하보마이군토(歯舞群島, 스이쇼水晶, 유리勇留,

아키유리秋勇留, 시보쓰志発, 다라쿠多楽 각 도를 포함한다) 및 시키탄토(色丹島)」

(同覚書第三項)

뒤이어 같은 해 6월 22일에는 이른바 맥아더 · 라인의 설정에 관한 「일본의 어업 및 포경업 허가구역에 관한 각서」(SCAPIN 제1033호)가 발표되었지만, 죽도는 그 조업 허가구역 밖에 위치되어 일본의 선박 및 국민은 그 섬 주변 12마일(그 후 쇼와 24년 9월 19일부 총사령부 각서에 의해 3마일로 변경) 이내로 근접하고, 또 동도와 접촉하는 것이 금지되었다.

「상기 제2항의 허가(조업 구역의 허가)는 다음의 규정을 조건으로 한다.

(a) 일본선박은 소후간(孀婦岩)을 제외하고 북위30도 이남의 허가구역 내에 있는 섬의 어느 곳이나 12마일 이상 근접해서는 안 된다. 일본선박의 승무원은 소후간을 제외하고 북위 30도 이남에 있는 섬에 상륙하거나 또 그 섬의 주민 누구와도 접촉해서는 안 된다.

(b) 일본선박 또는 그 승무원은 죽도(북위 37도 15분 동경 131도 53분)에서 12마일 이내로 근접해서는 안 된다. 또 이 섬과의 일체의 접촉은 허가되지 않는다.

또 동년 7월 24일에는 SCAJAF 각서로, 앞의 쇼와 20년 12월부 각서에서 말하는 「일본수역」에 대해, 행정권 분리에 관한 각서에 준해서 구체적인 지명을 들어서 그 범위를 한층 명확히 했지만, 여기에서도 죽도는 그 「일본수역」 밖에 있는 것이 명확했다.

이렇게 하여 종전 직후의 총사령부의 일련의 지령에 의해, 죽도로의 일본국민 및 선박의 근접 및 접촉이 금지되고, 동도에 대한 일본정부의 행정권 행사가 정지 되었지만, 이러한 조치들은 연합국의 점령관리 정책의 하나로 다루어졌던 것으로, 일본영토의 최종적 결정과는 무관계였다. 이것에 관해 전기의 행정권 분리에 관한 각서(SCAPIN 제677호)의 제6항 및 어업 및 포경업 허가구역에 관한 각서(SCAPIN 제1033호)의 제5항에는 모두 그 취지가 다음과 같이 명기되어 있다.

SCAPIN 제677호

6. 이 지령 중 어떠한 규정도 포츠담 선언의 제8조에 기재되어 있는 제 소도의 최종적 결정에 관한 연합국의 정책을 공시하는 것으로 해석되어서는 안 된다.
("Nothing in this directive shall be construed as an indication of Allied policy relating to the ultimate determination of the minor islands referred to in Article 8 of the Potsdam Declaration.")

SCAPIN 제 1033호

5. 이 허가는 해당 구역 또는 그 외의 어떠한 구역에 관해서도 국가 통치권, 국경선 또는 어업권에 대한 최종적 결정에 관한 연합국의 정책의 표명은 아니다.
("The present authorization is not an expression of Allied policy relative to ultimate determination of national jurisdiction, international boundaries or fishing rights in the area concerned or in any other area.")

그 후 쇼와 27(1952)년 4월 25일에는 맥아더・라인의 폐지가 지령되고, 그 3일 후인 4월 28일에는 대일평화조약의 발표에 따라 행정권 정지의 총사령부 지령도 필연적으로 그 효력을 잃게 되었다. 이것에 관해 발효한 평화조약의 제2조(a)에는,

日本國は、朝鮮の獨立を承認して、濟州島、巨文島及び鬱陵島を含む朝鮮に對するすべての權利、權原及び請求權を放棄する。
일본국은 조선의 독립을 승인하고 제주도, 거문도 및 울릉도를 포함한 조선에 대한 모든 권리, 권원 및 청구권을 포기한다.

라고 있고, 일본에서 분리 독립해야 할 영역 중에 포함된 섬들로서 제주, 거문, 울릉 3도의 이름은 명시되어 있었지만, 죽도의 이름은 들어 있지 않았

다. 이 조문에서 「조선의 독립을 승인함」이라고 하는 것은 일조병합 전의 조선이 일본으로부터 분리 독립하는 것을 일본국이 승인한다는 것으로 일조병합 이전부터 일본영토였던 토지를 새로이 독립한 조선에 할양한다는 의미는 포함되어 있지 않다고 해석되는 것으로 일조병합에 앞서길 5년, 즉 1905(明治38)년에 이미 시마네현 소관으로 정식 편입되어 있던 죽도가 평화조약에 의해 새로이 분리 독립해야 할 조선의 판도 안에 들지 않은 것은 당연하다 해야 할 것이었다.

원래 조선반도 근해에는 다수의 섬이 있고 그들 도명이 하나하나 평화조약 안에 들어있지 않았다 해서, 그것들이 조선의 영역에는 포함되지 않는다고는 말할 수 없는 것은 당연한 일이지만, 평화조약 안에는 특히 명시되어 있는 전기의 제주, 거문, 울릉 3도는, 단지 조선 근해의 현저한 도서일 뿐만 아니라, 모두 일본에 면하여 조선의 가장 외각을 형성하고 있는 대표적인 섬들이다. 죽도는 이들 3도 보다 더 일본 가까이에 위치하는 이도(離島)이기 때문에, 만약 죽도가 조선의 영역 안에 포함되는 것이라면 당연히 이 3도와 함께 조문 안에 명기되어 있어야 했던 것이었다. 이 의미에서 평화조약 안에 죽도의 이름이 보이지 않는다는 것은 동도가 일본영토의 일부인 것을 명확히 하고 있다는 것으로 해석된다.

2. 폭격연습장으로서의 죽도

우리나라가 아직까지 연합국의 점령 관리하에 있었던 1950(昭和25)년 7월 6일, 총사령부는 각서 SCAPIN 제2160호로 죽도를 미군의 해상폭격연습지구로 지정했다. 그 후 평화조약이 발효하고, 우리나라에 대한 연합국의 점령정책이 종료됨에 따라 죽도도 종전대로 시마네현 오키지청 관하로 복귀하게 되었지만 미군은 동도를 계속 폭격연습장으로 할 것을 희망했기 때문에, 우리나라가 주권국으로서의 입장을 회복하고 얼마 되지 않은 1952(昭和27)년

7월 26일에는 일미안전보장조약의 실시를 위해 설립된 연합위원회는, 행정협정 제2조에 기초하여, 재일미군이 행사하는 해상연습 및 훈련구역으로서 죽도를 다음과 같이 지정하는 것과 함께 외무성은 그해 7월 26일자의 고시 제34호로 그 뜻을 공시했다.

공군훈령구역(空軍訓令區域)

9. 죽도폭격훈련구역

(1) 구역

북위37도 15분、동경 131도 52의 점을 중심으로 하는 직경 10마일 원내

(2) 연습시간

매일 24시간

이 때문에, 실제로는 강화 후에도 바로 죽도를 사용할 수 없었지만, 이보다 앞서 쇼와 27년 5월 20일에 시마네현 지사는 「강화조약의 발효에 따라 시마네현민은 죽도에서의 강치어업 및 에조전복, 미역 등을 채취하려는 대기자세였다. 그런데 그 섬을 계속해서 주류군의 폭격연습지로 예정하고 있다고 측문(仄聞)했으나 시마네현 어민의 의도도 헤아려 이것을 연습지로부터 제외시키던지 그것이 불가능한 경우에는 강치가 그 섬에 회유하는 4월부터 10월까지 7개월간만이라도 폭격을 중지하게 해주었으면 한다.」라는 뜻의 진정을 외무・농림 양 대신에게 행했던 경위도 있고, 또 미공군도 동년 12월 이래 동도의 폭격연습장으로서의 사용을 중지하고 있었기 때문에, 다음 1953(昭和28)년 3월 19일의 합동위원회에서 동도를 연습장 구역에서 삭제하는 것을 결정했기 때문에, 여기서 처음으로 죽도의 사용이 가능하게 되었다.

日米合同委員會海上演習及び訓練區域分科委員會

日時及び場所

昭和二十八年三月十九日

東京都　外務省

合同委員會に對する勸告

海上演習及び訓練區域分科委員會は、次のとおり適切な措置をとることを提案する。

昭和二十七年六月二日付第四回合同委員會の議事錄第一項 i は、無効とすること。東経一三一度五二分、北緯三七度一五分にある竹島(リアンコールト・ロック)爆撃場は、今後在日米空軍によって要求されないこと。

日米行政協定第二十六條に基く合同委員會

日時及び場所

昭和二十八年三月十九日

東京都　外務省

第四十五回合同委員會議事錄抄

本合同委員會は、伊關裕次郎氏が議長となって三月十七日午前十時十五分召集された。

(中略)

第四項

昭和二十八年三月十七日付海上演習區域分科委員會からの上申書は提出せられ、かつ、承認された。

(下略)

일미합동위원회해상연습 및 훈련구역분과위원회

일시 및 장소

쇼와 28년 3월 19일

도쿄도 가이무쇼

합동위원회에 대한 권고

해상연습 및 훈련구역분과위원회는 다음과 같이 적절한 조치를 취할 것을 제안한다.

쇼와 27년 6월 2일부 제4회 합동위원회의 의사록 제1항 i는 무효로 할 것. 동경 131도 52분, 북위 37도 15분에 있는 죽도(리앙코-루도・록쿠) 폭격장은 이후 재일 미공군에 의해 요구되지 않을 것.

일미행정협정 제26조에 기초한 합동위원회

일시 및 장소

쇼와 28년 3월 19일

도쿄도 가이무쇼

제45회 합동위원회 의사록초

본 합동위원회는 이세키 유지로씨가 의장으로 3월 19일 오전 10시 15분에 소집되었다.

(중략)

제4항

쇼와 28년 3월 19일부 해상연습구역분과위원회의 상신서는 제출되어 승인되었다.

(하략)

이 해제에 임해서는 외무성은 28년 5월 14일부 고시 제28호로 그것을 일반에게 공시했다. 또 일미합동위원회의 임무에 대해서는 안전보장조약에 기초한 행정협정 제26조제 1항에,

> 합동위원회는 특히, 합중국이 안전보장조약 제1조에 드는 목적의 수행에 임하여 사용하기 위해 필요로 하는 일본 국내의 시설 또는 구역을 결정하는 협의기관으로서의 임무를 행한다.

라고 규정되어 있고, 또 이 조항에 인용되어 있는 안전보장조약 제1조에는,

> 평화조약 및 이 조약의 효력발생과 동시에, 아메리카합중국의 육군 공군 및 해군을 일본 국내 및 그 부근에 배치하는 권리를 일본국은 許與하고, 아메리카 합중국은 그것을 수락한다.

라고 있다. 또 이 조항을 받아 행정협정 제2조에는,

> 1. 일본국은 합중국에 대해 안전보장조약 제1조에 드는 목적의 수행에 필요한 시설 및 구역의 사용을 허가하는 것에 동의한다. 개개의 시설 및 구역에 관한 협정은 이 협정의 효력 발생일까지 또 양 정부가 합의에 달하지 않을 때는, 이 협정의 제26조가 정한 합동위원회를 통해 양 정부가 체결하지 않으면 안 된다.

(중략)

2. 일본국 및 합중국은 어느 쪽이든 일방의 당사자의 요청이 있을 때는 전기의 결정을 재검토하지 않으면 안 된다. 또한 전기의 시설 및 구역을 일본에 반환해야 하는 것을 합의할 수 있다.
3. 합중국 군대가 사용한 시설 및 구역은, 그 협정의 목적을 위해 필요 없게 되었을 때는 언제라도, 일본에 반환하지 않으면 안 된다.

(하략)

라고 규정되어 있었다. 즉 이러한 규정에 의하면, 합동위원회의 협의의 대상이 되는 것은 「일본국내의 시설 또는 구역」이라는 것으로 되어있다. 따라서 죽도가 이 위원회에서 취급되어, 행정협정에서 말하는 「구역」으로서의 결정이 행해졌다는 것은, 더 말할 것도 없이, 그것이 「일본 국내의」 시설 또는 구역에 해당된다는 것을 의미하고 있다. 더욱 합동위원회가 연습 및 훈련구역으로서의 지정을 해제했을 경우에는, 그 구역을 일본에 반환하지 않으면 안 되는 것으로 되어있기 때문에, 죽도가 그 지정해제에 따라 일본에 반환되어, 시마네현 오키지청 관할 아래에 복귀한 것은 협정상 의문의 여지가 없다.

3. 일본정부의 조치

(1) 토지의 이관

1940(昭和15)년 8월 17일에 해군 사용지로 된 죽도는, 그 상태로 종전에 이르렀다. 하지만 전후 군용지 처분의 일환으로서 정부는 1945(昭和20)년 11월 11일에, 국유재산법 시행령(大正10, 법43) 제2조에 근거해, 죽도를 해군성에서 다시 오쿠라쇼(大蔵省)가 이어받아, 중국재무국 마쓰에(松江) 재무부 소관으로, 국유 재산대장에 다음과 같이 기재되었다. 또, 평수는 69,990평, 그 가격은 종래 2,000엔으로 평가되었지만 1947(昭和22)년 3월 1일의 가격 개정에 따라 3,510엔으로 개정되어, 그 취지를 대장에 추가했다.

토지					죽도방어구
종목	부지	소재	시마네현 죽도	연혁	국유재산법시행령 제2조에 의한 쇼와 20년 11월 1일 해군에서 인계 받음

(2) 공동 어업권의 허가

우리나라가 연합국의 점령 관리하에 놓인 후, 총사령부의 지령에 따라, 죽도에 대한 일본정부의 행정권의 행사가 정지되고 또, 맥아더·라인의 설정에 따라 죽도 주변에 일본선박 및 국민의 근접하는 일이 금지되었기 때문에 시마네현으로서는 1946(昭和21)년 7월 26일부 현령제49호로, 시마네현 어업단속규칙 중에서 죽도와 그 강치어업에 관한 항목을 삭제하는 조치를 취했다.

그 후 맥아더·라인의 철폐와 대일평화조약의 발효와 함께, 죽도가 시마네현 오키지청 관하에 복귀한 것으로 되었기 때문에, 시마네현으로서는 같은 1952(昭和27)년 5월 16일, 현규칙제29호로서, 시마네현 해면어업조정규칙(昭和26년8월 29일 県規則第88号)의 일부를 개정하여 「제4조(어업의 허가)」의 다음에 「15 강치어업(撲殺, 銃殺을 포함)」이라는 1항을 추가 하여, 강치어업을 도지사의 허가어업으로 했다.

그 개정 이유는 쇼와 27년 4월 22일부 어제391호, 농림대신 앞 신청서에 다음과 같이 진술되어있다.

> 강치어업은 戰前까지 旧島根縣漁業取締規則으로 허가제를 규정하고 있었지만 「강치」의 棲息海域은 本縣穩地郡五箇村所屬의 竹島附近으로, 죽도는 맥아더·라인에 의해 어업금지 및 출입금지가 되었기 때문에 종전 후 동 규칙을 개정하여 허가어업에서 삭제한 것으로, 강화조약 발효와 동시에 영토도 확립되고 어구제한에 관한 政令이 실효되기 때문에, 이미 출어희망자도 상당수 있는 등의 사정을 감안하여, 포획을 제한할 필요가 인정되어 전전(戰前)과 같이 허가어업으로 해서 질서유지를 꾀하고 싶다.

이어서 쇼와 28년 3월 19일의 미일합동위원회에서 죽도의 연습구역 해제가 결정되었기 때문에, 동년 6월 19일부로 시마네현고시 제352호로, 죽도 지선 해면에서의 공동어업권을 오키노쿠니 어업협동조합연합회에게 면허하고, 또 동일부 현공고로 오치군 고카무라의 하시오카 타다시게(橋岡忠重) 외 2명에게 죽도에서의 강치 렵업을 허가했다.

島根縣告示第三百五十二号

漁業法(昭和二十四年法律第二百六十七号)第十條の規定により、昭和二十八年六月十八日付をもって、次のとおり海面における共同漁業權を免許した。

昭和二十八年六月十七日

島根縣知事 恒松安夫

一、免許番号　共第三四四号

二、漁業權者の住所氏名

島根縣周吉郡西鄕町大字西町八尾の一参番地

隱崎島漁業協同組合連合會

三、漁場の位置及び區域

(別紙漁場図のとおり)

1、漁業の位置

穩地郡五箇村竹島(北緯三十七度九分三十秒, 東經百三十一度五十五分に在る竹島)地先

2、漁業の區域

竹島周囲最大高潮時海岸線(沿岸島嶼を含む)から五百「メートル」の線によって囲まれた區域

四、漁業の種類及び名称、漁獲物の種類、漁業の時期

漁業の種類	漁業の名称	漁獲物の種類	漁業の時期
わかめ漁業	第一種	わかめ	一月一日から十二月三十一日まで
いわのり 〃	〃	いわのり	〃
てんぐさ 〃	〃	てんぐさ	〃
あわび 〃	〃	あわび	〃
さざえ 〃	〃	さざえ	〃
なまこ 〃	〃	なまこ	〃
た　こ 〃	〃	た　こ	〃
う　に 〃	〃	う　に	〃

五、存續期間

昭和二十八年六月十八日から昭和三十六年八月三十一日まで

六、制限及び條件　なし

시마네현고시제352호

어업법(쇼와24년 법률제267호) 제10조의 규정에 의해, 쇼와 28년 6월 18일부로, 다음과 같은 해면에서의 공동어업권을 면허했다.

쇼와 28년 6월 19일

시마네현지사　쓰네마쓰 야스오

一. 면허번호 공제344호

二. 어업권자의 주소씨명

시마넨현 스키군 사이고초 오아자니시초 야오~1 3번지

오키노시마 어업협동조합연합회

三. 어장의 위치 및 구역

(별지어장도 대로)

1. 어장의 위치

오치군 고카무라 죽도(북위 37도 9분 30초, 동경 131도 55분에 있는 죽도) 지선.

2. 어장의 구역

죽도 주위 최대고조시해안선(연안도서를 포함)에서 500m 선으로 둘러싸인 구역

四. 어업의 종류 및 명칭, 어획물의 종류, 어업의 시기

어업의 종류	어업의 명칭	어획물의 종류	어업의 시기
미역어업	제2종	미역	1월1일- 12월31일
돌김	〃	돌김	〃
우뭇가사리	〃	우뭇가사리	〃
전복	〃	전복	〃
소라	〃	소라	〃
해삼	〃	해삼	〃
문어	〃	문어	〃
성게	〃	성게	〃

五. 존속기간

쇼와 28년 6월 18일 부터 쇼와 36년 8월 31일 까지

六. 제한 및 조건 없음

公告

島根縣海面漁業調整規則(昭和二十六年島根縣規則第八十八号)第四條の規定に基き、穩地郡五箇村竹島地先海面におけるあしか漁業を次のとおり許可した。

昭和二十八年六月十九日

島根縣知事 恒松安夫

一、許可年月日　昭和二十八年六月十日

二、漁業の名称　あしか漁業

三、許可番号　海第二四五六号

四、漁業者の住所氏名

島根縣穩地郡五箇村大字久見二七四番地

橋岡忠重

同

八幡數馬

島根縣穩地郡五箇村大字久見二七〇番地

池田邦幸

右代表者　島根縣穩地郡五箇村大字久見二七四番地

橋岡忠重

五、操業區域

北緯三十七度九分三十秒、東経百三十一度五十五分に在る竹島地先海面

六、漁獲物の種類　あしか

七、操業期間

二月一日から十一月三十日まで

八、許可時間

昭和二十八年六月十日から昭和三十年十二月三十一日まで

공고

시마네현 해면어업조정규칙(쇼와26년 시마네현규칙제88호) 제4조의 규칙에 근거해, 오치군 고카무라 죽도 지선해면에서의 강치어업을 다음과 같이 허가했다.

쇼와 28년 6월 19일

시마네현지사 쓰네마쓰 야스오

1. 허가연월일　　쇼와28년 6월 10일
2. 어업의 명칭　　강치 어업

3. 허가번호　　　　　해제2456호
4. 어업자의 주소서명

시마네현 오치군 고카무라 오아자 구미 274번지 하시오카 타다시게 동

야와타 카즈마

시마네현 오치군 고카무라 오아자 구미 270번지

이케다쿠니유키

우대표자 시마네현 오치군 고카무라 오아자 구미 274번지

하시오카 타다시게

5. 조업구역
   북위 37도 9분 30초, 동경 131도 55분에 있는 죽도 지선해면
6. 어획물의 종류 강치
7. 조업기간
   2월 1일부터 11월 30일까지
8. 허가기간
   쇼와 28년 6월 10일 부터 쇼와 30년 12월 31일까지

한편 시마네현은 동년 6월 27일에는 수산관계 전문가를 죽도에 파견해서 실지조사를 행하게 했다.

이 오키노시마 어업협동조합연합회에 주어진 제1종 공동어업권은 쇼와 36년 8월 31일에 그 면허기간이 만료됐지만, 시마네현으로서는 일단 그 기간을 2년 연장하여, 다시 쇼와 38년 9월 1일부로 종래와 동일내용의 어업권(면허기간은 쇼와 48년 8월 31일까지)을 동 어업협동조합에게 면허했다.

이런 식으로 죽도에서의 어업조업에 대한 면허 및 인가는 주어졌지만, 후술한 것과 같이 한국어민이 죽도를 점거하고, 후에는 한국 측에서 일본 어민의 죽도상륙을 강력하게 저지하게 되었기 때문에, 실제로는 쇼와 29(1954)년 5월 3일에 오키노시마 어업협동조합의 조합원이 현지인 지도하에 어획을 행하여 미역 2천관, 전복·소라 약 백관을 채취했을 뿐, 그 후에는 그 어획이 금지되어 현재에 이르고 있다.

(3) 인광 채굴권의 허가

1939(昭和14)년 6월 6일에 죽도의 2, 586알(78, 226・5평)의 구역을 광구로 해서, 인광시굴권이 설정된 것은 상술한 대로지만, 전후 1946(昭和21)년 10월 9일에 다무라 히사시(田村寿)가 이것을 양도받아, 다시 동년 12월 24일에는 쓰지 토미쿠라(辻富蔵)를 대표자로 하여 다무라 히사시・야스이 소시치(安居惣七)를 공동권자로 하는 것으로 변경되었다.

이어서 광업법의 개정에 따라 쇼와 24년 1월 12일에 시굴권을 채굴권으로 바꾸고, 쇼와 29년 2월 26일부로 전술한 3명을 공동광업권자로 하여, 히로시마 통상산업국장한테 채굴권을 허가받아 동년 3월 29일에 시마네현 채굴권 등록번호 제174호로 등록했다.

二四廣商鉱第採七號
昭和二十九年二月二十六日
廣嶋通商産業局長　原幸夫
採掘權設定の出願について（許可）
次の出願は別紙區域圖の通り許可したから通知する。
記
昭和二十四年一月十二日出願
島根縣穩地郡竹島並に地先海面
りん鑛採掘權設定願
出願人代表者　　辻富藏
採掘區域圖
採掘權登錄第壹七四号
島根縣穩地郡竹島並に地先海面
面積　貳千五百八拾六アール
鑛種名 りん鉱
東京都世田谷區貳丁目壹〇九〇
出願人代表者　　辻富藏
滋賀縣犬上郡多賀町
出願人　　安居惣七

大阪市東住吉區鷹合町貳四八番地
出願人　　田村壽

(區域圖省略)

島根縣採掘權 登錄第壹七四4號 昭和貳拾九年參月貳十九日登錄

24광상광제채7호
쇼와 29년 2월 26일
히로시마　통상산업국장 하라 유키오
채굴권설정의 출원에 대해서 (허가)
다음의 출원은 별지구역도대로 허가했음을 통지한다.
기
쇼와 24년 1월 12일 출원
시마네현 오치군 다케시마 및 지선해면
인광채굴권설정원
출원인대표자　쓰지 토미쿠라
채굴구역도
채굴권등록제174호
시마네현 오치군 다케시마 및 지선해면
면적 2,586아-루
광종명 인광
도쿄토　세다가야쿠 2초메 1090
출원인대표자　　쓰지 토미쿠라
시가현　이누카미군 다가초
출원인　　야스이 소시치
오사카시 히가시스미요시쿠 타카아이초 248번지
출원인　　다무라 히사시

(구역도생략)

시마네현 채굴권 등록제174호 쇼와29년3월29일등록

그러나 쇼와 29년 4월에 출원자 중 한 사람이었던 다무라 히사시가 현지조사를 나갔지만 죽도는 이미 한국 측에 의해 점거되어 있었기 때문에 상륙하지 못하고 귀항했으며, 그 후에도 사업에 착수하지 못한 채 지금에 이르고 있다.

4. 한인에 의한 죽도 점거

(1) 해초류 전복 등의 채취

종전 직후 죽도의 개발에 관심을 가진 일본인 중에는 행정권 분리나 어업허가구역에 관한 총사령부의 지령에도 불구하고 은밀히 그 섬의 실정 조사를 하러 가는 자도 있었다. 그 예로 1949(昭和24)년 7월에는 와카야마현(和歌山縣)의 이케하타 리키(池畑力)가, 또 1951(昭和26)년 5월에는 오키의 하마다 세이타로(浜田正太郎)가 각각 죽도로 건너갔다.[96]

한편 한국어민 중에는 전쟁이 일어나기 전 일본인에게 고용되어 울릉도에서 죽도로 건너가 어업에 종사하고 있었던 자도 있었기 때문에 형편상 그들이 전후에도 계속해서 죽도로 어업을 하러 나갔을 가능성도 있는데,[97] 1948(昭和23)년 6월 8일에는 미공군의 폭격연습에 의해 죽도에 있던 한국 어민 중에 사망 및 행방불명 16명, 중경상자 6명이 나온 것 외에도 어선 4척이 파손된 사건이 발생했다.

쇼와 24년 5월 중순 하마다 세이타로가 죽도로 건너갔을 때에도 약 50명의 한인어부가 동력선 4척을 사용하여 미역을 채취하고 있었는데 그들의 말에 따르면 그때까지도 매년 미역 채취를 위해 섬으로 건너오는데 많을 때에는 동력선 24척에 이르렀다는 것이다.

그 후 1952(昭和27)년 1월 18일, 이승만 대통령이 해양주권선언을 발표하고 이른바 「이승만 라인」안에 죽도를 포함시키게 된 것이 발단이 되어 죽도의 영유를 둘러싼 한일 양국간 분쟁이 일어나게 되었다는 것은 앞서 언급한 대로이다.

그러나 죽도가 양국 간 분쟁 문제로 다루어지게 되고 나서도 당초 죽도를 오갔던 울릉도 어민은 죽도가 한일 양쪽 중 어디에 속하는가에 대해서는 알지 못했고, 단지 과거의 연고도 있으므로 그 생계를 위해 매년 4월부터 7월에 걸쳐 죽도로 나가 미역, 우뭇가사리, 전복 등을 채취하는 것에 지나지 않았다. 또 한국 정부에서도 이들 어민에 대한 어떠한 보호도 취하지 않고 있었다.

이를테면 1953(昭和28)년 5월 28일에 시마네현 수상시험선 「시마네마루(島根丸)」가 쓰시마 난류개발조사 도중에 한국어민의 죽도 점거 사실을 발견하고, 그 해 6월 27일에 일본정부가 죽도에 해상보안청 순시선을 파견하여 섬에 있던 한국인 어부 6명을 취조한 후 퇴거를 경고했는데 당시 그들은 다음과 같이 진술하고 있다.

> 竹島が日本領であるか韓國領であるかということは我々は關知しない。しかしこの島に來るについては警察署の出入港許可証が必要であるが、これは母船の船長が所持している。
> 죽도가 일본영토인지 한국영토인지에 대해서는 우리는 모른다. 하지만 이 섬에 올 때는 경찰서의 출입항 허가증이 필요한데 이것은 모선의 선장이 소지하고 있다.
>
> 韓國の艦艇も大型漁船も、この島へは來ない。一週間交代位に五屯から七屯位の六馬力位の動力船が迎いに來てくれる。われわれが従事しているのは例年四月から七月にかけて主としてワカメ、テングサの海藻類とアワビ、サザエ、ノリをとるためである。海藻類は素干にして欝陵島へ送っている。
> 한국의 함정도 대형어선도 이 섬에는 오지 않는다. 일주일간 교대로 5톤에서 7톤 정도 되는 6마력 동력선이 데리러 온다. 우리들이 종사하고 있

는 일은 매년 4월부터 7월에 걸쳐 주로 미역, 우뭇가사리의 해조류와 전복, 소라, 김을 채취하는 것이다. 해조류는 그늘에서 말려 울릉도에 보내고 있다.

出漁するについては、特別の保護は受けていない。しかし当局者から注意せよとは出漁の度ことにいわれている。
출어하는 일에 대해서는 특별한 보호는 받지 않고 있다. 하지만 당국자한테 주의하라고 섬에 올 때마다 듣고 있다.[98)]

그러나 그로부터 머지않아 7월 12일 우리 순시선이 죽도로 갔을 때는 한국의 무장관헌 7명의 원호하에 한국어민 약 30명이 어선 3척을 사용하여 어업에 종사 중인 것을 발견했다. 우리 쪽은 그들에게 동도에서의 퇴거를 요구했으나, 상대방에서는 이에 응하지 않았을 뿐만 아니라, 순시선이 동도를 떠나기 시작했을 때 돌연 동선에 수십 발의 총격을 가해 선체에 피탄하는 사건이 발생했다.

그 후는 어기도 이미 종료된 관계도 있어, 동도에서 한국어민의 모습은 볼 수 없었지만 다음해 1954(昭和29)년 5월 23일이 되어, 우리 순시선이 상황조사를 위해 죽도에 갔더니 한국국기를 게양한 1척을 포함해 모두 약 5톤의 동력선 3척 및 전마선 4척을 사용하여, 30명 이상의 어민이 조업 중이라는 것을 확인했다. 이어 동월 29일에 시마네현 수산시험선 「다이센(大山)」이 어장조사를 위해 죽도에 들렀을 때, 한국어민 약 50명이 10톤 정도의 동력선 1척 및 전마선 3척을 사용하여 해조를 채취하고 있는 것을 발견했고, 또 6월 16일에는 우리 순시선이 죽도 및 동도 주변해역에서 약 25명의 한국어민이 5톤 정도의 동력선 3척을 사용하여 조업중이라는 것을 확인했다. 그후는 한국정부가 동도에 경비원을 상주시키게 되었기 때문에 어민은 그다지 조업하지 않는 것 같았고, 겨우 1959(昭和34)년 6월 19일의 순시선이 상황을 조사할 때 6, 7명의 해녀 같은 자들이 2척의 전마선을 사용하여 조업하고 있는 것을 발견했을 뿐이었으나, 최근의 한국신문은 또 어민이 동도에서 해조를 채취하는 상황을 보도하고 있다. 또 우리나라 어민은 쇼와 29년 5월 3일에 전복, 소라 약 100관, 미역 2천관을 채취했을 뿐, 그 후에 죽도에 출어하지 않았다는 것은 앞에서 지적한 대로이다.

(2) 경비원의 상주와 등대 건설

1954(昭和29)년 6월 17일의 서울발 UP전은 동일 한국 내무부가「한국연안 경비대는 죽도를 일본의 침략으로부터 지키기 위해 주둔부대를 동도에 급파했다」라고 발표했다고 전해 왔으나, 7월 28일에 우리 순시선이 죽도에 갔을 때, 동도 서도 북서측의 동굴 앞에, 천막의 설치작업 중인 경비대 관계자로 생각되는 6명의 한국인과 전마선 1척을 발견했다. 이어 8월 23일에는 죽도 서도의 서북방 약 700미터를 항해 중인 우리 순시선이 갑자기 총격을 받아 그 중 한 발은 통풍통을 관통한 사건이 발생하여, 경비원이 주둔한다는 사실이 확인 되었다. 그때 죽도 동도의 돌단에 높이 약 6미터의 백색등대를 건설하고 있는 것을 발견했다. 그 등대에 대해서는 재일한국대표부가 동년 9월 15일부 구상서로, 이미 8월 10일부터 활동을 개시한 사실을 분명히 함과 동시에, 등대의 주요특징을 다음과 같이 통보해 왔다.

1. 등대의 종류
   아세칠렌가스등(백색, 매 5초마다 1섬광)
2. 높이
   해발 50피트
3. 광달 거리
   10마일
4. 위치
   독도 북동단(북위 37도 14분 55초, 동경 131도 52분 15초)
5. 광원의 호광弧光(arc)
   109도에서 305도
   250도에서 234도

그 후 한국 측은 경비원 주둔을 위해 제 시설을 점차 증강하여 최근에는 전기 등대 외에 안테나 3본, 여러 동의 건물, 창고용 소옥, 하역용(荷揚用) 데릿쿠 등이 죽도에 설비되고, 경비원이 주둔하고 있으나, 무장 관계의 장비는 확실하지 않다. 다만 쇼와 29년 8월 23일의 습격사건 이후에도, 동년 11월 2일에 동도 부근을 항하는 순시선 근처에 5발의 포탄이 낙하한 사건도 일어났고, 또 그 후 기관포 산포(山砲) 같은 것이 설치되어 있는 것이 인정되고 있다.

이처럼 한국 측은 원래 사람이 상주하기에 적당하지 않은 죽도의 자연조건을 무시하고 일부러 여기에 경비원을 상주시키고 있는 것은 전략적인 요청이라기보다는 동도가 한국영토라는 것을 주장하는 단서가 되는 기성사실을 만들어내는 것을 기도하기 위해서라고 생각된다. 등대 건설 역시 그러한 경향이 강하다.

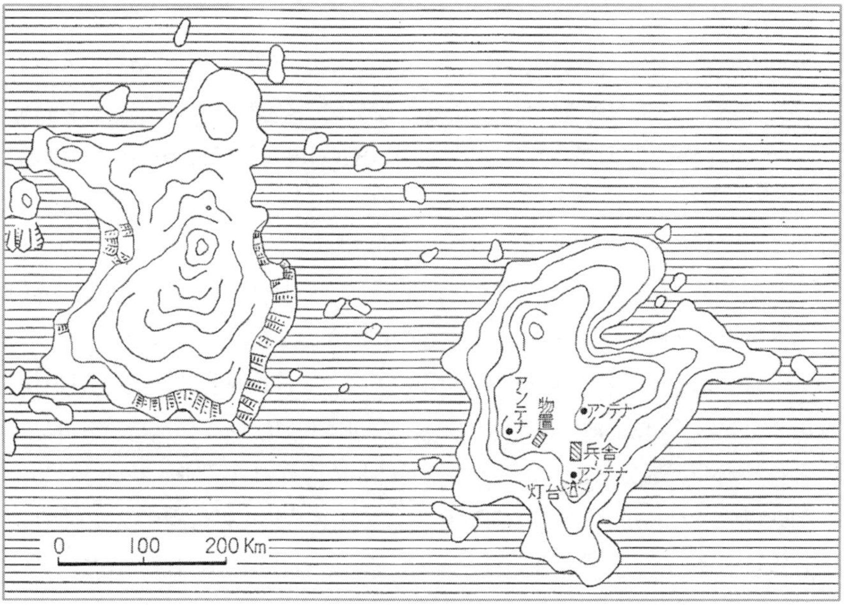

제22도 韓國側施設見取圖

즉 등대 건설의 요건으로서 일본해의 주요 항로와 죽도와의 관계를 보면, 동도 근방을 지나는 주요 항로는

(1) 쓰시마 해협을 지나 우라디보스토쿠에 이르는 것

(2) 그 해협을 지나 북해도 방면에 이르는 것

의 2개의 코스를 상정할 수 있다. 그 중 (1)의 코스는 죽도에 접근하기 보다는 울릉도의 서쪽, 곧 조선반도 쪽을 지나는 편이 가까운 길이다. 또 (2)에 대해서는 서일본의 연안을 인접하여 항행하는 것이 통례지만, 가령 죽도에 근접하는 항로를 상정해도 동도에서 15마일 이상의 거리가 있다.

이상의 외에도 모지(門司)·나호토카를 연결하는 최단 항로로서는 울릉도와 죽도 사이를 통과하게 되지만, 이들 양도의 사이는 약 50마일이 있다. 이전에 교안마루(興安丸)가 인양자의 수송 임무를 맡았을 때 이 항로를 취했으나, 이 경우에도 울릉도의 동방 10마일을 통과하여 죽도를 전혀 볼 수 없었다.

이처럼 이들 어느 항로를 취해도 죽도에 접촉할 걱정은 거의 없고, 게다가 동도는 해양 가운데 고립된 작은 이도로 부근에 혼돈하기 쉬운 섬이나 여울도 없어 항로상의 장해가 되는 것은 없다. 또 일본해를 둘러싼 제국간의 교역상황으로 보아, 이들 항로를 운항하는 선박의 양도 거의 문제가 될 정도가 아니다. 대형선의 운항면에서 보아 죽도에 항로표시를 설치해야 할 긴급한 필요성을 찾을 수 없다. 이것은 쇼와 초두부터 지금에 이르기까지, 죽도에 좌초한 해난사고가 전무라는 사실이 이야기하고 있다.

한편 죽도를 개발하기 위해, 혹은 피박지로서, 혹은 어업기지로 이용하기 위해 동도에 출입하는 소형선박을 보면, 종래 이 섬은 채패, 채조 강치잡이를 위해 계절적으로 이용되고 있었던 것 외에 경제적으로 볼 가치는 없다. 그 장래성에 관해서도 거의 기대할 수 없다. 다만 죽도의 동방 약 10마일에 최근 발견된 진토타이(神藤堆)가 장래 고등어 꽁치 등의 뛰어난 어장을 형성할 가능성도 있지만, 죽도 자체는 항만으로써의 조건을 거의 구비하고 있지

않아, 만일 풍파가 심하면 어선조차 피난하기에 적당한 곳이 없기 때문에, 피박지나 어업기지로서의 이용가치가 없다. 따라서 이러한 소형선박을 위해 항로표지를 설치할 필요성도 없는 셈이다.

여기에 덧붙여 등대의 광달(光達) 거리가 10마일이라는 것은 선교가 꽤 높은 대형선이, 시야가 양호한 어두운 밤에 15, 6 마일의 거리에서 겨우 볼 수 있을 정도에 지나지 않아 실용적 가치가 부족하다.

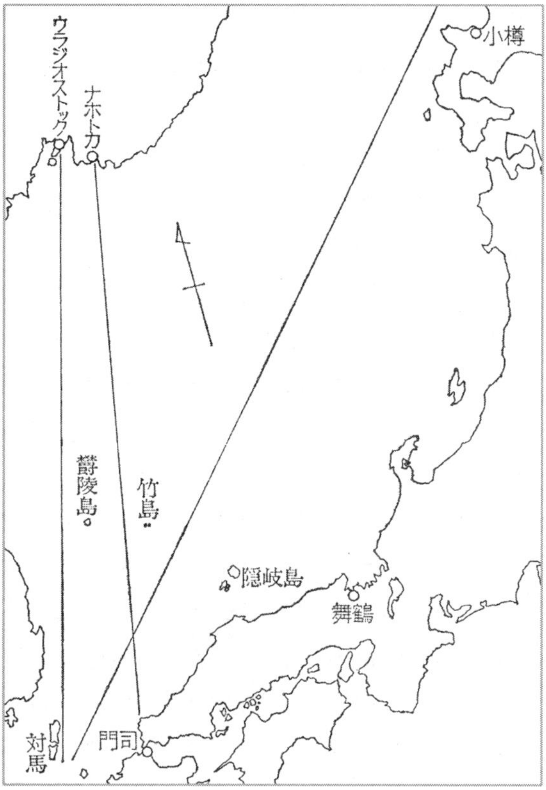

제23도 竹島와 主要航路와의 관계

(3) 일본정부의 대책

1953(昭和28)년 5월 28일에 시마네현 수상시험선 시마네마루가 죽도에서 약 30명의 조선어부가 어업에 종사하고 있는 것을 발견한 이래, 해상보안청에서는 수시로 순시선을 동해역에 파견하여 한국 측의 출어를 저지 경고함과 동시에 한국어선의 출어사실을 확인했을 때는 그때마다 외무성에서 한국정부에 항의했다.

그것과 함께 6월 27일의 순시선에 의한 죽도조사에 임해서 시마네현은

「시마네현 오치군 고카무라 다케시마」라고 기록한 표주 2본과 「주의 죽도(연안도서를 포함)의 주위 500m 이내는 제일종 공동어업권(해조패류)이 설정되어 있으므로 무단채포를 금한다 시마네현)」이라고 기록한 제찰(制札) 하나를 세우고, 해상보안청은 「주의 일본국민 및 정당한 수속을 거친 외국인 이외는 일본국 정부의 허가 없이 영해(島嶼距岸 3해리) 내의 출입을 금한다」라는 제찰을 세웠다.

이 표주는 7월 12일 순시할 때 이미 철거되어 있었기 때문에 8월 7일에 이것을 재건했으나 다시 철거되었기 때문에, 10월 6일에는 세 번째로 죽도의 동서 양도에 「시마네현 오치군 고카무라 다케시마」의 표주 각 1본을 건설했다.

한편 한국 측은 또다시 이 일본 측의 표주를 철거함과 동시에 동도에 「독도」라고 새긴 표석을 설치한 것이 10월 21일에 수상시험선 「시마네마루」에 의해 발견되었기 때문에, 우리 쪽은 10월 23일에 이 표석을 제거함과 동시에 제4번째의 표주를 죽도에 세웠다.

다음 1954(昭和29)년 5월 3일에 오키노시마 어업조합이 죽도의 미역, 전복, 소라 등을 채취할 때에는 전기의 표주가 의연히 존재하고 있었으나 5월 23일에는 이미 그것이 철거된 것이 확인되었다. 그러나 7월 하순 이후 한국 측은 경비원을 죽도에 주둔시켜, 8월 23일에는 죽도 부근을 선행 중인 우리 순시선이 그 섬에서 쏘는 총격을 당하는 사건도 발생했기 때문에, 그 후에는 표주를 재건하는 기회 없이 지금에 이르렀다.

이처럼 죽도에 있어서는 일한 사이에 영토표시의 분쟁이 수차례에 걸쳐 반복된 후, 한국 측은 동도에 등대를 건설하고 경비원을 주둔시키는 조치를 취한 것 외에, 부근을 선행하는 우리 순시선에 발포하는 불법행위를 되풀이했지만, 우리 측으로서는 어디까지나 평화적 수단에 의해 그 해결을 도모하려고 쇼와 29년 9월 25일에, 한국 측에 대해 본 사건 분쟁을 국제사법재판소에 위탁할 것을 제의했다. 그 이유는, 본 건은 국제법의 기본원칙에 저촉되는 영토권 분쟁이기 때문에 유일하게 공정한 해결 방법은, 본 건 분쟁을 가장 공정하고 권위 있는 기관 국제사법재판소에 위탁하여 판결을 얻는 것에 있다는 것이었다. 이 제의에 의하여 일본 정부는 국제사법재판소가 내리는 어떠한 판결에도 성실히 따를 것을 서약함과 동시에 재판소의 판결이 있을 때까지 양국 정부가 사건을 더 이상 분규 시키지 않기 위해 모든 수단을 다하는 것이 가장 바람직한 일이기 때문에, 죽도 및 그 주변에서 곤란한 사건의 발생을 방지하기 위한 공동 잠정조치에 대해, 한국 측과 협의할 용의가 있다는 것을 함께 통보했다. 하지만 동년 10월 28일 한국 측이 이것을 거부해온 것은 모두에서 말한 대로이다.

註)

81) 外務省藏版『日本外交文書』第十六卷
82) 外務省藏版『日本外交文書』第十六卷
83) 日本朝鮮兩國通漁規則 (明治 22년 11월 12일)
대일본대조선국정부는 일본 메이지 16년 7월25일, 조선개국 492년 6월 22일, 양국 전권대신이 협의 정정한 조선국 무역규칙 제41관에 의거해 양국 해변(海濱)에 왕래 포어하기 위해, 어업세를 정해 감독 규칙을 세우는 것이 필요하여, 일본정부는 대리공사 곤도마스키(近藤眞鋤)에 위임하고, 조선정부는 독변교섭통상사무 민종묵(督弁交涉通商司務閔種默)에 위임하여, 각 委令을 근거로 회의하여 정립한 각조는 좌와 같다.
제1조
양국 議定 지방의 海浜 3리〈일본국 海里의 계산에 의한다. 이하 이에 준한다〉 이내에서 어업을 경영하려는 양국 어선은, 그 배의 間數 소유주의 주소 성명 및 승무원수를 상기하고, 선주 혹은 대리인이 원서를 기록하여, 일본어선은 영사관을 거쳐 개항장의 지방청에, 조선어선은 의정 지방의 郡區域所에 제출하고, 그 배의 검사를 거쳐 면허감찰을 받아야 한다. 다만 면허감찰은 어업시 반드시 휴대해야 한다.
제2조
어업면허의 감찰을 받는 자는 어업세로서 좌의 비율에 따라 세금을 내야 한다. 그리고 이 감찰은 이를 받은 날부터 만 1년간 효력을 갖는 것으로 한다

승조인 10명 이상	일본은화 10엔
동 5명 이상 9명 이하	동 5엔
동 4명 이하	동 3엔

제3조
어업면허의 감찰을 받은 이 나라 어선은 포획한 魚介를 그 나라 海浜의 지방에서 판매할 수 있다 하더라도, 그 나라 정부에서 위생상 또는 그 외의 일로 일반에게 판매를 금하는 어개류를 판매하는 것을 허가하지 않는다
제4조
이 나라의 어업면허의 감찰을 받은 자라 하더라도 특허를 받지 않으면 양국 해변 3리 이내에서 고래의 포획을 허가하지 않는다.
제5조
이 나라의 어업면허의 감찰을 받은 자라 하더라도 특허를 받지 않으면 양국 海浜 3리 이내에서 지방의 금제를 어기고 魚介 그 외의 번식을 해치는 방법을 사용하는 일은 없어야 한다. 또한 각 지방에서 어개의 종류를 제한하여 그 포획을 금지하는 시기에 있어서는, 그 어민은 결코 그 어개류를 포획하는 일이 없어야 한다.
제6조
양국 지방관서의 관리는 이 규칙을 집행하기 위해 필요하다고 인정된 때는 그 지방 해변 3리 이내에 있는 그 나라 어선 안을 검사해서 만일 위반자가 있으면 이를 압류할 수 있다. 다만 조선 지방관이 일본선을 압류할 때는 그 내용을 신속히 가까운 일본영사관에 통지해서 그 규칙에 따라 처분을 요구해야 한다.
제7조
어업면허의 감찰을 받지 않고 해변 3리 이내에서 어개를 포획하거나, 혹은 포획하려는 어선은 5엔 이상 15엔 이하의 벌금에 처하고 그 포획물을 몰수한다(이하 생략).

84) 在釜山領事館 事務代理 領事官補 아카쓰카 마사스케(赤塚正助)는 明治 33년 5월 30일에 경성 領事館附 警部 와타나베 타카지로(渡辺次郎), 釜山領事館附 巡査 2명 및 山林調査를 위한 사토 히로카타(佐藤潤象)를 거느리고 韓國內部 視察官 禹用鼎외 1명과 함께 鬱陵島에 출장하여, 현지를 조사한 후에 6월 7일에 귀임했다. 「鬱陵島槪況」은 그 조사 보고의 일부다. 외무성기록 『鬱陵島에 있어서의 伐木關係雜件』에 수록되어 있다.

85) 明治 21년 8월 11일부 在朝鮮代理公使 곤도 마스키(近藤眞鋤) 앞으로 오쿠마(大隈) 外務大臣이 보낸 공신에 다음과 같이 기술되어 있다.
「금번 일본인 30명 울릉도에 상륙하여 가옥을 세우고 旗章을 올리고 거주하는 자가 있다. 우를 철수시킬 것을 조선정부가 청구한 것에 대해 운운」(외무성기록)

86) 이하는 隱岐高等學校敎頭 다나카 토요지田中豊次) 씨에게 依囑해서 조사한 것이다.
(1) 나카우라 이헤이지(中浦伊平次)
동인의 손자, 現熊本縣天草郡二江町 漁業協同組合長 나카무라 이헤이지한테 청취한 것에 의해, 熊本縣 廣報涉外 과장은 昭和 30년 3월7일부 田中敎頭에게 보낸 문서로 다음과 같이 보고하고 있다.

明治 12년경 二江의 주민 中浦伊平次(天保元年生)는 맨몸잠수의 어장을 개척하기 위해 인솔 출어하여 조선의 제주도를 시작으로 강원도 연안을 차례로 북상하여, 울릉도에 이르러, 明治 13년에 죽도를 탐험했지만 발견하지 못하고 오키에 도달하여, 다음 해 14년에 다시 행했지만 발견하지 못하고, 해를 넘겨 明治 16년에 이헤이지의 2남 中浦小十가 잠수기를 구입한 기회에 울릉도에 출어, 사업 끝에 3번 죽도에 탐험하여 결국 발견하고, 4, 5시간의 작업으로 전복 1,200관여 및 가이다쓰(물개류) 3두를 포획(모피가 현존함)해서 오키를 경유하여 귀항한 실적이 있다. 明治 20년경 부터 二江에는 잠수기 어업 경영자가 증가해서 다키자키 센시치(瀧崎仙七), 요시무라 켄지(吉村權次)등이 각 1회씩 출어했다. 또 울릉도에는 明治 30년경까지 출어했다.

죽도에 출어한 어선 및 인원
잠수기 기선, 무동력 길이 33척
폭 7척5촌
인원 8명 승조
출어한 척수 우1척당 계 3척
當時潛水器漁業經營者名 및 隻數 나카우라 오토미(中浦小十) 4척
다키자키 센시치(瀧崎仙七) 2척
요시무라 켄지(吉村權次) 1척

(2) 하마구치 키요베에(浜口淸兵衛)
동인의 손자, 현재 三重縣志摩郡 志摩町 片田 재주의 奧村淸助氏에 관해 志摩町長이 청취한 것에 의해, 시마지방사무소장은 昭和 30년 4월 8일부 오키지청장 앞으로 보내는 문서에서 다음과 같이 보고했다.

明治 23년에 잠수기를 가지고 鮑、天草、荒布 등을 채취하기 위해 출어했다. 출어기간은 매년 4월부터 8월 말일에 종료. 明治 26년부터 잠수기를 사용하지 않고 女海士 30여명、선두、明鮑製造人 및 雜役夫 등 20여명, 계 50여명이 어선 2척、운송선 1척에 분승하여 죽도(울릉도)에 도항했다.
(중략)
울릉도 출어기간 중은 1항해 혹은 2항해 랸코도(금일의 죽도)에 반듯이 출어했다.
(중략)

조부 清兵衛가 明治 26년에 잠수기를 가지지 않고 女海士를 데리고 渡島한 当時는 旅券이 必要했다. 鬱陵島라고 부르지 않고 竹島라고 부르고 있었기 때문에 竹島行이라고 俗称하고 있었다. 따라서 本竹島를 랸코도라고 부르고 있었습니다. 아시는 대로 이 竹島는 無人島로 東과 西의 2도로 되어, 2島 사이의 瀬戸는 淺瀬로 강치(바다사자라고도 했다)의 새끼가 많이 游泳하고 있었다.

(중략)

鬱陵島 渡航은 明治 26年頃에는 旅券이 필요했으나 35, 6년경부터 不要하게 되었다. 그러나 竹島의 출어는 이전에 시마네현에 신고하는 手續이 있었다고 기억하고 있습니다.

(3) 마노 데쓰타로(眞野鐵太郞)

동인은 이미 사망했으나, 동인에 고용되어 울릉도에 도항한 西当佐太部(明治十年生)가 현재 오키 知夫郡 黑木村 別府에 거주하고 있기 때문에 田中 教頭가 동인한테 청취했다(昭和 29년 12월 28일부 同教頭의 서간).

(4) 이시바시 마쓰타로(石橋松太郞)

동인은 이미 사망했지만 동인의 여동생 永海サク(明治六年生)가 현재 오키 고카무라 구미(五箇村 久見)에 거주하고 있었는데, 고카무라 서무계 코노 긴지(河內銀次)씨가 동인한테 청취했다.

또 나가우미의 진술에 의하면, 당시는 오키 도고(隱岐島後) 근해에는 어개나 해초류가 풍부했기 때문에, 굳이 위험을 무릅쓰면서 오늘의 죽도까지 나가는 자는 별로 없었다. 이시바시는 그 후에도 매년 도도하여 동도에 일정기간 체재하며 강치엽획을 했다(昭和三十年一月八日付五箇村庶務係河內銀次氏가 田中教頭에게 보낸 보고).

87) 『山陰新聞』明治 27년 1월 14일부

漁船改良丸의 好果

隱岐國의 4군이 공유하는 어선 改良号는 일찍이 鰲釣어업의 장려를 위해 새로 만든 것으로 이것의 調整은 山口縣 阿武郡 原田儀三郞氏의 손으로 완성 되었다. 원래 이 배는 동현에서 상어어업에 이용하며 멀리 조선근해의 출어에 종사했는데 그 구조가 堅牢해서 풍랑을 피하기에 편한 것은 다른 어선이 도저히 미치지 못하여, 세상에 개량어선의 명예를 널리 떨쳐, 상어잡이에는 실로 이 배를 모범으로 한다. 본현은 일찍이 상어잡이의 필요를 느껴 장려에 소홀하지 않았으나 아직 충분히 발달하지 못했다는 감이 있다. 지난 해에 오키노쿠니 치부군 우가무라 마노 테쓰타로씨는 이 배를 빌려서 시험삼아 조선국 울릉도(또는 죽도라고도 함)로 항해하려고 뱃사람 2명 외 2명이 승선하여 출범했으나, 이날은 동북풍으로 해상의 풍파가 거칠어서 특히 북국으로 가는 대선조차 출범을 미루고 있었다. 그 후로 점점 날씨의 상황이 나빠져 풍파가 더욱더 맹렬하여 怒濤는 자주 배 안 으로 침입해서 뱃사람은 다년간 배타는 일에 숙련되었고 또 담력과 용기를 떨친 자라 그때야말로 평소의 기량을 발휘해야 한다며 필사의 노력으로, 해상 멀리 80여 리의 풍파의 난을 극복하고 5일이라는 일수를 지나 도해했다. 그 사이 심한 劇浪이 침입하길 수십 회였다. 그렇지만 선체는 조금의 파손도 없이 일동은 무사히 도착했다.

88) 明治 38년 8월 19일에 松永 지사가 죽도를 순시한 일은, 죽도 海驢漁獵成績圖(죽도어렵합자회사기록)의 明治 38년도의 8월 19일난에 '知事來臨'이라고 기입되어 있는 것, 京都丸에 승선했던 지사의 수행원이 죽도 먼바다에서 동 隱岐國 島司 앞으로 보낸 군사우편엽서에

明治38년 8월 19일 신영토 죽도를 순시함. 먼저 실례함. 일행은 松永지사, 佐藤경무장, 藤田, 大塚 합 4인

이라고 기록되어 있는 것, 같은 해 8월 22일부의 『山陰新聞』에 松永知事의 죽도시찰을 표제로 해서

> 松永知事는 藤田縣屬를 데리고 佐藤警務長은 大塚警部를 데리고 지난 18일 便船으로 隱岐國의 新領土 竹島로 항행하여 동도에 상륙하여 친히 상황을 시찰하고 그저께귀가했다

라고 보도하고 있는 것, 또 奧原碧雲著『竹島及鬱陵島』의 明治 39년 7월의 神西 부장의 序文 중에

> 松永島根縣知事는 昨夏에 우선 이를 시찰하고, 이어, 금춘 우리에게 명하여 다시 이를 시찰조사하게 했다

라고 있는 것 등으로도 분명하다.

89) 神西部長이 沈興澤 군수에게 죽도에서 잡은 강치를 기증한 상황을 明治39년 4월 1일부 『山陰新聞』에도 다음처럼 보도했다.

竹島土産

△죽도에서 잡은 海驢 3두 중 1두는 일행이 요리하고 1두는 울릉도 군수에 선물하고 1두는 위생상의 연구재료로 가지고 돌아가게 되어, 어제 境에서 보내온 것을 目下 위생시험장에 繫留하고 있다.

△神西 부장은 울릉도에 도착하여 군수를 방문하고 「나는 대일본제국 島根縣에 종사하는 역원이다. 귀도와 우리 관할에 관계된 죽도는 접근되어 있고 또 귀도에 우리나라 사람이 체류하는 자가 많아 만사에 懇情을 바란다. 또 귀도를 시찰할 예정이었으므로 무언가 바칠 것을 휴대해야 했으나 금회는 피난으로 우연하게도 着島했기 때문에 아무것도 증정할 것이 없다. 다행히 죽도에서 海驢를 잡았으므로 증정하려 한다. 수납하면 매우 기쁘겠다」라고 말했다. 군수가 답하여 「그렇게 체류하는 貴邦人에 대해서는 내가 충분히 보호할 것이다. 또 海驢의 증정을 받는다. 만약 海驢가 맛이 좋으면 다시 증여를 바란다」운운.

90) 竹島海驢漁獵成績圖(주88참조)의 明治 38년도의 7월 22일의 난에 「海軍人夫 38명 상륙」이라고 주기되어 있다. 또, 죽도어렵합자회사의 「메이지 38년 업무집행 전말」에 다음과 같이 기록되어 있다.

> ……당년 영업 중 죽도에는 제국군함 橋立號의 내항, 가설망루 건축 등의 계획이 있었다… 어장 감독 분담의 사원은 모두 그 임무를 완수하지 않은 것에 의해, 임시로 八幡源次를 고용했다. 그는 그 임무에 충실했다. 특히 다수의 인부를 거느리고 망루 건축원 및 望樓員 등의 사이에서 시종 원활한 친목의 교정을 유지하며 조금도 악감을 발생시키는 일 없게 한 것은 큰 공이다.

91) 上申書

周吉郡 西鄕町 大字西町 어업조합 이사 松崎實三郞가 隱岐島 소속의 죽도는 西町漁業組合員의 개발에 관계된다는 이유로 該領土地를 우선 편입한다고 출원했던 바, 그 섬의 개발자가 졸자라는 것은 시비를 가릴 것이 없는 사실이다. 그런데 졸자는 西村에 현주해도 西町漁業組合에 가입한 일이 과거에 없습니다. 또 그 조합과는 하등의 관계도 없습니다. 생각하건데 우는 죽도에 이해관계가 있는 자를 보호하는 목적이 아니라, 오히려 방해 교란하려는 것밖에 되지 않는다고 생각합니다. 이를 말씀 드립니다.

明治 40년 5월 22일

島根縣周吉郡西鄕町字指向
中井養三郞

島根縣知事 松永武吉殿

92) 竹島漁獵合資會社設立御届

우리들은 상의한 후에 공동사업으로 해서 竹島海驢漁業을 하고 싶다는 취지를 이미 출원하고 있었던 바, 그 공동조건에 의거하여 이번에 합자회사를 설립하고 별지처럼 정관 및 부속하는 제 규약을 체결하고 메이지 38년 6월 6일로 제판소에 등록하고 이것을 제출합니다.

明治三十八年六月十三日)

나카이 요자부로(中井養三郞)
하시오카 유지로(橋岡友次郞)
이구치 류타(井口龍太)
가토 시게쿠라(加藤重藏)

隱岐島司 東文輔 殿

(別紙)

竹島漁獵合資會社定款

一. 目的 竹島海驢捕獲製造販賣
一. 商號 竹島漁獵合資會社
一. 社員의 氏名住所

島根縣 周吉郡 西鄕町 大字 西町字指向 23번지
中井養三郞
島根縣 隱地郡 五箇村 大字 久見 274번지
橋本友次郞
島根縣 周吉郡 中村 大字港 740번지
井口龍太
島根縣 周吉郡 西鄕町 大字 西町 八尾 27番地
加藤重藏

一. 本店
島根縣 周吉郡 西鄕町 大字 西町 字指向 23번지
一. 사원의 출자 종류
金錢
一. 각 사원의 출자 및 책임
一. 금 1천2백엔 無限 나카이 요자부로(中井養三郞)
一. 금 6백9십엔 有限 하시오카 유지로(橋岡友次郞)
一. 금 6백9십엔 有限 이구치 류타(井口龍太)
一. 금 4백2십엔 有限 가토 시게쿠라(加藤重藏)
一. 役員
업무집행사원은 사원의 評決로 좌의 역원을 任免하여 업무를 분담처리하게 한다.
一. 사무원 1명 一、 감독원 2명
사무원은 금전의 출납사무를 처리한다.
감독은 죽도로 출장하여 인부를 지휘하고 海驢捕獲製造 및 繁殖保護方法을 처리한다.
一. 評決
본 회사의 평결은 총사원의 동의에 의한다. 만약 총 사원의 동의를 얻지 못할 경우는 각 사원의 과반수에 의하고, 그 과반수를 얻지 못할 때는 출자액의 과반수에 의거 그것을 결정한다. 단 결석하거나 혹은 의사를 표시하지 않은 자는 기권으로 간주한다.
一. 평결을 요하는 사항

업무 집행에 있어 평결을 요하는 사항은 좌와 같다.

一. 사업의 방법 예산 결산 및 이익배당의 건

一. 역원의 보수 위로 상여 등에 관한 건

一. 捕獲物 판매에 관한 건

一. 積立金

영업 순이익 총액의 2할은 적립할 것.

一. 代理者

각 사원은 다른 사원의 평결을 얻어 대리자를 둘 수 있다.

一. 포획방법

海驢繁殖保護의 방법은 과거 中井養三郞가 해당 관청에 설명한 의견을 채용할 것.

一. 社員權의 상실

좌의 각 호의 하나에 해당하는 자는 본회사의 사원으로서의 권리를 잃는다.

一. 법령 또는 정관에 위배한 자.

二. 不正行爲가 있는 자.

三. 죽도海驢어업의 허가를 취소당한 자.

一. 퇴사원의 권리

퇴사원은 출자 외 지분을 되돌려 받을 수 없다.

우와 같이 합니다

메이지 38년 6월 3일

無限責任社員	中井養三郞
有限責任社員	橋岡友次郎
同上	井口龍太
同上	加藤重藏

93) 用農第九一号

竹島漁業ニ關スル上申

管下竹島海面專用ノ義ニ付竹島漁獵合資會社代表者中井養三郎ヨリ別紙ノ通リ書面差出候ニ付加印ノ上及進達候處　抑該會社ハ明治三十八年六月中井養三郎外三名該島海驢漁業ノ免許ヲ得テヨリ該四名ノ出資設立ニ係リ爾來四名現今ハ一名脫社セシニ付三名ノ合資ニ係ル會社組織ノ下ニ於テ当初ノ目的ニ従テ経營シ專ラ海驢ノ漁獲並ニ保護、漁獲物ノ製造、販路ノ擴張等勉强スルモ近來密漁者若クハ妨害ヲ試ムルモノ年ニ多キヲ加ヘントスルノ狀況ニ有之會社ハ將來該漁業並ニ蕃殖保護ノ経營上竹島海面專用ノ必要ヲ認ムルモノニシテ其願書ニ於テ海面專用ヲ必要トスル理由ヲ概括スルトキハ要領左ノ通リニ有之候

一、竹島ハ海驢ノ群集地ニシテ其生殖期節ニ於ケル群集八万を以テ數フベク此時ニ於イテ一定ノ制限範囲ニ依テ之を漁獲シ他面其生息蕃殖ヲ保護シテ其群集を絶タサラシメ以テ竹島ノ特有利源ヲ永遠ニ保持スルハ獨リ地方若クハ個人ノ計ニ止まらす亦國益ノ一端ヲナスモノニシテ是レ竹島海驢漁業経營唯一ノ主眼トスル所なり

二、前項ノ目的ヲ達すルニハ第一当業者ハ牝牡仔各種毎歲漁獲ノ數ヲ制限シ以テ其濫獲を制セサルベカラス　是レ其蕃殖保護ノ一大要件ナリ　第二漁獲ハ務メテ其期間ヲ短縮シ以テ其最多群集ノ際ニ於テ且其密漁若ハ競獲ヲ嚴戒シ其群集期ニ於ケル他ノ來航者ヲ拒否シ以テ其棲息ト生殖トヲシテ務メテ安全ナラシメサルベカラス　若し然ラカシテ保護ヲ加フル所ナク以テ其棲息生殖ヲ攪亂シテ顧ミサルトキハ竟ニ其群集地ヲ見サルニ至ルベク是レ其漁獲制限ヨリ一層ノ重キヲ爲スモノナリ

三、前項第一ノ漁獲制限及ヒ第二漁獲期間ノ短縮期間ノ短縮ハ当業者ノ経營ニ屬シ其永久

ノ利益ヲ保全スルモノナルヲ以テ密漁競獲等ノ行ハレサル以上之カ實行ヲ見ルヲ得ベシト雖トモ第二某棲息及ヒ生殖ヲ安全ニ保護スルノ事ニ至テハ今日事業経營上特種ノ庇障ヲ見ルニアラサレハ到底世間ノ爭利者若クハ妨害者ヲ防制スルヲ得ス　而シテ所謂特種ノ庇障ナルモノハ竹島海鱸漁業権免許ノ外ニ当業者ニ竹島周囲海面専用ノ権ヲ取得スルコト是ナリ　世間漸ク海鱸漁業ノ利ヲ知ルニ及テ或ハ漁業免許競願ヲ起スモノアリ　或ハ密漁ヲ策スルモノアリ　或ハ他魚介類ノ漁撈ト称シテ海面専用権ノ獲得ヲ計リ　或ハ巡航視察ト称シテ多數ノ舟子漁夫ヲ以テ渡航ヲ畫スルモノアリ　要スルニ是皆密漁ヲ欲スルニアラサレハ妨害ヲ加ヘント欲スルモノニシテ其ノ最モ妨害ニシテ且將來憂慮スベキハ其密漁濫穫ニアラスシテ海鱸ノ棲息生殖ヲ擾亂スルニアリ　其鱸愕恐怖ノ頻至スルハ蓋シ竟ニ其群集ヲ絶ツニ至ルモノニシテ今日此経營ニ安全ノ庇障ヲ得ルハ唯海面専用ノ権ヲ以テ海鱸漁業権ニ併セ得テ以テ世間ノ爭利者ヲシテ復タ手ヲ下タスヲ得サラシムルニアリ　蓋シ海面ノ専用ハ啻ニ海鱸ノ棲息生植ヲ保護スルノ庇障タルノミナラス其効果ハ漁獲期間ノ短縮密漁ノ監視、海鱸ノ馴養其他経營上ニ多大ノ便宜ヲ得セシムベキナリ

以上其梗概ニシテ其細ニ至テハ願書ニ之ヲ盡セシヲ以テ復タ玆ニ記述セス

以上ノ實狀並ニ事由ハ当業者ガ數年來苦心討究且経歴セシ所ニ係リ其ノ海面専用ヲ必要トスルモノ大ニ其ノ然カルアルヲ認ムル所ニ有之候　然レトモ是レ畢竟海驢漁業上附帶ノ便利ヲ得ンコトヲ請フニ止マルモノニシテ一面他魚介類ノ漁撈ヲナス者ノ爲メニハ法令ノ範囲內ニ於テ之ヲ許スコト亦適当ニ有之直ニ之カ専用ヲ海驢漁業者ニ許シ以テ他ヲシテ復々魚介類ノ漁撈ヲ得サラシムルハ少シク其当ヲ得サルモノト認メサルヲ得ス候　然レトモ竹島海面ニ他ノ魚介類漁撈ヲ許ストキハ其收益僅少ニシテ海驢漁利ノ數十分ノ一ニ過キサルニ拘ハラス出漁者競出因テ爲メニ海驢ノ棲息生殖ヲ攪亂スルコト当業者カ憂慮スル所ノ如クニシテ其數十倍ノ國益ヲシテ忽チ絶滅ニ歸セシムルハ瞭然タル事理ニ有之且本年春海驢漁期ニ入ラントスル際ノ如キ大ニ漁夫ヲ竹島ニ出サントシテ漁舟ヲ艤スルモノ數名有之候　其目的魚介藻類ノ漁撈ニアリト称スト雖トモ其實海驢密漁若クハ海驢漁業ノ妨害ヲ欲スルモノニシテ制止ニ応スルノ色ナク敢テ暴カヲ以テ漁場ニ衝突セント欲スルモノノ如ク而シテ絶海ノ岩礁警戒取締ノ方途ナク大ニ憂慮セシ所ナリシモ百方懇篤利害ヲ說テ之ヲ慰諭セシ結果幸ニシテ一旦事ヲ休止スルニ至リシ事實有之將來猶ホ是等妨害者爭利者ハ百方事ヲ構ヘントスルモノトシテ巳ニ竹島ヲ以テ自己ノ地先ニ編入ヲ得ント欲シテ申請書ヲ差出セルモノ西郷町西町西町及五箇村久見ノ兩漁業組合アリ　後者ハ其専用漁業免許願ヲ併セ提出セル等ノ狀況ニ有之候(是等申請書若クハ願書ハ今回之ヲ併セ進達シ意見ヲ具シテ御處分ヲ稟請セリ)依テ之ヲ計ルニ今日海驢漁業ノ發達ヲ欲シ之カ経營ヲ全フセシムルニハ其願望ニ係ル海面専用ヲ以テ偏許スベカラスト雖トモ相応ノ保護且取締ノ施設ナカルベカラス　竹島周囲海面ニ於テ其收益海驢漁業ノ數十分ノ一ニ過キサル他ノ専用漁業ハ勿論其他海驢外一切ノ漁業ヲ禁止シ以テ其數十倍ノ收益アル海驢漁業ノ爲メ諸種ノ妨害繁累ヲ絶ツ事方今適当且唯一ノ方策ト存候條從來当業者カ経歴セル實狀ニ依テ小官カ講究セル所ヲ御是認ノ上本縣令漁業取締規則ニ於テ竹島ニ於ケル海驢外一切ノ漁業禁止ノ條項ヲ至急御追加相成候樣致度此段意見上申候也

明治四十年八月三日

隠岐島司

知事宛

용농제91호

죽도어업에 관한 상신

관하 죽도해면전용의 건에 대해 죽도어렵합자회사 대표자 나카이 요자부로가 별지와 같이 서면을 제출하며 날인하여 신청했습니다. 원래 그 회사는 메이지 38년 6월에 나카이 요자부로 외 3명이 그 섬의 강치어업의 면허를 받고 4명의 출자 설립에 관계한 이래, 지금은 1명이 탈사하여 3명의 합자에 관계하는 회사조직 하에서, 당초의 목적에 따라서 경영하여, 강치의 어획 및 보호, 어획물의 제조, 판로의 확장 등에 노력하지만, 근래 밀어자 혹은 방해를 꾀하려는 자가 해마다 늘어나는 상황에 있다. 회사는 장래 그 어업 및 번식 보호의 경영상 죽도의 해면을 전용할 필요가 인정되어, 이 원서로 해면전용을 필요로 한다는 이유를 개괄할 때의 요령은 좌와 같습니다.

1. 죽도는 강치의 군집지로서 그 생식 계절에 8만을 헤아린다. 이때 일정한 제한 범위에서 어획하고 한편으로는 그 서식 번식을 보호하여, 그 군집이 단절되지 않도록 하여, 죽도 특유의 利源을 영원히 보지하는 것은 한 지방 또는 개인의 이익에 머무르지 않고, 국익의 일단을 이루는 것으로, 이를 죽도강치어업경영의 유일한 主眼으로 하는 바이다.
2. 전항의 목적을 달성하기 위해서는 제1로 그 업자는 수컷, 암컷, 새끼 각종을 매년 어획수를 제한하여 남획을 제한하지 않으면 안 된다. 이것이 번식 보호의 일대 요건이다. 제2로 어획은 될 수 있는 한 그 기간을 단축하여, 그 최다 군집의 시기에 하고, 또 밀어 혹은 경쟁적인 어획은 嚴戒하여 군집시기에 다른 내항자를 거부하여 서식과 생식하게 될 수 있는한 안전하게 하지 않으면 안 된다. 만약 그렇지 않고 보호하는 곳이 없으면 서식 번식을 교란하여, 돌보지 않으면 결국 군집을 보지 못하게 될 것이다. 이것이 어획의 제한보다 더 중요한 일이다.
3. 전항 제1의 어획제한 및 제2 어획기간의 단축은 업자의 경영에 속하여, 그 영구한 이익을 보전하는 일이므로, 밀어 競獲 등을 행하지 않는 이상 이를 실행할 수 있으나, 제2기 서식 및 생식을 안전하게 보호한다는 일이 되면, 지금의 사업 경영상 특종의 비호가 없으면 도저히 세상의 이익을 다투는 자 혹은 방해자를 방제할 수 없다. 그리고 소위 특종의 보호(庇障)라는 것은, 죽도강치어업권면허 외에, 그 업자에게 죽도 주위 해면 전용의 권리를 취득하게 하는 것이다. 세상은 점점 강치어업의 이익을 알게 되고, 또 어업면허를 경쟁적으로 원하는 자가 있다. 혹은 밀어를 계획하는 자가 있다. 혹은 다른 어개류의 어로를 칭하고 해면전용권의 획득을 계획한다. 혹은 순항시찰을 칭하고 다수의 사공(舟子) 어부의 도항을 계획하는 자가 있다. 요컨대 이 모두 밀어를 계획하는 자가 아니면 방해하려는 자이다. 그 최고의 방해로 장래 우려해야 할 것은 밀어 남획이 아니라 강치의 서식 생식을 교란하는 것에 있다. 그 경악과 공포가 거듭되면 결국에는 군집이 단절되게 되기 때문에, 지금 이 경영에 안전의 보장을 얻는 것은 오직 해면 전용의 권리를 강치어업권과 더불어 가지는 것으로, 세상의 이익을 다투는 자들이 다시 손을 쓰지 못하게 하는 것에 있다. 대개 해면의 전용은 앞의 강치의 서식과 생식을 보호하는 배려일 뿐만 아니라, 그 효과는 어획 기간의 단축, 밀어의 감시, 강치의 순양(馴養) 기타 경영상 다대한 편의를 얻게하는 일이다.

이상이 그 梗概로 상세한 것은 願書에 자세히 설명했으므로 이곳에 다시 기술하지 않는다.

이상의 실상 및 사유는 업자가 수년래 고심 討究하고, 또 경력에 의한 것으로, 그 해면 전용을 필요로 하는 것을, 대부분이 그렇다는 것을 인정하는 일입니다. 그러나 이는 필경 강치어업상 부대의 편리를 얻으려고 청하는 것으로, 일면 다른 어개류의 어로를 하는 자를 위해서는 법령의 범위 내에서 이를 허가하는 것이 역시 적당합니다. 바로 그 전용을 강치어업자에게 허가하여 다른 사람에게 어개류의 어로를 못하게 하는 것은 어떤 당위성도 가지지 못한다고 생각하지 않을 수 없습니다. 그렇지만 죽도 해면에 다른 어류의 어로를 허가할 때는 그 수익이 근소하여 강치 어리의 수 십 분의 1에 불과한 것에 비해, 출어의 경쟁으로 인해 강치의 서식과 생식을 교란하는 일을 당 업자가 우려하는 대로, 수십배의 국익을 금방 절멸하게 하는 것은 요연한 사리이다. 또 금년 봄 강치의 어기가 되려할 때 많은 어부를 죽도로 내보겠다며 어선의 출항을 준비한 자가 여러 명 있습니다. 그 목적이 어개류의 어로에 있다고 말하지만, 그 실제는 강치의 밀어 혹은 강치어업의 방해를 생각하는 자로, 제지에 응하는 기색 없이 오히려 폭력으로 어장에서 충돌하려고 생각하는 것 같습니다. 그리고 절해의 암초 경계와 단속의 방도가 없어 크게 우려하고, 백방으로 懇篤하게 이해를 說諭한 결과 다행히 일단 멈추게 된 사실이 있습니다. 장래 또 이런 방해자, 이권을 다투는 자는 여러 가지 일을 생각할 것으로, 이미 죽도를 자기들 지선에 편입시킬 생각으로 신청서를 제출한 자가 사이고초 및 고카무라 쿠미 양 漁獵組合이 있습니다. 후자는 그 전용 어업면허를 같이 처출하는 등의 상황입니다(이들 신청서 또는 원서는 이번에 같이 進達하고 의견을 붙여 그 처분을 稟請합니다). 따라서 이를 생각하건데 금일 강치어업의 발달을 생각하여 그 경영을 완전하게 하기 위해서는, 그 원하는 해면의 전용으로 편파적인 허가를 할 수 없다하나, 상응하는 보호 및 단속의 시설이 없어서는 안 됩니다. 죽도 주위 해면에서의 그 수익은 강치어업의 수 십 분의 일에 지나지 않습니다. 다른 전용 어업은 물론 기타 강치 외에 일체의 어업을 금지하여, 그 수 십 배의 수익이 있는 강치어업을 위해 여러 방해 繁累를 단절하는 것이, 현재로는 적당하고 또 유일한 방책이라고 생각합니다. 종래 당 업자가 경험한 실상에 의해 소관이 강구한 것을 인정하신 위에, 본현령 어업취체규칙에 죽도에서의 강치 이외에 일체의 어업을 금지한다는 조항을 빨리 추가할 수 있도록 하고 싶어 이를 의견으로 상신합니다.

메이지 40년 8월 3일 오키도사

지사 앞

94) 中井養三郎의 장남 養一의 구술서(昭和28년7월6일, 松江市北堀町93번지 同人의 집에서 島根縣廳 速水保孝씨가 聽取).

95) 昭和 26년 10월 11일 橋岡忠重의 보고서에 의하면 강치 포획 두수는 다음과 같다.
昭和 8년, 神戸市 仲田忠一과의 계약에 의해 鳥取縣 境港 인도 1두 100엔에 30두 계약, 포획두수 8두, 수입 800엔 , 손실 1,242엔.
昭和 9년, 마찬가지로 捕獲頭數 19두, 수입 1,900엔, 干鮑 350엔, 손실 210엔
昭和 10년(5월 20일~7월 10일) 마찬가지로 30두, 단가 140엔 계약, 捕獲頭數 29두, 수입 4,060엔, 干鮑 800엔, 이익금 1,230엔.
昭和 10년(9월 15일~10월 10일) 岡山市 木下 서커스단과 계약, 1두 境港 인도 200엔, 포획 두수 20두, 수입 4000엔, 이익금 1,700엔.

96) 島根縣廳 하야미 야스타카(速水保孝)씨가 직접 청취한 것에 의함.
(1) 오쿠무라 아키라(奥村亮) 口述書(昭和 28년 7월 11일)
쇼와 24년에 내가 울릉도에 재주할 때 和歌山縣 池畑力(サルベージ 경영자)가 내방하여, 7월에, 죽도 海猫의 「변」을 취하려 가서 120~30表를 취했으나 비료가 되지 않아 실패했다. 그 때 나는 東伯의 배를 빌려 승무원 수명을 도와 주었다. 죽도에는 미군폭격에 의한 조선인의 것으로 생각되는 혈흔이 있었다.
또 마찬가지로 島根縣廳 타무라 키요사부로(田村淸三郎)씨가 고니시 마사오(小西正夫)에 관해 쇼와 29년 12월에 조사한 바에 의하면, 실제로는 고니시 마사오가 이케하타(池畑)의 의뢰를 받아 오쿠무라 아키라의 소개로 돗토리현 加露의 打瀨網 어선 「光榮

號」를 傭船하여 鳥糞採取를 위해 죽도에 간 것 같다.

(2) 하마다 세이타로(浜田正太郎)의 口述書(昭和 28년 7월 9일)

쇼와 26년 5월 중순, 당시 죽도는 맥아더·라인 외측에 있었지만, 나는 5톤의 小舟에 4명의 친구와 함께 타고 죽도에 도항했다. 죽도에는 동력선 4척, 약 50인의 한국인이 있었다. 그들은 미역채취 중이었다. 우리들은 상륙하여 여러 대화를 하고, 밤이 되어 배 안에서 좌담회를 열었다. 「죽도는 일본영토이니까 어서 섬에서 퇴거하도록」 항의했을 때, 한국인은 오두막을 치고 있었으나, 「우리들은 죽도가 일한 어느 나라에 속하는지는 모르지만, 매년 미역을 채취하러 오고 있다」라고 말하며 거부했다. 그들의 말에 의해, 제일 많이 출어할 때는, 동력선 24척에 이른 일이 있었다는 것이었다. 그들은 강치를 먹고, 특히 새끼를 즐겨 먹고 있었다. 하지만, 식량으로 먹는 것 이외에 강치를 남획했다고는 생각할 수 없다.

97) 오쿠무라 아키라(奥村亮)의 구술서에는 또 다음과 같이 서술되어 있다.
나는 19년 6월에 군의 명령으로 馬山의 공장으로 옮겨 종전을 맞이했지만, 그 후에는 나의 고용인 尹相辻(ユンサンスリ) 조선인 使用人頭 金戊生(キンモーセー) 어선의 감독자 두 명이 나의 뒤를 쫓아 「랸코」도에 출렵하고 있었다는 것이다. 이 밖에 울릉도 苧洞(모시게)의 金基守(キンスケ)가 「랸코」도에서 미역을 채취하고 있었다.

98) 昭和 28년 6월 28일부 島根縣 水産商工部漁政課 사와토미 하지메(澤富造) 및 수산과 이카와 노부오(井川信夫)가 知事에 게 보낸 복명서에 의한다.

제3장 죽도의 인지개발과 자연 환경제

제1절 역사지리의 요약

이상 죽도의 인지부터 현재에 이르는 사이의 동도의 역사 지리적 사실에 대해서 우리나라와 조선과의 관계를 중심으로 고찰해 왔는데 이것을 요약하면 다음과 같다.

1. 죽도의 인지

⑴ 죽도의 인지에 대해서, 우리나라에서는 예전 「송도」의 이름으로 오늘날의 죽도가 알려져 있던 사실은 수많은 문헌·지도 등을 봤을 때 명백하다.

⑵ 이에 반해서 한국인이 위의 섬을 예전부터 인지하고 있었던 것을 나타내는 확실한 증거는 나타나지 않는다. 한국 측에서는 조선의 고문헌에 쓰여 있는 「우산도」, 「삼봉도」, 「가지도」 등이 오늘날의 죽도라고 주장하고 있지만, 그것들이 오늘날의 죽도에 해당하고 있는 것을 입증할 수 있는 근거가 부족할 뿐만 아니라 같은 문헌에 이 섬들에는 많은 사람들이 거주하며 대죽, 그 외의 천산(天産)이 있다고 기록되어 있는 것을 근거로 판단하여, 오히려 그것들이 오늘의 죽도에 해당하지 않는다고 말할 수 있는 면이 강하다.

⑶ 한국인으로 오늘날의 죽도를 알고 있었던 유일한 예로써 안용복을 들 수 있다. 1693(元禄6)년에 그를 울릉도에서 납치한 일본선은 귀국 도중에

오늘날의 죽도에 들렸을 확률이 높다. 따라서 그는 일본에 체재하는 중에 일본인으로부터 죽도에 관한 각종 지식을 얻었을 뿐만 아니라, 실제로 이것을 보았을 가능성이 있다. 그러나 안용복은 1696(元禄9)년에는 일본선이 울릉도에 출어하고 있지 않았음에도 불구하고 마치 위의 섬에 다수의 일본 어민이 있었던 것처럼 비변사에 허위진술을 하고 있기 때문에 동년의 인하쿠 재도항에 임하여, 안용복이 오늘날의 죽도에 다시 들렸는지 어쨌는지는 매우 의심스럽다.

이 안용복을 빼놓고서는 그 전후의 한국인이 지금의 죽도를 인식하고 있었다는 확실한 증거는 없다.

(4) 한국인이 오늘날의 죽도의 존재를 알고 있었던 것을 확실히 추구할 수 있는 것은, 그들이 울릉도에 정착해서, 일본인에게 고용되어 죽도에 출어하게 되었다는 것, 또 일본인의 지도를 받으며 울릉도의 앞바다에서 어업을 행하게 되면서 부터의 일로 그 시기는 1904, 5(明治37, 8)년 이후로 추정된다.

「독도」라는 명칭도, 그 즈음부터 울릉도 어민의 사이에서 사용되었을 것이라고 생각할 수 있다. 그 명칭이 문헌적으로 1906(明治39)년 이전에는 추구할 수 없다는 것도 이것을 입증하고 있다고 말할 수 있을 것이다.

2. 죽도의 개발 · 경영

(1) 죽도의 개발 · 경영에 대해서는 1618(元和4)년에 오야 · 무라카와 양가가 막부에서 울릉도의 도해면허를 받아 동도의 개발에 종사했으나, 이 울릉도를 왕복하는 도중에 오늘의 죽도에 들러 어렵했다는 것에 대해서는 많은 확실한 자료가 있다.

(2) 1696(元禄9)년 막부에 의해 울릉도 도해가 금지된 후 죽도의 개발 · 경영에 관해서는 그 사실을 나타내는 적극적인 증거는 지금까지 찾아 낼 수 없다. 1696(元禄9)년 이전은 막부의 허가 아래 지금의 죽도는 울릉도와 함께

개발되고, 또 생산물의 막부헌상 등의 행사도 이루어지고 있었기 때문에 이에 관한 자료는 수 없이 많으나, 울릉도 도해금지 후에는 그저 사람이 없는 고도인 죽도의 국지적인 개발로서의 의미밖에 없게 되었으므로, 이것에 관한 자료가 부족한 것은 당연하다.

그렇지만 1837(天保8)년의 하치에몬의 죽도 밀무역사건의 판결 등을 보아도 지금의 죽도도해가 금지되지 않았다는 것은 확실하고, 또 당시에도 우리나라에서는 죽도의 존재는 물론 그 섬에 관한 상당한 지식이 있었다는 것을 보여주는 문헌적 증거도 있기 때문에 동도의 개발·경영에 관한 직접적 자료가 없다 해서 동도에 향하지 않았다고 말할 수 없고, 오히려 그 섬을 잘 알고 있던 오키도민들이 자주 출어하고 있었다고 보는 것이 자연스럽다.

(3) 메이지 초기 이후에 일본인에 의한 죽도의 개발·경영에 관해서는 상세한 자료가 있다.

(4) 죽도를 오랫동안 인지하고 있었다는 증거조차 없는 한국인으로써는, 이를 개발·경영하고 있던 것을 나타내는 자료가 없는 것은 당연하다. 한국인에 의한 죽도의 개발로 지금까지 판명된 것은, 메이지 말기 이래, 일본인에게 고용되어 울릉도에서 출어하고 있었다는 사실이다. 이 이외에는 이번 대전 전에 한국인 자신이 지금의 죽도를 개발·경영했다는 증거는 찾을 수 없다.

죽도의 인지·개발에 관한 일한 양국의 관계는 이상과 같아서 일본인에 의한 동도의 인지와 경영에 앞서 한국인이 이것을 인지하고 있었다는 증거는 없고, 더구나 한인이 이번 대전 이전에 이것을 실효적으로 경영하고 있었다는 흔적은 인정할 수 없다.

3. 울릉도 개발과의 관계

오늘 날의 죽도의 인지·개발이 이상과 같은 것이었다는 것에 대해서는

울릉도 개발과 밀접한 관련이 생각된다. 즉

(1) 우리나라에는 제11세기 초기부터 「우루마도」로 해서 울릉도의 존재가 알려졌고 더욱이 고려 말기부터 이조 초에 걸쳐서는 당시 「죽도」 또는 「의죽도」로 알려져 있던 울릉도에 건너가는 사람이 있었다는 것은 조선 측 사서에도 분명하다. 뒤이어 이조 초기 이래 동도가 공도로 바뀌고 사실상 조선국 정부에 의해 방기되자 일본인이 동도에 가는 것이 차차 증가하여 분로쿠노에키 후 약 100년에 걸쳐 그곳이 일본인의 어채지가 된 것이다.

당시 「송도」라는 이름으로 알려져 있던 지금의 죽도는 이 울릉도로 도항하는 길목에 해당되었기 때문에, 왕복 도중에 이 섬에 기항하여, 그 섬에서도 전복 및 강치를 잡게 된 것이었다.

(2) 한편 조선에서는 이조 초기부터 메이지 초기에 이르는 450년 간 울릉도가 공도였기 때문에, 그 섬보다 50마일이나 더 먼 바다 쪽에 있고, 그것도 사람의 상주가 불가능한 외딴 섬 「송도」까지 개발을 위해 일부러 조선본토에서 갔다고는 생각할 수 없으며, 또 그러한 「송도」를 아는 기회도 많지 않았다고 보는 것이 자연스러울 것이다.

울릉도가 공도이기 이전의 신라나 고려에 복속되어 있었던 시대를 생각해도 금일의 죽도에서 잡히는 전복이나 강치는 울릉도에도 있었고, 울릉도에는 그 외의 임산 농산 등도 풍부했기 때문에, 더 조건이 나쁜 오늘의 죽도까지 나갈 필요성도 없었던 것이다.

(3) 일본인이 당초 금일의 죽도를 알고 이것을 이용하게 된 것은 가끔 위의 섬이 울릉도로 가는 중간 기항지로 절호의 위치에 있고, 그것도 이 섬도 울릉도와 마찬가지로 전복이나 강치를 생산하고 있었다는 것이 가장 큰 요인이었던 것이다.

제2절 자연환경과의 관계

이것을 요약하자면, 조선이 울릉도를 공도로 한 사이에 일본인이 그것을 개발하고 있었다고 하는 것이, 오늘의 죽도의 지리적 위치나 그 자연적 여러 조건도 관련해서 죽도의 인지 개발에 대해, 일조의 입장에 기본적인 상위가 생기게 되는 결과가 되었으나, 이러한 죽도의 역사 지리적 사정은 더욱 죽도를 둘러싼 한층 더 넓은 의미에서의 자연환경이 그 기저가 되어있다는 것을 생각할 수 있는 것이다.

1. 죽도의 위치적 관계

우선 죽도와 오키, 울릉도, 조선 본토와의 사이의 위치적 관계를 해도 상으로 측정해 보면 직선거리로 해서 대개 다음과 같다.

오키	———	죽도	90마일
죽도	———	울릉도	50마일
울릉도	———	울진(조선본토)	70마일
죽도	———	울진(조선본토)	120마일

즉 울릉도를 기지로 해서 죽도로 가는 경우는 오키에서 죽도에 가는 것보다도 약40마일 가깝지만 조선본토에서 가장 가까운 울진 부근부터 죽도에 직항하려 하면 오키에서 가는 것보다 약 30마일 먼 것이 된다. 이 경우 실제로 항해하는 데는, 항해 기술이 미숙한 시대에 있어서는, 그 거리의 원근뿐만 아니라 특히 목표물이 보이는가 어떤가와 중대한 관계가 있다.

도대체 해상에 놓여있는 물체를 시인할 수 있는 거리는 그 때의 명도, 공기의 청징도, 온도, 밀도(굴절률) 및 물체의 색(파장) 등에 영향을 받는데,

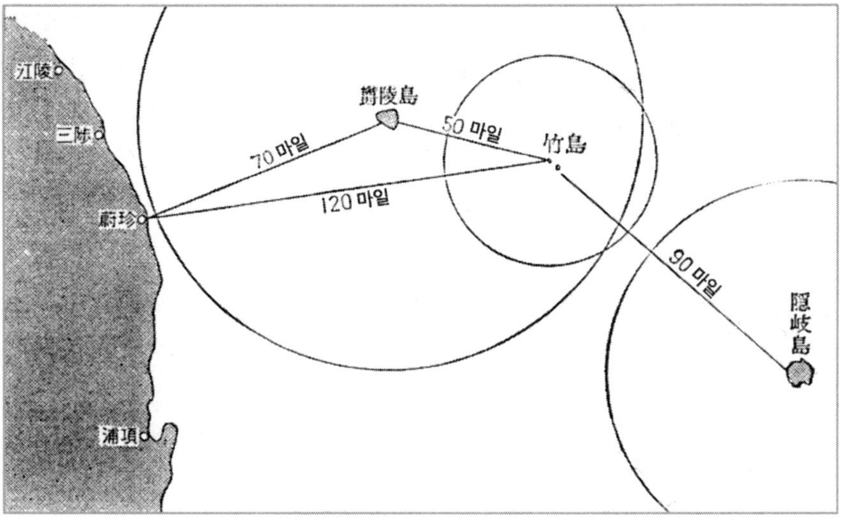

제24도 죽도의 위치적 관계

그러한 제 조건을 최량(표준)의 상태로 해서 그 거리를 구하는 데는, 다음의 공식이 이용된다.

$D=2.09(\sqrt{H}+\sqrt{h})$ D: 시달거리(마일)
H: 물체의 해면상의 높이(미터)
h: 눈높이(미터)

죽도의 최고부는 서도의 정상부 157미터이다. 눈높이를 4미터(높이 2.5미터의 갑판 상에 신장 1.5미터의 사람이 서 있는 경우)로 가정하고, 전기 공식에 의해 계산하면 다음과 같은 최량의 상태에서의 시달거리는 약 30마일이 된다.

$D=2.09(\sqrt{157}+\sqrt{4})$
$\fallingdotseq 2.09(12.5+2)$
$\fallingdotseq 30.305$

그러나 이것은 최정상부의 일점(一占)을 볼 수 있는 거리로, 동도의 일부분을 수평선상에 섬으로 인정할 수 있는 거리는 이것보다도 당연히 짧아질 것이고, 더욱이 명도나 청징도가 나빠짐에 따라서 좀 더 접근하지 않으면 눈으로 확인할 수 없다. 필자가 1953(昭和28)년 1월 17일에 순시선 「나가라」로 죽도를 조사하러 갔을 때는, 천기가 쾌청했지만 죽도가 시야에 들어온 것은 약 27마일의 거리였다. 처음에는 깎아 내린 듯이 솟은 하나의 암초로 밖에 보이지 않았고 섬의 전모를 인식할 수 있게 된 것은 약 8마일까지 근접하고부터 였다.

한편, 울릉도의 최고부 성인봉은 985m다. 그러나 동도의 경우는 나암의 죽도와는 달리, 남벌되기 이전은 울창한 밀림으로 덮여있는 섬이었기 때문에 외부에서 보았을 때, 그 삼림의 높이만큼 실제로는 높다고 생각해도 좋을 것이다. 이 삼림의 부분을 가령 20미터로 계산하면, 울릉도의 경우는 최량의 조건 하에서 약 70마일의 거리에서 인식할 수 있다.

$$D=2.09(\sqrt{1005}+\sqrt{4})$$
$$\fallingdotseq 2.09(31.7+2)$$
$$\fallingdotseq 70.433$$

즉, 죽도에서는 울릉도가 보이나 울릉도에서는 죽도가 보이지 않는다. 이것에 대해서는 이전의 필자가 조사했을 때도 확인할 수 있었다.

한국정부가 『세종실록지리지』에 있는 「우산·무릉이도 재현정동해중 이도상거불원 풍일청명칙가망견」이라고 있는 점을 들어서, 이조 초기 이래 울릉도와 우산도는 다른 두 개의 섬으로서 인식하고 있었다고 주장하고 있는 것에 대해(주 47참조), 앞에서 「우산도」의 항에서 문헌적으로 그 근거가 없다는 이유를 검토했지만, 그 거리의 면으로도 그것을 뒷받침할 수 있는 것이다.

더욱더 눈높이가 높아지면 시달거리는 그만큼 연장된다. 울릉도 죽도 간을 50마일로 해서 울릉도의 어느 정도의 높이라면 죽도를 인식할 수 있는가를 앞의 공식을 이용해 계산하면 쾌청할 때라도 죽도의 최정상부의 한 점이 보이는 것은 130미터라는 것이 되고, 이것을 섬으로서 인정하기 위해서는 200미터 이상 올라갈 필요가 있다는 것이 된다.

$$50=2.09(\sqrt{157}+\sqrt{H})$$
$$\sqrt{H} \fallingdotseq 50/2.09 \quad 12.5$$
$$\fallingdotseq 11.42$$
$$H \fallingdotseq 130.42$$

더구나 옛날에 울릉도는 밀림으로 덮여있었기 때문에 높은 곳에 올라가는 것 자체에 상당한 어려움이 있었다고 생각되고, 또 가령 고소에 오르는 것이 가능했다 하더라도, 죽도를 바라볼 수 있도록 시야가 열려 있었는지 어땠는지도 의문스럽다. 울릉도가 밀림으로 덮여있었던 것에 대해서는 위의 섬에서 벌목이 상당히 진행되어 있었다고 생각되는 1900(明治33)년 당시에도 아직 울창한 밀림으로 덮여있었던 것은, 동년 5월의 재부산영사관 아카츠카 총영사관보의 동도 조사보고(주 84참조)로도 알 수 있다.

> 울릉도는 부산을 떠나 180마일, 원산을 떠나 180마일, 일본의 오키를 떠나 140마일 해양에 고립한 하나의 섬으로, 주위는 대략 10마일로, 섬 전체가 암석으로 수많은 대소고저의 산을 쌓아 올리고 무수의 심계가 그 사이를 종횡으로 산령에서 계곡에 이르기까지 울창한 수목으로 덮여 엄청난 장관이다.

이 위에 후술하는 대로 울릉도에서 죽도에 걸친 해역은 한난 양류가 교착하고 있기 때문에 전 조선 연안 해역 중에서 안개의 발생 횟수가 가장 많은 장소의 하나로 되어 있어, 죽도를 멀리 바라볼 수 있는 맑은 날은 극히 한정되어 있기 마련이다.

한편 울릉도와 조선본토 사이의 거리는 울진 부근에서 약 70마일이기 때문에 기상조건만 좋으면, 동지의 약간 높은 곳에서 약간 먼 바다 쪽으로 나오면 울릉도의 존재는 확인되었다고 생각된다. 앞에서 『세종실록지리지』의 전기기사의 기반이 되었다고 생각되는 『고려사지리지』의 「두개의 섬이 서로 떨어진 거리가 멀지 않아 바람 부는 맑은 날에는 바라볼 수 있다」라고 말하는 것은 울릉도와 죽도 사이에 대한 기사가 아니라 조선 본토에서 바람이 부는 맑은 날에 울릉도를 멀리 바라볼 수 있는 상황을 묘사한 것이라고 단정한 것이(「우산국」항 참조), 이점에서도 충분히 설명할 수 있는 셈이다.

이상 목표물로서의 조선본토, 울릉도, 죽도의 관계를 보아왔지만 이미 옛날에 울릉도에 대한 지식과 견문이 있었던 일본인이 오키에서 동도로 향하는 것은 지극히 쉬웠다. 오키의 도고에서 서북방으로 진로를 잡으면, 날씨만 양호하면 60마일 정도로 죽도가 시야에 들어오고, 다시 그곳에서 10마일 정도로 울릉도도 인지되었다. 또 오키 도고의 초고봉은 608미터로 앞의 공식으로 추산하면 55마일 정도 떨어져 먼 바다에서 그것이 보이기 때문에, 울릉도로 향하는 도중에 오키도 죽도도 보이지 않게 되는 것은 최량의 기상조건일 때는 10마일이 안 되는 거리라는 것이 되고, 중간에 죽도가 있다는 것에 의해 오키에서 울릉도의 항해를 용이하게 하고 있는 것과 함께, 울릉도에 향하는 경우에는 필연적으로 죽도의 존재를 알지 못할 수 없도록 지리적 배치가 되어있는 것이다.

한편 한국인의 경우는 청천일 때도 울릉에서 20 수마일 가지 않으면 죽도는 인식할 수 없는데다가 이것을 목적으로 하는 특별한 이유도 없었기 때문에 설령 울릉도에 거주하고 있었다 하더라도, 죽도의 존재를 알 기회는 많지 않았다고 생각된다. 하물며 실제로는 비교적 용이하게 인지할 수 있었다고 생각되는 울릉도조차도 공도로 하고 있었던 한국인이 본토에서 120마일이나 떨어져 있고, 더구나 목표물로서도 아주 작은 대양중의 고도인 죽도를 발견할 가능성은 극히 적고, 가령 그것을 알 수 있었다 해도, 당시의 항해술이 유치한 시대에, 본토에서 직접 동도에 도달하는 것은 매우 힘든 일이었을 것이라고 생각 된다.

2. 울릉도 · 죽도해역의 해상 · 기상

구주의 서방 해상을 북상하는 쓰시마 난류는 쓰시마 해협을 통과할 때에 셋으로 갈라진다. 그 중 도스이도(東水道)를 지나는 것은 그 후에 대체로 본주의 일본해 해안을 따라 흐른다. 사이스이도(西水道)를 통과하는 것은 조선 서안을 남하하는 연안수와 섞여 주요부는 동방으로 전향하여 오키열도의 북측을 지나 전기 연안에 가까운 먼 바다를 따라 흐른다. 사이스이도를 통과하는 일부는 조선 동안을 따라 북상하기 때문에 도센(東鮮)난류라 불리고, 울릉도 부근에서 방향을 동으로 바꾸어 북조선의 동해안을 따라 남서쪽으로 흐르는 호쿠센(北鮮)해류(寒流)와의 사이에 조류의 경계(潮目)를 이루며 북위 39~40도 부근을 동진하여, 노토오키(能登沖)에서 전기의 두 조류와 합류한다. 쓰시마 난류의 유속은 주류 지역에서 1노트 전후이고, 북선 해류의 유속은 0.2~0.5노트 정도이다.

이 난류와 한류의 세력은 때에 따라 차이가 있고 울릉에서 죽도에 걸친 해역에서는 이 양류가 접촉 혼합하여, 저기압의 발생 발달, 풍파의 고양, 안개의 발생 등 복잡한 현상을 나타내고 있다. 특별히 한난 양류의 교착은 이 해역을 전조선의 연안 해역 중에서도 안개의 발생회수가 가장 많은 장소의 하나로 하고 있지만, 그 중에서도 특별히 4월부터 7월에 걸쳐서는 남서풍이 우세해져 난류 위로 불어오는 고온 다습한 공기가 한류의 상공에 왔을 때, 갑자기 냉각되어 온도가 높아지고, 포화상태에 가까워지기 때문에, 안개의 발생이 1년을 통해 특히 많은 것이 주목된다.

또 이 해역은 자주 저기압이 통과하는 길목이 되어있다. 이 저기압의 통과에 맞추어, 그것이 난류 위를 지날 때, 열과 수증기를 신속히 흡수하여 대기가 불안정하게 되고, 저기압이 급속히 발달하여, 돌풍을 동반하거나, 급히 풍파가 높아지거나 하는 일이 적지 않다.

이러한 것으로 보아 울릉도는 조선 동안을 조금 먼 바다 쪽으로 나오면 그것을 인식할 수 있는 거리에 있음에도 불구하고 항해기술이나 기상지식이 불충분한 시대에는 가끔 조선본토에서 도달하지 못하고 되돌아가거나, 조난을 당했다. 고려는 1159(毅宗30)년에 울릉도의 이민을 계획하여, 사자를 보내 조사하고, 그 위에 최충헌의 헌의에 의거하여 재조사한 결과, 동군의 백성을 이주시켰지만 항로가 험난하여 가끔 침몰의 화를 당했기 때문에 결국 그 백성을 철수시키지 않을 수 없게 되었다. 또 1472(成宗3)년 5월 28일에 삼봉도를 찾아 4척의 배에 분승하여 울진포를 출발한 박종원 일행은 도중에 태풍을 만나 사방으로 흩어지고, 박종원이 탄 배는 29일 새벽에 울릉도를 동남방 15리 정도 떨어져 망견할 수 있는 지점에 이르렀으나, 다시 태풍을 만나 표류하기를 7주야, 6월 6일에 강원도 간성군 청간진에 겨우 표착했다. 1666(寛文6)년에 울릉도에 도항한 오야가의 배도 7월 3일에 3척으로 동도에서 귀로에 올랐지만, 다음 4일에 대풍을 만나 조난하여 그 중의 1척만이 5일에 조선 본토에 겨우 표착하여 구사일생 할 수 있었다.

이것에 대해 오키에서 죽도에 걸쳐서는 쓰시마 난류가 흐르고 있는 해역이라, 조선 본토에서 울릉도 죽도에 걸친 해역보다도 해상의 기상상태가 훨씬 안정되어 있고, 그래서 항해도 용이했다.

다음으로 풍향을 보면 측후소의 관측 결과만으로는 관측 지점 부근의 지형이나 해륙풍의 영향을 받기 때문에 그 해역의 바람의 특성을 알 수 없다. 그 때문에 1960~64년에 걸친 월평균 날씨도를 이용해 산인오키(山蔭沖)에서 죽도 방면 해역의 풍향을 기상학의 이론에 의해 계산하면 표와 같이 추정된다.

이 표에 의하면 도쿠가와 시대에 오키에서 오늘날의 죽도에 도해한 4~5월경의 풍향으로서는, 대체로 남서풍이 우세하다. 그런데도 일반적으로 범선이 최대속력을 얻는 것은 선미에 바람을 받는 추풍(追風)의 경우가 아니고 정횡

(正横) 부근의 바람을 받는 경우라는 것이 보통이기 때문에, 오키에서 서북방의 죽도를 향해 항해하기에는 남서 또는 북동풍을 옆으로 받으면서 서북으로 나아가면 유리하여, 남서풍이 탁월하다는 것은, 오키에서 죽도에 비교적 용이하게 갈 수 있었다는 것도 될 것이다.

년 월	4월	5월	6월	7월	8월	9월	10월
1960	1·3 m/s 남남서	3·3 m/s 남남서	4·6 m/s 남남서	4·6 m/s 남남서	3·9 m/s 남동	1·9 m/s 남	5·8 m/s 북동
1961	3·3 m/s 남서	5·8 m/s 남남서	3·9 m/s 남남동	9·2 m/s 남남서	3·3 m/s 남	3·9 m/s 북동	7·7 m/s 북동
1962	3·3 m/s 남서	6·6 m/s 남남서	3·3 m/s 남	5·8 m/s 남	3·3 m/s 남남서	1·9 m/s 남	5·8 m/s 북북동
1963	3·3 m/s 남	5·8 m/s 남남서	3·0 m/s 남동	9·2 m/s 남남서	3·3 m/s 남남서	1·9 m/s 동북동	3·0 m/s 북북동
1964	3·3 m/s 동남동	2·1 m/s 남동	3·9 m/s 남남서	7·7 m/s 남서	3·9 m/s 남동	6·6 m/s 북동	6·6 m/s 북동

결 론

- 지리적으로 본 금후의 죽도 -

수목 하나도 자라지 않고, 식료수도 부족한 암도 죽도가 사람의 상주에 맞는 자연 조건이 아니라는 것은 자주 지적한 대로이나, 그럼에도 불구하고 그러한 자연조건에 맞서면서까지 한국이 이 섬에 등대를 건설하고, 경비원을 상주시키고 있다는 것은 그야말로 정치적 의미를 가지고 있는 일이다. 따라서 그러한 정치적 요구의 필요성이 해소되면, 죽도는, 다시 원래의 계절적, 또는 극히 국지적인 어채지가 될 가능성이 클 것이다. 원래 이 섬의 경제적 가치의 장래성이 여러 시설을 할 가치가 있을 경우에는 그 상황은 또 바뀌게 된다.

시마네현은 죽도의 금후 어장개발에 의한 어획량을 예상하여, 다음과 같은 숫자를 들고 있다.

종류	수량
전복	20톤
소라	40톤
미역	4톤
우뭇가사리	4톤
해삼 기타	60톤
강치	200두
그물망어업	28,500톤
고등어 연승망어업	400톤

이러한 어업종류 중, 전복부터 강치까지는 죽도의 소위 근본어업이나, 그물망어업과 고등어 연승(延繩)의 두 종류의 어업은 회유성 어족을 대상으로 하고 있기 때문에 죽도에 있어서의 의미는 전자와는 자연히 다르다.

쇼와 28년 6월 27일 죽도의 어장조사를 한 시마네현 수산상공부의 사와토미 하지메(沢富造) 어정과원(漁政課員) 및 이카와 노부오(井川信夫) 수산과원의 복명서를 참조하며, 우선 근본어업을 보면, 죽도의 남서해면 거안(距岸) 1,000미터 이내는 수심 약 50미터 정도의 붕상(棚状)을 이루고 있으나, 그보다 더 나가면 급히 깊어지고, 그 밖의 주위도 해변에서 급격히 깊어진다.

섬의 수면상의 지형은 장년기의 특색을 나타내어 절벽을 이루고 있으나, 수면 아래도 거의 깎아낸 것처럼 되어 있어, 해조류의 착생면적은 협소하다. 따라서 지금까지 선전된 것처럼 아무리 잡아도 끝이 없다는 식으로 말할 정도의 풍부한 자원량은 없고, 특히 김으로 말하자면, 편반한 지형의 암면이 없기 때문에 착생면적은 아주 좁아, 문제가 안 될 정도의 것이라고 생각된다.

우뭇가사리는 생장과 질이 좋고 어느 정도의 양은 있다고 생각하나, 해조류로서 가장 중요한 미역은 그 착상면적이 좁아, 6, 7인의 어부가 3개월 정도로 다 딸 정도에 지나지 않는다.

패류는 전복 · 소라 · 조개삿갓 · 모자조개 등이 있고, 그 중에서도 전복 · 소라는 비교적 많다고 생각되나, 그 서식에 적응하는 면적이 좁기 때문에, 잠수기 등을 사용하여 채취하게 되면 영속성은 없게 될 것이다. 종래대로라면 큰 전복이나 소라가 다 잡을 수 없을 정도로 서식하고 있다고 생각하기 쉬웠고, 또 실제로 대형의 전복이나 소라가 잡혔으나, 그것은 동도가 비교적 원격의 해면에 있어, 출어가 저절로 제한되었다는 것과 실제의 적어기가 파도가 없는 기간인 5월에서 8월까지의 4개월간으로 한정되어 있기 때문에, 1년 중 8개월간은 채포 휴지기간으로 되어 있다는 것에 의한 면이 많아 동도가 특별히 내지 연안에 비해, 이러한 패류의 발육에 좋은 조건을 갖추고 있기 때문은 아니다.

다음은 동도 특유의 동물로서 종래 동도의 대표적인 산품이었던 강치가 있다. 죽도어렵회사가 조업을 개시한 초기에는 매년 1,000두를 훨씬 넘는 포획이 있었으나 남획의 결과 메이지 43년에는 700두 안되게 격감하고, 또 그것이 다이쇼 5, 6년에는 200~300두, 쇼와 3, 4 년경에는 100두 정도가 되어, 이번 대전 개시 전의 수년간은 20두 전후를 포획하는 것에 지나지 않는 상태가 되었다.

전시 중의 휴렵으로 어느 정도 회복되었을 지도 모르나, 원래 강치는 아주 조심성이 많은 수류(獸類)여서, 암상에서 수면을 취하고 있을 때도 반드시 당번이 있어, 위험을 느끼면 민속하게 해중으로 잠입한다는 것으로 이것을 포획하는데는 반드시 풍상을 피하고 풍하(風下) 쪽에서 접근하지 않으면 안 될 정도다. 전후에 미공군의 폭격 연습장이 되었고, 후에는 한국 경비원이 여기에 상주하게 되었으므로, 이처럼 민감한 강치는, 아마 동도에 별로 근접하지 않게 된 것은 아닐까라고 상상된다. 따라서 가령 죽도의 강치엽획이 허가되는 상태가 된다 해도, 매년 200두의 강치 포획을 예정하는 것은 실제문제로서는, 과대평가가 될 공산이 크다. 그러나 한 발 양보하여, 자원적으로 200두 포획이 가능하다 해도, 그러한 포획을 허가하기 위해서는, 강치의 래집을 방해하는 것과 같은 채패·채조 등의 작업은 어느 정도 희생할 필요가 있다. 시마네현이 죽도를 그 소속으로 하여, 오키도사의 소관으로 편입한 후, 강치어렵을 허가에 임해서는, 최초는 동도의 지선해면에서의 채패·채조를 금지하고, 후에 이를 허가하기로 했을 때에, 그 권리를 강치어업을 허가했던 죽도어렵회사에 준 것도, 이러한 배려에서 였다.

최후로 죽도 남서해면의 거안 1,000미터 앞의 붕이나, 그 저질이 사니 혹은 사력이라면, 안정된 저서어류의 서식에 적당하여, 일본조(一本釣), 연승 등의 어장으로 적당하지만, 그렇다 해도 그 면적이 한정되어 있기 때문에 그렇게 많이 기대할 수는 없다. 그것도 쇼와 28년의 조사로는 저질이 암석상에 약간의 소석과 패각을 확인했을 뿐으로, 전부가 이런 상태라면 그러한 기대도 할 수 없게 된다.

어쨌던 죽도의 기본어업에 대해서는 많은 장래성을 기대할 수는 없다. 따라서 동도의 시설을 위해 상당한 비용을 허비할 수는 없다.

다음에 죽도 주변의 회유성 어족이나, 동도 주변 해역은 울릉도, 죽도, 신등퇴(新藤堆), 오키, 오키해령(海嶺)과 일련의 어초군(魚礁群)이 서에서 동을 향해 커다란 포물선을 그리며 배열되어 있고, 북상한 쓰시마 난류는 그것에 의해 그 흐름이 흩어지며 유입하는 북방냉수의 유입과 만나 복잡한 해양구조를 형성하고 있다. 이 때문에 먹이(餌料) 생물의 번식을 유발하여 한난 양류성의 어족, 특히 청어 고등어 꽁치, 오징어, 스케토우, 송어 등의 회유(海游)가 풍성하다.

앞의 시마네현의 어장개발에 의한 어획량의 예상을 마키아미 28,500톤, 청어연승 400톤으로 추정하는 근거는, 전자에 대해서는, 어기는 4월~8월, 조업통수 15통(統), 조업회수 10항해, 1항해 190톤으로 했고, 후자에 대해서는, 어기는 5월~8월, 조업척수 10척, 조업회수 8항해, 1항해 5톤으로 계산한 것이다. 그러나 그 어장은 오키에서도 본토에서도 출어는 가능하여, 죽도를 기지로 하지 않으면 개발할 수 없는 것이 아니다. 오히려 죽도에는 피박 착지나 음료수도 없고, 기지로서의 시설을 할 수 있는 평지도 없는 상태이므로 가령 거비를 투자한다 해도 이것을 어업기지화하는 것은 아주 곤란하다. 즉 어업면에서 본 죽도의 경영적 가치로서는 기본어업에 대해서는 크게 기대할 수는 없고, 달리 상당한 장래성이 기대되는 회유성 어족의 개발에 대해서는, 죽도가 공헌할 수 있는 범위는 극히 한정된다고 말할 수 있을 것이다.

다음에 지금까지 개발되어 있지 않으나 죽도의 자원으로 괭이갈메기 새똥에 의해 조성된 인광이 있다. 그 자원량에 대해서는, 쇼와 11년 4월 20일부의 오사카 광산감독국 다루사키 켄지(樽崎研次) 기사의 보고서로는 인광구역을 4만평, 광량 1평 4통으로 해서, 4톤×4만평=16만톤으로 추정하고 있으나,

동도의 인광채굴권을 얻은 쓰지 토미쿠라(辻富藏)는 인광분포구역은 마찬가지로 4만평이나, 광량을 평당 10만 톤으로 계산하고 있기 때문에, 총량을 40만톤으로 추정했다. 이 차이는 다루사키 기사는 실측의 결과, 최심부가 2미터 80센티, 얕은 곳이 1미터 30센티였던 것에서, 광상의 깊이를 평균 1미터 80센티로 하고 있는 것에 대해, 쓰지는 심도 평균 10척으로 하고있는 것에서 생긴 것이다. 쓰지가 과연 현지조사를 했는지 안했는지가 불확실하기 때문에 타루사키의 추정량을 믿는 것이 안전할 것이다. 다음에 그 품위에 대해서는 다루사키 기사는 인산 9.88%라고 보고하고 있어 그다지 양질이라고는 말할 수 없다. 쇼와 24년에 이케하타 이사무(池畑勇)의 의뢰로 죽도에서 인광 150표를 가지고 돌아온 고니시 마사오(小西正夫)의 담화에 의하면 분석의 결과 상품이 되지 못했다는 것이다.

쓰지는 상기와 같이 인광매장량을 40만톤으로 해서, 연간 5만톤을 채취하여 8년간 가동이 가능하다고 계산하고 있었던 것 같으나, 다루사키 기사의 추정이 맞다면, 이 계산으로 겨우 3년만에 다 파버리게 된다. 그것도 그 품질이 양호하지 않다면, 그 채굴을 위해, 상당한 시설을 하는 것은 채산상 크게 곤란할 것이다.

다음에 죽도 항로상의 의의에 대해서는 이미 검토한대로 대형선에 있어서도 소형선에 있어서도 중요성이 있다고는 그다지 생각하지 않아, 그것 때문에 시설하는 것은 의미가 없다.

최후로 군사상에서 본 죽도의 의미다. 메이지 38년 5월 28일 우리 연합군대는 니코라이 1세 이하의 패잔 러함대의 주력을 죽도 먼바다 약 18마일 지점에서 포착하여, 이를 항복시킨 것에 의해 동도는 일약 유명해져서 그 후 해군은 급거 가설망루를 건설했으나 전쟁의 종료에 의해 곧 폐지해버렸다. 그후 해군은 한 번도 죽도를 전략기지로 사용한 일이 없어, 군사적으로 중요한 의의가 있다고는 생각되지 않는다. 특히 항공기가 발달한 오늘에는, 함대행동의 감시라는 면에서 본 죽도의 의미는 그야말로 없어지고 말았다.

단지 문제는 적기 침입을 경계하는 레이더 기지로서 동도의 의미가 있을까 하는 정도다. 이것에 대해서는 전문가의 검토를 기다리지 않으면 안되나 일반적으로 말해 레이더 기지는 그것이 다른 기지와 함께 레이더망을 형성하는 것에 의해 비로소 그 기능을 할 수 있는 것으로, 단지 하나의 기지만이 전방으로 나와 있어도 적기가 그것을 피해서 침입하면 그다지 효과가 없게 된다. 죽도가 그 위치와 지형으로 보아, 과연 그러한 기지로 해서 시설할 정도로 가치가 있는가 없는가는 심히 의심스럽다.

이것을 요컨데 죽도는 경제적, 기타 각 방면으로 보아, 종래의 개발정도 이상의 발전을 장래에 기대하는 것은 곤란할 것이다. 다만 그 근해의 회유성 어족의 어장개발에 대해서는 상당히 장래성이 있다고 생각되나, 그렇다 해도 그것이 죽도 자체의 개발에 얼마나 공헌할 수 있는가는 크게 의심스럽다.

강치에게 다시 안주의 땅을 주어 그 번식을 해치지 않은 정도로 계절적으로 강치의 렵획과 지선해면의 어업을 행한다고 하는 형태야 말로 죽도에 있어 가장 어울리는 자세라고 말할 수 있는 것이 아닐까.

후 기

- 죽도 연구의 기본적 태도 -

현재의 일본의 영역은 쇼와 26년 9월 8일에 샌프란시스코에서 서명한 대일 평화조약의 제2조 및 제3조로 규정되어 있다.

일본은 이 조약에 의해 전전의 영토 중 (가)조선 (나)대만 및 팽호(澎湖) 제도 (라)치시마(千島) 열도 및 미나미카라후도(南樺太)에 대해 모든 권리·권원 및 청구권을 방기함과 동시에 (라)북위 29도 이남의 남서 제도(琉球 제도 및 大東 제도를 포함) (마)상부암(孀婦岩) 남의 남방 제도(小笠原군도, 西之島 및 火山열도를 포함) (바)오키(沖)의 도리시마(鳥島),미나미토리시마(南鳥島)에 대해서는 미국이 이러한 제도의 영역 및 주민에 대해, 행정·입법 및 사법상의 권력을 행사할 권리를 인정했다. 다만 전기 (라)의 남서 제도 중 아마미(庵美) 군도는, 그 후 쇼와 28년 12월 24일에 동경에서 서명된 일미협정에 의해 일본으로 반환되어 이렇게 일본은 전전에 보유했던 영토의 45.3%를 잃게 되었다.

이러한 이번 대전 후의 일본영역 결정에 대한 기본 방침은 항복문서에 의해 우리나라가 수락한 포츠담 선언 제8항에 다음과 같이 나타나 있다.

> 카이로 선언의 조항은 이행할 것, 또 일본국의 주권은 본주, 북해도, 구주, 사국 및 우리들이 결정하는 제 소도에 국한할 것.

그런데 그것이 말하는 카이로선언의 조항이란 (가)제1차 세계대전 개시 이후 일본이 탈취하고, 또는 점령한 태평양의 일체의 도서를 박탈한다. (나) 만주, 대만 및 팽호제도처럼 일본이 중국에서 도취한 일체의 지역을 중화민국이 회복한다. (다) 일본은 폭력 및 탐욕에 의해 약취한 다른 일체의 지역에서 구축된다. (라) 곧 조선을 자유 또 독립의 것으로 한다, 라는 것이었다. 이 방침에 근거하여, 연합국에 의해 결정된 결과가 상술의 대일평화조약의 영토조항으로서 구체적으로 제시된 것이다.

일반적으로 세계사를 통해, 분쟁의 해결로 새로 설정된 국경선이 다음의 새로운 분쟁의 원인이 되는 사례는 아주 많다. 아루세스·로레-누를 둘러싼 독불간의 끊이지 않는 분쟁 등이 그 대표적인 것이다. 카에사루 정복 이래 로-마 제국령이었던 이 지방은, 후에 프랑스령이 되었으나, 보불전쟁의 결과 아루사스의 전부와 로레-누의 동반은 독일에 할양되었다. 제1차 대전후 프랑스가 다시 이것을 회복했으나 제2차 대전 발발 후는 일시 독일군의 수중으로 들어갔다. 그러나 전쟁 말기에는 연합군이 이것을 탈회, 전후에는 프랑스의 영토가 되어 현재에 이르고 있다. 이 지방에 사는 독불 양계 주민의 생활의 안정이라는 대국적 견지를 잃어버리고 군사적·경제적 의미에서 독불 양국간의 쟁탈의 표적이 된 것이, 이 지방이 이렇게 처리되는, 정상이 아닌 상태를 초래했다고 말할 수 있을 것이다.

극히 최근에는 카시미-루를 둘러싼 인도·파키스탄의 분쟁 등도 그 예다. 1947년 인도의 독립에 따라 인도·파키스탄 양 자치령의 분리를 계기로, 힌두교도인 카시미-루 번왕은 인도로의 귀속을 표명하고, 이스람교도가 대반을 점하는 이 지방의 주민은 파키스탄의 귀속을 요구하였다. 그것이 인도·파키스탄 양국 간의 전쟁의 위기까지 발전했다. 다행히 그때는, 1949년 1월, 국련 5인위원회에 의한 정전권고를 양국이 수락했기 때문에 동년 7월 정전라인이 확정되어 위기는 일단 회피했다. 이것이 사실상의 국경선으로 금일에 이르고 있는데, 1965년에 폭도가 정전라인을 월경한 것을 계기로 결국 양국은 교전하기에 이르렀다. 국련의 조정으로 소강상태가 되고, 또는 코시킨

소련 수상의 알선으로 양국 수뇌의 회담이 열려 다시 위기는 일단 사라졌으나, 발본적 해결책이 없는 한 언제 다시 분쟁이 일어날 지도 모르는 상태에 있다.

그렇다면 어떤 것이 안정된 국경이라고 말할 수 있는 것일까. 일반적으로 국가간의 경계로 산맥·하천 등에 의한 자연적 경계 민족적 경계 및 그 외의 인위적 경계를 들고 있으나, 그것들이 항상 공통된 경계를 형성하고 있다고 한정할 수는 없다. 그렇다 해서 그것들 중 자연적 경계가 가장 안정된 경계라고는 말할 수 없고, 또 민족적 경계가 합리적인 경계라고도 말할 수 없다.

프랑스인은 북은 라인강, 남은 피레네-산맥 및 알프스를 산맥으로 경계로 하는 「자연적 경계」로 경계가 되는 국가를 만들 것을 오랜 비원으로 하고 있다. 그러나 프랑스가 혁명후 혁명정부에 의해, 이 「자연적 경계」는 대외침략을 정당화하기 위한 수단으로 사용되었다. 한편 히틀러가 오스트리아를 병합하고 수텐덴 지방을 체코에서 할취한 것은 그의 저 「마인·칸프」에서도 노래하고 있는 「민족적 경계」를 그 목표로 하고 있었다. 이러한 의미에 있어 경계가 결코 안정된 국경이 되지 못한다는 것은 역사가 그것을 실증하고 있다.

영역의 결정은 단순히 이러한 정책적 입장에서가 아니라, 자연적으로도, 인위적으로도, 민족적으로도, 경제적으로도, 그 지역이 그 나라 영역의 일부를 구성하는 것이 타당한가 어떤가라는 점에서 검토되지 않으면 안 된다.

원폭의 세례를 받은 유일한 나라의 국민으로서, 우리나라는 이러한 전쟁에 의한 참화를 절대로 되풀이 하지 않을 것을 마음으로 기념하는 것과 더불어 전후의 일본영토로 귀착함에 있어서도 그것이 다시 새로운 분쟁의 요인이 되는 일이 없도록 연합국의 선의와 양식을 기대한 것이다.

이러한 견지에서 포츠담 선언 및 카이로 선언을 보건데 「폭력 및 탐욕에 의해 일본국가가 약취한」 신부의 영토를 반환하게 하나 일본의 고유 영토로 인정할 만한 것은 할양의 대상으로 하지 않는다는 것이어서, 그 방침으로 해서 극동의 질서를 목적으로 하고 있다는 것이 이해된다. 다만 그 구체적인 적용으로서의 평화조약의 영토조항에는 반드시 그 방침이 명확히 관철되어 있다고는 말할 수 없어 평화조약이 발효하여 10년 이상이나 지난 오늘, 아직 완전히 해결을 보지 못한 지역이 있다고 한다. 구니시리(国後) 에토로후(択捉) 양도 및 하보마이(歯舞)군도, 시키탄토(色丹島)의 북방영토, 오키나와, 오카사와라 군도, 가산(火山)열도, 그 외의 남방영토가 그것이다. 그 중 남방영토에 대해서는, 그것이 일본영토의 일부를 구성한다는 것이 인정되어 「잠재주권」이 있다고 되어있으나 현재는 미국의 통치하에 있다. 또 상기의 북방영토에 대해서는 일본으로서는 그것이 평화조약으로 영토권을 방기한 치시마 열도(쿠릴 · 아이란즈)에는 포함되어 있지 않다고 해석하고 있으나 전후 소련이 그것을 지배하고 있다.

죽도 또한 그러한 미해결 지역의 하나로 현재 일한간에 분쟁이 되어 있는 것은 주지하는 대로다. 평화조약 제2(a)에 말하는 일본이 그 독립을 승인하는 「조선」 중에 그것이 포함되어 있는가 어떤가 내지는 죽도의 시마네현 편입이라는 조치가 국제법상 영토취득의 조건으로 보아 어떻게 판단해야 할 것인가 등 문제의 검토는 법률 전문가에게 맡기기로 하고, 여기서는 상술의 극동에서의 안정된 질서의 확립이라는 견지에서, 이 섬의 역사지리적 사실을 어디까지나 학문적으로 규명하는 것을 의도한 것이다.

색 인